普通高等教育电气信息类系列教材

单片机原理与应用及 C51 编程技术

第 2 版

主　编　高玉芹
副主编　游春霞　胡志强
参　编　何煦岚　张允超

机械工业出版社

本书以 AT89 系列单片机为代表机型，全面、详细地介绍了 AT89 系列单片机的硬件、软件及应用技术。全书共分 11 章，第 1、2 章介绍了单片机的硬件设计基础，包括单片机概述和 AT89 系列单片机的硬件体系结构与原理；第 3~5 章介绍了单片机的软件设计基础，包括指令系统、汇编语言程序设计、C51 语言程序设计、C51 与汇编语言的混合编程、Keil μVision2 开发平台的使用及使用 Proteus ISIS 进行单片机应用系统虚拟仿真的方法；第 6 章介绍了 AT89 系列单片机的内部资源及编程，包括中断系统、定时/计数器和串行通信；第 7、8 章介绍了 AT89 系列单片机存储器和外围接口扩展技术；第 9 章介绍了 SPI、I^2C 和 1-Wire 等串行总线接口技术、常用的串行接口外围芯片，并通过大量实例介绍了串行总线接口技术的应用；第 10、11 章介绍了单片机应用系统设计方法和设计实例。本书选材新颖，内容丰富，讲解由浅入深、循序渐进，编排顺序合理，可读性好，实用性强，并配有丰富的例题及习题。

本书可作为电子信息工程、电气工程、自动化、计算机以及机电一体化等专业单片机原理及应用课程的教学用书，也可作为职大和电大相关专业的教学用书，还可供相关专业教师及工程技术人员参考。

本书配有免费电子课件，欢迎选用本书作教材的老师登录 www.cmpedu.com 注册下载。

图书在版编目（CIP）数据

单片机原理与应用及 C51 编程技术/高玉芹主编．—2 版．—北京：机械工业出版社，2017.8（2025.8 重印）
普通高等教育电气信息类系列教材
ISBN 978-7-111-57796-6

Ⅰ.①单…　Ⅱ.①高…　Ⅲ.①单片微型计算机-C 语言-程序设计-高等学校-教材　Ⅳ.①TP368.1②TP312.8

中国版本图书馆 CIP 数据核字（2017）第 206413 号

机械工业出版社（北京市百万庄大街 22 号　邮政编码 100037）
策划编辑：徐　凡　　　责任编辑：徐　凡　路乙达
责任校对：刘志文　佟瑞鑫　封面设计：张　静
责任印制：常天培
河北虎彩印刷有限公司印刷
2025 年 8 月第 2 版第 12 次印刷
184mm×260mm · 20 印张 · 484 千字
标准书号：ISBN 978-7-111-57796-6
定价：55.00 元

电话服务　　　　　　　　网络服务
客服电话：010-88361066　机　工　官　网：www.cmpbook.com
　　　　　010-88379833　机　工　官　博：weibo.com/cmp1952
　　　　　010-68326294　金　　书　　网：www.golden-book.com
封底无防伪标均为盗版　机工教育服务网：www.cmpedu.com

前　言

单片机技术作为计算机技术的一个分支，广泛地应用于工业控制、智能仪器仪表、机电一体化、家用电器、智能玩具等各个领域，极大地提高了相关产品的智能化程度和技术水平，已成为当今社会十分重要的技术。因此，单片机应用能力也成为工科院校电类专业学生的必备技能。为了适应单片机技术飞速发展的特点，课程的教学要求与教学内容需要不断更新，新的教学内容应更加注重理论与实践并重，加强培养学生的实际应用能力，使学生在有限的时间内不仅能系统地掌握单片机的基本知识，更重要的是培养他们对应用系统的设计能力及产品开发能力。编者结合多年的教学和科研实践经验，以应用为目的完成了本书的编写。

Intel公司的MCS-51系列单片机，以其完善的结构、开放的体系、丰富的功能，堪称一代"名机"，被奉为"工业控制单片机标准"。20世纪90年代后期，Atmel、Philips和Winbond（华邦）等众多IC制造商获得Intel公司的授权后，针对市场需求，融合各自先进技术，强化了控制接口功能，形成了规格、品种繁多的新一代8位单片机芯片，开创了单片机应用的新局面。新一代80C51中的AT89系列单片机的内部含有Flash存储器，可以在线擦写，用户只要有一个廉价的编程器或下载线，就可以进行单片机控制实验了，学习单片机不再因花费昂贵而高不可攀。至今，AT89系列单片机在51兼容机市场上仍占有很大份额，其产品受到了众多用户的喜爱。本书选择AT89系列单片机作为三讲机型，系统、全面地介绍了AT89单片机内部的功能结构、软硬件资源的原理与应用，以及使用外部电路进行功能扩展的方法。近年来，串行接口设备凭借其控制灵活、接口简单、占用资源少、易扩展等优点，在工业测控、仪器仪表等领域得到了广泛的应用，成为单片机应用技术的重要组成部分。利用C语言设计单片机应用程序已成为单片机应用系统开发设计的一种趋势，但考虑到汇编语言在实时性方面的优点，本书以C语言设计训练为主，并兼顾培养学生汇编语言设计的基本素质要求。为了使学生能够边学边练，本书第5章的内容让读者在动手中迅速入门，初步建立起单片机软硬件设计的整体概念。

本书力求在内容选择、编排顺序和教学方法上有所创新和突破，让学生能够快速理解单片机内部各功能模块的应用特点，注重系统性、实用性和新技术的应用，并通过大量的实例介绍，引导学生掌握控制电路设计和程序开发的基本工具和方法，树立从CPU到系统、从指令（命令）到软件、从方案到产品的整体设计思想，进而提高综合运用软硬件知识解决实际问题的能力。

本书共11章，各章的主要内容简述如下。

第1章介绍了单片机的基本概念、分类、常用的流行单片机的特点以及单片机的应用领域和发展趋势，使读者初步了解单片机的基础知识。

第2章介绍了AT89系列单片机的内部结构、组织形式、引脚功能、工作方式和时序。本章为单片机应用的硬件基础。

第3章介绍了51单片机的指令系统和汇编语言的程序设计方法，是汇编语言程序设计的基础。

第 4 章介绍了 C51 语言程序设计知识，重点介绍了 C51 相对于标准 C 语言新增的数据类型和语法、中断函数的应用、C51 语言和汇编语言混合编程等知识。这一章和第 3 章为单片机应用系统软件设计基础。

第 5 章介绍了单片机集成开发工具 Keil μVision2 和仿真开发平台 Proteus ISIS 的使用和联合调试方法，为学习后面章节提供开发工具和仿真训练的基础。

第 6 章介绍了单片机内部资源和编程，主要介绍了中断系统的结构、应用以及中断源的扩展方法；定时/计数器的原理与应用，包括单片机内部的定时/计数器，以及监视定时器的用法；串行接口与串行通信，包括内部串行口的结构与应用。

第 7 章和第 8 章介绍了单片机系统扩展的方法，包括并行存储器的扩展、并行接口的扩展、键盘和显示接口、模拟量接口技术等，重点内容是外部接口的特性，以及在实际应用中连接、控制各种接口部件的方法。

第 9 章重点介绍了 SPI、I^2C、1-Wire 三种串行总线接口技术和常用的串行接口外围芯片，并通过大量的设计实例介绍了串行总线接口技术的软硬件设计方法。

第 10 章介绍了单片机应用系统设计技术，主要内容包括应用系统设计过程、软硬件设计中的具体问题、抗干扰措施和系统仿真调试方法，从系统设计的角度综合运用前 10 章的内容。

第 11 章介绍了二个实际的单片机应用系统的设计实例，作为单片机知识应用的总结，初步引导读者掌握系统的软硬件设计过程和方法。

本书具有如下特点：

(1) 结构清晰，知识体系完整。全书按"CPU—外设—系统""片内资源—片外扩展—实例设计""CPU 硬件体系—软件基础—软硬件总体设计"的顺序组织编写，内容由浅入深，循序渐进。

(2) 系统性、实用性和新技术应用相结合。本书注重知识的系统性和实用性相结合，并将单片机应用中的软硬件设计过程合为一体，适于不同专业基础的学生学习；在详解单片机经典技术的同时，对近年来单片机领域的新技术、新器件，如串行 A/D、D/A、Flash 存储器、串行总线扩展等也给出了具体应用。

(3) 实例丰富，强调应用。书中提供了大量实例，描述了系统设计过程的总体框架和软硬件设计细节，硬件电路、程序代码完整，绝大部分稍加修改即可重复使用。

(4) 对比优化，学以致用。多数实例中采用汇编语言和 C 语言对照编程的方式进行介绍。大部分实例均来自实际项目，便于学生树立工程思想、提高综合素质。

本书由高玉芹任主编，并负责全书的组织和统稿。第 1、2、9、11 章由高玉芹编写，第 4、6 章由游春霞编写，第 7、8 章由胡志强编写，第 3、5 章由何煦岚编写，第 10 章和附录由张允超编写。

在本书的编写过程中，作者查阅和参考了有关文献和资料，从中得到许多帮助和启示，在此对文献、资料的作者表示感谢。

由于编者水平有限，疏漏与不足之处在所难免，敬请读者批评指正。

本书配有免费电子课件，欢迎选用本书作教材的老师登录 www.cmpedu.com 注册下载或发邮件到 xufan666@163.com 索取。

作　者

目 录

前言
第1章 单片机概述 ……………………… 1
1.1 单片机的概念及主要特点 …………… 1
1.2 单片机的分类及发展趋势 …………… 1
1.2.1 单片机发展现状 ……………… 1
1.2.2 单片机的发展趋势 …………… 2
1.3 常见的主流单片机 …………………… 3
1.3.1 目前流行的51内核单片机 …… 3
1.3.2 目前流行的非51内核的单片机 … 8
1.4 单片机的应用领域 …………………… 9
习题1 ………………………………………… 10
第2章 AT89系列单片机的硬件体系结构 …………………………………… 11
2.1 AT89系列单片机概述 ………………… 11
2.1.1 AT89系列单片机简介 ………… 11
2.1.2 AT89系列单片机的主要性能 … 11
2.1.3 AT89系列单片机的主要品种 … 11
2.1.4 AT89系列单片机的型号编码 … 13
2.2 AT89系列单片机的结构原理 ………… 13
2.2.1 AT89系列单片机的基本组成 … 13
2.2.2 AT89系列单片机的内部框图 … 14
2.2.3 AT89系列单片机的CPU ……… 14
2.3 AT89系列单片机的存储器结构 ……… 17
2.3.1 AT89系列单片机的程序存储器 … 17
2.3.2 AT89系列单片机的数据存储器 … 19
2.4 AT89系列单片机的引脚功能 ………… 26
2.4.1 外部引脚 ……………………… 26
2.4.2 片外总线结构 ………………… 28
2.5 AT89系列单片机的I/O接口 ………… 28
2.5.1 P0口 …………………………… 28
2.5.2 P1口 …………………………… 29
2.5.3 P2口 …………………………… 30
2.5.4 P3口 …………………………… 30
2.6 AT89S系列单片机内部看门狗定时器 ……………………………………… 31
2.6.1 看门狗定时器简介 …………… 31
2.6.2 看门狗定时器的使用 ………… 31
2.7 AT89系列单片机的复位工作方式 …… 32
2.8 AT89系列单片机的低功耗方式 ……… 33
2.8.1 空闲工作方式 ………………… 33
2.8.2 掉电工作方式 ………………… 34
2.9 AT89系列单片机的时序 ……………… 34
2.9.1 几个基本时序单位 …………… 34
2.9.2 CPU取指令和执行指令时序 … 35
习题2 ………………………………………… 36
第3章 单片机的指令系统及汇编语言程序设计 ……………………………… 38
3.1 51系列单片机指令系统概述 ………… 38
3.2 51系列单片机的寻址方式 …………… 38
3.2.1 立即寻址 ……………………… 39
3.2.2 寄存器寻址 …………………… 39
3.2.3 直接寻址 ……………………… 39
3.2.4 寄存器间接寻址 ……………… 39
3.2.5 相对寻址 ……………………… 40
3.2.6 变址寻址 ……………………… 40
3.2.7 位寻址 ………………………… 41
3.3 51系列单片机指令系统 ……………… 41
3.3.1 数据传送指令 ………………… 41
3.3.2 算术运算指令 ………………… 44
3.3.3 逻辑操作指令 ………………… 47
3.3.4 控制转移指令 ………………… 49
3.3.5 位操作指令 …………………… 55
3.4 51系列单片机汇编语言的语句格式 … 56
3.5 51系列单片机汇编程序常用伪指令 … 57
3.5.1 定义起始地址伪指令 ………… 57
3.5.2 定义汇编结束伪指令 ………… 57
3.5.3 标号赋值伪指令 ……………… 58
3.5.4 字节定义伪指令 ……………… 58
3.5.5 字定义伪指令 ………………… 58
3.5.6 存储区定义伪指令 …………… 59
3.5.7 位定义伪指令 ………………… 59
3.5.8 内部RAM地址赋值伪指令 …… 59
3.5.9 外部RAM地址赋值伪指令 …… 59
3.6 51系列单片机汇编程序设计方法 …… 60

3.6.1 顺序结构程序设计 …………… 60
3.6.2 分支结构程序设计 …………… 61
3.6.3 循环结构程序设计 …………… 61
3.6.4 查表程序设计 ………………… 62
3.6.5 子程序设计 …………………… 64
习题 3 ……………………………………… 66

第 4 章 C51 程序设计 …………………… 67

4.1 C51 程序设计基础 ………………… 67
  4.1.1 C51 语言特点和程序结构 …… 67
  4.1.2 C51 的字符集、标识符与关
      键字 …………………………… 68
4.2 C51 数据类型 ……………………… 69
  4.2.1 字符型 ………………………… 70
  4.2.2 整型 …………………………… 70
  4.2.3 长整型 ………………………… 70
  4.2.4 浮点型 ………………………… 70
  4.2.5 位型 …………………………… 71
  4.2.6 寄存器型 ……………………… 71
4.3 C51 运算量 ………………………… 71
  4.3.1 常量 …………………………… 71
  4.3.2 变量 …………………………… 73
  4.3.3 C51 扩展数据类型的变量定义 … 75
  4.3.4 C51 绝对地址访问 …………… 77
  4.3.5 储存模式 ……………………… 78
4.4 C51 运算符和表达式 ……………… 79
  4.4.1 算术运算符与算术表达式 …… 79
  4.4.2 逻辑运算符与逻辑表达式 …… 79
  4.4.3 关系运算符与关系表达式 …… 80
  4.4.4 位操作运算符与位表达式 …… 80
  4.4.5 赋值运算符与赋值表达式 …… 81
  4.4.6 逗号运算符与逗号表达式 …… 82
4.5 C51 语句 …………………………… 82
  4.5.1 if 语句 ………………………… 82
  4.5.2 switch 语句 …………………… 83
  4.5.3 while 语句 …………………… 84
  4.5.4 do-while 语句 ………………… 84
  4.5.5 for 语句 ……………………… 85
  4.5.6 goto 语句、break 语句和 continue
      语句 …………………………… 85
  4.5.7 return 语句 …………………… 87
4.6 C51 语言中的数组、指针、结构和
   联合 ………………………………… 87
  4.6.1 数组 …………………………… 87
  4.6.2 指针 …………………………… 88
  4.6.3 结构 …………………………… 89
  4.6.4 联合 …………………………… 90
  4.6.5 枚举 …………………………… 91
4.7 函数、库函数和预处理命令 ……… 91
  4.7.1 函数的定义 …………………… 92
  4.7.2 函数的调用和声明 …………… 93
  4.7.3 中断函数 ……………………… 93
  4.7.4 库函数 ………………………… 95
  4.7.5 预处理命令 …………………… 97
4.8 C51 程序设计 ……………………… 98
  4.8.1 数值运算程序设计 …………… 98
  4.8.2 硬件接口程序设计 ………… 100
4.9 C51 语言和汇编语言混合编程 … 101
  4.9.1 在 C51 语言中嵌入汇编语言 … 101
  4.9.2 C51 语言和汇编语言程序参数的
      传递 ………………………… 103
  4.9.3 带参数传递的汇编语言调用程序
      实例 ………………………… 104
习题 4 …………………………………… 105

第 5 章 单片机应用系统的开发环境及
      仿真软件简介 ……………… 106

5.1 Keil C51 μVision2 集成开发环境 … 106
  5.1.1 Keil C51 μVision2 的工作环境 … 106
  5.1.2 工程的创建 ………………… 108
  5.1.3 工程的设置 ………………… 109
  5.1.4 工程的调试运行 …………… 110
  5.1.5 存储空间资源的查看和修改 … 112
  5.1.6 变量的查看和修改 ………… 113
5.2 单片机硬件仿真开发工具 Proteus … 114
  5.2.1 Proteus ISIS 的功能简介 …… 114
  5.2.2 Proteus ISIS 的用户界面 …… 114
  5.2.3 Proteus ISIS 的单片机系统仿真 … 116
  5.2.4 Proteus ISIS 与 Keil C51 的联合
      使用 ………………………… 119
习题 5 …………………………………… 121

第 6 章 AT89 系列单片机的内部资源
      及应用 ……………………… 122

6.1 AT89 系列单片机的并行口及其
   应用 ……………………………… 122
6.2 AT89 系列单片机的中断系统 …… 124
  6.2.1 中断的基本概念 …………… 124

  6.2.2 AT89 系列单片机的中断系统 …… 125
  6.2.3 外部事件中断及应用 ………… 130
 6.3 AT89 系列单片机定时/计数器 ……… 136
  6.3.1 定时/计数器的一般结构和工作
    原理 ………………………… 137
  6.3.2 定时/计数器 T0、T1 的功能和使用
    方法 ………………………… 137
  6.3.3 定时/计数器的初始化编程及
    应用 ………………………… 145
  6.3.4 AT89S 系列单片机看门狗定时器
    的编程方法 ………………… 150
 6.4 AT89 系列单片机的串行接口及串行
   通信 ………………………………… 151
  6.4.1 串行口的基本通信方式 ……… 151
  6.4.2 单片机串行口及控制寄存器 … 152
  6.4.3 单片机串行通信工作方式 …… 153
  6.4.4 单片机串行口的初始化编程及
    波特率设置 ………………… 155
  6.4.5 RS-232C 串行口标准 ………… 157
  6.4.6 RS-422、RS-485 标准串行总线
    接口 ………………………… 160
  6.4.7 串行通信应用举例 …………… 161
 习题 6 ……………………………………… 173

第 7 章 AT89 系列单片机的存储器
    扩展技术 …………………… 174
 7.1 总线扩展及地址分配 ……………… 174
  7.1.1 系统总线 ……………………… 174
  7.1.2 总线扩展 ……………………… 175
  7.1.3 地址分配 ……………………… 175
 7.2 AT89 系列单片机外部存储器的
   扩展 ………………………………… 178
  7.2.1 外部存储器扩展的方法 ……… 178
  7.2.2 程序存储器的扩展 …………… 178
  7.2.3 数据存储器的扩展 …………… 180
  7.2.4 程序存储器和数据存储器的综合
    扩展 ………………………… 182
 习题 7 ……………………………………… 184

第 8 章 AT89 系列单片机的接口扩展
    技术 ………………………… 186
 8.1 I/O 接口的扩展技术 ……………… 186
  8.1.1 I/O 接口的功能 ……………… 186
  8.1.2 I/O 端口的编址 ……………… 186

  8.1.3 I/O 姿口数据的传送方式 …… 187
  8.1.4 简单 I/O 接口的扩展 ………… 188
  8.1.5 可编程序 8255A 的并行 I/O
    扩展 ………………………… 189
 8.2 LED 显示器及其与单片机的接口
   技术 ………………………………… 196
  8.2.1 LED 显示器的结构与原理 …… 196
  8.2.2 LED 显示器的译码方式 ……… 197
  8.2.3 LED 显示器的显示方式 ……… 197
  8.2.4 LED 显示器与单片机的接口 … 198
 8.3 键盘及其与单片机的接口技术 …… 201
  8.3.1 键盘的工作原理 ……………… 201
  8.3.2 独立式按键与单片机的接口 … 202
  8.3.3 矩阵式键盘与单片机的接口 … 204
 8.4 LCD 显示器及其与单片机的接口技术 …… 210
  8.4.1 LCD 显示器的分类 …………… 210
  8.4.2 LCD 模块的引脚 ……………… 210
  8.4.3 寄存器选择、显示器地址及字符
    发生器 ……………………… 211
  8.4.4 LCM 控制指令 ……………… 213
  8.4.5 AT89 单片机与 LCD 模块的
    接口 ………………………… 213
 8.5 A/D、D/A 转换器及其与单片机
   的接口技术 ………………………… 215
  8.5.1 模/数（A/D）转换接口 ……… 215
  8.5.2 数/模（D/A）转换接口 ……… 220
 习题 8 ……………………………………… 225

第 9 章 串行总线接口技术 ……………… 226
 9.1 SPI 串行总线接口技术 …………… 226
  9.1.1 SPI 串行总线简介 …………… 226
  9.1.2 SPI 串行接口 A/D 转换器 TLC549
    及其软硬件设计 …………… 226
  9.1.3 SPI 串行接口 D/A 转换器 TLC5615
    及其软硬件设计 …………… 231
 9.2 I^2C 总线姿口技术 ………………… 236
  9.2.1 I^2C 总线简介 ………………… 236
  9.2.2 用 I/O 口模拟 I^2C 总线操作子
    程序 ………………………… 238
  9.2.3 24Cxx 系列 E^2PROM 芯片及其与
    单片机的接口 ……………… 245
  9.2.4 数码管动态显示驱动、键盘扫描
    管理芯片 ZLG7290B 及与单片机
    接口 ………………………… 248

9.3 单总线（1-Wire）接口技术 ………… 260
　9.3.1　1-Wire 简介 ………………………… 260
　9.3.2　DS18B20 简介 ……………………… 260
　9.3.3　DS18B20 的读写时序 ……………… 262
　9.3.4　DS18B20 的操作流程及指令
　　　　 说明 ……………………………… 266
　9.3.5　电子温度计的设计 …………… 267
习题 9 ………………………………………… 272

第 10 章　单片机应用系统设计方法 …… 274
10.1　单片机典型应用系统组成 ………… 274
10.2　单片机典型应用系统开发过程 …… 274
　10.2.1　确定任务 …………………… 274
　10.2.2　总体设计 …………………… 275
　10.2.3　系统硬件设计 ……………… 276
　10.2.4　系统软件设计 ……………… 278
　10.2.5　软硬件系统联机调试 ……… 280
　10.2.6　性能测定 …………………… 281

　10.2.7　生成正式产品 ……………………… 281
习题 10 ……………………………………… 282

第 11 章　单片机应用系统设计实例 …… 283
11.1　简易数字频率计的设计 …………… 283
　11.1.1　设计要求 …………………… 283
　11.1.2　总体方案 …………………… 283
　11.1.3　系统硬件设计 ……………… 283
　11.1.4　系统软件设计 ……………… 284
11.2　压力测量系统的设计 ……………… 289
　11.2.1　设计要求 …………………… 289
　11.2.2　总体方案 …………………… 289
　11.2.3　系统硬件设计 ……………… 290
　11.2.4　系统软件设计 ……………… 292
习题 11 ……………………………………… 297

附录 A　51 系列单片机指令表 ………… 298
附录 B　C51 常见的库函数 …………… 303
参考文献 ………………………………… 310

第 1 章　单片机概述

单片机作为微型计算机的一个分支,产生于20世纪70年代,经过30多年的发展,已经形成有几千种型号、上百种品牌的半导体产业,对电子信息技术、工业控制技术和军事技术等的发展起到了巨大的推动作用,在各行各业中获得了广泛的应用。本章主要介绍单片机的概念、主要特点、分类、常见的主流单片机以及单片机的应用领域。

1.1　单片机的概念及主要特点

单片机(Single Chip Microcomputer,SCM)是单片微型计算机的简称,是指在一块半导体芯片中集成有中央处理器(CPU)、存储器(RAM 和 ROM)、基本 I/O 接口以及定时/计数器等必要部件的完整的微型计算机。

单片机按照面向对象,突出控制功能,在片内集成了许多外围电路及外设接口,突破了传统意义的计算机结构。目前,国外已普遍将其称为微控制器(Micro Controller Unit,MCU)。鉴于它完全作嵌入式应用,故又称为嵌入式微控制器(Embedded Microcontroller)。

单片机具有集成度高、体积小、功耗低、可靠性高、使用灵活方便、控制功能强、性能价格比高和开发方便、简单等特点。利用单片机可以较方便地构成控制系统。

1.2　单片机的分类及发展趋势

1.2.1　单片机发展现状

当前流行 8 位、16 位和 32 位三大类产品。

1. 8 位单片机

8 位单片机是目前使用数量最大的一类单片机。其特点是成本低且能满足大多数性能要求,如 MCS-51、PIC 和 AVR 系列。

三种主要的 8 位单片机的性能比较:

(1) MCS-51 系列

MCS-51 系列单片机由美国 Intel 公司研制(现已停产、转让),是应用最为广泛、最成熟的产品,而且与其配套的各种开发系统也非常丰富。其核心技术已经被其他厂家购买,并开发出多种"升级"的系列产品。目前应用较多的是 AT89 系列。

(2) PIC 系列

PIC 系列单片机为美国微芯片公司(Microchip)的产品。其在当前市场份额增长最快,采用哈佛总线结构、二级流水作业、精简指令系统以及多种内嵌模块,如 WDT、ADC、CCP 模块等。

(3) AVR 系列

AVR 系列单片机为美国 Atmel 公司的产品。该系列单片机是一种新推出的高性能、高速度和低功耗产品。其性能类似于 PIC 系列。常见的有 ATmega 系列。

2. 16 位单片机

16 位单片机适合于数据运算的场合，但由于价格较高，其数据运算功能又不如 32 位机，所以发展处于停滞状态。其具有代表性的产品有 MCS-96 系列、台湾的"凌阳"16 位单片机。

3. 32 位单片机

32 位单片机是当前高档次单片机发展的一个方向，具有超强的数据处理能力、合理的价格。其核心技术基本被美国 ARM 公司所垄断。具有代表性的产品是 ARM 系列，如 ARM-7、ARM-9。

1.2.2 单片机的发展趋势

1. 从类型上分，有两个主流方向

1）小而专。功能专一、成本低廉、功耗低。

2）大而全。性能高、速度快、容量大、通用性强。

2. 从技术发展上分

（1）CPU 的改进

1）CPU 核仍以 CISC 为主，但向 RISC 演化。

2）采用双 CPU 结构，以提高处理能力。

3）内部采用 16 位数据总线，以增加数据总线宽度。

4）串行总线结构。例如，菲利浦公司开发的 I^2C 总线，用两根信号线代替现行的 8 位数据总线。

（2）存储器的发展

1）加大存储容量，包括 ROM 与 RAM。

2）采用闪烁（Flash）或 E^2PROM 存储器代替片内 EPROM。

3）程序保密化。

（3）片内 I/O 的改进

1）增加并行口的驱动能力，能直接输出大电流和高电压，直接驱动一些功率器件，如 LED 等。

2）增加 I/O 口的逻辑控制功能，如直接对 I/O 口的位操作等。

3）设置了一些特殊的串行接口功能，构成分布式、网络化系统。

（4）外围电路内装化，性能提高

随着集成电路技术及工艺的不断发展，以及系统功能的需要，越来越多的外围器件的功能被集成到一个芯片内，即系统的单片化。这有力地削减了片外的附加器件，提高了性能并缩短了产品上市时间。这也是单片机发展的重要趋势。如片上集成 12 位 A/D、上电复位/掉电检测、看门狗、捕捉/比较/PWM、锁相环、8×8 硬件乘，以及 USB、CAN 总线接口等。

（5）低功耗、低电压、低价位

目前，大部分单片机产品都采用 CHMOS 工艺将产品实现 CMOS 化，实现单片机的低功耗性。同时在内部功能上，增加类如 SLEEP（休眠）、等待（WAIT）、停止（STOP）等功能，尽可能降低单片机的功耗。

再者，降低工作电压也可以呈指数级地降低功耗，所以逐渐出现了多电压供电的微控制器。例如，CPU 部分工作于 1.5～2.5V，而 I/O 口工作于 3.3～5V。

1.3 常见的主流单片机

目前，世界上单片机的生产厂商很多，如 Intel、Atmel、Philip、ST、Winbond、STC、Dallas、Silicon Labs、TI、Motorola 等公司，其主流产品有几十个系列，上千个品种。

Intel 公司的 MCS-51 系列单片机，是目前世界上用量最大的几种单片机之一。其他公司在保持与 51 单片机兼容的基础上，改善了 51 单片机的许多性能，如在速度提高、功能增强、集成度增大、在系统编程、降低功耗、放宽电源电压动态范围及降低产品的价格等方面都做了大量的研发。从国内流行的品种来看，主要分为 MCS-51 系列及其兼容机型和非 MCS-51 系列单片机。

1.3.1 目前流行的 51 内核单片机

目前，虽然在国内市场上流行的单片机不下十几种，但占据主导地位的仍是 51 内核及其兼容单片机。这些单片机和 MCS-51 单片机的指令完全兼容，资料和开发设备比较齐全，价格也比较便宜。目前流行的 51 内核的单片机主要有以下几种。

1. Intel 公司的 MCS-51 系列单片机

1980 年，Intel 公司推出首款 8 位单片机 8051，1980—1982 年又陆续推出了和 8051 指令系统完全相同、内部结构基本相同的 8031、8052 和 8032 等型号单片机，初步形成了 MCS-51 系列。该系列单片机以其典型的体系结构和完善的专用寄存器集中管理方式，方便的逻辑位操作功能及丰富的指令系统，堪称一代"名机"，被奉为"工业控制单片机标准"，为之后其他单片机的发展奠定了基础。1984 年，Intel 公司出售了 8051 的核心技术给 Philips、Atmel、ADI、Cygnal 等公司，发展至今已形成一个有近千种型号的庞大的 51 单片机家族。

MCS-51 系列单片机虽种类繁多，但总体来说可分为两个子系列：MCS-51 子系列和 MCS-52 子系列。MCS-51 子系列中的典型机型有 8031、8051 和 8751 三种产品，而 MCS-52 子系列中也有 8032、8052 和 8752 三种典型机型。各子系列的资源配置见表 1-1。

表 1-1 MCS-51 系列单片机资源配置一览表

系列	片内存储器/B				定时/计数器/个	并行 I/O 口/个	串行口/个	中断源/个	制造工艺	封装形式
	无 ROM	PROM	E²PROM	RAM						
51 子系列	8031	8051 4K	8751 4K	128	2×16	4×8	1	5	HMOS	DIP
	80C31	80C51 4K	87C51 4K	128	2×16	4×8	1	5	CHMOS	
52 子系列	8032	8052 8K	8752 8K	256	3×16	4×8	1	6	HMOS	
	80C32	80C52 8K	87C52 8K	256	3×16	4×8	1	6	CHMOS	

2. Atmel 公司的 89 系列单片机

美国 Atmel 公司是世界著名的半导体制造公司，除生产各种专用集成电路外，Atmel 公司还为通信、家电、仪器仪表、IT 行业及各种应用系统提供性价比高的产品。Atmel 公司最

引人注目的是它的 E^2PROM 电可擦除技术、Flash 存储器技术和优秀的生产工艺与封装技术。1994 年，Atmel 公司率先把 MCS-51 内核与其擅长的 Flash 存储技术相结合，推出了轰动业界的 AT89 系列单片机。Atmel 公司的这些先进技术用于单片机生产，使单片机在结构和性能等方面更具明显优势。AT89 系列产品进入中国市场 10 多年来已获得了巨大成功。至今，AT89 系列单片机在 51 兼容机市场上仍占有很大份额，其产品受到了众多用户的喜爱，是目前取代传统的 MCS-51 系列单片机的主流单片机之一。

Atmel 公司的 AT89 系列单片机以 AT89Cxx 和 AT89Sxx 为代表，其主要单片机品种及其性能见表 1-2。它们是低电压、低功耗、高性能的 8 位单片机，除了与 MCS-51 指令系统兼容以外，还具有许多优点：器件采用 Atmel 公司的高密度、非易失性存储技术生产，内部含 Flash 存储器，可反复擦写 1000 次以上，有效地降低了开发成本；有更宽的工作电压范围（4.0~6.0V）；软件设置的电源省电模式能停止 CPU 的工作进入睡眠状态，睡眠期间，定时/计数器、串行口等均停止工作，RAM 中的数据被"冻结"，直到下次被中断激活或硬件复位方可恢复工作。其中 AT89S 系列产品具有在系统编程（ISP）功能，无须专用编程器，使单片机的开发变得更方便和廉价。

表 1-2　Atmel 公司的 89 系列单片机主要产品及其性能

子系列	型号	片内存储器/B		I/O 口线	UART	中断源	定时/计数器/个	工作频率/MHz	A/D 通道	其他特性
		Flash	RAM							
8 位 Flash 系列	AT89C51	4K	128	32	1	5	2	24	0	
	AT89C52	8K	256	32	1	6	3	24	0	
	AT89C51RC	32K	512	32	1	6	3	40	0	WDT
	AT89LV51	4K	128	32	1	5	2	16	0	
	AT89LV52	8K	256	32	1	6	3	16	0	
	AT89LV55	20K	256	32	1		3	12	0	
	AT89C1051	1K	46	15	1	3	2	24	0	
	AT89C2051	2K	128	15	1	5	2	25	0	
	AT89C4051	4K	128	15	1		2	26	0	
ISP Flash 系列	AT89S51	4K	128	32	1	5	2	33	0	WDT/ISP
	AT89S52	8K	256	32	1	6	3	33	0	WDT/ISP
	AT89S53	12K	256	32	1	9	3	24	0	WDT/ISP
	AT89S8252	8K	256	32	1	9	3	24	0	ISP
	AT89LS51	4K	128	32	1	5	2	16	0	ISP
	AT89LS52	8K	256	32	1	6	3	16	0	ISP
	AT89LS53	12K	256	32	1	9	3	12	0	ISP
	AT89C5115	16K	256	—	1	6	2	40	8	WDT/ISP
PC Flash 系列	AT89C51RB2	16K	256	32	1	6	3	60	0	WDT/SIP/ISP
	AT89C51AC2	32K	256	34	1	6	3	40	8	WDT/ISP
	AT89C51RD2	64K	256	32/48	1	6	3	40	0	WDT/SIP/ISP
	AT89C51ED2	64K	256	44	1	9	3	40	0	WDT/SIP/ISP

除了上述 AT89 系列单片机外，Atmel 公司还提供一种低价位、高性能、小尺寸的 8 位单片机 AT89C2051。AT89C2051 兼容 MCS-51 指令系统，其功能强大，但它只有 20 个引脚，采用 DIP-20 封装形式。

3. Winbond 公司的 W78、77 系列单片机

华邦（Winbond）公司生产的单片机大致分为 5 大类：4 位单片机、8 位与 MCS-51 兼容单片机、监控专用单片机、片内集成 Flash 存储器的单片机和电话应用单片机。其中，与 51 兼容的单片机有宽电压范围系列的型号，以 W78 为前缀，主要产品有 W78Cxx、W78Exx 等；增强型的有 W77Cxx、W77Lxx 等，其引脚、指令集完全与 8051 兼容，但每个指令周期只需要 4 个时钟周期，速度提高了 3 倍，工作频率最高可达 40MHz，同时增加了 WatchDog Timer、12 个外部中断源、2 个 UART、双 Data pointer，内部有 1KB 的 SRAM，可通过 MOVX 指令访问。Winbond 公司生产的与 51 内核兼容的单片机的主要特性如表 1-3 和表 1-4 所示。

表 1-3 Winbond 系列 8 位（标准）单片机主要特性列表

型号	ROM	RAM /B	I/O 口线	外扩存储器/B	工作频率/MHz	定时/计数器	中断源	其他功能	封装形式
W78C32	ROMless	256				3	6	CMOS	
W78E51B	4K Flash E^2PROM	128	32			2	5/7		
W78E52B	8K Flash E^2PROM			64K	40			可多次编程 INT2，INT3	PDIP40 PLCC44 PQFP44
W78E54B	16K Flash E^2PROM	256	32/36			3	6/8		
W78E58B	32K Flash E^2PROM							在系统编程 INT2，INT3	
W78E516	64K Flash E^2PROM	512	32/36	64K	40	3	6/8	在系统编程 INT2，INT3	PDIP40 PLCC44 PQFP44
W78E858	32K Flash E^2PROM	768						在系统编程 INT2，INT3，128E^2PROM	
W78C51D	4K Mask	128	32			2	5	CMOS	
W78C52D	8K Mask	256				3			
W78C54	16K Mask		32/36				6/8	INT2，INT3	
W78C801	4K Mask	256	36	64K		2	12	掉电模式中断唤醒	PDIP40 PLCC44 PQFP44
W78C438C	ROMless		40	1M	40	3		外扩 1MB RAM INT2，INT3	PLCC84 PQFP100
W78C58	32K Mask	36		64K		3	6/8	INT2，INT3	PDIP40 PLCC44 PQFP44

表1-4 Winbond 系列 8 位（增强 C51）单片机主要特性列表

型号	ROM /B	RAM /B	I/O 口线	外扩存储器/B	工作频率/MHz	定时/计数器	中断源	其他功能	封装形式
W77C32	ROMless				40			双 UART, WDT, 1KB SRAM	
W77L32	ROMless	1K+256	36	64K	25	3	12	双 UART, WDT, 1KB SRAM $V_{CC}=2.7\sim5.5V$	PDIP40 PLCC44 PQFP44
W77E58	32K Flash				40			双 UART, WDT, 1KB SRAM	
W77LE58	32K Flash				25			双 UART, WDT, 1KB SRAM $V_{CC}=2.7\sim5.5V$	

4. SST 公司的 SST89 系列单片机

美国 SST 公司生产的 SST89 系列单片机是一款比较有特色的，以 51 为内核、与 MCS-51 系列单片机完全兼容的单片机。它具有独特的 Flash 技术和小扇区结构设计，其最大特点是采用在应用可编程（IAP）和在系统可编程（ISP）技术，在不占用户资源和无须改动硬件的情况下，可直接通过串口在系统仿真，在线实现远程升级，而无须专用仿真器和编程器。SST 生产的与 51 内核兼容的单片机主要机型及其性能如表 1-5 所示。

表1-5 SST89 系列单片机主要机型及其性能

型号	时钟频率/MHz 5V	时钟频率/MHz 2.7~3.6V	Flash 存储器 /KB	RAM /B	串口 UART	串口 SPI	PCA	中断 源	中断 优先级	DPTR	降低 EMI	掉电 检测	WDT
SST89C54	0~33	0~12	16+4	256	1ch	—	0	6	2	1	—	—	√
SST89C58	0~33	0~12	32+4	256	1ch	—	0	6	2	1	—	—	√
SST89E554RC	0~40		32+8	1K	1ch+	√	5ch	9	4	2	√	√	√
SST89E564RD	0~40		64+8	1K	1ch+	√	5ch	9	4	2	√	√	√
SST89V554RC	—	0~40	32+8	1K	1ch+	√	5ch	9	4	2	√	√	√
SST89V564RD	—	0~40	64+8	1K	1ch+	√	5ch	9	4	2	√	√	√

5. Philips 公司的增强型 80C51 单片机

Philips 公司是国际上生产 MCS-51 兼容单片机种类最多的厂家之一。Philips 公司的单片机在原 8051 的基础上，增加了 I^2C、CAN 总线接口、A/D 转换单元、PWM 输出等新的功能，是专为仪器仪表、工业过程控制、汽车发动机与传动控制等实时应用场合而设计的高性能单片机。其主要产品系列包括 P80Cxx、P87Cxx、P89Cxx、LPC76、LPC900 等系列，型号有上百种，可满足各个应用领域的需求。

在同一时钟频率下这类单片机的运行速度是 8051 的 6 倍，在应用编程和在线编程允许用户 EPROM 实现简单的串行代码编程，使得程序存储器可用于非易失性数据的存储，并配有模拟比较器、WDT、复位电路等。Philips 公司的增强型 80C51 系列单片机的主要产品及其性能见表 1-6。

表1-6 增强型80C51系列单片机主要机型及其性能

子系列	型号	片内存储器/B		I/O口	UART	中断源	定时/计数器/个	工作频率/MHz	A/D通道	其他特性
		程序存储器	RAM/位							
通用型系列	P80C31	ROMless	128	32	1	5	2	33	0	—
	P80C32	ROMless	256	32	1	6	3	33	0	—
	P80C51	4K ROM	128	32	1	5	2	33	0	—
	P80C52	8K ROM	256	32	1	6	3	33	0	—
	P80C54	16K ROM	256	32	1	6	3	33	0	—
	P80C58	32K ROM	256	32	1	6	3	33	0	—
	P87C51	4K POT	128	32	1	5	2	30/33	0	—
	P87C52	8K POT	256	32	1	6	3	30/33	0	—
	P87C54	16K POT	256	32	1	6	3	30/33	0	—
	P87C58	32K POT	256	32	1	6	3	30/33	—	—
Flash系列	P89C51	4K Flash	128	32	1	6	3	33	0	—
	P89C52	8K Flash	256	32	1	6	3	33	0	—
	P89C54	16K Flash	256	32	1	6	3	33	0	—
	P89C58	32K Flash	256	32	1	6	3	33	0	—
	P89C51RX2	16~64K Flash	512	32	1	7	4	33	0	ISP/IAP

6. Silicon Labs 单片机

美国 Silicon Labs 公司推出的 C8051F 系列单片机把 80C51 系列单片机从 MCU（微控制器）推向 SOC（片上系统）时代，它使得以 8051 为内核的单片机技术又上了一个大台阶。其具有如下性能。

1）运算速度比标准的 51 单片机快 15 倍以上。

2）内部 Flash 可大到 256KB。

3）有 A/D、D/A、PWM、I^2C、CAN、UART 等接口。

4）引脚从 20 到 100 脚均有（I/O 多）。

5）可在系统编程。

C8051 系列单片机的型号有 C8051Fxx 等，全部是工业级产品。

7. STC 系列单片机

STC 系列单片机是美国 STC 公司推出的一种新型 51 内核的单片机。其具有如下性能。

1）运算速度快，比标准的 51 单片机快 10 倍以上。

2）内部资源丰富，有 I^2C、E^2PROM、A/D、PWM、UART 等。

3）可通过普通的 UART（串口）下载应用程序。

4）电源范围宽，功耗极低。

5）价格低廉（适合学生使用）。

STC 系列单片机的型号有 STC89Cxx、STC89CxxAD、STC12Cxx、STC12Lxx 等。

8. μPSD3xx 系列单片机

μPSD3xx 系列单片机是 ST（意法半导体）公司推出的一款新型单片机。它以增强型

MCS-51 内核单片机 8032 为基础，集成了可编程外围器件 PSD 模块。其具有如下性能。

1）运算速度快，可在系统编程。

2）内部 Flash 可大到 384MB。

3）有 A/D、PWM、I^2C、CAN、UART、独立的显示数据通道（DDC）、可编程逻辑器件（PLD）等接口。

4）是一个典型的具有 SOC 特征的单片机。

μPSD3xx 系列单片机的型号有 μPSD32xx、μPSD33xx 和 μPSD35xx 等系列。

1.3.2 目前流行的非 51 内核的单片机

1. Microchip 公司的 PIC 系列单片机

Microchip 公司的 PIC 系列单片机，其突出的特点是体积小，功耗低，精简指令集，抗干扰性好，可靠性高，有较强的模拟接口，代码保密性好。在一些小型的应用中，比传统的 51 单片机更加灵活，外围电路更少，因而得到了广泛的应用。同时指令少，PIC 中低档系列单片机共有 35 条指令，非常有利于记忆和掌握，指令为单字节，占用程序存储器的空间小。

Microchip 单片机的主要产品是 PIC16Cxx 系列和 17Cxx 系列 8 位单片机。PIC 系列从低到高有几十个型号，可以满足各种需要。其中，PIC12C508 单片机仅有 8 个引脚，是世界上最小的单片机。该型号有 512 字节 ROM、25 字节 RAM、一个 8 位定时器、一根输入线、5 根 I/O 线。PIC 的高档型号，如 PIC16C74（尚不是最高档型号）有 40 个引脚，其内部资源为 ROM 共 4KB、192 字节 RAM、8 路 A/D、3 个 8 位定时器、2 个 CCP 模块、3 个串行口、1 个并行口、11 个中断源、33 个 I/O 脚。这样一个型号可以和其他品牌的高档型号媲美。

2. TI 公司的 MSP430 系列单片机

TI 公司的 MSP430 系列单片机是一个超低功耗类型的 16 位单片机。它采用了 RISC 内核结构，特别适合于应用电池的场合或手持设备。同时，该系列单片机将大量的外围模块（如液晶驱动器、看门狗、A/D 转换器、硬件乘法器、模拟比较器等）集成到片内，特别适合于设计片上系统。在超低功耗方面，MSP430 能够实现在 1.8~3.6 V 电压和 1 MHz 的时钟条件下运行，耗电电流（0.1~400μA）因不同的工作模式而不同，如在液晶显示的条件下，其耗电只有 0.8μA。

MSP430 提供非基于 LCD（x2xx 和 F5xx）和基于 LCD 的（x4xx）产品系列。其产品系列有 MSP430x1xx、MSP430F2xx、MSP430x4xx 和 MSP430x5xx 等。

3. Atmel 公司的 AVR 系列单片机

AVR 系列单片机是 Atmel 公司的产品。该系列单片机吸收了 PIC 系列单片机与 MCS-51 系列单片机的优点，充分发挥了 Flash 存储器的特长，是性价比极高的单片机。其显著的特点为高性能、高速度、低功耗。它取消机器周期，以时钟周期为指令周期，实行流水作业，采用增强的 RISC 结构，使其具有高速处理能力，在一个时钟周期内可执行复杂的指令，每 MHz 可实现 1MIPS 的处理能力。AVR 单片机工作电压为 2.7~6.0V，可以实现耗电最优化。

AVR 单片机系列齐全，可适用于各种不同场合的要求。AVR 单片机有 3 个档次：低档 Tiny 系列主要有 Tiny11/12/13/15/26/28 等；中档 AT90S 系列主要有 AT90S1200/2313/8515/8535 等（正在淘汰或转型到 Mega 中）；高档 ATmega 系列主要有 ATmega8/16/32/64/128（存储容量为 8/16/32/64/128 KB）以及 ATmega8515/8535 等。这 3 个系列的 AVR 单片

机，其内核都是相同的，指令系统也是兼容的，只是在内部资源的配备及片内集成的外围接口数量和功能适当有所不同。

4. Motorola 单片机

Motorola 公司曾经是世界上最大的单片机厂商，从 M6800 开始，广泛开发了很多品种，4 位、8 位、16 位、32 位的单片机都能生产，其中典型的代表有：8 位机 M6805、M68HC05 系列，8 位增强型 M68HC11、M68HC12，16 位机 M68HC16，32 位机 M683xx。Motorola 单片机的特点之一是在同样的速度下所用的时钟频率较 Intel 类单片机低得多，因而使得高频噪声低，抗干扰能力强，更适合于工控领域及恶劣的环境，目前广泛应用于汽车电子中动力传动、车身、底盘及安全系统等领域。Freescale 公司一直是 Motorola 公司半导体产品分支，2004 年 7 月成为独立企业，Motorola 公司的单片机半导体业务就由 Freescale 公司接管负责。

5. Freescale 单片机

Freescale 半导体公司，就是原来的 Motorola 公司半导体产品部。于 2004 年从 Motorola 分离出来，更名为 Freescale。Freescale 系列单片机采用哈佛结构和流水线指令结构，在许多领域内都表现出低成本、高性能的特点，它的体系结构为产品的开发节省了大量时间。从低端到高端，从 8 位到 32 位，全系列应有尽有，多数产品支持在线调试，方便了用户的应用开发。目前，其单片机在汽车微控制器市场保持第一。

Freescale 公司现今主流的 8 位单片机中，主要有 3 种不同的内核，分别是 MC68HC08 系列、MC68HCS08 系列和 MC9RS08 系列；Freescale 16 位单片机分 MC68HC12 系列、MC9S12 系列、MC68HC16 系列和 MC9S12x 系列单片机；Freescale 32 位单片机自 1979 年 Motorola 推出 68000（68k）系列的 CPU 以后，又陆续推出了 M.CORE 系列、Power PC 系列、Dragon Ball（龙珠）系列和 ColdFire（冷火）系列微控制器。

1.4 单片机的应用领域

由于单片机所具有的显著优点，它的应用遍及各个领域，主要表现在以下几个方面。

1. 智能仪器仪表

单片机的应用使自动化仪器仪表的智能化程度越来越高，如自动计费电表、燃气表，许多工业仪表中的智能流量计、气体分析仪、成分分析仪等，各种检测仪器仪表中的多功能信号发生器、智能电压电流测试仪、医疗器械、检测仪器等都使用了单片机。

2. 机电一体化

机电一体化产品是指集机械技术、微电子技术、计算机技术于一体，具有智能化特征的机电产品，如微机控制的机床、机器人等。单片机作为产品中的控制器，能充分发挥其体积小、可靠性高、功能强等优点，可大大提高机器的自动化、智能化程度。

3. 实时控制

单片机广泛地用于各种实时控制系统中。例如，在工业测控、航空航天、尖端武器、机器人等各种实时控制系统中，都可以用单片机作为控制器。单片机的实时数据处理能力和控制功能，可使系统保持在最佳工作状态，提高系统的工作效率和产品质量。

4. 消费类电子产品

在洗衣机、空调器、汽车控制系统、保安系统、电视机、录像机、VCD 机、音响设备、电子秤、IC卡、手机、智能玩具等系统及设备中使用了大量各种各样的单片机，使其性能大大提高，实现了智能化和最优化控制。

5. 导航控制

单片机已应用于各类导航控制，如鱼雷制导控制、智能武器装置、导弹控制、航天器导航系统和电子干扰系统等。

6. 终端及外部设备控制

在计算机网络终端设备（如银行终端、商业POS、GPS电子地图、复印机等）和计算机外部设备（如打印机、绘图仪、键盘和通信终端等）中都使用了单片机。单片机的使用使这些设备既具有计算、存储、显示和数据处理等功能，又具有和计算机连接的端口，使计算机的应用能力和范围大大提高，更好地发挥了计算机的性能。

综上所述，单片机已成为计算机发展和应用的一个重要方面，它从根本上改变了传统的控制系统设计思想和设计方法。

习 题 1

1. 什么是单片机？它由哪几部分组成？它与一般计算机有何区别？
2. 单片机主要应用于哪些方面？请举一些例子。
3. 单片机的特点是什么？MCS-51单片机具有什么特点？
4. 简述单片机的发展趋势。
5. 目前流行的51内核的单片机有哪几种？它们各有什么特点？
6. 目前流行的非51内核的单片机有哪几种？它们各有什么特点？
7. 新一代8位单片机有什么特点？

第 2 章 AT89 系列单片机的硬件体系结构

　　Atmel 公司是美国 20 世纪 80 年代中期成立并发展起来的半导体公司。该公司的技术优势在于推出 Flash 内存技术和高质量、高可靠性的生产技术。它率先将独特的 Flash 存储技术注入于单片机产品中。其推出的 AT89 系列单片机，在世界电子技术行业引起了极大的反响，受到广大用户的欢迎。

　　本章以 AT89S51 为主线叙述 AT89xxx 系列单片机的内部结构、引脚功能、工作方式和时序等方面的知识。本章的知识是学习后续章节的基础，也是单片机应用系统硬件设计的基础。

2.1　AT89 系列单片机概述

2.1.1　AT89 系列单片机简介

　　AT89 系列单片机是与 MCS-51 系列单片机兼容的低功耗、高性能 8 位 Flash 单片机。它是在以 MCS-51 的技术内核为主导的基础上倾注了 Atmel 公司的优良技术所进行的新的设计和开发，使之功能更强、更具特色，尤其是 AT89S 系列单片机具有在系统编程设计功能，使生产维护更加方便灵活。

2.1.2　AT89 系列单片机的主要性能

　　AT89 系列单片机具有如下主要性能。
- 与 MCS-51 单片机产品兼容。
- 4/8KB 等可程序设计 Flash 内存。
- 1000 次擦写周期。
- 全静态操作：0Hz～33MHz（89S 系列）或 0Hz～24MHz（89C 系列）。
- 三级加密程序内存。
- 32 根可程序设计 I/O 口线。
- 2/3 个 16 位定时/计数器。
- 6/8 个中断源。
- 全双工 UART 串行通道。
- 低功耗空闲和掉电模式。
- 看门狗定时器及双数据指针（89S 系列）。
- 灵活的在系统程序设计（89S 系列）。

2.1.3　AT89 系列单片机的主要品种

　　Atmel 公司的 AT89 系列单片机有多种型号，但以 AT89x51 和 AT89x52 为代表，其主要单片机型号及其配置见表2-1。

表2-1 AT89系列主要单片机型号及其配置

配 置	型 号							
	AT89C51	AT89C52	AT89S51	AT89S52	AT89LS51	AT89LS52	AT89LV51	AT89LV52
程序存储器 Flash/KB	4	8	4	8	4	8	4	8
数据存储器/B	128	256	128	256	128	256	128	256
工作频率/MHz	24		33		16			
定时/计数器/个	2	3	2	3	2	3	2	3
UART通道/个	1	1	1	1	1	1	1	1
ISP	无	无	有	有	有	有	无	无
工作电压/V	4.0~6.0				2.7~6.0			
封装形式	DIP, PLCC, PQFP							

从表2-1中可以看出，AT89系列单片机主要分为51和52两个子系列，每个子系列都有4种型号。52子系列与51子系列相比，其不同之处是，Flash程序内存增至8KB，数据存储器增至256B，有3个定时/计数器等。AT89S和AT89C相比，新增加了以下功能：支持在系统程序设计，使生产及维护更方便；增加了片内看门狗，使用户的应用系统更坚固；双数据指针使数据操作更加快捷方便；速度更高，最高可使用33MHz的晶振。AT89LS和AT89LV系列可以在更低的电压（2.7V）和更宽的范围（2.7~6.0V）下工作，使应用范围更加广泛。AT89C51系列和AT89S51系列各机型及配置如表2-2和表2-3所示。本书以AT89S51为例介绍51系列单片机的工作原理及应用。

表2-2 AT89C51系列各机型及配置

配 置	机 型			
	AT89C51	AT89C52	AT89C1051	AT89C2051
Flash/KB	4	8	1	2
片内 RAM/B	128	256	64	128
I/O口引脚/个	32	32	15	15
定时/计数器/个	2	3	1	2
中断源/个	5	6	3	5
串行接口/个	1	1	1	1
M加密/级	3	3	2	2
片内振荡器	有	有	有	有
E^2PROM/KB	无	无	无	无

表2-3 AT89S51系列各机型及配置

配 置	机 型			
	AT89S51	AT89S52	AT89S53	AT89S8252
是否与MCS-51产品兼容	是	是	是	是
Flash/KB	4	8	12	8
工作电压/V	4~5.5	4~5.5	4~6	4~6
全静态工作频率/MHz	0~33	0~33	0~24	0~24
程序存储器锁存/级	三	三	三	三

(续)

配 置	机 型			
	AT89S51	AT89S52	AT89S53	AT89S8252
片内 RAM/位	128×8	256×8	256×8	256×8
可编程 I/O 位/位	32	32	32	32
中断源/个	5	6	9	9
定时/计数器/个	2（16位）	3（16位）	3（16位）	3（16位）
全双工串行口	有	有	有	有
SPI 串行接口	无	无	有	有
低功耗休闲和降压模式	有	有	有	有
可编程监视器	有	有	有	有
双数据指针低功耗模式	有	有	有	有
中断恢复	有	有	有	有
断电标志	有	有	有	有

2.1.4 AT89 系列单片机的型号编码

AT89 系列单片机的型号编码由前缀、型号和后缀 3 部分组成。其格式为
AT 89XXXXX-YYYY
其中，AT 是前缀；89XXXXX 是型号；YYYY 是后缀。

1. 前缀

AT89 系列单片机型号编码的前缀由字母 "AT" 组成，表示该器件是 Atmel 公司的产品。

2. 型号

AT89 系列单片机型号编码的型号由 "89CXXXX" 或 "89LVXXXX" 或 "89SXXXX" 等表示。

"89CXXXX" 中，9 表示内部含 Flash 内存，C 表示为 CMOS 产品；

"89LVXXXX" 中，LV 表示低压产品；

"89SXXXX" 中，S 表示含有串行下载 Flash 内存；

"XXXX"，表示器件型号数，如 51、52、53、1051、8252 等。

3. 后缀

AT89 系列单片机型号编码的后缀由 "YYYY" 4 个参数组成，每个参数的表示和意义不同。在型号与后缀部分有 "-" 号隔开。后缀中的第一个参数 Y 用于表示速度，第二个参数 Y 用于表示封装，第三个参数 Y 用于表示温度范围，第四个参数 Y 用于说明产品的处理情况。例如：有一个单片机的型号为 "AT89C51-12PI"，则表示该单片机是 Atmel 公司的 Flash 单片机，内部是 CMOS 结构，速度为 12 MHz，封装为塑封 DIP，是工业用产品，按标准处理工艺生产。

2.2 AT89 系列单片机的结构原理

2.2.1 AT89 系列单片机的基本组成

图 2-1 是 AT89 系列单片机的基本结构框图。它主要包括以下几部分。

- 1个8位中央处理单元（CPU），负责运算和控制各个功能部件。
- 片内 Flash 内存，用来存放程序或一些原始数据和表格，可重复程序设计，可进行1000次擦写操作。
- 片内 RAM，用来存放经常读、写的数据，如某些计算的中间结果等。
- 4个8位的双向可寻址 I/O 口，每个口既可以用做输入，也可以用做输出。
- 1个全双工口 UART（通用异步接收模式）的串行接口，通过它可以和计算机或其他外设进行通信。
- 2个16位的定时/计数器，用来对外部事件进行计数，也可以设置成定时器，并根据计数或定时的结果对单片机进行控制。
- 多个优先级的嵌套中断结构，6级中断，并可实现多个优先级的嵌套。
- 一个片内振荡器和时钟电路，最高允许24MHz或33MHz的振荡频率。

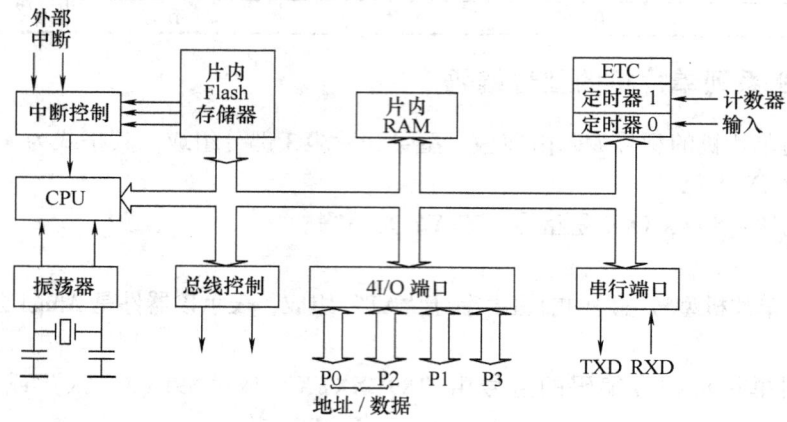

图 2-1　AT89 系列单片机的基本结构框图

2.2.2　AT89 系列单片机的内部框图

图 2-2 是 AT89S 系列单片机的内部结构框图。它集成了中央处理器（CPU）、内存系统（RAM 和 ROM）、定时/计数器、并行接口、串行接口、中断系统及一些特殊功能寄存器（SFR），它们通过内部总线紧密地联系在一起。

2.2.3　AT89 系列单片机的 CPU

CPU 是单片机的大脑，它决定了单片机的指令系统及主要功能。CPU 由运算器和控制器两部分组成，主要用于取指令、指令译码、发出各种操作所需的控制信号，使单片机各个部分协调工作。

1. 运算器

运算器是以算术逻辑单元（ALU）为核心，加上累加器（ACC）、B 寄存器、程序状态字寄存器（PSW）及专门用于位操作的布尔处理机等组成的，可以实现数据的算术运算、逻辑运算、位变量处理和数据传送等操作。

（1）ACC

ACC 是一个8位累加器，它是 CPU 中使用最频繁的寄存器，ALU 进行运算时，数据绝

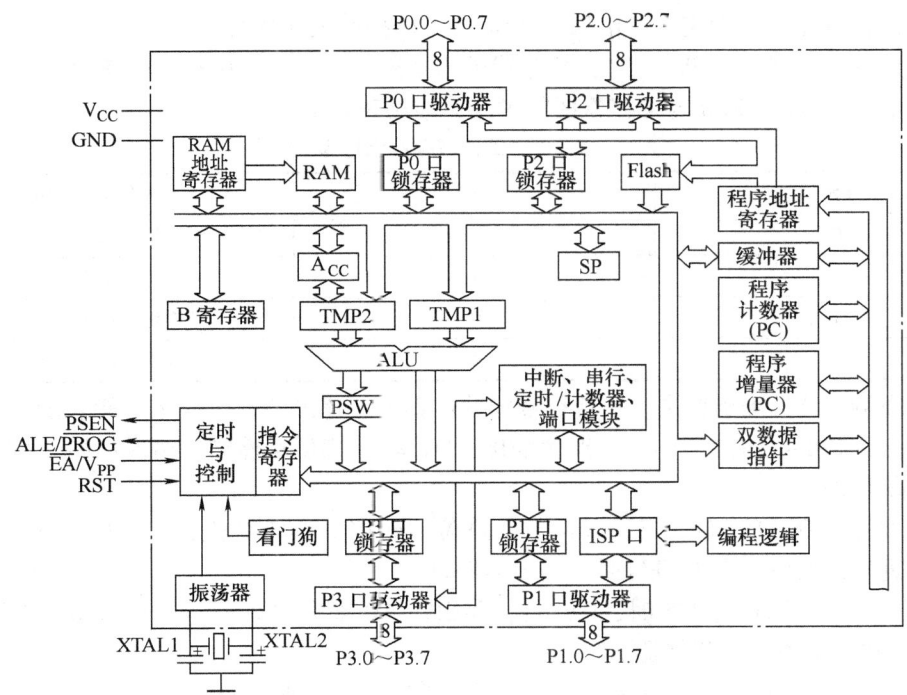

图 2-2 AT89S 系列单片机的内部结构框图

大多数时候都来自于 ACC。它一般用于存放参加运算的操作数和运算结果，在指令系统中用 A 表示。

(2) B 寄存器

B 寄存器是运算器中的一个工作寄存器，它是为乘法和除法指令而设置的。在除法指令中，被除数取自 ACC，除数取自 B，商数存放在 ACC 中，而余数则存放在 B 中。乘法指令的两个操作数分别取自 ACC 和 B，乘积则存放在 AB 寄存器对中（此处的 A 即 ACC）。在其他的运算中，B 寄存器可作为中间结果寄存器使用。

(3) PSW

PSW 是一个 8 位的寄存器，包含了各种程序状态信息，它相当于一个标志寄存器，以供程序查询和判别。PSW 的格式与标志如图 2-3 所示。

CY	AC	F0	RS1	RS0	OV	—	P

图 2-3 PSW 的格式与标志

此寄存器各位的含义如下（其中 PSW.1 未用）。

CY (PSW.7)：进位标志。在执行某些算术和逻辑指令时，它可以被硬件或软件置位或清零。CY 在布尔处理机中被认为是位累加器，其重要性相当于一般中央处理器中的累加器 A。

AC (PSW.6)：辅助进位标志。当进行加法或减法操作而产生由低 4 位数向高 4 位数进位或借位时，AC 将被硬件置位，否则就被清零。AC 被用于 BCD 码调整，详见指令系统中的 "DA A" 指令。

F0 (PSW.5)：用户标志位。F0 是用户定义的一个状态标记，用软件来使它置位或清零。该标志位状态一经设定,可由软件测试 F0,以控制程序的流向。

RS1、RS0(PSW.4、PSW.3):寄存器区选择控制位。可以用软件来置位或清零以确定工作寄存器区。RS1、RS0 与寄存器区的对应关系见表 2-4。

表 2-4 工作寄存器组选择

RS1	RS0	工作寄存器组
0	0	0 组 (00H~07H)
0	1	1 组 (18H~0FH)
1	0	2 组 (10H~17H)
1	1	3 组 (18H~1FH)

OV(PSW.2):溢出标志。在带符号加减运算中,超出了累加器 A 所能表示的符号数的有效范围(-128~+127)时,即产生溢出,OV=1,表明运算结果错误;如果 OV=0,表明运算结果正确。

执行加法指令 ADD 时,当位 6 向位 7 进位,而位 7 不向 C 进位时,OV=1;或者位 6 不向位 7 进位,而位 7 向 C 进位时,同样 OV=1。

乘法指令,乘积超过 255 时,OV=1,乘积在 AB 寄存器对中;若 OV=0,则说明乘积没有超过 255,乘积只在累加器 A 中。

除法指令,OV=1,表示除数为 0,运算不被执行;否则,OV=0。

P(PSW.0):奇偶标志。每个指令周期都由硬件来置位或清零,以表示累加器 A 中 1 的位数的奇偶数。若 1 的位数为奇数,P 置 1;否则,P 清零。

P 标志位对串行通信中的数据传输有重要的意义,在串行通信中常用奇偶校验的办法来检验数据传输的可靠性。在发送端可根据 P 的值对数据进行奇偶置位或清零。

PSW.1:程序状态字的第 1 位。该位的含义没有定义,若用户要使用这一位,可直接使用 PSW.1 的位地址。

PSW 除具有字节地址外,还具有位地址,因此可以对 PSW 中的任一位进行操作,这无疑大大提高了指令执行的效率。

【例 2-1】 试分析下面指令执行后,累加器 A,标志位 C、AC、OV、P 的值。
MOV A,#66H
ADD A,#59H

解:第一条指令执行时把立即数 66H 送入累加器 A,第二条指令执行时把累加器 A 中的立即数 66H 与立即数 59H 相加,结果回送到累加器 A 中。加法运算过程如下:

66H = 01100110B   59H = 01011001B

```
  0 1 1 0 0 1 1 0 B
+ 0 1 0 1 1 0 0 1 B
  -----------------
  1 0 1 1 1 1 1 1 B
```

则执行后累加器 A 中的值为 0BFH,由相加过程得 C=0、AC=0、OV=1、P=1。

2. 控制器

控制部件是单片机的控制中心,它包括定时和控制电路、指令寄存器、指令译码器、程序计数器(PC)、堆栈指针寄存器(SP)、数据指针寄存器(DPTR)以及信息传送控制部件等。它先以振荡信号为基准产生 CPU 的时序，从 ROM 中取出指令到指令寄存器，然后在指令译码器中对指令进行译码，产生指令执行所需的各种控制信号，送到单片机内部的各功能部件，指挥各功能部件产生相应的操作，完成指令对应的功能。

（1）PC

PC 用于存放 CPU 要执行的下一条指令的地址。程序中的每条指令都有自己的存放地址（指令都存放在 ROM 区的某一单元），CPU 要执行某条指令时，就把该条指令的地址码（即 PC 中的值）送到地址总线，从 ROM 中读取指令，当 PC 中的地址码被送上地址总线后，PC 会自动指向 CPU 要执行的下一条指令的地址。执行指令时，CPU 按 PC 的指示地址从 ROM 中读取指令，所读取指令码送入指令寄存器中，由指令译码器对指令进行译码，发出相应的控制信号，从而完成指令所指定的操作。

系统复位后 PC 的初始值为 0000H，因此 CPU 从 ROM 中 0000H 单元读取指令并译码执行。PC 不属于特殊功能寄存器 SFR 块，本身并没有地址，因而不可寻址，用户无法对它进行读/写操作，但是可以通过转移、调用、返回等指令改变其内容，以控制程序按要求转移。

（2）SP

SP 是一个 8 位特殊功能寄存器。它指示出堆栈顶部在内部 RAM 中的位置。系统复位后，SP 初始化为 07H，使得堆栈事实上由 08H 单元开始。考虑到 08H~1FH 单元分属于工作寄存器区 1~3，若程序设计中要用到这些区，则最好把 SP 值改置为 1FH 或更大的值，如 60H。SP 的初始值越小，堆栈深度就越深。堆栈指针的值可以由软件改变，因此堆栈在内部 RAM 中的位置比较灵活。

除用软件直接改变 SP 值外，在执行 PUSH、POP、各种子程序调用、中断响应、子程序返回（RET）和中断返回（RETI）等指令时，SP 值将自动调整。

（3）DPTR

DPTR 为 16 位的数据指针寄存器，由两个 8 位的寄存器 DPH 和 DPL 组成，可存放一个 16 位的地址值。当 CPU 访问 64KB 的外部数据存储器时，就用 DPTR 作为地址指针，存放外部内存的地址；当 CPU 访问 64KB 的程序存储器时，DPTR 用作基址寄存器。CPU 也可单独对 DPH、DPL 操作，即将 DPTR 分成两个寄存器使用。

2.3 AT89 系列单片机的存储器结构

AT89 系列单片机采用哈佛结构，有单独的程序存储器和数据存储器。外部程序存储器和数据存储器都可以 64KB 寻址。AT89 系列单片机存储器的结构如图 2-4 所示。

2.3.1 AT89 系列单片机的程序存储器

1. AT89 系列单片机程序存储器 ROM

程序存储器用于存放编好的程序、常数或表格。在正常工作时只可读不可写，掉电后数据不丢失。下面以 AT89S51 单片机为例进行讲解。

1）片内具有 4KB 的 Flash 结构的电可擦除只读存储器，与 Intel 公司早期产品的紫外线擦除的 EPROM 结构相比，使用更灵活、更方便。

2）外部可以扩展 64KB 的 ROM，以满足一些大程序的需要。但是建议用户尽量不要外

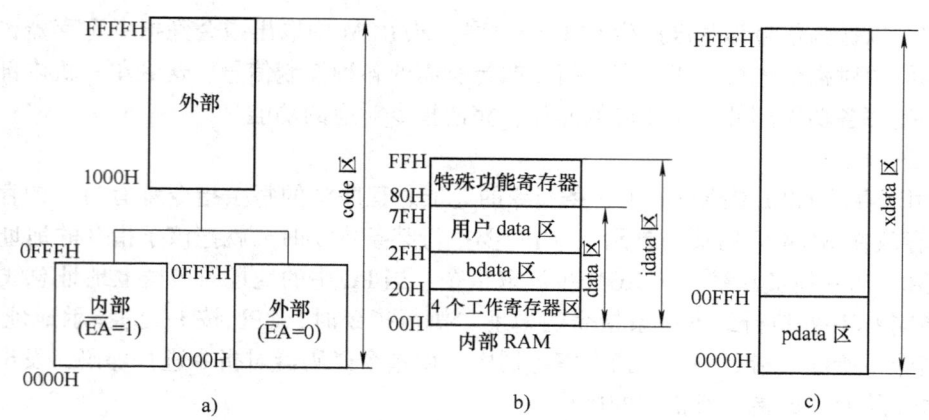

图 2-4 AT89 系列单片机内存的结构
a) 程序存储器（ROM） b) 内部数据存储器（内 RAM） c) 外部数据存储器（外 RAM）

扩 ROM，因为当扩展外部 ROM 的时候，系统要占有单片机的 P0、P2 口及 P3 口的部分口线作为总线。所以在大多数的应用场合，尽量选择片内的 Flash 内存的容量能够满足实际需要的单片机型号，这样不仅可以节省额外的硬件投资和单片机的口线资源，更重要的是片内 Flash 中的程序在下载、烧写时通过"加密"可以得到保护。只有当程序特别大，而且内部空间无法满足要求时，才选用扩展外部 ROM。

3）程序内存最低端的地址可以在片内 Flash 中，或在外部 ROM 中。通过单片机的引脚 $\overline{EA}$ 的电平来选择。例如，在带有 4KB 片内 Flash 的 AT89S51 中，如果把 $\overline{EA}$ 引脚连到 V_{CC}，当地址为 0000H ~ 0FFFH 时，则访问内部 Flash；当地址为 1000H ~ FFFFH 时，则访问外部程序内存。在 AT89C52（8KB Flash）中，当 $\overline{EA}$ 端保持高电平时，如果地址不超过 1FFFH，则访问内部 Flash；地址超过 1FFFH（即为 2000H ~ FFFFH）时，将自动转向外部程序内存。如果 $\overline{EA}$ 端接地，则只访问外部程序内存，不管是否有内部 Flash 内存。

2. AT89 系列单片机程序存储器管理

1）每个 ROM 单元（Byte）对应一个唯一的 16bit 的地址编码（Address）。

2）CPU 要到某个 ROM 单元去取指令，是通过把地址编码写入 16 位的 PC（程序计数器）来实现的，因此 AT89 系列单片机地址的编码范围（通常称为寻址范围）为：

```
0000 0000 0000 0000B  ~  1111 1111 1111 1111B   （二进制）
   0    0    0    0H  ~   F    F    F    FH     （十六进制）
                    0  ~  65535                  （十进制）
```

3）系统复位后，PC 的初始值为 0000H，以后的取值是 CPU 根据用户程序的运行流程自动装载的（程序顺序执行时，PC 值自动加 1；执行转移指令、子程序调用和中断服务程序时，PC 值分别等于转移的目标地址、子程序或中断服务程序的入口地址），它的值代表单片机下一条要执行的指令在 ROM 中的存放位置，用户不能直接对 PC 进行操作。

3. AT89 系列单片机程序存储器的分配

程序内存的某些单元是保留给系统使用的，这几个单元的配置如图 2-5 所示。从图 2-5 可知，单片机复位后，PC 的内容为 0000H，所以 CPU 总是从 0000H 单元开始执行程序。

但从地址 0003H 开始，系统每隔 8 个单元为 6 个中断服务子程序分配有一个固定的入口地址。例如，外部中断 0 的入口地址为 0003H；定时器 0 的入口地址为 000BH；外部中断 1 的入口地址为 0013H；定时器 1 的入口地址为 001BH；以此类推。中断响应后，程序计数器 PC 将自动根据中断类型指向这些入口地址的某一个，CPU 就从这里开始执行中断服务子程序。如果一个中断服务子程序足够短，则可以全部存放在这 8 个单元中。对较长的服务子程序，则可利用一条跳转指令跳过后续的中断入口地址。

因此，从 0003H 单元开始的这段区域应该保留给中断使用，所以程序设计时在 0000H~0002H 单元放置一条转移指令，跳过这段区域，转到系统主程序，除非系统不使用中断，主程序才可以覆盖这段区域。

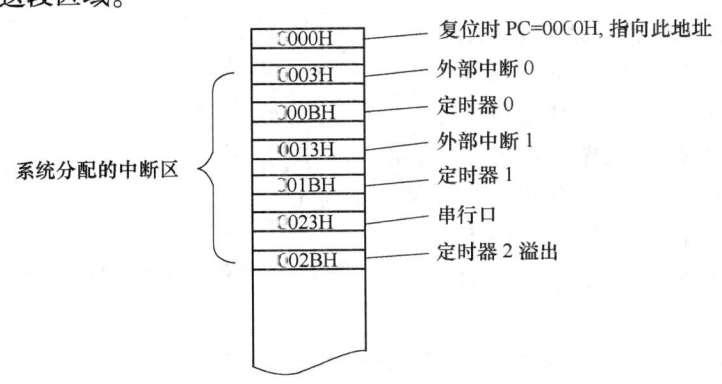

图 2-5 程序内存的复位及中断入口配置

2.3.2 AT89 系列单片机的数据存储器

数据存储器 RAM 用于存放程序中的"中间数据"或程序运行后的结果，掉电后内容会丢失。与程序存储器一样，数据存储器同样可分为两个地址空间：一个为内部 256B 内存空间；一个为外部扩展的 64KB 内存空间。使用外部 RAM 同样是以付出占用口资源为代价的，所以一般情况下不提倡使用外部 RAM。51 系列单片机使用 MOV 指令访问内部 RAM 空间，使用 MOVX 指令访问外部 RAM 空间。

1. 内部数据存储器的结构

单片机的内部数据存储器结构如图 2-6 所示。片内数据存储器地址的范围是 00H~FFH，只有 256B。对于 51 系列，高 128B 被特殊功能寄存器占用。对于 52 等内部具有 256B 的 RAM 系列，高 128B 与特殊功能寄存器地址重叠。也就是说，高 128B 与特殊功能寄存器有相同的地址，而物理上是分开的。当一条指令访问高于 7FH 的地址时，寻址方式决定 CPU 访问高 128B RAM 还是特殊功能寄存器空间。

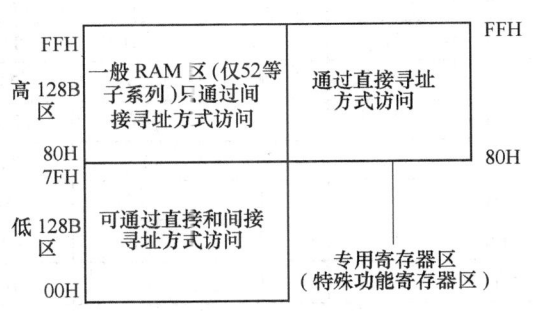

图 2-6 单片机的内部数据存储器结构

直接寻址方式访问特殊功能寄存器（SFR）：指令 MOV 0A0H, #data，访问 0A0H（P2 口）存储单元。

间接寻址方式访问高 128B RAM：当 R0 内容为 0A0H，指令 MOV @R0, #data，访问的是地址 0A0H 的寄存器，而不是 P2 口（它的地址也是 0A0H）。

（1）低 128B RAM 区

低 128B RAM 区的分配情况如图 2-7 所示。主要分为 3 个区域：工作寄存器组区、位寻址区和用户 RAM 区。

1）工作寄存器组区。最低 32 个单元（地址为 00H～1FH）是 4 个通用工作寄存器组。每个寄存器组含有 8 个 8 位寄存器，编号为 R0～R7。PSW 中的 2 位 RS0、RS1 用来确定当前采用哪一个工作寄存器组，其对应关系如前面的表 2-3 所示。在某一时刻只能选用其中的一组寄存器工作，系统复位后，指向工作寄存器组 0。如果用户程序不需要 4 个工作寄存器区，则不用的工作寄存器单元可以作为一般的 RAM 使用。

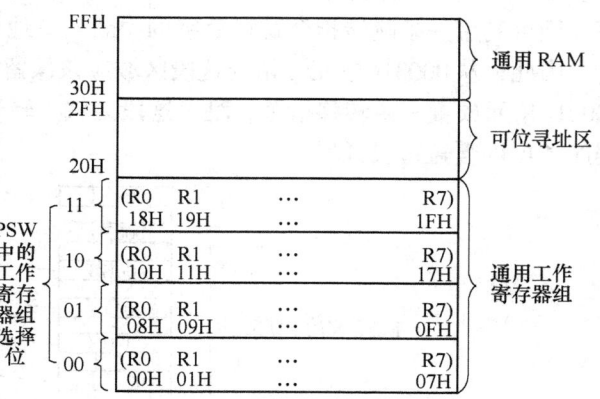

图 2-7　内部 RAM 低 128B RAM 区的分配

2）位寻址区。内部 RAM 区中的 20H～2FH 单元（16B）可供位寻址。这 16 个单元共有 128 位，每位均可直接寻址，其位地址范围为 00H～7FH，具体情况见表 2-5。这些位地址有两种表示方式：一种是采用位地址形式，即 00H～7FH；另一种是用"字节地址（20H～2FH）.位数"方式表示。例如，位地址 00H～07H 也可表示为 20H.0～20H.7。

表 2-5　位寻址区地址表

字节地址	地 址 位							
	D7	D6	D5	D4	D3	D2	D1	D0
20H	07	06	05	04	03	02	01	00
21H	0F	0E	0D	0C	0B	0A	09	08
22H	17	16	15	14	13	12	11	10
23H	1F	1E	1D	1C	1B	1A	19	18
24H	27	26	25	24	23	22	21	20
25H	2F	2E	2D	2C	2B	2A	29	28
26H	37	36	35	34	33	32	31	30
27H	3F	3E	3D	3C	3B	3A	39	38
28H	47	46	45	44	43	42	41	40
29H	4F	4E	4D	4C	4B	4A	49	48
2AH	57	56	55	54	53	42	51	50
2BH	5F	5E	5D	5C	5B	5A	59	58
2CH	67	66	65	64	63	62	61	60
2DH	6F	6E	6D	6C	6B	6A	69	68
2EH	77	76	75	74	73	72	71	70
2FH	7F	7E	7D	7C	7B	7A	79	78

- 该区域每个单元可以作为一般 RAM 单元整体使用。例如：

    MOV 20H, #35H   ；将 20H 单元赋值 35H

指令执行后：

20H 单元地址 | 0 | 0 | 1 | 1 | 0 | 1 | 0 | 1 |

MOV 为字节操作指令，指令中的 20H 为内部 RAM 单元地址。

- 该区域的每一位也可以作为独立的可寻址位单独使用。例如：

    SETB 20H   ；将 24H 单元的第 0 位置为 1

假设 24H 单元原来内容为 0，则指令执行后：

位地址
20H

单元地址 24H | 0 | 0 | 0 | 0 | 0 | 0 | 0 | 1 |

SETB 为位操作指令，指令中的 20H 为位地址，即 24H 第 0 位的位地址，指令也可以写成：

    SETB 24H.0

3) 用户 RAM 区。30H~7FH 共 80 个字节单元，为字节寻址的内部 RAM 区，可供用户作为数据存储区。这一区域的操作指令非常丰富，数据处理方便灵活，是非常宝贵的资源。但是，如果堆栈指针初始化时设置在这个区域，就要留出足够的字节单元作为堆栈区，以防止在数据存储时，破坏堆栈的内容。

堆栈：是按先进后出或后进先出原则进行读/写的特殊 RAM 区域。51 单片机的堆栈区是不固定的，原则上可设置在内部 RAM 的任意区域内。实际使用时要根据对片内 RAM 各功能区的使用情况而灵活设置，应避开工作寄存器区、位寻址区和用户实际使用的数据区，一般设在 2FH 地址单元以后的区域。

堆栈的作用：主要用在子程序调用或中断处理过程中，用于保护断点和现场，实现子程序或中断的多级嵌套处理。在 CPU 响应中断或调用子程序时，会自动地将断点处的 16 位返回地址压入堆栈。在中断服务程序或子程序结束时，返回地址会自动由堆栈弹出，并放回到 PC 中，使程序从原断口处继续执行下去。堆栈除了用于保护断点处的返回地址外，还可以用于保护其他一些重要信息。要注意的是，必须按照"后进先出"的原则存取信息。堆栈也可以作为特殊的数据交换区使用。

堆栈的开辟：栈顶的位置由专门设置的堆栈指针寄存器 SP 指出。51 单片机的 SP 是 8 位寄存器，堆栈属向上生长的，当数据压入堆栈时，SP 的内容自动加 1，作为本次进栈的指针，然后再存入数据。SP 的值随着数据的存入而增加。当数据从堆栈弹出之后，SP 的值随之减少。复位时，SP 的初值为 07H，用户在初始化程序中可以给 SP 赋新的初值。

(2) 高 128B 的特殊功能寄存器（SFR）区

SFR 是单片机片内资源的控制指挥单元。单片机内部不管集成了多少外围接口部件和功能单元，都是通过 SFR 进行控制和管理的。因此，学习任何一个单片机的功能部件的使用，一定要了解与之相关的 SFR，并弄清通过这些 SFR 如何去控制所使用的功能部件。

51 系列单片机内的 I/O 锁存器、定时器、串行口数据缓冲器以及各种控制寄存器和状态寄存器都以特殊功能寄存器的形式出现。它们离散地分布在 80H~FFH 的地址空间范围内，具体分布如图 2-8 所示。

图 2-8 列出了 AT89S52 单片机所有的特殊功能寄存器及其地址和初始值。其中单字节的有 ACC、B、PSW、SP、P0、P1、P2、P3、IP、IE、TMOD、TCON、T2CON、T2MOD、SCON、SBUF、PCON、AUXR、AUXR1、WRDTRST 等 20 个，双字节的有 DP0L-DP0H、DP1L-DP1H、TH0-TL0、TH1-TL1、TH2-TL2、RCAP2H-RCAP2L 等 6 个。其中 AUXR、AUXR1、WRDTRST 仅 AT89S 系列单片机具有，T2CON、T2MOD、H2-TL2、RCAP2H-RCAP2L 仅 52 系列等内部具有 T2 的单片机具有。字节地址能被 8 整除的专用寄存器都可以实现位寻址，个别不能被 8 整除的专用寄存器也可以实现位寻址，其位地址见表 2-6。这些位寻址单元与布尔指令集构成了 51 系列单片机具有的布尔处理系统，它是一个完整的布尔处理机，在开关判别决策、逻辑功能实现和实时控制等方面是非常有用的。

0F8H								0FFH
0F0H	B 00000000							0F7H
0E8H								0EFH
0E0H	ACC 00000000							0E7H
0D8H								0DFH
0D0H	PSW 00000000							0D7H
0C8H	T2CON 00000000	T2MOD XXXXXX00	RCAP2L 00000000	RCAP2H 00000000	TL2 00000000	TH2 00000000		0CFH
0C0H								0C7H
0B8H	IP XX000000							0BFH
0B0H	P3 11111111							0B7H
0A8H	IE 0X000000							0AFH
0A0H	P2 11111111		AUXR1 XXXXXXX0				WDTRST XXXXXXXX	0A7H
098H	SCON 00000000	SBUF XXXXXXXX						09FH
090H	P1 11111111							097H
088H	TCON 00000000	TMOD 00000000	TL0 00000000	TL1 00000000	TH0 00000000	TH1 00000000	AUXR XXX00XX0	08FH
080H	P0 11111111	SP 00000111	DP0L 00000000	DP0H 00000000	DP1L 00000000	DP1H 00000000	PCON 0XXX0000	087H

图 2-8　AT89S52 单片机的 SFR 在 80H～FFH 的离散分布

1) SFR 的使用方法：

① 从表 2-6 可以看出，80H~FFH 这 128B 并不是所有的地址都定义了 SFR。在这个区域当中，除了 SFR 之外剩余的空闲单元，用户不得使用。读这些地址，一般将得到一个随机数据；写入的数据将会无效。

② 必须使用直接寻址方式对 SFR 进行访问，可使用寄存器名称（是它的符号地址）或地址。例如，0E0H 为累加器的地址；ACC 为累加器的名称。

③ 具有位地址和位名称的 SFR 才可以位寻址。位地址有以下 4 种表示形式：

- 直接使用位地址表示：例如，0D7H 表示 PSW 最高位的位地址。
- 使用位名称表示：例如，CY 表示 PSW 最高位的位名称。
- 使用 SFR "字节地址.位" 形式表示：例如，0D7H.7 表示 PSW 字节地址.最高位。
- 使用 SFR "名称.位" 形式表示：例如，PSW.7 表示 PSW 名称.最高位。

AT89C 系列单片机特殊功能寄存器的名称、标识符、地址见表 2-6。

表 2-6　AT89C 系列单片机特殊功能寄存器的名称、标识符、地址

专用寄存器名称	符号	字节地址	位地址（十六进制）/位名称							
			D7	D6	D5	D4	D3	D2	D1	D0
P0 口	P0	80H	87	86	85	84	83	82	81	80
堆栈指针	SP	81H								
DPTR 低字节	DPL	82H								
DPTR 高字节	DPH	83H								
电源控制寄存器	PCON	97H								
定时/计数器控制寄存器	TCON	88H	TF1 8F	TR1 8E	TF0 8D	TR0 8C	IE1 8B	IT1 8A	IE0 89	IT0 88
定时/计数器方式控制寄存器	TMOD	89H								
定时器 0 低字节	TL0	8AH								
定时器 1 低字节	TL1	8BH								
定时器 0 高字节	TH0	8CH								
定时器 1 高字节	TH1	8DH								
P1 口	P1	90H	97	96	95	94	93	92	91	90
串行口控制寄存器	SCON	98H	SM0 9F	SM1 9E	SM2 9D	REN 9C	TB8 9B	RB8 9A	TI 99	RI 98
串行口数据缓冲器	SBUF	99H								
P2 口	P2	A0H	A7	A6	A5	A4	A3	A2	A1	A0
中断允许寄存器	IE	A8H	EA AF	—	ET2 AD	ES AC	ET1 AB	EX1 AA	ET0 A9	EX0 A8
P3 口	P3	B0H	B7	B6	B5	B4	B3	B2	B1	B0

（续）

专用寄存器名称	符号	字节地址	位地址（十六进制）/位名称							
			D7	D6	D5	D4	D3	D2	D1	D0
中断优先级设置寄存器	IP	B8H	—	—	PT2 BD	PS BC	PT1 BB	PX1 BA	PT0 B9	PX0 B8
定时/计数器 2 控制寄存器	T2CON*	C8H	TF2 CF	EXF2 CE	RCLK CD	TCLK CC	EXEN CB	TR2 CA	C/T2 C9	C/L2 C8
定时/计数器 2 自动重装载低字节	RLDL*	CAH								
定时/计数器 2 自动重装载高字节	RLDH*	CBH								
定时/计数器 2 低字节	TL2*	CCH								
定时/计数器 2 高字节	TH2*	CDH								
程序状态寄存器	PSW	D0H	CY D7	AC D6	F0 D5	RS1 D4	RS0 D3	OV D2	— D1	P D0
累加器	A	E0H	E7	E6	E5	E4	E3	E2	E1	E0
B 寄存器	B	F0H	F7	F6	F5	F4	F3	F2	F1	F0

注：表中带 * 的寄存器与定时/计数器 2，只有 52 等子系列芯片中存在。RLDH、RLDL 也可写作 RCAP2H、RCAP2L，分别称为定时/计数器 2 捕捉高字节、低字节寄存器。

2）AT89S 系列单片机新增的 SFR 及功能简介：

AT89S 系列单片机除了如表 2-6 所示的和 AT89C 系列单片机相同的 SFR 以外，又新增了几个 SFR，使其功能更强。

① 双数据指针寄存器 DPTR0 和 DPTR1。AT89S 系列单片机提供了两路 16 位数据指针寄存器，即位于 SFR 中 82H ~ 83H 的 DPTR0 和位于 84H ~ 85H 的 DPTR1，能给程序设计带来很大的便利。

在 8051 体系中，数据指针 DPTR 作为一个特殊的 16 位寄存器，用于寻址 64 KB 的 XDATA 或 CODE 空间。双数据指针可以改善同时需要两个 16 位指针运用时的性能。作为一种增强特性，DPTR 被增强为 DPTR0 和 DPTR1 两个，DPTR0 仍然运用原来的地址，用 AUXR1 的 0 位 DPS 来切换。当 DPS 位为 0 时，所有对 DPTR 的操作运用 DPTR0；当 DPS 位为 1 时，所有对 DPTR 的操作运用 DPTR1。这样，通过一个基本的 INC AUXR1 指令，就可以来回切换两个数据指针。例如：

```
    MOV AUXR1, #0        ; DPS 为 0, DPTR0 有效
    ……
    INC AUXR1            ; DPS 为 1, DPTR1 有效
    ……
    INC AUXR1            ; DPS 为 0, DPTR0 有效
```

② 辅助寄存器1（AUXR1）。AUXR1用于选择双数据指针寄存器DP0和DP1，它的字节地址为A2H，不可以位寻址。各位的定义如图2-9所示。

—	—	—	—	—	—	—	DPS
7	6	5	4	3	2	1	0

图2-9 辅助寄存器1

其中：

—表示预留扩展用；

DPS表示数据指针选择位，DPS=0时，选择DPTR寄存器DP0L和DP0H；DPS=1时，选择DPTR寄存器DP1L和DP1H。

③ 辅助寄存器（AUXR）。AUXR用于选择ALE的时钟输出方式、RESET输出及空闲模式下WDT的工作方式，地址为8EH，不可以位寻址，各位的定义如图2-10所示。

—	—	—	WDIDLE	DISRTO	—	—	DISALE
7	6	5	4	3	2	1	0

图2-10 辅助寄存器

其中：

—表示预留扩展用；

DISALE表示ALE使能标志位，DISALE=0时，ALE以1/6晶振频率输出信号；DISALE=1时，ALE只有在执行MOVX或MOVC指令时启动；

DISRTO为复位输出标志位，DISRTO=0时，表示看门狗（WDT）定时结束，Reset输出高电平；DISRTO=1时，Reset表示只有输入；

WDIDLE表示空闲模式下WDT使能标志位，WDIDLE=0时，表示空闲模式下，WDT继续计数；WDIDLE=1时，表示空闲模式下，WDT停止计数。

④ 看门狗复位特殊功能寄存器（WDTRST）。WDTRST的地址为0A6H，用于系统初始化时向WDTRST依次写入0E1H和0E1H来启动WDT。当WDT启动后，系统正常工作时，用户必须定时向WDTRST写入01EH和0E1H（即喂狗）以避免WDT溢出；当系统由于干扰造成死机，不能定时向WDTRST写入01EH和0E1H（即喂狗）时，WDT溢出使系统复位，使系统恢复正常工作。

(3) 内部高128B的RAM区（仅52系列等内部具有256B RAM的单片机具有）

内部高128B的RAM区具有和SFR区相同的地址，但必须使用间接寻址方式访问。例如，将50H写入85H单元，可以采用如下形式：

```
MOV R0, #85H
MOV @R0, #50H
```

2. 外部数据存储器

外部数据存储器的寻址空间可达64KB，地址范围是0000H~FFFFH。P0端口作为RAM的地址/数据总线，当外部地址空间小于FFH时，只需P0口作为地址总线即可，P2口可以作为一般的I/O使用；当外部地址空间大于FFH时，则由P2端口传送高8位地址。对片外数据存储器的访问，使用MOVX的间接寻址指令，以区别对内部RAM的访问，同时产生读、写信号。

2.4 AT89 系列单片机的引脚功能

2.4.1 外部引脚

图 2-11 是 AT89S52 单片机的引脚结构图。AT89S52 单片机有双列直插式的 PDIP 封装、方形的 PLCC 封装和 PQFP/TQFP 封装。

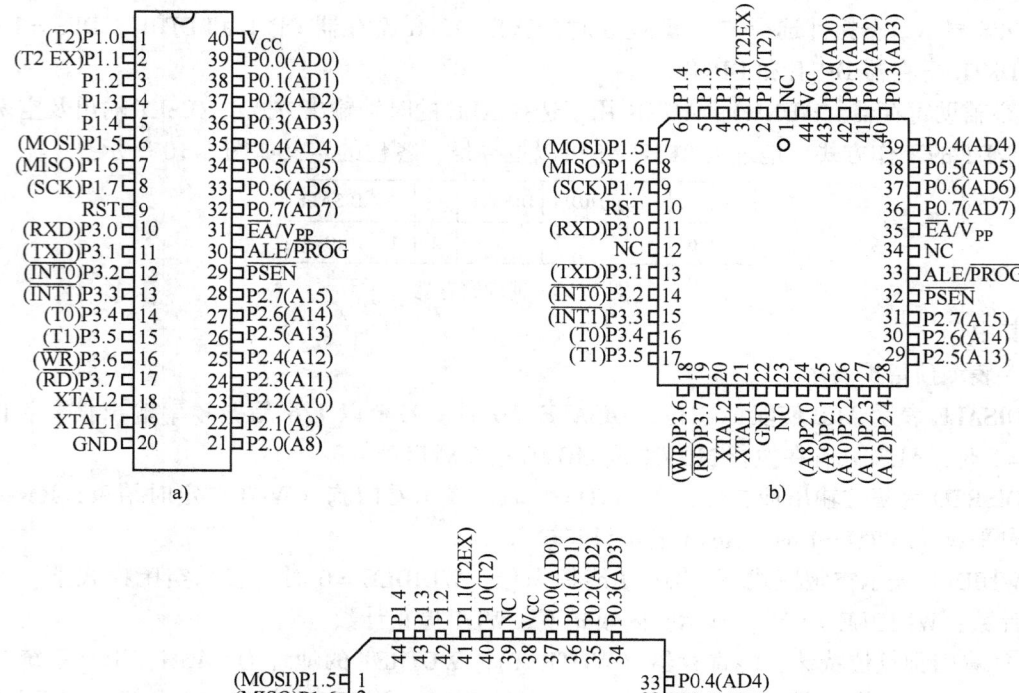

图 2-11 AT89S52 单片机的引脚图
a) PDIP 封装 b) PLCC 封装 c) TQFP 封装

在图 2-11 所示的 AT89S52 单片机的引脚图中，P1.0（T2）、P1.1（T2EX）引脚的第二功能（括号内功能），只有 52 系列等内部具有 T2 的单片机具有，P1.5（MOSI）、P1.6（MISO）、P1.7（SCK）引脚的第二功能只有 AT89S 系列单片机具有。这些引脚从功能角度来看可分为下面 4 部分。

1. 输入输出引脚

AT89 系列单片机共有 P0、P1、P2、P3 口 4 个 8 位的并行 I/O 口，其对应的引脚分别是 P0.0 ~ P0.7，P1.0 ~ P1.7，P2.0 ~ P2.7，P3.0 ~ P3.7，共 32 根 I/O 线。每根线可以单独用做输入或输出。

2. 控制引脚

（1）RST 复位输入端

在振荡器运行时，在此脚上出现两个机器周期以上的高电平将使单片机复位。看门狗定时器（Watchdog）溢出后，该引脚会保持 98 个振荡周期的高电平，也会使单片机复位。在 AUXR 寄存器中的 DISRTO 位可以用于屏蔽这种功能。DISRTO 位的默认状态，是复位高电平输出功能使能。

（2）ALE/$\overline{PROG}$ 地址锁存允许/编程脉冲

在访问外部存储器时，这个输出信号用于锁存低字节地址。在对 Flash 内存编程时，这条引脚用于输入编程脉冲 $\overline{PROG}$。一般情况下，ALE 是振荡器频率的 6 分频信号，可用于外部定时或时钟。但是，在对外部数据存储器每次存取中，会跳过一个 ALE 脉冲。在需要时，可以把 AUXR 寄存器的 0 位置为 "1"，从而屏蔽 ALE 的工作；而只有在 MOVX 或 MOVC 指令执行时 ALE 才被启动。在单片机处于外部执行方式时，对 ALE 屏蔽位置 "1" 并不起作用。

（3）$\overline{PSEN}$ 外部程序存储器的选通信号

它用于读外部程序存储器的选通信号，低电平有效。当 AT89 系列单片机在执行来自外部程序存储器的指令时，每一个机器周期 $\overline{PSEN}$ 被启动 2 次。在对外部数据存储器的每次存取中，$\overline{PSEN}$ 不出现。

（4）$\overline{EA}$/V_{PP} 外部程序存储器访问允许端/编程电源输入端

$\overline{EA}$ 接地，单片机从地址为 0000H ~ FFFFH 的外部程序内存中读取代码。$\overline{EA}$ 接到 V_{CC}，单片机先从内部程序内存中读取代码，然后自动转向外部。在对 Flash 内存编程时，这条引脚接收 12V 编程电压 V_{PP}。

3. 电源和时钟引脚

V_{CC}：电源端。

GND：接地端。

4. 外接晶体引脚

XTAL1：接外部晶体的一个引脚。在单片机内部，它是构成片内振荡器的反相放大器的输入端。当采用外部振荡器时，该引脚接收振荡器的信号，即把此信号直接接到内部时钟发生器的输入端。

XTAL2：接外部晶体的另一个引脚。在单片机内部，它是构成片内振荡器的反相放大器的输出端。当采用外部振荡器时，此引脚应悬浮不连接。

如果采用片内的振荡电路，要在单片机的引脚 XTAL1 和 XTAL2 之间连接一个石英晶体或陶瓷谐振器，并将两个电容接地，如图 2-12 所示。如果使用石英晶体振荡器，C1、C2 的取值范围为 22 ~ 33pF；如果使用陶瓷振荡器，C1、C2 的取值范围为 40 ~ 47pF。有时也可采用外部振荡器,这时,把外部振荡器的信号直接连到 XTAL1 端,XTAL2 端悬空不用,如图 2-13 所示。

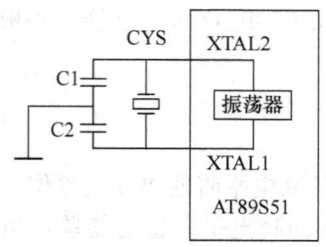

图 2-12 内部振荡器的接法

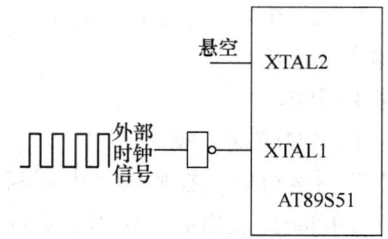

图 2-13 外部振荡器的接法

2.4.2 片外总线结构

从 AT89 系列单片机引脚可以看出,除了电源、复位、时钟输入以及使用者 I/O 口外,其余的引脚都是为实现系统扩展而设置的。这些引脚构成了片外三总线结构,如图 2-14 所示。从图 2-11 单片机的引脚图可以看出,P0 口的 8 个引脚后面括号里标有 ADx(x 为 0~7),表示既可以是地址总线(AB),又可以是数据总线(DB);P2 口的 8 个引脚后面括号里标有 Ax(x 为 8~15),表示作为地址总线的高 8 位;P3 口的 8 个引脚后面括号里也分别标有 RXD、TXD、INT0、INT1、T0、T1、RD、WR,它们是控制信号的一部分。

1. 地址总线(AB)

地址总线的宽度是 16 位,因此可以寻址的范围是 64 KB。采用分时复用技术,可以对外部 64 KB 的数据存储器或程序存储器直接寻址。它由 P0 口提供 16 位地址总线的低 8 位(A0~A7),由 P2 口提供地址总线的高 8 位(A8~A15)。

2. 数据总线(DB)

数据总线的宽度是 8 位,它由 P0 口提供。

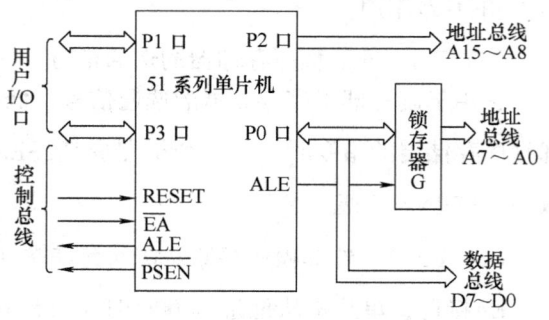

图 2-14 51 系列单片机片外总线结构图

3. 控制总线(CB)

控制总线由 P3 口的第二功能(RXD、TXD、INT0、INT1、T0、T1、RD、WR)和 4 根独立的控制线(RST、EA、ALE、PSEN)组成。

2.5 AT89 系列单片机的 I/O 接口

AT89 系列单片机有 P0(P0.0~P0.7)、P1(P1.0~P1.7)、P2(P2.0~P2.7)、P3(P3.0~P3.7)4 个 8 位双向输入/输出端口,在结构上因端口的使用功能不同,其结构和性能都有所不同。从严格意义上讲,它们都是"准双向口",因此在口程序设计中有许多应注意的地方。所以,了解端口的结构特点是十分必要的,下面分别介绍。

2.5.1 P0 口

P0 口是一个 8 位漏极开路的双向 I/O 口。图 2-15 是 P0 口的位结构图,包括 1 个输出锁存器、2个三态缓冲器、1个输出驱动电路和1个输出控制端。输出驱动电路由一对场效应管组成，其工作状态受输出端的控制，输出控制端由1个与门、1个反相器和1个转换开关MUX组成。对51系列单片机来讲，P0口既可作为输入/输出口，又可作为地址/数据总线接口使用。

1. P0口作为通用I/O口使用

对于内部有Flash内存的单片机，P0口可以作为通用I/O口，此时控制端为低电平，转换开关MUX把输出级与锁存器的Q端接通，同时因与门输出为低电平，输出级T1管处于截止状态，输出级为漏极开路电路。

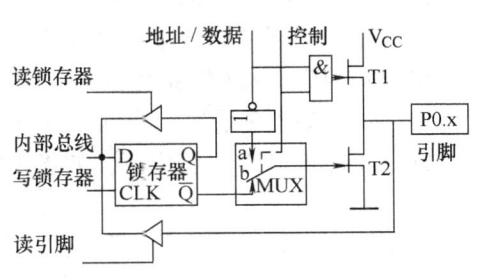

图2-15 P0口的位结构图

1）在I/O模式下作为输出口使用时，P0口应外接上拉电阻（10kΩ左右），否则P0口无法输出高电平。

2）在I/O模式下作为输入口使用时，在输入操作前应先向端口写"1"。因为端口引脚在内部直接与场效应管连接，如果在输入操作时锁存器原来的状态Q为"0"，则使T2处于饱和状态，即端口引脚P0.x的电平被T2钳制在"0"电平。这样，外部加在引脚上的电平将不能正确地输入到内部总线上。因此，在进行I/O输入操作前应先向端口写"1"，这时输出级两个场效应管均截止，可作为高阻抗输入，通过三态输入缓冲器读取引脚信号，从而完成输入操作。

由于在读引脚时必须连续使用两条指令（对端口置1和读指令），因此附加了一个准备动作，所以这类I/O口被称为"准双向"口。MCS-51的P0、P1、P2、P3口作为输入/输出口时都是"准双向"口。

2. P0口作为低8位地址/数据复用总线使用

若单片机外部扩展存储器，P0口输出低8位地址或数据信息，此时控制端应为高电平，转换开关MUX将反相器输出端与输出级场效应管T2接通，同时与门开锁，内部总线上的地址或数据信号通过与门去驱动T1管，又通过反相器去驱动T2管，这时内部总线上的地址或数据信号就传送到P0口的引脚上。在该模式，P0口拥有内部上拉电阻。工作时低8位地址与数据线分时使用P0口。低8位地址由ALE信号的负跳变使它锁存到外部地址锁存器中，而高8位地址由P2口输出。

3. 对Flash内存进行编程或校验时输入或输出代码

在对Flash内存进行编程下载时，P0用于接收程序代码字节；在校验时，则输出程序代码字节，此时需要外加上拉电阻。

2.5.2 P1口

P1口是一个有内部上拉电阻的准双向口，位结构如图2-16所示，P1口在电路结构上与P0口有一些不同之处。首先它不再需要多路转接电路MUX，其次是电路的内部有上拉电阻，与场效应管共同组成输出驱动电路。

1. P1口作通用I/O口使用

作为输出口使用时，已能向外提供推拉电流负载，无须再外接上拉电阻。在作为输入时，和 P0 口一样，必须先将"1"写入锁存器，使场效应管 T2 截止，从而完成输入操作。

2. P1 口引脚复用功能

对于 52 系列等内部具有 T2 的单片机，P1.0 与 P1.1 可以配置成定时/计数器 2 的外部计数输入端（P1.0/T2）与定时/计数器 2 的触发输入端（P1.0/T2EX）；对于 AT89S 系列单片机，P1.5、P1.6、P1.7 用于 Flash 内存的 ISP 下载引脚，如表 2-7 所示。

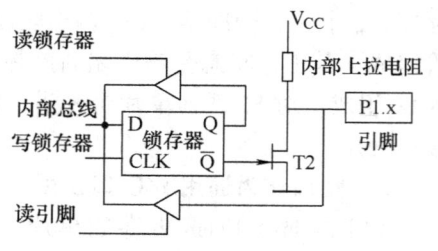

图 2-16 P1 口的位结构图

表 2-7 P1 口引脚复用功能

口引脚	复用功能
P1.0	T2（定时/计数器 2 的外部输入端）
P1.1	T2EX（定时/计数器 2 的外部触发端和双向控制）
P1.5	MOSI（串行数据输入）
P1.6	MISO（串行数据输出）
P1.7	SCK（串行时钟输入）

3. 对 Flash 内存进行编程或校验时接收低 8 位地址

在对 AT89 系列单片机内部 Flash 并行编程下载和程序校验时，P1 口接收低 8 位地址。

2.5.3 P2 口

1. P2 口作为通用 I/O 口使用

当 P2 口作为通用 I/O 口使用时，是一个准双向口，位结构如图 2-17 所示，此时转换开关 MUX 倒向左边，输出级与锁存器接通，引脚可接 I/O 设备，其输入/输出操作与 P1 口完全相同。

2. P2 口作为高 8 位地址总线口使用

当系统扩展外部存储器时，P2 口用于输出高 8 位地址 A15～A8。这时在 CPU 的控制下，转换开关 MUX 倒向右边，接通内部地址总线。在访问外部程序内存或 16 位的外部数据存储器（如执行 MOVX @ DPTR 指令）时，P2 口送出高 8 位地址；在访问 8 位地址的外部数据存储器（如执行 MOVX @Ri 指令）时，P2 口引脚上的内容（就是专用寄存器（SFR）区中 P2 寄存器的内容），在整个访问期间不会改变。

3. 对 Flash 内存进行编程和校验时接收高位地址

在对 AT89 系列单片机内部 Flash 并行程序设计和程序校验时，P2 口也接收高位地址或一些控制信号。

2.5.4 P3 口

P3 口是一个多用途口，也是一个准双向口，作为第一功能（通用 I/O 端口）使用时，其功能同 P1 口。P3 口的位结构如图 2-18 所示。当作为 I/O 使用时，第二功能信号引线应保持高电平，与非门开通，以维持从锁存器到输出端数据输出通路的畅通。

P3 口还接收一些控制信号，当作为第二功能使用时，每一位功能定义如表 2-8 所示。

P3 口的第二功能实际上就是系统具有控制功能的控制线。当输出第二功能信号时，该位的锁存器应置"1"，使与非门对第二功能信号的输出是畅通的，从而实现第二功能信号的输出。CPU 区分单片机的引脚是否有第二功能，只要 CPU 执行到相应的指令，就自动转成了第二功能。

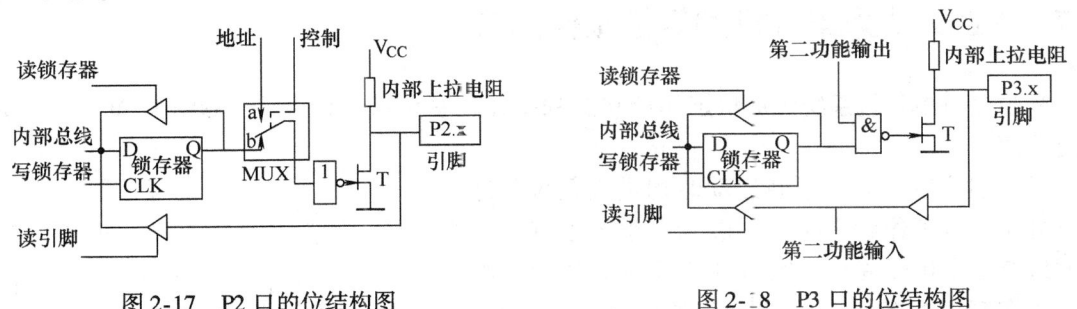

图 2-17　P2 口的位结构图　　　　　图 2-18　P3 口的位结构图

表 2-8　P3 口引脚与复用功能

口引脚	复用功能
P3.0	RXD（串行输入口）
P3.1	TXD（串行输出口）
P3.2	INT0（外部中断 0）
P3.3	INT1（外部中断 1）
P3.4	T0（定时器 0 的外部输入）
P3.5	T1（定时器 1 的外部输入）
P3.6	WR（外部数据存储器写选通）
P3.7	RD（外部数据存储器读选通）

2.6　AT89S 系列单片机内部看门狗定时器

2.6.1　看门狗定时器简介

看门狗定时器（WDT）是为了解决 CPU 运行时可能进入混乱或死循环而设置的，AT89S51 的 WDT 由一个 14 位计数器和看门狗复位 SFR（WDTRST）构成。外部复位时，WDT 默认为关闭状态，要打开 WDT，用户必须顺序将 01EH 和 0E1H 写到 WDTRST 寄存器（SFR 地址为 0A6H）中。当启动 WDT 后，它会随晶体振荡器在每个机器周期计数，除硬件复位或 WDT 溢出复位外没有其他方法关闭 WDT。WDT 溢出将使 RST 引脚输出高电平的复位脉冲，复位脉冲持续时间为 98 个时钟周期。

2.6.2　看门狗定时器的使用

1) 按次序写 01EH 和 0E1H 到 WDTRST 寄存器（SFR 地址为 0A6H）中，打开 WDT。
2) 当 WDT 打开后，需周期性地写 01EH 和 0E1H 到 WDTRST 寄存器，以避免 WDT 计数溢出。

3) WDT 打开时，它会随晶体振荡器在每个机器周期计数，14 位 WDT 计数器计数达到 16383（即 3FFFH），WDT 将溢出并使器件复位。这意味着用户必须在小于 16383 个机器周期内复位 WDT（重写 01EH 和 0E1H 到 WDTRST 寄存器）。

2.7 AT89 系列单片机的复位工作方式

复位是将单片机系统置成特定初始状态的操作，复位后程序从头（0000H 单元）开始执行程序。

系统刚接通电源或重新启动时均进入复位状态。当系统处于正常工作状态时，如果 RST 引脚上有一个高电平并维持 2 个机器周期（24 个振荡周期）以上，则 CPU 就可以实现可靠复位。复位电路如图 2-19 所示，其中 T_{CY} 为机器周期，等于 12 个时钟周期。系统简单的复位电路如图 2-20 所示。其中，图 2-20a 是上电复位电路，也称为自动复位电路。当接通电源的瞬间，RST 端与 V_{CC} 同电位，随着电容上的电压逐渐上升，RST 端的电压逐渐下降，于是在 RST 端便形成了一个正脉冲，只要该正脉冲的宽度持续两个机器周期的高电平，就可实现系统自动复位。图 2-20b 是上电复位和按钮复位（也称为手动复位）的组合，当人工按下 P 按钮后就可实现系统复位。单片机复位后，各寄存器和 PC 的状态见表 2-9。

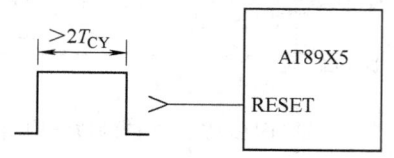

图 2-19 复位电路示意图

表 2-9 复位后寄存器的初始状态

寄存器	初始状态值	寄存器	初始状态值
PC	0000H	TMOD	00H
ACC	00H	TCON	00H
B	00H	TH0	00H
PSW	00H	TL0	00H
SP	07H	TH1	00H
DPTR	0000H	TL1	00H
P0、P1、P2、P3	0FFH	SCON	00H
IP	xxx00000B	PCON	0xx00000B
IEN0	0xx00000B	SBUF	不定

复位后各寄存器状态的含义如下。

（PSW）=00H，由于 RS1（PSW.4）=0，RS0（PSW.3）=0，复位后单片机默认工作寄存器 0 组。（SP）=07H，复位后堆栈在片内 RAM 的 08H 单元处建立。TH1、TL1、TH0、TL0 的内容为 00H，定时/计数器的初值为 0。

（TMOD）=00H，复位后定时/计数器 T0、T1 为定时器方式 0，非门控方式。

（TCON）=00H，复位后定时/计数器 T0、T1 停止工作，外部中断 0、1 为电平触发方式。

（T2CON）=00H，复位后定时/计数器 T2 停止工作。

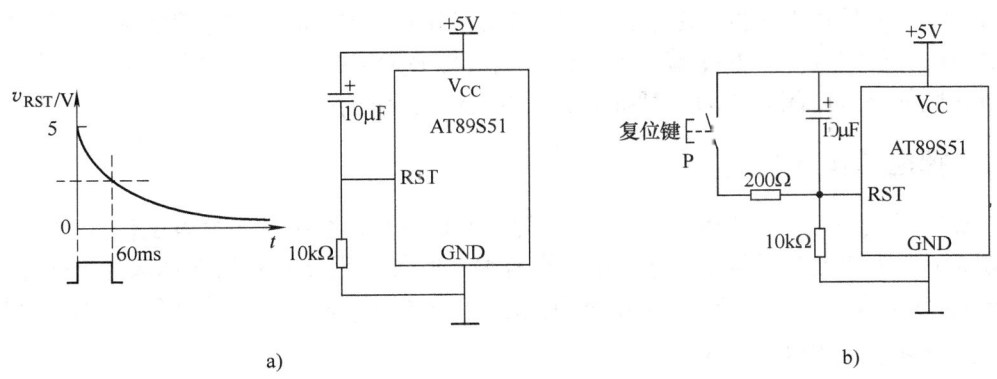

图 2-20 单片机的复位电路
a) 上电复位电路　b) 上电复位及按钮复位电路

(SCON) =00H，复位后串行口工作在移位寄存器方式，且禁止串行口接收。

(IE) =00H，复位后屏蔽所有中断。

(IP) =00H，复位后所有中断源都设置为低优先级。

P0~P3 口锁存器都是全 1 状态，说明复位后 4 个并行接口设置为输入口。

2.8 AT89 系列单片机的低功耗方式

AT89 系列单片机提供了两种省电工作方式：空闲方式和掉电方式。其目的是尽可能地降低系统的功耗。在空闲工作方式中（IDL=1），振荡器继续工作，时钟脉冲输出到中断系统、串行口以及定时器模块，但却不提供给 CPU。在掉电方式中（PD=1），振荡器停止工作。两种工作方式都是由 SFR 中的电源控制寄存器 PCON 的控制位来定义的，PCON 寄存器的控制格式如图 2-21 所示。

SMOD：串行口波特率倍率控制位。

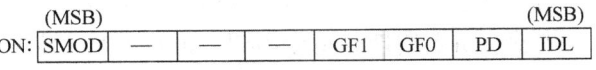

图 2-21 电源控制寄存器 PCON

GF0，GF1：通用标志位。

PD：掉电方式控制位。PD=1，进入掉电工作方式。

IDL：空闲方式控制位。IDL=1，进入空闲工作方式。

PCON：复位值为 0xxx000，PCON.4~PCON.6 为保留位，用户不要对它们进行写操作。

2.8.1 空闲工作方式

当 CPU 执行完置 IDL=1（ORL PCON，#01H，PCON.0=1）的指令后，系统进入了空闲工作方式。这时，内部时钟不提供给 CPU，而只供给中断、串行口、定时器部分。CPU 的内部状态维持不变，即包括 SP、PC、PSW、ACC 等其他所有的内容保持不变，端口状态也保持不变，ALE 和 $\overline{\text{PSEN}}$ 保持逻辑高电平。

进入空闲工作方式后，有两种方法可以使系统退出空闲工作方式。

一种方法是任何的中断请求都可以由硬件将 PCON.0（IDL）清零而中止空闲工作方式。当执行完中断服务程序返回时，从置空闲工作方式指令的下一条指令开始继续执行程序。

另一种方法是硬件复位。由于在空闲工作方式下振荡器仍然工作，因此硬件复位仅需 2 个机器周期便可完成。而 RST 端的复位信号直接将 PCON.0（IDL）清零，从而退出空闲状态，CPU 则从进入空闲方式的下一条指令开始重新执行程序。

2.8.2 掉电工作方式

当 CPU 执行一条置 PCON.1 位（PD）为 1 的指令后，系统进入掉电工作方式。在这种工作方式下，内部振荡器停止工作。由于没有振荡时钟，因此所有的功能部件都停止工作，但内部 RAM 区和特殊功能寄存器的内容被保留，而端口的输出状态值都保存在对应的 SFR 中，ALE 和 $\overline{\text{PSEN}}$ 都为低电平。

退出掉电方式的唯一方法是硬件复位。复位后将所有的特殊功能寄存器的内容初始化，但不改变内部 RAM 区的数据。

在掉电工作方式下，V_{CC} 可以降到 2 V，但在进入掉电方式之前，V_{CC} 不能降低。而在准备退出掉电方式之前，V_{CC} 必须恢复到正常的工作电压值，并维持一段时间（约 10 ms），使振荡器重新启动并稳定后，方可退出掉电方式。

2.9 AT89 系列单片机的时序

单片机取出指令后，要对指令进行译码以产生各种操作信号。所谓时序，就是指各种操作信号的时间序列，它表明了指令执行中各种信号之间的相互关系。为达到同步协调工作的目的，各操作信号在时间上有严格的先后次序，这些次序就是 CPU 的时序。

CPU 执行指令的一系列动作都是在时序电路控制下一拍一拍进行的。由于指令的字节数和执行操作有较大差别，因此不同的指令执行时间也不一定相同，即所需要的节拍数不同。为了便于对 CPU 时序进行分析，人们按指令的执行过程规定了几种周期，即时钟周期、状态周期、机器周期和指令周期，也称为时序定时单位。

CPU 的时序信号有两大类：一类用于单片机内部，控制片内各功能部件；另一类信号通过控制总线送到片外，这类控制信号的时序在系统扩展中很重要。

2.9.1 几个基本时序单位

（1）时钟周期

时钟周期也称为振荡周期，定义为时钟脉冲频率（f_{osc}）的倒数，是计算机中最基本的、最小的时间单位。在一个时钟周期内，CPU 仅完成一个最基本的动作。对同一种机型的计算机，时钟频率越高，计算机的工作速度就越快，但由于不同的计算机硬件电路和器件不完全相同，所以其所要求的时钟频率范围也不一定相同。一个振荡周期也称为一个节拍，用 P 表示，通常称为 P 节拍，如图 2-22 所示。

（2）状态周期

时钟周期经 2 分频后成为内部的时钟信号，用做单片机内部各功能部件按序协调工作的控制信号，称为状态周期，用 S 表示。这样，一个状态周期就有两个时钟周期，前半状态周期相应的时钟周期定义为 P1，后半周期对应的时钟周期定义为 P2。一般情况下，CPU 中的算术逻辑运算在 P1 有效期间完成，在 P2 有效期间进行内部寄存器间的信息传送。

(3) 机器周期

完成一个基本操作所需要的时间称为机器周期。51 单片机有固定的机器周期,规定一个机器周期有 6 个状态,分别表示为 S1~S6,而一个状态包含两个时钟周期,那么一个机器周期就有 12 个时钟周期,可以表示为 S1P1, S1P2, …, S6P1, S6P2,一个机器周期共包含 12 个振荡脉冲,即机器周期就是振荡脉冲的 12 分频。

(4) 指令周期

指令周期指 CPU 执行一条指令所需要的时间,一般由若干机器周期组成,指令不同,所需要的机器周期数也不同。51 系统中,一个指令周期通常含 1~4 个机器周期。大多数指令是单字节单周期指令,还有一些指令是单字节双周期指令和双字节双周期指令,而乘法指令 MUL 和除法指令 DIV 都是单字节四周期指令(参见附录 B)。

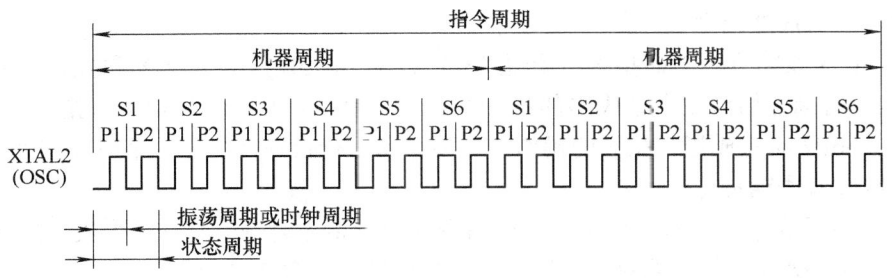

图 2-22 CPU 的基本时序图

【例 2-2】 设 AT89 单片机的外接晶体振荡器的振荡频率为 12 MHz,求该单片机的振荡周期、状态周期、机器周期和指令周期。

解:振荡周期 $= 1/12\,\mu s$

状态周期 $= 1/6\,\mu s$

机器周期 = 振荡周期 $\times 12 = 1\,\mu s$

指令周期 $= 1 \sim 4\,\mu s$

2.9.2 CPU 取指令和执行指令时序

CPU 在执行指令时,对每条指令的执行都分为取指令和执行指令两个阶段,图 2-23 给出了 AT89 系列单片机取指令和执行指令的时序。执行指令时,CPU 从内部或外部 ROM 中取出指令操作码及操作数,然后再执行这条指令。大部分指令在整个指令执行过程中,在每个机器周期内 ALE 信号出现两次。每出现一次 ALE 信号,CPU 就依次进行取指令操作,但并不是每条指令在 ALE 生效时都能有效地读取指令,在此针对单字节单周期指令、双字节单周期指令、单字节双周期指令等几种典型指令,介绍其取指令和执行指令的时序。

1. 单字节单周期指令

图 2-23a 为单字节单周期指令(如指令 INC A)的取指令和执行指令的时序。CPU 在 S1P2 时刻开始读取指令操作码,在 S4P2 时刻开始仍有一次读操作,但读出的字节被丢弃(因为是单字节指令),且读后的 PC 的值不加 1,CPU 在 S6P2 时完成指令相应的操作。因此,对于单字节单周期指令,CPU 在一个机器周期内完成取指令和执行指令,一个指令周期包含一个机器周期。

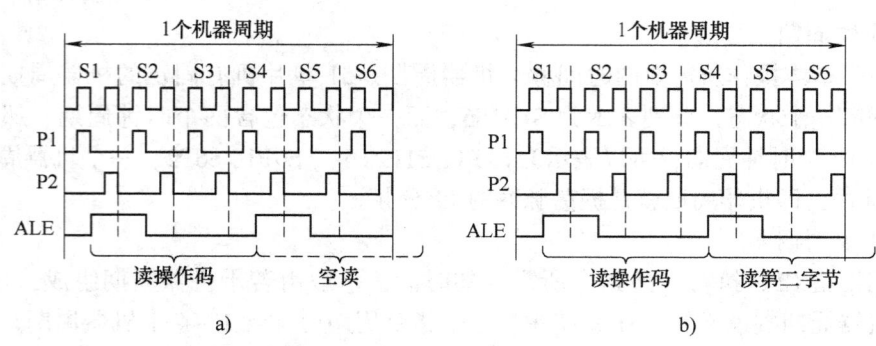

图 2-23　单周期指令取指令和执行指令的时序

a) 单字节单周期指令　b) 双字节单周期指令

2. 双字节单周期指令

图 2-23b 为双字节单周期指令（如指令 ADD A，#30H）的取指令和执行指令的时序。CPU 在 S1P2 时刻开始读取指令代码的第一个字节，在 S4P2 时刻开始读取指令代码的第二个字节，在 S6P2 时完成指令相应的操作，取指令和执行指令共需要一个机器周期。

3. 单字节双周期指令

图 2-24 所示为单字节双周期指令的取指令和执行指令时序，它在 2 个机器周期内发生 4 次读操作，后 3 次读操作是无效的，这时一个指令周期包含 2 个机器周期。

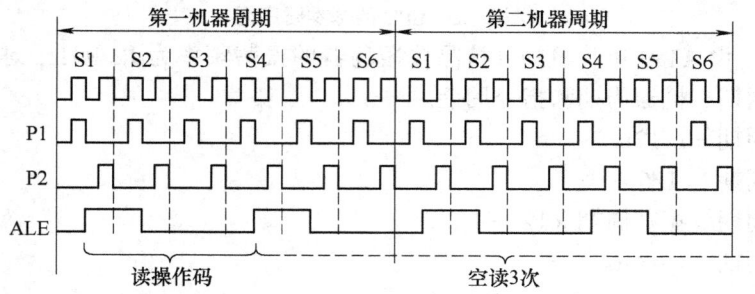

图 2-24　单字节双周期指令的取指令和执行指令时序

习　题　2

1. AT89 系列单片机内部包含哪些主要的逻辑功能部件？
2. AT89 系列单片机的内部数据存储器可以分为哪几个不同的区域？各有什么特点？CPU 是如何对不同空间进行寻址的？
3. AT89C51 与 AT89C52 单片机的主要区别在哪里？
4. AT89C51 和 AT89S51 单片机的主要区别在哪里？
5. PSW 包含哪些程序状态信息？这些状态信息的作用是什么？
6. 决定程序执行顺序的寄存器是哪个？它是几位寄存器？它是不是特殊功能寄存器？
7. AT89 系列单片机如何实现工作寄存器组 R0 ~ R7 的选择？开机复位后，CPU 使用的是哪组工作寄存器？它们的地址是什么？
8. 简述布尔处理存储器的空间分配，片内 RAM 中包含哪些可位寻址单元。
9. 堆栈有哪些功能？SP 的作用是什么？在程序设计时，为什么要对 SP 重新赋值？
10. AT89 系列单片机引脚中有多少条 I/O 线？它们与单片机对外的地址总线、数据总线和控制总线有什么关系？地址总线和数据总线各是多少位？

11. 什么是单片机的掉电、空闲运行方式？怎样退出掉电、空闲运行方式？

12. 有哪几种方法使单片机复位？复位后各寄存器、RAM 中的状态如何？

13. 如果需要扩展 AT89S51 单片机的外部程序存储器和片外数据存储器，当使用相同的地址时，是否会出现争总线的现象？为什么？

14. 什么是时钟周期、机器周期、指令周期？当单片机时钟频率为 12MHz 时，一个机器周期是多少？

15. 试列举出几种复位电路，说明它们是如何完成复位功能的？

16. 试设计一个单片机最小应用系统，画出复位电路、时钟电路与单片机的连接图。

第3章 单片机的指令系统及汇编语言程序设计

第2章介绍了 AT89 系列单片机的硬件结构，但光有硬件，单片机是不可能工作的，还需要有相应的软件配合。单片机的软件就是利用其指令系统所编写的程序。可以利用单片机的指令直接编写程序。用这种方式编写的程序称为机器语言程序。这种用机器语言编写的程序，单片机可以直接执行。但直接用机器语言编写程序是一件很烦琐的工作，需要耗费大量的人力和时间，而且又容易出错，纠错也非常困难。

为了编写程序方便和提高效率，人们用一些约定的文字、符号和数字按规定的格式来表示各种不同的指令，然后再用这些约定符号表示的指令来编写程序，这就是汇编语言。使用汇编语言编写的程序称为汇编程序。汇编程序编写比直接使用机器语言方便得多，但是汇编语言程序需要进行翻译（也就是汇编），单片机才能执行。

因为 AT89 系列单片机指令系统与 51 系列单片机指令系统完全兼容，所以本章以 51 系列单片机为例介绍其指令系统和汇编语言程序设计方法。

3.1 51 系列单片机指令系统概述

指令就是要计算机执行某种操作的命令，每一条指令可完成一个独立的算术或逻辑运算。一台计算机中所有指令的集合，称为这台计算机的指令系统。指令通常由操作码字段和操作数地址码字段组成。操作码字段表征指令的操作特性与功能，而地址码字段通常指定参与操作的操作数的地址。一条指令的结构用如下形式表示：

操作码字段 OP 地址码字段 A

在 51 单片机的指令系统中，有单字节、双字节、三字节等不同长度的指令。

单字节指令只有 1 字节，操作码和操作数都在这个字节中。在单字节指令中，一部分指令的操作数是默认的，不需要在指令中指出；另一部分指令的操作数在寄存器中。因为 51 单片机的寄存器组有 8 个寄存器，所以只需要 3 位编码。这些操作数编码可以和操作码一起存放在 1 字节中。51 单片机的指令系统共有单字节指令 49 条。

双字节指令包括 2 字节，其中第一个字节是操作码，第二个字节是操作数。例如：立即数加法指令 ADD A,#data。其中 data 表示一个 8 位的立即数,需要 1 字节。51 指令系统共有双字节指令 45 条。

三字节指令中，操作码占 1 字节，操作占 2 字节，其中操作既可能是数据，也可能是地址。例如：逻辑或操作指令 ORL direct, #data，直接寻址单元与立即数进行与操作。其中 direct 是一个直接地址，需要 1 字节，data 是一个立即数，需要 1 字节，加上操作码共需 3 字节。51 指令系统共有三字节指令 45 条。

3.2 51 系列单片机的寻址方式

几乎所有的指令都需要操作数，而如何得到操作数的地址，是指令执行中的一个关键问题。指令中的操作数字段称为操作数的形式地址，操作数实际所在的区域称为操作数的实际地址。所谓寻址，就是根据操作数的形式地址得到操作数的实际地址的过程。通过不同方法得到实际地址，就有了不同的寻址方式。51 系列单片机共有以下 7 种寻址方式。

3.2.1 立即寻址

立即寻址就是操作数在指令中直接给出，也就是指令的地址即操作数的地址，因此把这种寻址方式称为立即寻址，该操作数称为立即数。为了表示指令中的立即数，在操作数前面加"#"标志。

  MOV A, #90H

这是一条立即寻址方式的指令，指令功能是把 90H 这个数据送到累加寄存器 A。

3.2.2 寄存器寻址

寄存器寻址就是操作数在寄存器中，因此形式地址就是一个寄存器名，指定了寄存器就能得到操作数。例如指令：

  MOV A, R0

其功能是把寄存器 R0 的内容传送到累加寄存器 A 中。由于操作数在 R0 中，因此在指令中指定了 R0，就能从中取得操作数，所以是寄存器寻址方式。

寄存器寻址方式的寻址范围包括：

1）通用寄存器。共有 4 组 32 个通用寄存器，但在任何时刻只使用当前组寄存器组。所以在指令中这些寄存器的名字只有 8 个，即 R0~R7。PSW 寄存器中 RS1、RS0 组合的值（0~3）决定了使用 4 组寄存器中的哪一组寄存器，如果要更换寄存器组，就应该重新设置 RS1、RS0 的值。

2）部分专用寄存器。例如累加器 A 和 B 寄存器，以及数据指针 DPTR 寄存器等。

3.2.3 直接寻址

直接寻址的操作数在内存单元中，在指令中操作数直接以内存单元地址的形式给出。例如指令：

  ADD A, 56H

其功能是把内部 RAM 56H 单元中的数据与累加寄存器 A 相加之和送到累加寄存器 A 中。

直接寻址方式的寻址范围只限于内部 RAM，包括：

1）低 128 单元。在指令中直接以单元地址形式给出。

2）专用寄存器。专用寄存器除了以单元地址形式给出外，还可以寄存器符号形式给出。直接寻址是访问专用寄存器的唯一方法。例如指令：

  MOV A, SBUF

其中，SBUF 是专用寄存器名。

3.2.4 寄存器间接寻址

寄存器中存放的是操作数的地址，我们称之为寄存器间接寻址，即操作数是通过寄存器间接得到的。

在 51 单片机中,能够用来间接寻址的寄存器有:用户所选定的工作寄存器组的 R0、R1,16 位的数据指针 DPTR。寄存器间接寻址方式的寻址范围包括:

1)内部数据 RAM 的寄存器间接寻址。采用寄存器 R0、R1,对低 128 个单元进行寻址。例如:

  MOV A,@R0

其功能是将 R0 的内容为地址的内部 RAM 对应单元内容送到累加寄存器 A 中。

2)外部数据 RAM 的寄存器间接寻址。有两种形式:一种是采用 R0、R1 作为间址寄存器,这时 R0 或 R1 提供低 8 位地址,访问外部 RAM 的低 256 字节;另一种是采用 16 位的 DPTR 作为间址寄存器,可以访问整个外部 64KB RAM。例如:

  MOVX A,@R0

  MOVX A,@DPTR

3.2.5 相对寻址

相对寻址是把指令中给定的地址偏移量与 PC 的当前值(读出当前双字节或三字节的跳转指令后,PC 已经指向了下条指令)相加,得到真正的程序转移地址。相对寻址方式主要是解决程序转移而专门设置的。例如:

  JC 80H

若 C=0,则 PC 值不变;若 C=1,则以当前 PC 值为基地址,加上偏移量 80H 得到新的 PC 值。这里的偏移量是一个带符号的二进制补码数,所能表示的数的范围是 -128~+127。因此,相对转移是以转移指令的下条指令为基点,向前最大可能转移 127 字节,向后最大可能转移 128 字节。

3.2.6 变址寻址

变址寻址方式是以 DPTR 或 PC 作为基址寄存器,以累加器 A 作为偏移量寄存器,将一个基址寄存器的内容与偏移量寄存器的内容之和作为操作数地址。变址寻址是为了访问程序存储器中的数据表格。例如:

  MOVC A,@A+DPTR

设累加寄存器 A 为 10H,寄存器 DPTR 为 1000H,程序存储器中 1010H 单元内容为 45H,则上面程序语句的功能是将 A 的内容与 DPTR 的内容相加形成操作数地址 1010H,把该地址中的数据传送到累加器 A,即 A←((A)+(DPTR))。结果,累加寄存器 A 为 45H。

51 指令系统的变址寻址方式有如下特点:

1)变址寻址方式只能对程序存储器进行寻址,寻址范围达 64KB。

2)变址寻址的指令只有 3 条:

  MOVC A,@A+DPTR

  MOVC A,@A+PC

  JMP @A+DPTR

尽管变址寻址方式较为复杂,但变址寻址的指令却都是单字节指令。

3.2.7 位寻址

51 指令系统有位处理功能，可以对数据位进行操作，因此就有相应的位寻址方式。位寻址的范围包括：

1) 内部 RAM 中的位寻址区，单元地址为 20H~2FH，共 16 个单元 128 位，位地址是 00H~7FH。

2) 专用寄存器的可寻址位，可以位寻址的专用寄存器共有 11 个，实有寻址位 83 位。

3.3 51 系列单片机指令系统

51 单片机指令系统共有 111 条指令，按功能分类，可分为 5 大类：数据传送类指令（29 条）、算术操作类指令（24 条）、逻辑运算类指令（25 条）、控制转移类指令（17 条）和位操作类指令（17 条）。

在学习指令之前，对指令中使用的符号做简单的说明。

Rn：当前寄存器区的 8 个工作寄存器 R0~R7（n=0~7）。

Ri：当前选中的寄存器区中可作为间接寻址寄存器的 2 个寄存器 R0、R1（i=0，1）。

Direct：直接地址，即 8 位的内部数据存储器单元或特殊功能寄存器的地址。

#data：包含在指令中的 8 位立即数。

#data16：包含在指令中的 16 位立即数。

rel：相对转移指令中的偏移量，为 8 位的带符号补码数。

DPTR：数据指针寄存器，可用做 16 位的数据地址寄存器。

bit：内部 RAM 或特殊功能寄存器中的直接寻址位。

A：累加寄存器。

ACC：直接寻址方式的累加器。

B：寄存器 B。

C（或 CY）：进位标志位或位处理机中的累加器。

addr11：11 位目的地址。

addr16：16 位目的地址。

@：间接寻址寄存器前缀，如@ Ri、@ A + DPTR。

/：加在位地址的前面，表示对该位取反。

(X)：名字为 X 的寄存器或某存储单元内容。

((X))：表示某个存储单元的内容，其地址存放在名字为 X 的寄存器或某存储单元。

← 箭头左边的内容被箭头右边的内容所取代。

→ 箭头右边的内容被箭头左边的内容所取代。

3.3.1 数据传送指令

数据传送指令属于复制，传送后源操作数不变，不影响别的寄存器和标志。传送指令包括"MOV" "MOVX" "MOVC"。

数据传送指令的约定是从右向左，左边是目的操作数，右边是源操作数。源操作数可以是累加寄存器、通用寄存器、直接地址、间接地址和立即数。目的操作数除了不能用立即数，其他和源操作数一样。

1. 片内数据存储器传送指令

片内数据传送指令 MOV 的功能是单片机内部数据存储器内的数据相互传送。其形式为：

MOV <目的操作数>，<源操作数>

这里的目的操作数可以是累加寄存器、通用寄存器、直接地址、间接地址；源操作数可以是累加寄存器、通用寄存器、直接地址、间接地址、立即数。指令格式如下：

（1）以 A 为目的操作数

```
MOV A, Rn              ; A←Rn
MOV A, direct          ; A←(direct)
MOV A, @Ri             ; A←(Ri)
MOV A, #data           ; A←data
```

（2）以 Rn 为目的操作数

```
MOV Rn, A              ; Rn←A
MOV Rn, direct         ; Rn←direct
MOV Rn, #data          ; Rn←data
```

（3）以直接地址 direct 为目的操作数

```
MOV direct, A          ; direct←A
MOV direct, Rn         ; direct←Rn
MOV direct, direct1    ; direct←(direct1)
MOV direct, @Ri        ; direct←((Ri))
MOV direct, #data      ; direct←data
```

（4）以间接地址 @Ri 为目的操作数

```
MOV @Ri, A             ; (Ri)←A
MOV @Ri, direct        ; (Ri)←(direct)
MOV @Ri, #data         ; (Ri)←data
```

（5）以 DPTR 为目的操作数

```
MOV DPTR, #data16      ; DPTR←data16
```

2. 外部数据存储器传送指令

外部数据传送指令 MOVX 的功能是单片机外部数据存储器的数据和 A 寄存器相互传送。目的操作数可以是 A 寄存器或寄存器间接寻址，源操作数也可以是 A 寄存器或寄存器间接寻址。它的指令格式如下：

```
MOVX A, @DPTR          ; A←((DPTR))
MOVX @DPTR, A          ; (DPTR)←(A)
MOVX A, @Ri            ; A←((Ri))
MOVX @Ri, A            ; (Ri)←(A)
```

3. 程序存储器数据传送指令

程序存储器数据传送指令 MOVC 功能是将程序存储器的存储单元的内容传送到寄存器 A 中，指令格式如下：

```
MOVC A, @A+DPTR        ; A←((A)+(DPTR))
MOVC A, @A+PC          ; A←((A)+(PC))
```

【例 3-1】 设一个以字节为单元的表放在程序存储器内，其起始地址在 DPTR 寄存器中，A 寄存器内容为 15，求执行以下指令的结果。

  MOVC A，@A+DPTR

解：结果为，该表格的 15 单元的内容将放入寄存器 A 中。

4. 堆栈指令

(1) 进栈指令

进栈指令 PUSH 的功能是将一个数据压入栈中。先将栈指针 SP 加 1，然后把该数据送到栈指针 SP 指示的内部 RAM 单元中。进栈指令经常用于子程序调用时保护寄存器的内容，防止这些寄存器的内容在子程序中被破坏。指令格式如下：

  PUSH direct   ;SP←(SP)+1，(SP)←(direct)

(2) 出栈指令

出栈指令 POP 的功能是将一个数据从栈中弹出。首先将 SP 指示的内部 RAM 单元送到目标寄存器或存储单元中，然后将指针 SP 减 1。出栈指令经常用于子程序运行结束时恢复所保护寄存器的内容，这些寄存器可以在主程序中完整地继续使用。指令格式如下：

  POP direct   ;(direct)←(SP)，SP←(SP)-1

在子程序中保护寄存器和恢复寄存器的 PUSH 和 POP 语句必须反序排列，也就是按照后进先出的原则。

5. 数据交换指令

(1) 字节交换指令

字节交换指令 XCH 是将源操作数的内容送到目的操作数中，将目的操作数送到源操作数中。源操作数只能是 A 寄存器，目的操作数可以是通用寄存器、直接地址、间接地址。指令格式如下：

  XCH A，Rn   ;(A)↔(Rn)
  XCH A，direct   ;(A)↔(direct)
  XCH A，@Ri   ;(A)↔((Ri))

【例 3-2】 设 (R1)=30H，(30H)=45H，(A)=7FH，求执行以下指令的结果。

  XCH A，@R1

解：结果为 (A)=45H，而 (30H)=7FH，从而实现了累加器 A 与内部数据存储器 RAM 中 30H 单元的数据交换。

(2) 半字节交换指令

半字节交换指令 XCHD 是将源操作数的低 4 位（半字节）送到目的操作数的低 4 位中，目的操作数低 4 位（半字节）送到源操作数的低 4 位中。源操作数只能是 A 寄存器，目的操作数可以是间接地址。指令格式如下：

  XCHD A，@Ri   ;(A)3~0↔((Ri))3~0

【例 3-3】 设 (30H)=6FH，(R0)=30H，(A)=0F6H，求执行以下指令的结果。

  XCHD A，@R0

解：结果为 (A)=0FFH，(30H)=66H。

(3) 累加器 A 中高 4 位与低 4 位交换指令

该指令所执行的操作是累加器 A 中的高 4 位与低 4 位的内容互换，其结果仍存放在累加器 A 中，结果不影响标志寄存器 PSW。指令格式如下：

  SWAP A   ;$(A)_{7~4} \leftrightarrow (A)_{3~0}$

【例 3-4】 设（A）= 0A5H（10100101B），求执行以下指令的结果。

  SWAP A

解：结果为（A）= 5AH（01011010B）。

3.3.2 算术运算指令

1. 加法指令

加法指令 ADD 所完成的功能是把源操作数与累加器 A 的内容相加，将结果保存在累加器 A 中。指令格式如下：

  ADD A, #data   ;A← (A) + data
  ADD A, direct   ;A← (A) + (direct)
  ADD A, @Ri   ;A← (A) + ((Ri))
  ADD A, Rn   ;A← (A) + (Rn)

其结果影响标志寄存器中的进位 CY、辅助进位 AC、溢出 OV、奇偶 P 标志。

如果在运算过程中，位 7 产生进位，则置"1"进位标志 CY；否则，清零 CY。如果在运算过程中，低 4 位向高 4 位产生进位，置"1"辅助进位标志 AC；否则，清零 AC。如果在运算过程中，位 6 有进位，而位 7 没有进位，或者位 7 有进位，而位 6 没有，则溢出标志位 OV 置"1"；否则，清零 OV。溢出标志位 OV 的状态，只有在带符号数加法运算时才有意义。当两个带符号数相加时，OV = 1，表示加法运算超出了累加器 A 所能表示的带符号数的有效范围（-128~127）。运算结果如果有偶数个 1，则置"1"奇偶 P 标志；否则，清零 P。

【例 3-5】 求执行以下程序段的结果。

  MOV A, #0A9H
  ADD A, #0B8H

解：指令执行后，（A）= 61H，进位标志 CY 为 1，辅助标志 AC 为 1（9 + 8 结果超过 16），溢出标志 OV 为 1（作为 8 位有符号数，A9H 和 B9H 都是负数，相加结果小于 -128），奇偶标志 P 为 1（A 中有 3 个 1）。

2. 带进位加法指令

带进位加法指令 ADDC 与前述加法指令的区别仅为考虑进位位，其他与加法指令相同。所完成的功能是把源操作数与累加器 A 的内容相加后再加上进位标志 CY，将结果保存在累加器 A 中。其结果影响标志寄存器中的进位、辅助进位、溢出、奇偶标志。指令格式如下：

  ADDC A, #data   ;A← (A) + data + (CY)
  ADDC A, direct   ;A← (A) + (direct) + (CY)
  ADDC A, @Ri   ;A← (A) + ((Ri)) + (CY)
  ADDC A, Rn   ;A← (A) + (Rn) + (CY)

【例 3-6】 利用 ADDC 指令进行多字节的加法运算。

设有两个 16 位数相加，被加数的高 8 位放在 41H，低 8 位放在 40H，加数的高 8 位放在 43H，低 8 位放在 42H，和的低 8 位存放在 50H，高 8 位存放在 51H，进位位存放在 52H。

解：实现其功能的程序如下：

MOV A, 40H	; A←被加数低 8 位
ADD A, 42H	; 与加数低 8 位相加
MOV 50H, A	; 和的低 8 位存入 50H
MOV A, 41H	; A←被加数高 8 位
ADDC A, 43H	; 被加数高 8 位与加数高 8 位以及低位来的进位相加
MOV 51H, A	; 和的高 8 位存入 51H 单元
MOV A, #00H	; A←00H
ADDC A, #00H	; A←(A)+00H+高 8 位来的进位
MOV 52H, A	; 进位位 CY 内容存入 52H 单元

3. 加一指令

加一指令 INC 的功能是将操作数加 1 再送回操作数。操作数可以是直接地址、间接地址、通用寄存器。加一指令不影响标志位。指令格式如下：

INC A	; A←(A)+1
INC direct	; direct←(direct)+1
INC @Ri	; (Ri)←((Ri))+1
INC Rn	; Rn←(Rn)+1
INC DPTR	; DPTR←(DPTR)+1

4. 带借位减法指令

带借位减法指令 SUBB 所完成的功能是累加器 A 减去源操作数（立即数、直接地址、间接地址、通用寄存器）再减去进位标志 CY，将结果保存在累加器 A 中。其结果影响标志寄存器中的进位 CY、辅助进位 AC、溢出 OV、奇偶 P 标志。

如果在运算过程中，位 7 产生借位，则置"1"进位标志 CY；否则，清零 CY。在减法运算中，CY 成了借位标志。

如果在运算过程中，低 4 位向高 4 位产生借位，置"1"辅助进位标志 AC；否则，清零 AC。在减法运算中，AC 成了辅助借位标志。

溢出标志位 OV 的状态，只有在带符号数减法运算时才有意义。当两个带符号数相减时，OV = 1，表示加法运算超出了累加器 A 所能表示的带符号数的有效范围。指令格式如下：

SUBB A, #data	; A←(A)-data-(CY)
SUBB A, direct	; A←(A)-(direct)-(CY)
SUBB A, @Ri	; A←(A)-((Ri))-(CY)
SUBB A, Rn	; A←(A)-(Rn)-(CY)

【例 3-7】 设(45H) = 0AAH，(47H) = 66H，试编写 45H 内容减去 47H 内容后，结果再存入 49H 单元的程序。

解：程序如下：

MOV 45H, #0AAH	
MOV 47H, #66H	
MOV A, 45H	; 向 A 设置被减数
CLR C	; 清除进位标志 CY
SUBB A, 47H	; A←(A)-(47H)-(CY)
MOV 49H, A	; 将结果置于地址为 49H 的内部 RAM 存储单元中

执行以上程序后，(49H) = 44H，CY = 0，OV = 1，AC = 0。

5. 减一指令

减一指令 DEC 的功能是将操作数减 1 再送回操作数。操作数可以是直接地址、间接地址、通用寄存器。减一指令不影响标志位。指令格式如下：

```
DEC A              ; A←（A）-1
DEC direct         ; direct←（direct）-1
DEC @Ri            ;（Ri）←（（Ri））-1
DEC Rn             ; Rn←（Rn）-1
DEC DPTR           ; DPTR←（DPTR）-1
```

6. 十进制调整指令

十进制调整指令用于对 BCD 码十进制数加法运算结果的内容修正。指令格式如下：

DA A

虽然我们用 4 位二进制来表示十进制的一个数字，但是二进制数的加法运算原则并不能适用于十进制数的加法运算，有时会产生错误结果。例如，6+7=13，也就是 BCD 码 6 加上 BCD 码 7 得到的结果应该是 3，并伴随着一个辅助进位，但在二进制中 6 加上 7 为 1101，不产生辅助进位。又如，9+8=17，也就是 BCD 码 9 加上 BCD 码 8 得到的结果应该是 7，并伴随着一个辅助进位，但在二进制中 8 加上 9 为 0001，产生辅助进位。产生错误结果的根本原因是 BCD 码加法是满 10 就产生一个进位，而 4 位二进制数相加是满 16 才产生进位，也就是在 4 位二进制相加一旦产生进位，多减去了 6，必须进行加 6 修正，才能和 BCD 码加法相吻合，两个 BCD 码按二进制相加之后，经本指令的调整，才能得到正确的压缩 BCD 码的和。

调整的方法是把结果加 6 调整，即十进制调整修正，具体方法如下：

1）累加器低 4 位大于 9 或辅助进位位 AC=1，则进行低 4 位加 6 修正。
2）累加器高 4 位大于 9 或进位位 CY=1，则进行高 4 位加 6 修正。
3）累加器高 4 位为 9，低 4 位大于 9，则高 4 位和低 4 位分别加 6 修正。

具体是通过执行指令

DA A

来自动实现的。

【例 3-8】（A）=56H，（R5）=67H，把它们看作两个压缩的 BCD 数，进行 BCD 数的加法。执行指令：

```
MOV A, #56H
MOV R5, #67H
ADD A, R5
DA A
```

解：由于高、低 4 位分别大于 9，所以要分别加 6 进行十进制调整对结果进行修正。结果为：（A）=23H，CY=1。可见，56+67=123，结果是正确的。

7. 乘法指令

乘法指令只有一种格式：

```
MUL AB             ;（A）×（B）→BA
```

如果积大于 255，则置 "1" 溢出标志位 OV。

【例 3-9】 求执行以下指令的结果。

```
MOV A, #60H
```

```
MOV B, #60H
MUL AB
```
解：指令执行后的结果为（A）=C0H,（B）=24H, OV=1。

8. 除法指令

除法指令只有一种格式：

```
DIV AB                ;(A) ÷ (B) →A, 余数→B
```

如果 B 的内容为"0"，则存放结果的 A、B 中的内容不定，并置"1"溢出标志位 OV。

【例 3-10】 求执行以下指令后的结果。

```
MOV A, #67
MOV B, #20
DIV AB
```

解：指令执行后的结果为：（A）=03H,（B）=07H, OV=0。

3.3.3 逻辑操作指令

1. 累加器 A 清零指令

累加器 A 清零指令 CLR 的功能是将累加器 A 的值清零。指令格式如下：

```
CLR A                 ;A←0
```

2. 累加器 A 取反指令

累加器 A 取反指令 CPL 的功能是将累加器 A 的数据取反后再送回累加器 A 中。指令格式如下：

```
CPL A                 ;A←/ (A)
```

【例 3-11】 求执行以下指令的结果。

```
MOV A, #3EH
CPL A
```

解：指令执行后的结果为（A）=0C1H。

3. 累加器 A 循环左移指令

累加器 A 循环左移指令 RL 的功能是将累加器 A 的数据循环左移 1 位。最高位左移后将进入最低位。该指令对 P 标志位有影响，如图 3-1 所示。

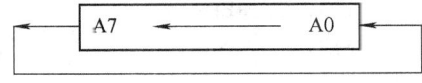

图 3-1 A 循环左移 1 位

指令格式如下：

```
RL A                  ;An+1←An, A0←A7
```

【例 3-12】 求执行以下指令的结果。

```
MOV A, #3EH
RL A
```

解：指令执行后的结果为（A）=7CH。

4. 累加器 A 带进位位 CY 循环左移指令

累加器 A 带进位位 CY 循环左移指令 RLC 的功能是将累加器 A 中的内容与进位标志位 CY 一起循环左移 1 位。最高位左移后，进入 CY 标志位，CY 标志位进入最低位。该指令对 P 标志位有影响，如图 3-2 所示。

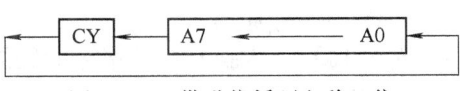

图 3-2 A 带进位循环左移 1 位

指令格式如下:
  RLC A   ; An+1←An, CY←A7, A0←CY

【例3-13】 求执行以下指令的结果。
  MOV A, #3EH
  SETB C   ; 将进位标志 CY 置1
  RLC A

解:指令执行后的结果为:(A) = 7DH, CY = 0, P = 0。

5. 累加器 A 循环右移指令

累加器 A 循环右移指令 RR 的功能是将累加器 A 的数据循环右移1位。最低位右移后将进入最高位。该指令对 P 标志位有影响,如图3-3所示。

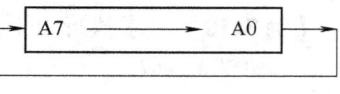

图3-3 A 循环右移1位

指令格式如下:
  RR A   ; An←An+1, A7←A0

【例3-14】 求执行以下指令的结果。
  MOV A, #8EH
  RR A

解:指令执行后的结果为 (A) = 47H。

6. 累加器 A 带进位位 CY 循环右移指令

累加器 A 带进位位 CY 循环右移指令 RRC 的功能是将累加器 A 中的内容与进位标志位 CY 一起循环右移1位。最低位右移后,进入 CY 标志位,CY 标志位进入最高位。该指令对 P 标志位有影响,如图3-4所示。

图3-4 A 带进位循环右移1位

指令格式如下:
  RRC A   ; An←An+1, CY←A0, A7←CY

【例3-15】 求执行以下指令的结果。
  MOV A, #8EH
  SETB C   ; 将进位标志 CY 置1
  RRC A

解:指令执行后的结果为:(A) = C7H, CY = 0, P = 1。

7. 逻辑与指令

逻辑与指令 ANL 是双操作数指令,其目的操作数可以是累加寄存器 A 或直接地址,所完成的功能是把源操作数与目的操作数进行位与运算(第0~7位分别进行逻辑与运算),将结果保存在目的操作数中。

  ANL A, #data   ; A←(A)∧data
  ANL A, direct   ; A←(A)∧(direct)
  ANL A, @Ri   ; A←(A)∧((Ri))
  ANL A, Rn   ; A←(A)∧(Rn)
  ANL direct, A   ; direct←(direct)∧(A)
  ANL direct, #data   ; direct←(direct)∧data

【例3-16】 求执行以下指令的结果。
  MOV A, #8EH

```
MOV R1, 70H
MOV @R1, #88H
ANL A, @R1
```
解：指令执行后的结果为：（A）= 88H，P = 0。

8. 逻辑或指令

逻辑或指令 ORL 是双操作数指令，其目的操作数可以是累加寄存器 A 或直接地址，所完成的功能是把源操作数与目的操作数进行位或运算（第 0 ~ 7 位分别进行逻辑或运算），将结果保存在目的操作数中。指令格式如下：

```
ORL A, #data           ; A←(A) ∨ data
ORL A, direct          ; A←(A) ∨ (direct)
ORL A, @Ri             ; A←(A) ∨ ((Ri))
ORL A, Rn              ; A←(A) ∨ (Rn)
ORL direct, A          ; direct←(direct) ∨ (A)
ORL direct, #data      ; direct←(direct) ∨ data
```

【例 3-17】 求执行以下指令的结果。

```
MOV A, #8FH
MOV R1, 70H
MOV @R1, #0F8H
ORL A, @R1
```

解：指令执行后的结果为：（A）= 0FFH，P = 0。

9. 逻辑异或指令

逻辑异或指令 XRL 是双操作数指令，其目的操作数可以是累加寄存器 A 或直接地址，所完成的功能是把源操作数与目的操作数进行位异或运算（第 0 ~ 7 位分别进行逻辑异或运算），将结果保存在目的操作数中。指令格式如下：

```
XRL A, #data           ; A←(A) ⊕ data
XRL A, direct          ; A←(A) ⊕ (direct)
XRL A, @Ri             ; A←(A) ⊕ ((Ri))
XRL A, Rn              ; A←(A) ⊕ (Rn)
XRL direct, A          ; direct←(direct) ⊕ (A)
XRL direct, #data      ; direct←(direct) ⊕ data
```

【例 3-18】 求执行以下指令的结果。

```
MOV A, #99H
MOV R1, 70H
MOV @R1, #0FFH
XRL A, @R1
```

解：指令执行后的结果为：（A）= 66H，P = 0。

3.3.4 控制转移指令

程序的顺序执行是由 PC 自动加 1 实现的。要改变程序的执行顺序，实现分支转向，应通过强迫改变 PC 寄存器内容的方法来实现，这就是控制转移指令的实现基础。控制转移指令分为无条件转移指令、有条件转移指令和子程序调用及返回指令。

1. 无条件转移指令

(1) 长转移指令

长转移指令 LJMP 是单操作数指令,功能是把操作数所表示的 16 位地址送入 PC 寄存器,也就是要执行的下一条指令是操作数所指出地址的指令,从而实现程序的跳转。由于本指令的操作数是 16 位地址,所以可以实现在整个 64KB 程序空间的任意跳转,故称之为长转移指令。长转移指令需要 3 字节。指令格式如下:

  LJMP addr16   ; PC←addr16

【例 3-19】 分析以下程序。

```
        ORG 0000H
        LJMP START
        ORG 0030H
START:  LJMP LAB
        ORG 7000H
LAB:    MOV A, R4
```

解:在上面的程序中,用标号来表示指令的地址,START 标号表示的地址是 0030H,而 LAB 所表示的地址是 7000H。在程序中,一般都不在跳转指令中直接写地址值,而是采用标号来表示地址。

(2) 绝对转移指令

绝对转移指令 AJMP 也是单操作数指令,功能是把操作数所表示的 11 位地址送入 PC 寄存器的低 11 位,高 5 位不变,从而实现程序在 2KB 范围的跳转。绝对转移指令需要 2 字节。指令格式如下:

  AJMP addr11   ; PC←(PC)+2,$PC_{10\sim0}$←addr11

(3) 相对转移指令

相对转移指令 SJMP 也是单操作数指令,功能是把操作数所表示的偏移地址和本指令的下一条指令的地址相加再送入 PC 寄存器,从而实现指令的跳转。短转移指令需要 2 字节,所以最终的目标地址是本指令地址 +2+ 偏移地址。指令格式如下:

  SJMP rel   ; PC←(PC)+2+rel

操作数所表示的偏移地址是一个 8 位有符号数,因此它的范围是 -128~127。SJMP 既可以往前跳(偏移值为正数),也可以往后跳(偏移值为负数)。前跳最远处离本指令距离为 129 字节,后跳最远处离本指令距离为 126 字节。

在无操作系统的软件编程中,为了等待中断或程序结束,常有使程序"原地踏步"的需求,对此可以使用以下两种格式的 SJMP 指令完成。

  LABORG: SJMP LABORG

或

  SJMP $

在汇编语言中,以 "$" 代表 PC 的当前值。例如,SJMP $ 相当于 SJMP -2。

(4) 变址寻址转移指令

变址寻址转移指令 JMP 只有一种格式:

  JMP @A+DPTR   ; PC←(A)+(DPTR)

这是一条一字节的转移指令,转移的目的地址由 A 寄存器的内容和 DPTR 内容之和来确定，目的地址 = (A) + (DPTR)。这条指令非常适合于多分支流程。可以将 DPTR 寄存器作为一个基地址，而 A 为变址。A 的内容不同，就可以转移到不同的分支程序中。A 的取值往往和某一个具体的物理特征相关。比如，A 可以表示键盘中各个键的编码值。使用本指令，可以根据所获取键的编码值，转向不同的处理流程。

2. 有条件转移指令

（1）累加器 A 判零转移指令

累加器 A 判零转移指令 JZ 或 JNZ 是双字节指令，其功能是首先判断累加寄存器 A 的结果是否为 0，根据判断的结果决定是否转移到目标地址。指令格式如下：

```
JZ rel        ；若 A 为 0，则 PC←(PC)+2+rel，否则，PC←(PC)+2
JNZ rel       ；若 A 不为 0，则 PC←(PC)+2+rel，否则，PC←(PC)+2
```

【例 3-20】 编写程序比较内部 RAM 单元中地址为 60H 的数据：如果不为 0，则传送到 P1 口；否则，不传送。

解：编写程序如下：

```
        MOV A, 60H
        JZ L1
        MOV P1, A
L1:
        ……
```

（2）比较不等转移指令

比较不等转移指令 CJNE 是三字节和三操作数指令，其指令形式为：

CJNE <目的操作数>, <源操作数>, rel

其功能是首先将目的操作数和源操作数做一个比较，也就是目的操作数减去源操作数，但结果不回传目的操作数。如果结果不为 0，则转移到目标地址；否则，执行下一条指令。

具体的指令格式如下：

```
CJNE A, #data, rel       ；若 A = data，则 PC←(PC)+3，否则，PC←(PC)+3+rel
CJNE A, direct, rel      ；若 A = (direct)，则 PC←(PC)+3，否则，PC←(PC)+3+rel
CJNE Rn, #data, rel      ；若 (Rn) = data，则 PC←(PC)+3，否则，PC←(PC)+3+rel
CJNE @Ri, #data, rel     ；若 ((Ri)) = data，则 PC←(PC)+3，否则，PC←(PC)+3+rel
```

【例 3-21】 设内部 RAM 单元中两个存储单元地址为 50H 和 51H，如果它们相等，则将地址为 52H 的数据单元传送给 58H；如果不相等，则将地址为 62H 的数据单元传送给 58H。编写程序实现此功能。

解：编写程序如下：

```
        MOV A, 50H
        CJNE A, 51H, L1
        MOV 58H, 52H
        SJMP L2
L1:     MOV 58H, 62H
L2:
        ……
```

（3）循环减 1 转移指令

循环减 1 转移指令 DJNZ 是两字节和两个操作数指令，其指令形式为：

DJNZ <源操作数>, rel

其功能是将源操作数减1,结果回送到源操作数中去。如果结果不为0,则转移到rel所向的地址。

具体的指令格式如下:

DJNZ Rn, rel   ; Rn←(Rn)-1, 若(Rn)=0, 则PC←(PC)+2, 否则, PC←(PC)+2+rel
DJNZ direct, rel ; direct=(direct)-1, 若(direct)=0, 则PC←(PC)+2, 否则, PC←(PC)+2+rel

【例3-22】 设计一段程序,在P1.0口输出周期为1ms的方波。系统晶振频率为12MHz。

解: 因为系统晶振频率为12MHz,所以一个机器周期为1μs。而DJNZ是二周期指令,所以每执行一次,所需时间为2μs。方波每半个周期(500μs)取一次反,而500μs需要DJNZ执行250次。程序如下:

```
L1: MOV R2, #0FAH    ; R2 置初值 250
L2: DJNZ R2, L2      ; 循环时间为 250×2μs = 500μs
    CPL P1.0         ; 将 P1.0 引脚取反
    SJMP L1
```

(4) 判C转移指令

判C转移指令JC或JNC是双字节指令,其功能是判断CY标志位是否为1,根据判断的结果决定是否转移到目标地址。指令格式如下:

JC rel   ; 若CY为1, 则PC←(PC)+2+rel, 否则, PC←(PC)+2
JNC rel ; 若CY不为1, 则PC←(PC)+2+rel, 否则, PC←(PC)+2

CY的标志位在无符号数运算中表示进位或借位。特别是在两个无符号数相减后,如果被减数小于减数,CY标志为1,否则为0。JC或JNC指令通常和CJNE指令相配合,用于判断两个数的大小关系。

【例3-23】 编写程序比较内部RAM单元中两个存储单元的大小。设A、B、C的地址分别为50H、51H、52H。A和B为无符号数,如果A<B,则将-1送入C;如果A=B,则将0送入C;如果A>B,则将1送入C。

解: 编写程序如下:

```
    MOV A, 50H
    CJNE A, 51H, L1
    MOV 52H, #0
    SJMP L3
L1: JC L2
    MOV 52H, #1
    SJMP L3
L2: MOV 52H, #-1
L3:
    ……
```

CJNE指令将A和51H单元做了一个减法,影响了C标志位,但是并没有改变任何一个数据的结果。然而,这样为后面的JC指令提供了依据。

(5) 判直接寻址位转移指令

判直接寻址位转移指令 JB、JNB 或 JBC 是三字节指令，其功能是判断一个直接寻址位是否为 1，根据判断的结果决定是否转移到目标地址。JBC 指令执行后还将该直接寻址位清 0。指令格式如下：

  JB bit, rel   ;若 bit 为 1，则 PC←(PC)+3+rel，否则，PC←(PC)+3
  JNB bit, rel   ;若 bit 为 0，则 PC←(PC)+3+rel，否则，PC←(PC)+3
  JBC bit, rel   ;若 bit 为 1，则 bit←0，PC←(PC)+3+rel，否则，PC←(PC)+3

bit 表示一个位寻址，可以表示内部 RAM 中的位寻址区和专用寄存器的可寻址位。

【例 3-24】 设内部 RAM 单元中存储单元地址为 50H，如果该存储单元有奇数个 1，则将 R0 置 1；否则，将 R0 清零。编写该程序。

解：首先将 50H 单元送给 A，然后判断 P 标志位，根据 P 标志位的结果，给 R0 置 1 或清零。

程序如下：

```
      MOV A, 50H
      JB P, L1
      MOV R0, #0
      SJMP L2
L1:   MOV R0, #1
L2:
      ……
```

3. 子程序调用及返回指令

(1) 子程序绝对调用指令

子程序绝对调用指令 ACALL 是二字节指令，其功能是首先将 PC 值压入栈中，然后将操作数所表示的 11 位地址送入 PC 寄存器的低 11 位，高 5 位不变，从而实现向子程序的跳转。为了实现子程序的调用，该指令共完成以下两项操作。

1) 断点保护。断点保护是通过自动的堆栈操作实现的，即把加 2 后的 PC 值自动送堆栈保存起来，待子程序返回时再送回 PC。

2) 跳转到目的地址。目的地址的跳转是在 PC 加 2 的基础上，以指令提供的 11 位地址取代 PC 低 11 位，而 PC 的高 5 位不变。

指令格式如下：

  ACALL addr11

被调用子程序的首地址必须和本指令的下一条指令地址在同一页中（2KB 一页）。ACALL 指令的操作内容可表示为：

  PC←(PC)+2
  SP←(SP)+1，(SP)←(PC)$_{7\sim 0}$
  SP←(SP)+1，(SP)←(PC)$_{15\sim 8}$
  PC$_{10\sim 0}$←addr11

【例 3-25】 有一个子程序的首地址为 LCOUNT，功能是统计 A 寄存器中 1 的个数，并将这个计数值放入寄存器 R0。编一程序段，求出地址为 50H 的 16 位内存单元中 1 的个数，放入寄存器 A 中。

解：将这16位数据分成2字节，分别传入A寄存器中，然后分别调用子程序计算出它们1的个数，然后再相加到A寄存器。

程序如下：

```
MOV A, 50H
ACALL LCOUNT      ;调用子程序
MOV 60H, R0       ;将计算结果保存在地址为60H的内存单元中
MOV A, 51H
ACALL LCOUNT      ;调用子程序
MOV A, R0         ;将计算结果保存在A寄存器中
ADD A, 60H        ;将两次调用结果相加
```

（2）子程序长调用指令

子程序长调用指令 LCALL 是三字节指令，其功能是首先将 PC 值压入栈中，然后将操作数所表示的16位地址送入 PC 寄存器中，从而实现向子程序的跳转。指令格式如下：

LCALL addr16

与 ACALL 指令相似，这条指令包括两个操作，断点保护和跳转到目标地址。LCALL 指令所调用的子程序的调用范围是 64KB。LCALL 指令的操作内容可表示为：

PC←（PC）+3
SP←（SP）+1，(SP)←(PC)$_{7\sim 0}$
SP←（SP）+1，(SP)←(PC)$_{15\sim 8}$
PC←addr16

（3）子程序返回指令

子程序返回指令 RET 和 RETI 的功能是跳回到主程序中，也就是跳回到主程序中子程序调用指令的下一条指令。指令格式如下：

```
RET               ;子程序返回指令
RETI              ;中断服务子程序返回指令
```

子程序返回指令的主要操作就是从堆栈中自动取出断点地址送给程序计数寄存器 PC，使得程序在主程序断点处继续向下执行。RET 指令的操作内容可表示为：

PC$_{15\sim 8}$←（SP），SP←（SP）-1，
PC$_{7\sim 0}$←（SP），SP←（SP）-1，

中断服务子程序返回指令，除了上述操作外，还有清除中断响应时被置位的优先级状态、开放较低级中断和恢复中断逻辑等功能。详细内容请参考第4章有关章节。

【例3-26】 编写一个子程序，其首地址为 LCOUNT，功能是计算 A 寄存器中1的个数，并将这个计数值放入寄存器 R0。

解：程序如下：

```
LCOUNT:    MOV R0, #0     ;计数初值为0
           MOV R1, #8     ;R1是循环变量，初始值为8，因为A寄存器有8位
LOOPBEGIN: RLC A          ;带进位左移1次，将当前最高位移到进位标志CY中
           MOV R2, A      ;由于马上要进行加法运算，保存A寄存器的内容到R2
           MOV A, R0      ;将R0送入A中，为下一步加法做准备
           ADDC A, #0     ;将CY加入A中
           MOV R0, A      ;将结果送回R0中
```

```
        MOV  A, R2            ;恢复 A 的值
        DJNZ R1, LOOPBEGIN    ;一次循环结束,将循环计数器减一
        RET                   ;返回主程序
```

4. 空操作指令

空操作指令 NOP 也算一条控制指令,即控制 CPU 不做任何操作,只消耗一个机器周期的时间。空操作指令是单字节指令,没有任何操作数,执行后 PC 加 1,时间延续一个机器周期。NOP 指令常用于程序的等待或时间的延迟。指令格式如下:

```
        NOP                   ;PC←(PC)+1
```

3.3.5 位操作指令

和大家所熟悉的 8086 指令系统不同,51 指令系统本身带有位操作指令。在 8086 指令系统中,如果更改某一位,一般原则是先读取该位所在字节(或字),再用逻辑运算更改,然后写回,非常麻烦。而 51 指令系统因为本身带有位操作指令,可以免去这些麻烦,这是 51 指令系统的一大特色。

位操作指令中,所涉及的寻址是位寻址。位操作指令中也有一个累加寄存器,那就是 CY 标志位。它在位操作指令中的地位相当于普通指令的累加寄存器 A,有非常重要的作用。

1. 位数据传送指令

位数据传送指令有两种格式:

```
        MOV  C, bit           ;CY←(bit)
        MOV  bit, C           ;bit←(CY)
```

这里的 bit 是位寻址操作数,而 C 则表示 CY 标志位。

【例 3-27】 编程实现将 27H 位的内容传送给 26H 位。

解:要将 27H 位的内容传送给 26H 位,不能直接用 "MOV 26H, 27H",因为该指令执行的实际是字节传送,若要将 26H 位的内容传送给 27H 位,可用下述程序实现:

```
        MOV  C, 26H           ;CY←(26H)
        MOV  27H, C           ;27H←(CY)
```

2. 位数据清零指令

位数据清零指令 CLR 可使直接寻址位 bit 或 CY 清零,不影响其他标志。指令格式如下:

```
        CLR  C                ;CY←0
        CLR  bit              ;bit←0
```

【例 3-28】 设片内 RAM 26H 单元的内容为 0FFH,求执行以下指令的结果。

```
        CLR  32H
```

解:26H 单元的值是 0FFH(11111111B),而 32H 是 26H 单元第二位的位地址。所以,指令执行后它的值是 11111011B,26H 的最后的值是 0FBH。

3. 位数据置 1 指令

位数据清零指令 SETB 可使直接寻址位 bit 或 CY 置 1,不影响其他标志。指令格式如下:

```
        SETB C                ;CY←1
        SETB bit              ;bit←1
```

【例 3-29】 假设进位标志 CY 内容为 0,输出口 P1 原来的内容为 0FH(00001111B),则执行指令

```
        SETB C
```

```
        SETB    P1.7
```
后，P1 口和 CY 的结果是多少？

解：结果：CY = 1, P1 = 8FH (10001111B)。

4. 位数据求反指令

位数据求反指令 CPL 可使直接寻址位 bit 或 CY 内容取反，不影响其他标志位。指令格式如下：

```
        CPL     C               ;CY←/(CY)
        CPL     bit             ;bit←/(bit)
```

【例 3-30】 求执行下面的指令序列后 P1 的结果。

```
        MOV     P1, #2FH        ;(P1)←(2FH 即 00101111B)
        CPL     P1.0            ;P1.0 位求反
        CPL     P1.2            ;P1.2 位求反
```

解：指令执行后，P1 的结果为 2AH (00101010B)。

5. 位与指令

位与指令的功能是将直接寻址位的内容或直接寻址位内容取反后（不改变原来位的内容）和 CY 的内容相与，结果保存在 CY 中。指令格式如下：

```
        ANL     C, bit          ;CY←(CY)∧(bit)
        ANL     C, /bit         ;bit←(CY)∧/(bit)
```

【例 3-31】 当位地址 (2AH) = 1，(32H) = 1，同时累加器中 (ACC.7) = 0 时，进位标志 CY 置 1；否则，CY 清零。用程序段实现以上功能。

解：分析例题可得出，这里需要 3 个条件同时成立，才能保证 CY 为 1，这是典型的逻辑与运算，可使用两条位与指令实现这个关系。程序段如下：

```
        MOV     C, 2AH
        ANL     C, 32H
        ANL     C, /ACC.7
```

6. 位或指令

位或指令的功能是将直接寻址位的内容或直接寻址位内容取反后（不改变原来位的内容）和 CY 的内容相或，结果保存在 CY 中。指令格式如下：

```
        ORL     C, bit          ;CY←(CY)∨(bit)
        ORL     C, /bit         ;bit←(CY)∨/(bit)
```

【例 3-32】 当位地址 (2AH) = 1 或 (32H) = 1 或累加器中 (ACC.7) = 0 时，进位标志 CY 置 1；否则，CY 清零。用程序段实现以上功能。

解：分析例题可得出，这里 3 个条件有一个成立，就能保证 CY 为 1，这是典型的逻辑或运算，可使用两条位或指令实现这个关系。程序段如下：

```
        MOV     C, 2AH
        ORL     C, 32H
        ORL     C, /ACC.7
```

3.4　51 系列单片机汇编语言的语句格式

51 系列单片机汇编语言的语句格式如下：

［标号字段:］ 操作码字段 ［操作数字段］ ［；注释字段］

即一条汇编语句由标号、操作码、操作数、注释 4 部分组成。其中，只有操作码字段是必需的，其他 3 个字段都是可选的。

标号字段是语句所在地址的标志符号。有了标号，程序中的其他语句才能访问该语句。有关标号的规定如下：

- 标号后边必须跟以冒号"："。
- 由 1~8 个 ASCII 字符组成。开头必须是字母，其他字符可以是字符、数字或其他特定字符。
- 同一标号在一个程序中只能定义一次。
- 不能使用汇编语言已经定义的符号作为标号。

操作码字段是汇编语言指令中唯一不能空缺的部分，它规定了语句的操作内容。操作码是以指令助记符或伪指令助记符表示的。

操作数字段用于给指令的操作码提供数据或地址。对于指令助记符表示的操作码，通常有单操作数、双操作数和无操作数 3 种情况。但是对于伪指令助记符表示的操作码，操作数的个数可能有多个。如果有多个操作数，则操作数之间，要以逗号隔开。

注释字段不属于语句的功能部分，它只是对语句的解释说明，是为了方便程序的阅读而使用的。以分号"；"开头，表明本行的后续部分为注释内容。注释的长度不够，可以换行，但新的行也应以"；"开头。

3.5 51 系列单片机汇编程序常用伪指令

有一些指令，如指定目标程序或数据存放的地址、给一些指定的标号赋值、表示源程序结束等指令，并不产生目标程序（机器码），也不影响程序的执行，仅仅产生供汇编用的某些命令，用来对汇编过程进行某种控制或操作，这类指令称为伪指令。如果是手工编译，这些伪指令将失去意义。

3.5.1 定义起始地址伪指令

定义起始地址伪指令 ORG 的功能是规定一个程序块或数据块所存放的起始地址，也就是紧随其后的程序段或数据块将被汇编工具安置在所规定的起始地址。指定格式如下：

  ORG addr16

addr16 表示一个 16 位的程序存储器的空间地址，一般为一个确定的地址，也可以是事先定义的标号。

【例 3-33】 分析以下程序。

    ORG 2000H
  START：MOV A，30H

解：当汇编工具汇编完这段程序后，会把"MOV A，30H"这条指令安置在程序存储器中地址为 2000H 的存储空间中。START 这个标号所代表的地址将为 2000H。

3.5.2 定义汇编结束伪指令

定义汇编结束伪指令 END 的功能是表示汇编程序到此结尽。在整个源程序中只能有一条 END 命令，且位于程序的最后。指令格式如下：
　　　　END

3.5.3　标号赋值伪指令

标号赋值伪指令 EQU 的功能是将表达式的值赋给本语句中的标号，又称为等值指令。指令格式如下：
　　　　标号 EQU [表达式]

表达式的值为 8 位或 16 位二进制数，赋值以后的字符名称既可以作为地址使用，也可以作为立即数使用。

【例 3-34】　分析以下指令。
　　　　TEST　EQU　2000H

解：该指令表示标号 TEST = 2000H，在汇编时，凡是遇到标号 TEST 时，均以 2000H 来代替。

3.5.4　字节定义伪指令

字节定义伪指令 DB 的功能是在程序存储器的连续单元中定义字节数据。指令格式如下：
　　　　标号：DB [字节表]

标号表示所定义字节数据的起始地址，标号这一项也可没有。字节表由若干字节常数、字符、字符串构成，字节表中的两个连续元素用逗号分开。单个字符或字符串中的每个字符在程序存储器中由对应的 ASCII 码表示。

【例 3-35】　分析以下程序经汇编后的结果。
　　　　ORG　30H
　　　　DB　-2,1,45,'A'

解：当汇编结束后，程序存储器的 30H 存储单元的内容为 FEH（-2）；程序存储器的 31H 存储单元的内容为 01H；程序存储器的 32H 存储单元的内容为 45；程序存储器的 33H 存储单元的内容为 41H（'A'）。

3.5.5　字定义伪指令

字定义伪指令 DW 的功能是在程序存储器的连续单元中定义 16 位的字数据。指令格式如下：
　　　　标号：DW [字表]

字表由若干字常数、字符、双字符字符串构成，字表中的两个连续元素用逗号分开。每个字数据在存储器中是高位字节在前，低位字节在后。单个字符在存储器中按顺序存放 00H 和该字符对应的 ASCII 码；而双字符字符串则按顺序将两个字符对应的 ASCII 码存放在存储器中。

【例 3-36】　分析以下程序经汇编后的结果。
　　　　ORG　60H
　　　　DW　23,'AB',4566H,'5'

解：当汇编结束后，程序存储器的 60H 存储单元的内容为 00；程序存储器的 61H 存储单元的内容为 17H（23）；程序存储器的 62H 存储单元的内容为 41H（'A'）；程序存储器的 63H 存储单元的内容为 42H（'B'）；程序存储器的 64H 存储单元的内容为 45H；程序存储器的 65H 存储单元的内容为 66H；程序存储器的 66H 存储单元的内容为 00H（'c'）；程序存储器的 67H 存储单元的内容为 35H（'5'）。

3.5.6　存储区定义伪指令

存储区定义伪指令 DS 的功能是在程序存储器中定义一个存储区。指令格式如下：

　　标号：DS [表达式]

标号表示所定义存储区的起始地址，标号这一项也可没有。表达式的值表示这个存储区要预留多少个存储单元。

【例 3-37】　分析以下程序经汇编后的结果。

```
    ORG    2100H
    DS     08H
```

解：当汇编结束后，从 2100H 地址开始保留 8 个地址连续的字节。

3.5.7　位定义伪指令

位定义伪指令 BIT 的功能是将位地址赋予一个字符名称。指令格式如下：

　　字符名称 BIT [位地址]

位地址可以是绝对地址，也可以是已经定义的位地址符号。

【例 3-38】　分析以下程序。

```
    AQ   BIT   P1.0
    BQ   BIT   AQ
```

解：把 P1.0 的位地址赋予 AQ，然后又把 AQ 赋予 BQ。在其后的编程中，AQ 和 BQ 都可以作为 P1.0 这个位地址使用。

3.5.8　内部 RAM 地址赋值伪指令

内部 RAM 地址赋值伪指令 DATA 用于将一个内部 RAM 地址赋给指定的符号名。指令格式如下：

　　符号名 DATA 表达式

数值表达式的值应该在 0～255 之间，表达式应该是一个简单再定位表达式。

【例 3-39】　求执行以下程序后 A 的值。

```
    REGBUF   DATA   40H    ;将 REGBUF 指定为内部 RAM 地址 40H
        MOV    40H, #34H
        MOV    A, REGBUF
```

解：执行以上程序段后，A 的值是 34H。

3.5.9　外部 RAM 地址赋值伪指令

外部 RAM 地址赋值伪指令 XDATA 把片外数据地址赋予规定的符号名称。表达式应该是一个简单再定位表达式。由 XDATA 定义的符号不得在程序中别的地方重新定义。指令格式如下：

符号名 XDATA 表达式

【例3-40】 求执行以下程序后 A 的值。

```
REGBUF  XDATA  4540H      ;将 REGBUF 指定为外部 RAM 地址 4540H
        MOV    DPTR, #4540H
        MOV    A, #25H
        MOVX   @DPTR, A
        MOV    DPTR, #REGBUF
        MOVX   A, @DPTR
```

解：执行以上程序段后，A 的值为 25H。

3.6 51 系列单片机汇编程序设计方法

和大家熟悉的高级语言设计一样，汇编程序的设计也常采用以下几种基本结构：顺序结构、分支结构和循环结构，再加上广泛使用的子程序和中断服务子程序。任何复杂的程序都是由这几种基本结构复合而成的。

一个高质量的程序应具有以下特点。
- 程序有较好的逻辑结构，便于二次开发。
- 源程序有较好的可读性，使非专业人员能读懂会用，甚至能加以修改。
- 程序结构应有较好的可靠性和可维护性。也就是说，要保证程序能正确工作，并且易于进一步的改进和完善。
- 程序运行效率高而且可重用。

3.6.1 顺序结构程序设计

顺序结构是最简单的一种基本结构，是指完全按顺序逐条执行的指令序列。

【例3-41】 已知 X、Y、Z 分别为片内 RAM 30H、31H、32H 单元的内容，设 X > Y，试编程完成 S =（X - Y）Z 的算术运算，并将计算结果 S 存入片内 RAM 34H（高字节）、35H（低字节）单元中。

解：由于 X > Y，所以 X - Y > 0，不需要借位；(X - Y)Z 的结果最多占用 2 字节。首先将 X - Y 结果放入 A 寄存器中，将 Z 的内容放入 B 寄存器中，然后将 A 和 B 相乘，其结果的高低字节分别置于 B 和 A 寄存器中，然后将它们分别放入 34H 和 35H 存储单元中。

编写程序如下：

```
        ORG    0030H
START:  MOV    A, 30H       ;A←X
        CLR    C
        SUBB   A, 31H       ;A←(A) - X
        MOV    B, 32H       ;B←Z
        MUL    AB
        MOV    34H, B       ;34H←A*B 的高字节
        MOV    35H, A       ;35H←A*B 的低字节
        SJMP   $
```

3.6.2 分支结构程序设计

在 51 指令系统的编程中，单分支程序使用条件转移指令来实现，即根据条件对程序的执行进行判断，满足条件就进行程序跳转，否则按顺序执行。

【例 3-42】 假设外部 RAM 中有 3 个 8 位无符号数据，它们的地址分别为 7111H、5687H 和 8766H，找出它们之中最大的数放入寄存器 A 中。

解：先将地址为 7111H、5687H 的两个数相比较，将其中较大的数放置于 R0；然后将 R0 和地址为 8766H 的数相比较，将其中较大数置于 A 中。

编写程序如下：

```
            ORG   0000H
            MOV   DPTR, #7111H
            MOVX  A, @DPTR
            MOV   R0, A
            MOV   DPTR, #5687H
            MOVX  A, @DPTR
            MOV   R1, A
            CLR   C
            SUBB  A, R0
            JC    BIG1
            MOV   A, R1
            MOV   R0, A
BIG1:       MOV   DPTR, #8766H
            MOVX  A, @DPTR
            MOV   R2, A
            CLR   C
            SUBB  A, R0
            JC    BIG2
            MOV   A, R2
            SJMP  LABLAST
BIG2:       MOV   A, R0
LABLAST:    SJMP  $
            END
```

3.6.3 循环结构程序设计

循环是为了重复执行一个程序段。在 51 指令系统的汇编语言中，循环次数固定的循环常常采用 DJNZ 指令来实现。在循环初始化时，将循环次数放置于某个通用寄存器中或某个内部 RAM 单元中；在循环结束处放置一条 DJNZ 指令，可同时完成对循环计数单元的减 1 和条件跳转功能（如果循环计数单元不为 0，则跳转到循环程序段的起始处）。对于循环次数依赖于循环体中执行结果的循环程序，则需要其他类型的有条件跳转指令。

【例 3-43】 外部 RAM 中，从地址 2000H 开始存放了 100 个有符号字节数据，编写一段程序，统计其中小于 0 的数据个数，将其存放在 R0 寄存器中。

解：显然，该程序是一个循环次数固定的程序，循环次数是100次。将R1作为循环计数寄存器，其初始值为100。在循环体中是一个分支结构，用于判定一个数是否小于0的依据是该数的最高位是否为1。

编写程序如下：

```
        ORG   0000H
        MOV   R0,#0
        MOV   R1,#100
        MOV   DPTR,#2000H
LOOP:   MOVX  A,@DPTR
        INC   DPTR
        JNB   ACC.7,NEXT    ;如果A最高位为0,则表明大于或等于0,不计入
        INC   R0
NEXT:   DJNZ  R1,LOOP       ;将R1减1,如果大于0,表明循环继续
        SJMP  $
        END
```

【例3-44】 一个字符串存放在外部RAM中，起始地址为3000H，求这个字符串的长度，并放入R0寄存器中。

解：根据字符串的原理，将字符串的每个字符所对应的ASCII码按顺序存放在存储器中，字符串的结尾是一个ASCII码为0的结尾符。显然，该程序是一个循环次数不固定的程序，该循环的结束条件是从外部RAM中得到的当前字符的ASCII码是否为0。如果是0，表明该字符串到此结束。

编写程序如下：

```
        ORG   0000H
        MOV   R0,#-1        ;在循环中,至少要进行一次加法,所以计数值初始值为-1
        MOV   DPTR,#3000H
LOOP:   MOVX  A,@DPTR       ;将当前字符的ASCII码送入A寄存器
        INC   DPTR
        INC   R0
        CJNE  A,#0,LOOP     ;如果当前字符的ASCII码不为0,循环继续
LEND:   SJMP  $
        END
```

3.6.4 查表程序设计

在程序设计中，查表功能是一项非常重要的功能。查表就是根据自变量x，在表格中寻找y，使y=f(x)。自变量x的范围一般是一个连续变化的整数，比如0~99之间的整数。因此，将所对应的y值按自变量x的顺序排列在一起，就得到了一个线性表。根据x的值求取y值，只需要在这个线性表中查询相应的单元即可，称之为查表功能。

在MCS-51的指令系统中，给用户提供了两条极为有用的查表指令：

```
MOVC  A,@A+DPTR
MOVC  A,@A+PC
```

从这两条指令的特性可以看出，被查询的线性表只能建立在程序存储空间。

指令"MOVC A,@A+PC"以 PC 作为基址寄存器,PC 的内容和 A 的内容作为无符号数,相加后所得的数作为某一程序存储器单元的地址,根据地址取出程序存储器相应单元中的内容送到累加器 A 中。

指令"MOVC A,@A+DPTR"完成把 A 中的内容作为一个无符号数与 DPTR 中的内容相加,所得结果为某一程序存储单元的地址,然后把该地址单元中的内容送到累加器 A 中。

"MOVC A,@A+DPTR"这条指令的应用范围较为广泛,一般情况下,大多使用该指令。使用该指令时不必计算偏移量,使用该指令的优点是表格可以设在 64KB 程序存储器空间内的任何地方,而不像"MOVC A,@A+PC"那样只设在 PC 下面的 256 个单元中,使用较方便。

【例 3-45】 在一个以 MCS-51 为核心的温度控制器中,温度传感器输出的电压与温度为非线性关系,传感器输出的电压已由 A/D 转换为 8 位二进制数。根据测得的不同温度下的电压值数据构成一个表,表中放温度值 y 为双字节无符号数,单字节无符号数 x 为电压值数据。设测得的电压值 x 放入 R2 中,编写一段程序,根据电压值 x,查找对应的温度值 y,放入 R2R3 中。

解: 这是一个典型的查表程序。首先使用 DW 伪指令按电压值的顺序建立一个电压温度表。因为温度值是双字节数,因此这个表的每一项占 2 字节,高位字节在前,低位字节在后。表的基地址存放在 DPTR 寄存器中。查表时,首先将表的索引电压值乘以 2,再进行查询。电压值乘以 2 后,有可能大于 255,产生 CY 进位。如果产生了 CY 进位,则应通过将 DPH 加 1 的方法进位处理后再查询。

编写程序如下:

```
        ORG    0000H
        MOV    DPTR,#TAB1      ;将表的基地址存放在 DPTR 寄存器中
        MOV    A,R2            ;将电压值放入 A 寄存器中
        CLR    C               ;清除 CY 标志位
        RLC    A               ;将 A 乘以 2
        JNC    LNOCY           ;如果没有进位,则跳过进位处理语句
        INC    DPH             ;将 DPH 加 1,也就是将 DPTR 加 256,处理了进位
LNOCY:  MOV    R4,A            ;保存索引值 A 到 R4 寄存器
        MOVC   A,@A+DPTR       ;查表得到温度值的高字节
        MOV    R2,A            ;将温度值的高字节置于 R2 寄存器中
        MOV    A,R4            ;恢复索引值 A
        INC    A               ;索引值 A 加 1
        MOVC   A,@A+DPTR       ;查表得到温度值的低字节
        MOVC   R3,A            ;将温度值的高字节置于 R3 寄存器中
LEND:   SJMP   LEND
TAB1:   DW……                   ;温度值表
```

还可以使用查表的方式设计多分支程序,所使用的指令是"JMP @A+DPTR"。其中,DPTR 寄存器存放的是分支地址表的首地址;A 寄存器存放的是分支地址表的索引。

使用查表的方式设计多分支程序的原理是:假设一个程序中有 n 个分支,每一个分支的入口地址分别是 BR0,BR2,…,BRn-1,建立一个分支表,该表的首地址置于 DPTR 寄存

器，共有 n 项。任意第 i（0≤i≤n-1）项的内容只有一条语句，AJMP BRi，占 2 字节。将 2i 的值置于 A 寄存器，则执行指令"JMP @ A + DPTR"后，下一条指令将跳转到分支表的第 i 项。而分支表第 i 项所载有的指令是"AJMP BRi"，所以程序最后将跳转到第 i 个分支。因此，利用分支程序表，只需要执行一次跳转语句"JMP @ A + DPTR"就可以跳转到任何分支。

【例 3-46】 编写以下程序，利用查表的方式设计 4 分支程序。A 的内容为 0~4。

解：编写程序如下：

```
            ORG    0000H
            MOV    DPTR, #BRTAB
            RL     A
            JMP    @ A + DPTR
LEND:       SJMP   $
BRTAB:      AJMP   BR0
            AJMP   BR1
            AJMP   BR2
            AJMP   BR3
BR0:        …
            SJMP   LEND
BR1:        …
            SJMP   LEND
BR2:        …
            SJMP   LEND
BR3:        …
            SJMP   LEND
            END
```

3.6.5 子程序设计

子程序又称为过程，它相当于高级语言中的过程和函数。在一个程序的不同部分往往要用到类似的程序段。这些程序段的功能和结构形式相同，只是某些变量的赋值不同，此时可以把这些程序段写成子程序的形式，以便需要时可以调用它。一般称调用子程序的那段程序为主程序。

子程序的第一条指令的地址称为子程序的入口地址，该指令前必须有标号。子程序的最后一条指令必须是 RET 指令。子程序可以嵌套，即子程序可以调用子程序。

在 51 指令系统中，调用子程序的指令是 ACALL 和 LCALL。子程序的调用需要注意以下几点。

1. 保存与恢复寄存器

由于主程序和子程序经常是分别编写的，所以它们所使用的寄存器会发生冲突。主程序在调用子程序以前，要保护那些可能被子程序破坏的寄存器。在结束子程序运行前，要恢复那些被保护的寄存器。一般采用压栈和出栈的方法实现寄存器的保护和恢复。

2. 子程序的参数传送

主程序在调用子程序时，经常需要传送一些参数给子程序，成为输入参数；子程序运行完后经常要回送一些信息给主程序，称为输出参数。这种主程序和子程序之间的信息传送方式称为参数传送。参数传送常用的方法包括寄存器传送方式、地址表传送方式和堆栈传送方式。

【例 3-47】 已知寄存器 R0、R1、R2 存放的是 8 位二进制数，分别将它们转换成 BCD 码，存放在内部 RAM 的 60H~65H 单元。8 位二进制数的对应 BCD 码是 3 位（百位、十位、个位）十进制数，总共 12 位（12bit），所以用 2 字节来表示对应的 BCD 码。十位和个位分别存放在第一个字节的高 4 位和低 4 位，百位存放在第二个字节的低 4 位。第二个字节的高 4 位为全 0。

编写一个子程序，该子程序的功能是转换一个 8 位二进制数为 BCD 码。该子程序的输入参数是：待转换的单字节数在累加器 A 中；输出参数是：转换后的 BCD 码整数（十位和个位）仍在累加器 A 中；百位在 R3 中。根据题意，将该子程序调用 3 次，每次的结果放置到相应的内存单元中。

解：编写程序如下：

```
        ORG    0000H
        MOV    A, R0
        ACALL  CHBCD
        MOV    60H, A      ;将十位数和个位数置于存储器中
        MOV    61H, R3     ;将百位数置于存储器中
        MOV    A, R1
        ACALL  CHBCD
        MOV    62H, A      ;将十位数和个位数置于存储器中
        MOV    63H, R3     ;将百位数置于存储器中
        MOV    A, R2
        ACALL  CHBCD
        MOV    64H, A      ;将十位数和个位数置于存储器中
        MOV    65H, R3     ;将百位数置于存储器中
LEND:   SJMP   $
CHBCD:  PUSH   PSW         ;保护现场
        PUSH   B
        MOV    B, #100
        DIV    AB          ;A←BCD 码的百位
        MOV    R3, A       ;R3←BCD 码的百位
        MOV    A, #10      ;余数继续分离十位和个位
        XCH    A, B
        DIV    AB          ;A←BCD 码的十位
        SWAP   A
        ORL    A, B        ;将十位和个位拼装成 BCD 码
        POP    B           ;恢复现场
        POP    PSW
        RET
        END
```

习 题 3

1. MCS-51 单片机有哪几种寻址方式？各寻址方式所对应的寄存器和存储空间有何不同？
2. MCS-51 的指令系统按功能可分为哪几类？
3. 若（50H）= 60H，写出执行下面程序段后累加器 A、寄存器 R0，以及内部 RAM 的 60H、61H、62H 单元中的内容。

    MOV A, 50H
    MOV R0, A
    MOV A, #00H
    MOV @R0, A
    MOV A, 3BH
    MOV 61H, #60H
    MOV 62H, A

4. 一个 16 位数的高字节存放在 30H 单元，低字节存放在 31H 单元，另一个 16 位数据的高字节存放在 32H 单元，低字节存放在 33H 单元。试编写程序完成这两个 16 位数据的减法运算，差的高 8 位存放入 40H，低 8 位存放到 41H 单元。
5. 编写一段程序，查找存在 30H ~ 50H 单元中是否有数据 34H，若有，则将 F0 置 1；否则，将 F0 清零。
6. 编写程序，求出片内 40H 单元内容中所有"0"的个数，结果存入 50H。
7. 在内部 RAM 单元从 30H 开始的 5 个单元中，存放着 5 个压缩 BCD 码，编写一段程序，将它们转换成 ASCII 码，并存放到 40H 开始的单元中。
8. 编程求出内部 RAM 中从 30H 开始的连续 20 个单元中的内容的平均值，并存入 60H 单元中。
9. 编程完成以下功能：检测内部 RAM 单元从 30H 开始的 32 个数，若为正数或 0，则值不变；若为负数，则取补后送回。
10. 在内部 RAM 单元中，从 30H 开始连续存放着 20 个 8 位无符号数，编程排列其顺序，使它们从 20H 单元开始，按照从大到小的顺序依次存放。

第 4 章　C51 程序设计

第 3 章中介绍了汇编语言的指令系统。初学汇编语言的使月者通常会遇到以下难点：第一，从指令系统上来看，需要程序设计者对汇编语言指令系统非常熟悉，才能够在程序编写中得心应手地使用；第二，从编程思路上来看，汇编语言的许多编程思路和常用的高级语言编程思路存在着明显的区别，编程者需要从高级语言编程方式口跳出来，适应汇编语言的编程思路；第三，从程序的可读性上来看，汇编语言需要熟悉汇编语言的阅读者才能够读懂程序，而高级语言设计的程序具有更明确的含义，可读性更高，便于程序的阅读和修改。在本章将详细介绍如何使用高级语言——C 语言来进行 51 系列单片机的软件程序设计，即 C51 语言的程序设计。

C 语言是一种常用的高级语言，既具有高级语言使用方便的特点，同时也具有汇编语言直接对硬件进行操作的特点。C 语言简洁、紧凑、使用方便灵活，因此在现在计算机硬件系统设计中，往往用 C 语言来进行开发和设计。51 系列单片机开发中使用 C51 语言来进行开发，C51 语言是在 C 语言的基础上增加了一些 51 系列单片机专用的数据类型和语法。Keil C51 是目前最流行的 51 系列单片机 C 语言软件开发平台，具有程序的编辑、编译、连接、目标文件格式转换、调试和模拟仿真等功能。本章对标准 C 语言的基本语法做概括性介绍，重点讲述 C51 的语法和程序设计，使有 C 语言基础的读者能够很快掌握 C51 程序设计的编写方法。

4.1　C51 程序设计基础

4.1.1　C51 语言特点和程序结构

C51 语言以 C 语言为基础，在 C 语言的基础上根据单片机存储结构及内部资源定义相应的数据类型和变量，按照 C51 所包含的数据类型、变量存储模式、输入/输出处理、函数等方面的格式来编写 C 语言应用程序，用 C 语言编写的应用程序须由单片机 C 语言编译器转换成单片机可执行的代码程序。因此，C51 语言兼具 C 语言的特点以及与 C 语言相似的结构特征。

1. C51 语言在功能上的特点

（1）C51 语言兼具高级语言和汇编语言的特点

C51 语言具有高级语言功能丰富、表达能力强、使用灵活方便、应用面广、目标程序效率高的特点，同时具有能够直接对计算机硬件操作的汇编语言的特点。C51 语言允许访问物理地址，能进行位操作，能够直接对硬件操作。

（2）C51 语言简洁、运算符丰富、数据结构众多

C51 语言使用了 C 语言的 32 个关键字和 C51 的 20 个扩展关键字，程序书写形式自由，与其他高级语言相比，程序精练简洁；包含多种运算符，而且把括号、赋值、强制类型转换等都作为运算符处理，可以实现各种各样的运算；C51 语言的数据类型有整型、实型、字符型、位

型、数组类型、指针类型、结构和联合类型等,能够满足各种复杂的数据结构的需要。

(3) C51 采用结构化设计程序,程序可移植性好

C51 语言使用各种结构化的控制语句,如 if-else 语句、while 语句、switch 语句、for 语句等,程序由多个函数组成,每个函数相当于一个程序模块。C51 语言不同于汇编语言,用 C51 语言编写的程序基本上不用修改就可以用于各种机型和各种操作系统,而用汇编语言编写的程序用于其他型号的机型时,必须改写成对应机型的指令代码。

(4) 生成目标代码效率高

用 C51 语言编写程序比用汇编语言编写程序方便、容易、可读性强,并且用 C51 编写的程序生成目标代码的效率仅比汇编语言编写的程序低 10%~30%。

2. C51 语言在程序结构的特点

1) C51 源程序由一个或者多个源文件组成,每个用 C51 语言编写的源文件扩展名都命名为"*.c"。

2) C51 整个程序中必须有一个而且只能有一个主函数,即函数 main (),程序从主函数 main () 开始执行,执行中可以调用其他函数,由各种函数包括具有特别意义的中断函数实现整个程序功能,故此 C51 语言也被称为函数式语言。

3) 在源程序中含有预处理命令、语句、说明等,说明和语句以分号(;)结尾,预处理命令后一般不加分号。

4) 程序中可以"/*…注释…*/"或者"//…注释…"的形式加以注释,用于说明程序段的功能。

综上所述,C51 程序一般具有如下结构:

```
#include <reg51.h>        /*预处理命令(不加分号)*/
int func-1 (形参);         /*函数类型声明*/
char func-2 (形参);
……
unsigned char count;      //定义全局变量
void main (void)
  {
    说明;
    语句1;
    语句2;
    func-1 ( );           //调用函数
    ……
  }
int func-1 (形参)          //函数定义
  {
    说明;
    语句;
  }
```

4.1.2 C51 的字符集、标识符与关键字

C51 和任何高级语言一样,有规定的字符、关键字和语法规则。

1. C51 的字符集

字符是组成语言最基本的元素，C51 语言的字符集可以由数字、大小写英文字母和空格、下画线等特殊字符组成。数字有 0~9 共 10 个，小写英文字母 a~z 共 26 个，大写英文字母 A~Z 共 26 个，空格符、制表符、换行符等统称为空白符。空白符只在字符常量和字符串常量中起作用，在其他地方出现时，只起间隔作用，编译程序对它们忽略。因此，在程序中使用空白符与否，对程序的编译不发生影响，但在程序中适当的地方使用空白符将增加程序的清晰性和可读性。

2. C51 标识符

标识符用来标识源程序中某一个对象的名称，对象可以是函数、变量、常量、数据类型、存储方式、语句等。标识符可以由字母、数字和下画线组成，但必须由字母或者下画线开头（以数字开头的标识符是非法的）。标识符的命名应遵循简洁、含义清晰、便于阅读和理解的原则，通常以相应功能的英文名称命名。例如，时钟初始化函数通常命名为 init_time( )。另外，C51 程序中标识符区分字母的大小写，字母大小写不同指代不同的对象，通常将全局变量、特殊功能寄存器名、常数符号用大写表示，而一般的语句、函数用小写表示。

3. 关键字

关键字是 C51 已定义的具有固定名称和特定含义的特殊标识符，又称保留字，源程序中用户自己命名的标识符不能和关键字重名。有些关键字用在语句中，有些关键字用在变量、常量、数据类型或者函数的定义中。标准 C 语言中规定的关键字共有 32 个，扩展关键字 19 个。

4.2 C51 数据类型

C 语言引入了数据类型的概念来描述计算机的操作对象（数据）。数据类型也就是数据的格式。对数据类型的描述包括数据的表示形式、数据长度、数值范围、构造特点等。程序设计中的数据可以分为常量和变量。其中，常量的数值固定不变；变量的数值可以随着程序的运行改变其值。程序中使用的各种变量必须先加以类型说明，然后才能使用。

C51 中使用的数据类型包括 C 语言中标准的数据类型和 C51 扩展的数据类型。C 语言中标准的数据类型有无符号字符型、有符号字符型、无符号整型、有符号整型、无符号长整型、有符号长整型、浮点型、指针型。C51 扩展的数据类型有位型、可位寻址的位型、特殊功能寄存器型、16 位的特殊功能寄存器型。另外，C51 还支持由基本数据类型组成的数组、结构、联合、枚举等构造类型数据。

基本数据类型和扩展数据类型的数据长度和数值范围如表 4-1 所示，构造数据类型在 4.5 节中再作讲述。

表 4-1 C51 数据类型

数据类型	数据长度	数值范围	注释
unsigned char	单字节	0~255	无符号字符型
[signed] char	单字节	-128~127	带符号字符型
unsigned int	双字节	0~65535	无符号整型

(续)

数据类型	数据长度	数值范围	注释
[signed] int	双字节	-32768~32767	带符号整型
unsigned long	四字节	0~4294967295	无符号长整型
[signed] long	四字节	-2147483648~2147483647	带符号长整型
float	四字节	±1.175494E-38~±3.402823E+38	浮点型
bit	1位	0或1	位型
sbit	1位	0或1	可位寻址的位型
sfr	单字节	0~255	特殊功能寄存器
sfr16	双字节	0~65535	16位特殊功能寄存器

4.2.1 字符型

字符型数据包括无符号字符型和带符号字符型，即 unsigned char 型和 signed char 型，默认为带符号型，它们的长度都为1字节。8位二进制数，用于存放1字节的数据。无符号字符型数据，可以表示的数值范围为0~255。带符号字符型数据，最高位表示符号位，"0"表示正数，"1"表示负数，数据以补码的形式出现，可以表示的数值范围为-128~127。字符型数据可以用来存放1字节的数据，也可以用来存放一个西文字符，存放西文字符时以 ASCII 码的形式占用一个存储单元。如 "a" "1" "B" 分别以其 ASCII 码 61H、31H、42H 存放在一个存储单元中，占用1字节的存储空间。

4.2.2 整型

整型（int）数据包括无符号整型和带符号整型，即 unsigned int 型和 signed int 型，默认为带符号型，它们的长度都为2字节。16位二进制数，用于存放2字节的数据。无符号整型数据可以表示的数值范围为0~65535。带符号整型数据与其他有符号数据表示方法一样，最高位为符号位，数值位以补码的形式出现，可以表示的数值范围为-32768~32767。

4.2.3 长整型

长整型（long）数据包括无符号长整型和带符号长整型，即 unsigned long 型和 signed long 型，同样，默认为带符号长整型，它们的长度为4字节。32位二进制数，用于存放4字节的数据。无符号长整型数据可以表示的数值范围为0~4294967295。带符号长整型数据可以表示的数值范围为-2147483648~2147483647。

4.2.4 浮点型

浮点型（float）数据的长度为4字节，格式符合 IEEE 754 标准的单精度浮点型数据，包括指数和尾数两部分，最高位为符号位，"1"表示负数，"0"表示正数，接下来8位为阶码，用补码表示，后23位为尾数的有效位数，隐含了整数部分的"1"，格式如表4-2所示。

表 4-2 浮点型数据格式

字节地址	3	2	1	0
浮点数内容	SEEEEEEE	EMMMMMMM	MMMMMMMM	MMMMMMMM

表格中 S 为符号位,E 为阶码位,M 为尾数的小数部分,整数部分为 1。例如,浮点数 +124.75 = +1111100.11B,符号位为 0,小数点左移 6 位,阶码为 127+6,即 133 = 10000101B,小数点后面的为小数部分,尾数为小数部分,即 11110011000000000000000B 共 23 位,因此 32 位浮点数表示为 01000010111110011000000000000000B = 42F98000H。

4.2.5 位型

C51 扩展数据类型中主要有两种数据类型,一种为位型,包括 bit 型和 sbit 型;另一种为特殊功能寄存器型,包括 sfr 型和 sfr16 型。

位类型数据用于访问 51 系列单片机中可以寻址的位,C51 中支持 bit 型和 sbit 型两种位型,它们在内存中只占有一个二进制位,值可以为 "0" 或者 "1"。两种位型的区别在于,用 bit 定义的位变量在 C51 编译器编译时,在不同的时候位地址是可以变化的,而用 sbit 定义的位变量必须与 51 系列单片机的一个可以位寻址的字节单元中的某一位联系在一起,在 C51 编译器编译时,其对应的位地址是不可以变化的。

4.2.6 寄存器型

寄存器类型数据,用于访问 51 系列单片机中的特殊功能寄存器中的数据,C51 中支持 sfr 和 sfr16 两种类型。其中,sfr 为字节型特殊功能寄存器类型,占用 1 字节单元,利用它可以访问 51 单片机中所有的特殊功能寄存器;sfr16 为双字节型特殊功能寄存器类型,占用 2 字节单元,利用它可以访问单片机中所有 2 字节的特殊功能寄存器。

4.3 C51 运算量

4.3.1 常量

常量是指在程序执行过程中,其值不能被改变的量。在 C51 语言中,支持以下几种类型的常量。

1. 整型常量

整型常量就是整型常数,在 C51 中可以表示成以下几种形式。

(1)二进制整数

二进制整数以二进制数字序列出现,数字的取值为二进制数 0 或者 1。例如,11110000,其值等于十六进制整数 70H,等于十进制整数 112。

(2)十进制整数

十进制整数直接以数字序列出现,数字的取值为十进制数字 0~9,如 123、-25,负数以补码的形式出现。如果以常量存放时占用 1 字节的空间,则以十六进制 E7H = 11100111B 表示 -25。

(3) 十六进制整数

十六进制整数以 0x 开头,后跟数字序列,数字的取值为十六进制数字 0~9,A~E。例如 0x123,表示十进制整数 291。

在 C51 中,当一个整数的值到长整型的取值范围时,该整数按长整型存放,占用 4 字节的存储空间。此外,如果一个整数后面加字母 L,这个整数在存储器中也以长整型的格式存放在存储单元,占用 4 字节的存储空间。

2. 浮点型常量

浮点型常量就是实数型常量,占用 4 字节的存储空间,有十进制表示形式和指数表示形式两种。

(1) 十进制形式

十进制表示形式又称为点表示形式,由数字和小数点组成。例如,0.123,21.456 等都是十进制数表示形式的浮点型常量。

(2) 指数形式

指数型常量的一般格式为:

[±] 整数部分.小数部分 e [±] 指数部分

例如,123.456e-3、-1.23e2 等都是合法的浮点型常量表示形式。

3. 字符型常量

字符型常量是用单引号引起的字符,如 'a' '1' '!' '\n' 等。按照字符的不同可以分为以下两种情况。

(1) 普通字符

普通字符的取值可以是数字 0~9、英文大写字母 A~Z,英文小写字母 a~z,也可以是 ASCII 码表中的一些特殊字符,例如上面的 'a' '1' '!' 字符常量,它们的取值分别为 61H、31H、21H。

(2) 转义字符

转义字符是控制字符,以"\ 字符"的格式出现,表 4-3 中为常用的转义字符的含义及其 ASCII 码值。

表 4-3 常用的转义字符

转义字符	含 义	ASCII 码值(十六进制)
\0	空字符(NULL)	00H
\n	换行符,将当前位置移到下一行	0AH
\b	退格符,将当前位置前移一列	08H
\t	水平制表符,跳到下一个 tab 位置	09H
\r	回车符,将当前位置移到本行开头	0DH
\f	换页符,将当前位置移至下一页开头	0CH
\\	反斜杠字符 \	5CH

(续)

转义字符	含义	ASCII 码值（十六进制）
\'	单撇号字符	27H
\"	双撇号字符	22H
\ ddd	用八进制所代表的字符	
\ xhh	用十六进制所代表的字符	

4. 字符串常量

字符串常量就是用双引号引起来的字符串。例如，"12ab34"和"CHINESE"等都是合法字符串常量。字符串常量所占用的字节数为字符数加 1。这是因为字符串中每个字符占用 1 字节的存储空间，并在字符串的尾部加了一个结束符 NULL。

4.3.2 变量

变量是在程序运行过程中其数值可以改变的量。一个变量由变量名和变量值两部分组成。每个变量都有一个变量名，在存储器中占用一定的存储单元，变量的数据类型不同，占用的存储单元的数目也不同。例如，字符型变量占用 1 个存储单元，整型变量占用 2 个存储单元，浮点型和长整型变量占用 4 个存储单元。存储单元中存放的内容就是变量值。

变量在使用前必须对其进行定义，指出变量的数据类型，51 系列单片机有内部 RAM、SFR、外部 RAM/IO、程序存储器等存储区域，为了访问不同存储区域的变量，C51 对变量的定义增加了存储器类型说明。变量定义的一般格式为：

[存储种类] 数据类型 [存储器类型] 变量名 1 [＝初值]，变量名 2 [＝初值] ……

1. 存储种类

存储种类是指变量在程序执行过程中的作用范围。C51 变量的存储种类有 4 种，分别为动态（auto）、外部（extern）、静态（static）和寄存器（register）。

（1）动态变量

使用 auto 定义的变量为动态变量，是在函数或者复合语句内部定义的变量。动态变量只在函数被调用时，系统才给动态变量分配存储单元，函数执行结束时释放存储空间。定义变量时，如果省略存储种类，则该变量默认为动态变量。

（2）外部变量

使用 extern 定义的变量为外部变量，是在函数外部定义的变量，也称为全局变量。如果在函数体内，要使用一个该函数体外定义过的变量或者使用一个其他文件中定义的变量，该变量在函数体中要用 extern 说明。

例如，在 ex1.c 文件中定义了变量 key：

```
#include <reg51.h>
unsigned int key;
main ( )
{
key = 100;
……
}
```

在另一文件 ex2.c 中需要使用变量 key，则需要先进行外部变量说明：
```
#include <reg51.h>
extern unsigned int key;
bit max ( )
 {
   bit a;
   if key = 100 a = 1;
   else a = 0;
   return a;
 }
```
（3）静态变量

用 static 定义的变量为静态变量，可分为内部静态变量和外部静态变量，静态变量在程序运行时始终占用存储单元。

1）内部静态变量。在函数体内部定义的静态变量为内部静态变量，只能在函数体内部使用，在函数体外不能使用。其作用是本次调用函数时能使用上次调用后的变量值。例如，可以将中断函数中的一些特殊变量定义为内部静态变量。

2）外部静态变量。外部静态变量是在函数外部定义的静态变量，在整个程序中一直存在，但是只在本文件中存在，可以被当前文件中的多个函数使用。

（4）寄存器变量

使用 register 定义的变量称为寄存器变量。用 register 定义的变量存放在 CPU 内部 RAM 的寄存器中，处理速度快，但是可以定义变量的数目有限。

C 编译器编译时能自动识别使用频率高的变量，并自动将其作为寄存器变量，用户可以不必专门声明。

2. 数据类型

在定义变量时，通过数据类型指定所定义的变量在存储器中占用的字节数。在 C51 程序中定义变量使用频率较高的 3 种数据类型为 char 型、int 型、bit 型变量，它们分别占用 1 字节、2 字节、1 位的存储空间。C51 变量还支持 long 型、float 型变量，它们分别占用 4 字节的存储空间。例如：

```
unsigned char name;        //定义变量 name 为无符号字符型变量
int x;                     //定义变量 x 为带符号整型变量
bit y;                     //定义变量 y 为位型变量
```

此外，还可以用 typedef 或者 define 给数据类型定义别名，具体格式为：

```
typedef   C51 数据类型 别名;
#define   别名 C51 数据类型;
```

例如：

```
typedef unsigned char byte;
#define word unsigned int;
byte a = 0x10;             //定义变量 a 为 byte 型变量，并给 a 赋值
word b = 0x1010;           //定义变量 b 为 word 型变量，并给 b 赋值
```

3. 存储器类型

C51 语言中通过存储器类型指定变量的存储区域，存储器类型可以由关键字直接指定。

表4-4中列出了存储器类型的关键字和变量存放的区域。

表4-4　C51存储器类型和变量存放的区域

存储器类型	存储区域	说明
data	内部RAM的00H~7FH区域	直接寻址的内部RAM，存取速度最快
bdata	内部RAM的20H~2FH区域	位寻址区、允许位和字节的混合访问
idata	内部RAM的00H~FFH区域	间接寻址访问，用@R0、@R1间接访问
pdata	外部RAM某一页0~FFH区域	用MOVX @R0、@R1间接访问
xdata	整个外部RAM 0~FFFFH区域	用MOVX @DPTR间接访问
code	64KB的程序存储器区域	用MOVC指令访问

定义变量时也可以省略存储器类型，省略时C51编译器将按编译器默认模式确定存储器类型。

4. 变量名

为了区分不同的变量，给变量分别命名。变量名可以由字母、数字和下画线组成，但第一个字符必须是字母或者下画线，不能以数字开头。

如果一起定义多个变量，则在多个变量名之间用逗号","隔开。

例如：

　　unsigned char x, y, z;　　　　　//定义了3个无符号字符型的变量x，y，z

如果在定义变量时同时给变量赋值，则在变量名后加上赋值语句。

例如：

　　unsigned char x = 0x12, y = 0x34, z = 0x56;

4.3.3　C51扩展数据类型的变量定义

C51程序设计中支持4种新的数据类型的变量定义。这4种数据类型分别为bit型、sbit型、sfr型和sfr16型。这些数据类型在C语言中没有，现对这4种类型的变量定义一一说明。

1. bit 普通位变量

普通位变量用来定义存放在内部RAM可以位寻址区域的变量，普通位变量只能存放在内部RAM中可以位寻址的区域内，存储器类型可以由data、bdata、idata指定，严格来说只能是bdata的存储器类型。

普通位变量的定义格式为：

　　bit [存储器类型] 变量名;

例如：

　　bit data key_in;
　　bit bdata key_a;
　　bit idata key_b;

2. sbit 可位寻址的特殊位变量

可位寻址的特殊位变量可以位于内部RAM的20H~2FH区域和SFR中可以位寻址的

位，对它们的操作可以位寻址，也可以字节寻址。用 sbit 来指定位变量的绝对地址。

sbit 的格式如下：

  sbit 位变量名 = 位地址

sbit 一般有以下 3 种定义方法。

(1) 用于指定已定义的可位寻址的 SFR 或者 20H~2FH 单元的某一位

例如：

  sbit F0 = PSW^5;   //定义 F0 为 PSW.5
  sbit F1 = PSW^1;   //定义 F1 为 PSW.1

又如：

  unsigned char bdata display; //在 bdata 区域定义无符号字符变量 display
  sbit dis _ on = display^0;   //定义 dis _ on 为 display.0
  sbit dis _ off = display^1;   //定义 dis _ off 为 display.1

(2) 指定可以位寻址的地址单元的某一位

例如：

  sbit dis _ on = 0x20^0;
  sbit dis _ off = 0x20^1;
  sbit F0 = 0xd0^5;

(3) 直接指定可寻址的位地址

例如：

  sbit F0 = 0xd5;
  sbit dis _ on = 0x0;

3. sfr 特殊功能寄存器变量

在 C51 语言中用 sfr 直接指定 8 位的特殊功能寄存器的直接地址，定义格式为：

sfr 特殊功能寄存器名 = 绝对地址；

其中，特殊功能寄存器名一般为 51 系列单片机的特殊功能寄存器名的大写，如 P0、TCON、TH0、TL0、SCON 等，绝对地址为该 SFR 的所在地址，地址范围为 80H~FFH。

例如：

  sfr P0 = 0x80;
  sfr SP = 0x81;
  sfr TCON = 0x88;
  sfr TH0 = 0x8c;
  sfr TL0 = 0x8a;

4. sfr16 16 位特殊功能寄存器变量

在 C51 语言中用 sfr16 定义 16 位的特殊功能寄存器的低端地址，定义格式为：

  sfr16 16 位特殊功能寄存器名 = 绝对地址的低端地址；

在 51 系列单片机中，两个 8 位的特殊功能寄存器组合为一个 16 位的特殊功能寄存器，占用 2 字节的存储空间，16 位的寄存器高端地址直接位于低端地址之后，即低端地址为两个存储单元中地址值小的存储单元地址，高端地址为地址值大的地址。

例如：16 位特殊功能寄存器 DPTR 由 DPL 和 DPH 组成，DPL 的地址为 82H，DPH 的地址为 83H，则 DPTR 的低端地址为 82H。16 位特殊功能寄存器 DPTR 可以定义为：

sfr16 DPTR = 0x82;

C51 编译器中包含许多头文件，如 reg51.h、reg52.h 等，为不同型号的单片机定义特殊功能寄存器和 SFR 中可以位寻址位。用户也可以对头文件进行编辑，补充定义未定义的位或者特殊功能寄存器。

4.3.4　C51 绝对地址访问

C51 程序中，有些变量在定义时需要明确指定变量的绝对地址。例如，片内特殊功能寄存器、I/O 口以及扩展的 I/O 口都位于存储空间的某个特定位置，进行变量定义时需要指明变量的绝对地址进行访问。前面所讲的 sfr、sfr16、sbit 变量的定义就属于指定绝对地址的变量定义。

1. 使用宏定义访问绝对地址

定义格式如下：

```
#include <absacc.h>
#define 变量名 DBYTE [绝对地址]    //在内部 RAM 中定义绝对地址字节变量
#define 变量名 DWORD [绝对地址]    //在内部 RAM 中定义绝对地址字变量
#define 变量名 CBYTE [绝对地址]    //在 ROM 中定义绝对地址字节变量
#define 变量名 CWORD [绝对地址]    //在 ROM 中定义绝对地址字变量
#define 变量名 XBYTE [绝对地址]    //在外部 RAM 中定义绝对地址字节变量
#define 变量名 XWORD [绝对地址]    //在外部 RAM 中定义绝对地址字变量
#define 变量名 PBYTE [绝对地址]    //在外部 RAM 中某一页中定义绝对地址字节变量
#define 变量名 PWORD [绝对地址]    //在外部 RAM 中某一页中定义绝对地址字变量
```

其中：

关键字 DBYTE 为指定单片机内部 RAM 中字节变量的绝对地址；

DWORD 为指定单片机内部 RAM 中字变量的低端地址；

CBYTE 为指定程序存储器中字节变量的绝对地址；

CWORD 为指定程序存储器中字变量的低端地址；

XBYTE 为指定外部 RAM 中字节变量的绝对地址；

XWORD 为指定外部 RAM 中字变量的低端地址；

PBYTE 为指定外部 RAM 某一页中字节变量的绝对地址；

PWORD 为指定外部 RAM 某一页中字变量的低端地址。

这些函数的原型存放于 absacc.h 头文件中，使用时需要用预处理命令把头文件 absacc.h 包含到文件中。

【例 4-1】 用 define 定义绝对地址变量。

解：程序如下：

```
#include <absacc.h>
#define PA8255 XBYTE [0X0000]
#define PB8255 XBYTE [0X0001]
#define PC8255 XBYTE [0X0002]
#define COM8255 XBYTE [0x0003]
COM8255 = 0x83;                //把控制字写入 8255 控制寄存器
PA8255 = 0x0f;                 //把数据写入 8255 的 PA 口
```

```
    unsigned char a1, a2;
    a1 = PB8255;                    //把 8255PB 口的数据写入变量 a1
    a2 = XBYTE [0x0002];            //把外部 RAM 地址为 0002H 单元的数据送给变量 a2
```

2. 使用关键字_ at _指定绝对地址

使用关键字_ at _对指定存储器空间的绝对地址进行访问，一般格式如下：

[存储器类型]　数据类型　变量名_ at _地址常数；

需要注意：使用_ at _定义的变量必须为全局变量。

【例 4-2】 使用关键字_ at _访问绝对地址。

解：程序如下：

```
#include <reg52.h>
    data unsigned char x1 _ at _ 0x30;      //指定变量 x1 在内部 RAM 的 30H 单元
    xdata unsigned char x2 _ at _ 0x3000;   //指定变量 x2 在外部 RAM 的 3000H 单元
main ( )
 {
    x1 = 0x0f;
    x2 = 0xf0;
 }
```

4.3.5 储存模式

C51 编译器支持 3 种存储模式：SMALL 模式（小模式）、COMPACT 模式（紧凑模式）和 LARGE 模式（大模式）。不同的存储模式对变量默认存储区域不同。

1. SMALL 模式

在 SMALL 模式下，缺省存储器类型时，默认变量存放在 idata 区域，即片内数据存储器 00H ~ 0FFH 单元。

2. COMPACT 模式

在 COMPACT 模式下，缺省存储器类型时，默认变量存放在 pdata 区域，即存放在片外 RAM 的低 256B 空间。

3. LARGE 模式

在 LARGE 模式下，缺省存储器类型时，默认变量存放在 xdata 区域，即存放于片外 RAM 的 64KB 空间。

在程序中变量的存储模式由#pragma 预处理命令来实现，函数存储模式可通过在函数定义时后面带存储模式来说明，如果没有指定，则系统默认为 SMALL 模式。

【例 4-3】 变量和函数的存储模式。

解：程序如下：

```
#pragma small                       //变量存储模式为 SMALL 模式
unsigned char a;
#pragma compact                     //变量存储模式为 COMPACT 模式
unsigned char b;
int func1 (int x1, int x2) large    //函数存储模式为 LARGE 模式
 {
```

```
    return (x1 * x2);
}
```

4.4　C51 运算符和表达式

C51 语言中按照运算符在表达式中所起的作用分，有以下几类运算符：算术运算符、逻辑运算符、位操作运算符、赋值运算符、关系运算符、逗号运算符、条件运算符、指针和地址运算符、强制转换运算符等。用运算符和括号将运算对象连接在一起称为表达式。表达式符合一定的语法规则。C51 语言中有算术表达式、赋值表达式、逻辑表达式、位操作表达式、关系表达式等。

4.4.1　算术运算符与算术表达式

C51 中支持的算术运算符有 +（加）、-（减）、*（乘）、/（除）、%（取余），它们都是双目运算符。其功能为实现两个操作数的相加、相减、相乘、相除、取余的运算，两个整数相除结果为整数，取余为两个整数相除，结构为两数相除以后的余数。

C51 中支持的算术运算符还有 +（取正）、-（取负）、++（自增1）、--（自减1），它们为单目运算符，只有一个操作数。其功能为实现操作数本身的取正、取负、自加1、自减1 运算。其中，取正运算是取操作数的值，取负的含义是取操作数符号相反的运算。

例如：

```
signed char a, b;
a = + (-45);
b = - (-45);
```

则执行结果为：a = 0xd3（-45 的补码），b = 0x2d（十进制数 45）。

其中，++、-- 运算符可以放在变量之前或者变量之后，其含义有细微的差别：

++变量、--变量是先使变量加1或减1，再使用变量；

变量++、变量--是先使用变量，之后变量再加1或减1。

例如：

```
unsigned char x1 = 0, x2 = 1;
```

变量定义后，若执行 "x1 = ++x2;"，变量 x2 先加1，再赋值给 x1，则执行结果为 x1 = 2，x2 = 2。

变量定义后，若执行 "x1 = x2++;"，先将 x2 赋值给 x1，之后 x2 加1，则执行结果为 x1 = 1，x2 = 2。

由算术运算符、括号、操作数按照运算规则连接起来的式子称为算术表达式。例如：a，b，x1，x2 都是字节型变量，则 a + b，(x1 + x2) * 4，x1 % x2 均为表达式。

4.4.2　逻辑运算符与逻辑表达式

C51 中支持的逻辑运算符有 3 种：&&（逻辑与）、||（逻辑或）、!（逻辑非）。

逻辑运算符的运算结果要么为真（非0值），要么为假（0值）。用逻辑运算符将关系表达式连接起来的式子就是逻辑表达式。

1. &&

表达式为

  表达式1 && 表达式2

当表达式1和表达式2的值都是非0时，表达式的值为1，否则为0。

2. ||

表达式为

  表达式1 || 表达式2

当表达式1和表达式2的值中有一个非0时，则表达式的值为1；只有当表达式1和表达式2的值都为0时，表达式的值才为0。

3. !

表达式为

  ! 表达式

当表达式的值为0时，逻辑非的运算结果为1；当表达式的值为1时，逻辑非的运算结果为0。

4.4.3 关系运算符与关系表达式

比较两个操作数的大小关系的运算符为关系运算符，C51语言中关系运算符有6种：<（小于）、<=（小于或等于）、>（大于）、>=（大于或等于）、==（等于）、!=（不等于）。关系运算符都是双目运算符。

用关系运算符将两个关系表达式连接起来的式子称为关系表达式，关系表达式常用来作为分支程序或者循环程序的判别条件。

关系表达式的一般格式为

  表达式1 关系运算符 表达式2

关系表达式的运算结果为逻辑值，要么为真（值为1），要么为假（值为0）。

例如：

  unsigned char a = 3, b = 4;

  bit x;

若执行"x = a > b;"，则执行结果为假 x = 0；

若执行"x = a < b;"，则执行结果为真 x = 1。

4.4.4 位操作运算符与位表达式

C51语言能对操作数进行按位运算，使之能对单片机的硬件直接进行操作，与汇编语言一样使用方便。可以进行位运算的操作数仅限于字符型和整型操作数，不能对浮点型操作数进行位运算。C51语言中有6种位运算符：&（按位与）、|（按位或）、^（按位异或）、~（按位取反）、<<（左移）、>>（右移）。

1. 按位"与"运算

按位"与"运算是指参与运算的两个操作数按位进行"与"运算。仅当两个数对应位都为1时，与的结果才为1；对应位上只要有一个为0，则"与"的结果都为0。其功能相当于汇编语言中的 ANL 指令。例如：

P0 = P0&0xfe;   //该语句的功能为把 P0.0 清零

2. 按位"或"运算

按位"或"运算是指参与运算的两个操作数按位进行"或"运算。当两个操作数对应位上只要有一个为 1，则"或"的结果为 1，否则为 0。其功能相当于汇编语言中的 ORL 指令。例如：

P0 = P0 | 0x01;   //该语句的功能为把 P0.0 置 1

3. 按位"异或"运算

按位"异或"运算是指参与运算的两个操作数按位进行"异或"运算。当两个操作数对应位上的数值相异时，"异或"的结果为 1；对应位上的数值相同时，"异或"的结果为 0。其功能相当于汇编语言中的 XOR 指令。例如：

P0 = P0^0x01;   //该语句的功能为把 P0.0 取反

4. 按位"取反"运算

按位"取反"运算是指单目运算符，其功能是使一个数据的各位取反。例如：

unsigned char a = 0x7f, b;
b = ~a;

执行结果为 b = 0x80。

5. 左移运算

左移运算的功能是将一个操作数左移若干位，高位溢出舍去，低位补 0。例如：

unsigned char a = 0x3f, b;
b = a << 2;

执行结果为 b = 0xfc，相当于 $b = a * 2^2$。

6. 右移运算

右移运算的功能是将一个操作数右移若干位，对于无符号的数高端移入 0，低端移出舍掉。如果是带符号的数，高端移入操作数的符号位，右端移出位被舍掉。例如：

signed char a = -5, b;
b = a >> 1;

则执行结果为 b = 0xfd。因为 a 为负数，以其补码的形式出现，即 a = 0xfb，右移 1 位，各位依次右移 1 位，最高位移入 a 的符号位 1，右端移出位舍掉，则 b 为 0xfd。

4.4.5 赋值运算符与赋值表达式

赋值运算符的符号为"="，具有右结合性，一般用于给变量赋值。赋值表达式的一般格式为：

变量 = 表达式

由赋值运算符连接一个变量和一个表达式，其功能为将表达式的值赋给变量。例如：

unsigned char a, b, x1, x2;   //定义变量 a, b, x1, x2 为无符号字符型变量
x1 = a + b;   //把 a + b 的值赋给变量 x1
x2 = a * b;   //把 a * b 的值赋给变量 x2

如果赋值运算符两边的数据类型不同，编译器自动将右边表达式的值转换为和左边变量相同的类型。

赋值运算符"="前面还可以加上其他运算符，构成复合赋值运算符。C51 的复合运

算符有十种：+ =、- =、* =、/ =、% =、<< =、>> =、& =、^ =、| =。

由复合运算符将一个变量和表达式连接起来构成赋值表达式，其一般格式为：

  变量　复合赋值运算符　表达式；

其功能等价于：

  变量 = 变量　运算符　表达式

例如：

```
unsigned char a, b;
a + = 3;      //等价于 a = a + 3
a * = b;      //等价于 a = a * b
b% = a;       //等价于 b = b%a
```

4.4.6　逗号运算符与逗号表达式

逗号运算符是C51语言中的一种特殊运算符，其功能是把几个表达式连接起来，组成逗号表达式，逗号表达式的一般形式为：

  表达式1，表达式2，表达式3，……，表达式n

逗号表达式的功能是依次计算表达式1，2，3，…，n的值，整个逗号表达式的值为表达式n的值。例如：

  a = 1, b = 2;

依次将1赋值给a，将2赋值给b，整个表达式的值为2。逗号表达式在for循环控制语句中用于对循环变量的初始化。

4.5　C51语句

C51语句是计算机执行的操作命令，一条语句以分号结束，除了上边已讲的赋值语句外，还有if语句、switch语句、while语句、for语句、goto语句、break语句、continue语句。

4.5.1　if语句

if语句用来判定所给的条件是否满足来决定执行的操作，条件满足时执行一种操作，条件不满足时执行另一种操作。if语句为分支语句。if语句有以下3种形式。

（1）if语句的第一种形式

  if（表达式）语句；

表达式一般为关系表达式或者逻辑表达式，当表达式的值为真（非0）时执行语句，否则不执行语句，语句可以是简单语句或者是复合语句。

【例4-4】　应用举例。

```
unsigned char rec _ a;
if（RI == 1）       //如果RI = 1，则清RI，并读接收缓冲器中数据
{
    RI = 0;
    rec _ a = SBUF;
}
```

(2) if 语句的第二种形式

    if（表达式）语句1；
    else 语句2；

当表达式的值为真（非0）时，执行语句1；否则，执行语句2。其中，语句1和语句2可以是简单语句，也可以是复合语句。

【例4-5】 应用举例。

```
unsigned char rec_a, tra_b;
if (RI==1)                //若RI=1，则RI清零，读SBUF取出接收1字节数据
  {
    RI=0;
    rec_a=SBUF;
  }
else                      //否则TI=1，则TI清零，写SBUF发送1字节数据
  {
    TI=0;
    SBUF=tra_b;
  }
```

(3) if 语句的第三种形式

    if（表达式1）语句1；
    else if（表达式2）语句2；
    else if（表达式3）语句3；
    ……
    else if（表达式n）语句n；
    else 语句n+1；

这种形式的 if 语句可以实现多种条件的选择。应注意 if 和 else 的配对，else 总是和最近的 if 配对，在 if 语句中可以再包含 if 语句，构成 if 语句的嵌套。

【例4-6】 应用举例。

```
unsigned char x, y;
main( )
  {
    if (x==0) y=0x20;        //若x=0，则y=0x20
      else if (x>0) y=x;     //若x>0，则变量y=x
        else y=x+5;          //若x<0，则变量y=x+5
  }
```

4.5.2 switch 语句

switch 语句是直接处理多分支的选择语句，一般格式为：

    switch（表达式）
      case 常量表达式1：语句1；
      case 常量表达式2：语句2；
      ……
      case 常量表达式n：语句n；
      default：语句n+1；

switch 语句中的表达式一般为整型或字符型表达式。当表达式的值和某一个 case 后的常量表达式 i 相同时,就执行相应的语句 i;要使各种情况互相排斥,只执行语句 i,应在每个语句后加上退出循环的语句 break;若表达式的值和所有常量表达式不同,则执行语句 n+1。

【例 4-7】 应用举例。

```
unsigned char x;              //定义变量 x
switch (x)
    case 0: react_0 ( ); break;     //若变量 x=0,则调用函数 react_0 ( ),再退出
    case 1: react_1 ( ); break;     //若变量 x=1,则调用函数 react_1 ( ),再退出
    case 2: react_2 ( ); break;     //若变量 x=2,则调用函数 react_2 ( ),再退出
    case 3: react_3 ( ); break;     //若变量 x=3,则调用函数 react_3 ( ),再退出
    default: react_4 ( );           //若变量 x 为其他值,则调用函数 react_4 ( )
```

4.5.3 while 语句

while 语句的一般形式为:

while (表达式) 语句;

while 语句为循环语句,其中的表达式为循环条件,可以为关系表达式或者逻辑表达式,表达式的值为真(非 0)时执行语句,语句执行完再次判断表达式的值是否为真,直到表达式的值为假时退出循环,语句为循环体,可以是简单语句、复合语句或空语句。

【例 4-8】 用 while 语句求 $1+2+3+\cdots+100$ 的值。

解:程序如下:

```
main ( )
{
    int i, sum = 0;        //定义变量并初始化
    i = 1;
    while (i <= 100)
    {
        sum = sum + i;
        i++;               //修改循环变量
    }
}
```

4.5.4 do-while 语句

do-while 语句的一般形式为:

do
语句;
while (表达式);

do-while 语句先执行循环体语句,然后判别表达式,当表达式的值为真(非 0)时,回重新执行循环体语句。如此反复,直到表达式的值为 0 时,结束循环。

【例 4-9】 用 do-while 语句求 $1+2+3+\cdots+100$ 的值。

解:程序如下:

```
main ( )
  {
    int i = 1, sum = 0;
    do
     {sum = sum + i;
        i + + ;
     }
      while (i < = 100);
  }
```

4.5.5 for 语句

for 语句是使用最为灵活的循环控制语句。它不仅可以用于循环次数已经确定的情况，而且可以用于循环次数不确定而只给出循环结束条件的情况，完全可以代替 while 语句。for 语句的一般形式为：

  for（表达式1；表达式2；表达式3）语句；

它的执行过程如下：

1）先求表达式1。

2）求表达式2，若其值为真（非0），则执行 for 语句中指定的内嵌语句，执行完语句执行步骤3）；若为假（0），则执行步骤4），跳出 for 语句结束循环。

3）求表达式3，转到步骤2）。

4）执行 for 语句下面的一个语句。

for 语句最简单的应用形式可以理解为：

  for（循环变量赋初值；循环条件；循环变量增值）语句

例如：

  for（i = 1；i < = 100；i + + ） sum = sum + i；

再例如：

  for（；；）；   //其功能相当于死循环，类似于汇编语言的 SJMP $
  for（；RI = = 0；）； //其功能为，当 RI = 0 时，循环等待，当 RI = 1 时，跳出循环体

4.5.6 goto 语句、break 语句和 continue 语句

(1) goto 语句

goto 语句为无条件转移语句，它的一般形式为：

  goto 标号；

其功能为跳转到标号所在位置继续执行程序，标号必须以字母或者下画线开头，不可以数字开头。

【例 4-10】 用 goto 语句求 1 + 2 + 3 + … + 100 的值。

解：程序如下：

```
main ( )
  {
    int i = 1, sum = 0;            //定义变量 i, sum
```

```
        loop: if (i < =100)
                {
                                            //如果 i < =100，执行语句
                    sum = sum + i;          //求和
                    i + + ;                 //调整 i，i 自动增 1
                    goto loop;              //设置无条件跳转
                }
        }
```

(2) break 语句

break 语句只能用在 switch 语句和循环语句中。在 switch 语句中可以用 break 语句跳出 switch 结构，使程序继续执行 switch 结构后面的一个语句，这在 switch 语句中已经讲述。此外，在循环语句中，使用 break 语句从循环体中跳出循环，提前结束循环而执行循环结构下面的语句。例如：

```
        main ( )
        {
          int i = 1, sum = 0;
          for (, i < = 100, i + + )
            {
              sum = sum + i;
              if (sum > 5000) break;
            }
        }
```

(3) continue 语句

continue 语句用在循环体结构中，用于结束本次循环，跳过循环体中 continue 下面尚未执行的语句，直接进行下一次是否执行循环的判断。

continue 语句和 break 语句的区别在于，continue 语句只是结束本次循环，接着执行下一次循环条件判断，而不是终止整个循环；而 break 语句则是结束整个循环，执行循环语句的下一条语句。

【例 4-11】 输出 100~200 之间不能被 3 整除的数。

解：程序如下：

```
        main ( )
        {
          int n;
          for (n = 100; n < = 200; n + + )
            {
              if (n%3 = = 0) continue;
              printf ("%d", n);
            }
        }
```

当 n 能被 3 整除时，执行 continue 语句，结束本次循环，所以会跳过 pintf 函数语句，只有 n 不能被 3 整除时，才执行 printf 函数。

4.5.7 return 语句

return 语句在 C51 语言中也会常常出现。return 语句一般放在函数的最后位置,用于终止函数的执行,并控制程序返回调用该函数时所处的位置。返回时还可以通过 return 语句带回返回值。return 语句的格式有以下两种:

return

return(表达式)

如果 return 后面带有表达式,则计算表达式的值,并将表达式的值作为函数返回值;若不带表达式,则函数返回时返回一个不确定的值。通常,用 return 函数把调用函数取得的值返回给主调函数。

【例 4-12】 求两个数的最大值。

解:程序如下:

```
#define uchar unsigned char
uchar max (uchar a, uchar b);          //声明 max 函数
main ( )
  {
    uchar x, y, z;                     //定义变量 x, y, z
    z = max (x, y);                    //调用 max 函数
  }
uchar max (uchar a, uchar b)           //max 函数功能为求两个数中的最大值
  {
    if (a > b) return a;               //return 返回函数值
    else return b;
  }
```

4.6 C51 语言中的数组、指针、结构和联合

前面介绍了 C51 语言中的字符型、整型、浮点型、位型、特殊功能寄存器型等基本数据类型,C51 中还支持数组和指针类型以及由基本类型构造的组合数据类型。

4.6.1 数组

数组是同类型数据的有序集合,是一种构造类型的变量。数组中的元素按顺序存放,每个元素对应一个唯一的序号,可以用数组名和序号来唯一确定,序号从 0 开始增 1 排序。这里只介绍一维数组。

C51 数组中定义一维数组的一般格式如下:

数据类型 [存储器类型] 数组名 [常量表达式];

其中,数据类型用来指定数组中元素的数据类型;存储器类型用来指定数组中元素的存储器类型;数组名是一个标识符,其后的方括号是数组的标志;方括号内的常量表达式指定整个数组中元素的个数。

【例 4-13】 (1) 在内部 RAM 中定义一个一维数组来存放 10 个学生的成绩;(2) 在内部 ROM 中定义一个数组来存放让数码管显示 0~9 十个数字的端口数据。

解：（1）的程序为：

　　unsigned char data score [10];
　　score [10] = {0x8, 0x18, 0x28, 0x38, 0x48, 0x58, 0x68, 0x7d, 0x6f, 0x45};　　//给数组赋值，赋值后

　　score [0] =0x8, score [1] =0x18, score [2] =0x28, score [3] =0x38, ……, score [9] =0x45。

（2）的程序为：

　　unsigned char code xianshi_tab [ ] = {0x3f, 0x6, 0x5b, 0x4f, 0x66, 0x6d, 0x7d, 0x7, 0x7f, 0x6f};

定义数组中省略了常量表达式，则数组的长度由后面赋值元素的个数决定，本例中数组中元素共10个，其中数据0x3f为数码管显示0时的端口数据，其他数据依此类推。

注意：数组中常量表达式可以省略，但是数组标志 [ ] 不可以省略。

【例4-14】 单片机的并行口P1口接一位数码管，数码管待显示的数字放在变量a中，定义一个数组从数组中取数值送到单片机P1口，使得数码管显示相应的数字。

解：程序如下：

```
unsigned char a;                    //a的取值为0~9
unsigned char code xianshi_tab [ ] = { 0x3f, 0x6, 0x5b, 0x4f, 0x66, 0x6d, 0x7d, 0x7, 0x7f, 0x6f};
                                    //数组中的元素为数码管显示0~9时的端口数据
main ( )
   {
     P1 = xianshi_tab [a];
     ……
   }
```

4.6.2 指针

指针是C语言中的一个重要概念，指针类型的数据在C51程序中也经常使用，正确使用指针类型数据，可以动态分配存储器空间，直接处理内存地址，使用十分方便。

1. 指针变量的定义

指针变量必须先定义后使用，指针变量定义的一般形式为：

　　数据类型 [存储器类型1] *[存储器类型2] 指针变量名;

数据类型指该指针变量指向对象的数据类型，指针中放的是该变量的地址，存储器类型1是指指针变量的存储器类型，存储器类型2是指指针的存储器类型。如果指针变量被定义为data、idata或者pdata型存储器类型，则指针的长度占用1字节；如果指针变量定义为code或者xdata型存储器类型，则指针长度占用2字节。存储器类型缺省时，编译前由存储模式确定默认的存储器类型。

【例4-15】 定义指针变量。

解：

```
char *p1;                  //定义p1为指针变量，指向一个字符变量
char data *p2;             //定义p2为指针变量，指向一个内部RAM中字符变量
int data *p3;              //定义p3为指针变量，指向一个内部RAM中整型变量
int xdata * data p4;       //定义p4为指针变量，指向一个外部RAM中整型变量
                           //指针中存放指针变量地址，在内部RAM中占用2字节
```

2. 指针变量的引用

C51 中的单目运算符 &（取地址运算符），功能为取变量的地址，用 & 可以取出变量的地址，再把此地址赋给一个指针变量的指针，则该指针变量指向这个地址对应的存储单元。

【例 4-16】 应用例 4-15 中定义的变量，再定义一些新的变量，将地址赋给指针。

解：

```
char data x;            //定义 x 为 data 区字符型变量
int data y;             //定义 y 为 data 区整型变量
int xdata z;            //定义 z 为 xdata 区整形变量
char data a [5];        //定义 a [5] 为 data 区字符型变量
p1 = &x;                //取变量 x 的地址赋给指针变量 p1，使 p1 指向变量 x
p2 = &a [0];            //取 a [0] 的地址赋给指针变量 p2，使 p2 指向变量 a [0]
p3 = &y;                //取变量 y 的地址赋给指针变量 p3，使 p3 指向变量 y
p4 = &z;                //取变量 z 的地址赋给指针变量 p4，使 p4 指向变量 z
p1 + + ;                //字符型变量占用 1 字节，指针实际加 1
p3 + + ;                //整型变量占用 2 字节，指针实际加 2
```

4.6.3 结构

结构是另一种构造类型数据，通过使用结构可以把一些数据类型不同的相关变量结合在一起，给它们一个共同的名称，以方便编程。

1. 结构的定义

结构类型的一般形式为：

```
struct 结构类型名
    {
    结构成员表
    };
```

其中，struct 为结构类型数据定义的关键字；{ } 中结构成员表对结构中每个成员的数据类型加以声明；结构类型定义以分号（;）结束。

例如，定义包含年、月、日的结构类型：

```
struct date           //自定义结构名称，避开 C51 关键词 data
    {
    unsigned int year;
    unsigned char month;
    unsigned cahr day;
    };
```

2. 结构类型变量的定义

结构类型定义后，再定义这种结构类型的变量。结构类型变量定义的一般格式为：

```
struct 结构类型名 [存储器类型说明] 结构类型变量名表;
```

例如：

```
struct date birth _ day, work _ day;
```

也可以把结构类型和结构类型变量一起定义，这种定义方法还可以省略结构类型名，一般格式为：

```
struct [结构类型名]
    {
      结构成员表
    } [存储器类型说明] 结构变量名表;
```

【例 4-17】 定义结构类型、数据类型、结构类型变量。

解:
```
struct date                    //定义名为 date 的结构类型
    {
      unsigned int year;       //定义结构成员 year, month, day 的数据类型
      unsigned char month;
      unsigned char day;
    } birth_day, work_day;     //定义变量 birth_day, work_day 为此结构类型变量
```

3. 结构类型变量的引用

定义了结构类型变量之后,就可以对它进行引用、赋值、存取和运算。结构成员引用的一般格式为:

  结构变量名.结构成员名

其中,"."是结构成员的运算符,例如 birth_day.year = 1979、birth_day.month = 02、birth_day.day = 17。

4.6.4 联合

C51 语言中,还支持一种构造型数据——联合,也可以把不同类型的数据组合在一起使用。它与结构的区别在于,结构中定义的各个变量在内存中占用不同的内存单元,而联合中定义的各个变量在内存中都是从同一地址开始存放的,采用了所谓的"覆盖技术",这样可以让不同的变量分时使用同一内存空间,达到提高内存利用率的目的。

1. 联合的定义

联合类型和联合类型变量可以一起定义,也可以像结构那样先定义联合类型,再定义联合类型变量。联合类型和变量一起定义的一般格式为:

```
union 联合类型名
    {
      成员表
    } 变量名表;
```

若先定义联合类型,再定义联合类型变量,则一般格式为:

```
union 联合类型名
    {
      成员表
    };
union 联合类型名  变量名表;
```

如果同一个数据要用不同的表达方式,可以定义为一个联合类型变量。例如,一个双字节的系统状态字,有时按字节存取,有时按字存取,则可用联合类型变量定义。

【例 4-18】 应用举例。

解:
```
union stasus                   //定义名为 stasus 的联合类型
```

```
        unsigned char status [2];          //定义成员的数据类型
        unsigned int status_val;
        io_status, sys_status;              //定义变量io_status, sys_status为此联合类型变量
```
定义的 status[0]、status[1] 从内部 RAM 的某一地址开始占用 2 字节的空间,status_val 也从同一地址开始占用 2 字节的空间存放,共占用存储单元 2 字节空间,若定义为结构类型则占用 4 字节的存储空间。

2. 联合类型变量的引用

联合类型变量成员的引用方法类似于结构类型变量,引用的一般格式为:

  联合型变量名. 成员名

例如:

```
        io_status.status_val = 0;          //执行此条命令后从初始地址开始,两个单元存放数据均为0
        io_status.status[0] = 0x80;        //执行此条命令后从初始地址开始,存储单元存放数据80H
```

从上例中可以看出,联合类型中任一瞬间只能存取一个成员,一个成员的值被修改了,其他成员的值也随之而被修改。

4.6.5 枚举

枚举是一个被命名的整型常数的集合。枚举类型变量定义的一般格式如下:

```
        enum 枚举名
        {
            标识符1 [ = 整型常数1],
            标识符2 [ = 整型常数2],
            ……
            标识符N [ = 整型常数N]
        } 枚举变量;
```

如果枚举变量定义中省略了"= 整型常数 N",则从第一个标识符开始,顺次给标识符赋值为 0,1,2,…,N。但当枚举中的某个标识符赋值后,其后的标识符的值依次加 1。与结构类型不同,枚举变量定义中每个标识符的结束符是",",而不是";",最后一个标识符后的逗号可以省略。例如:

```
        enum string {x1, x2, x3, x4} x;              //则枚举中标识符x1, x2, x3, x3的值分别为0,
                                                     1, 2, 3
        enum string { x1, x2 = 0, x3 = 50, x4 } x;    //则枚举中标识符x1, x2, x3, x4的值分别为0,
                                                     0, 50, 51
```

4.7 函数、库函数和预处理命令

程序设计中采用模块化设计思想,一个程序分解成若干功能模块,每个模块完成一个特定的功能。在 C 语言中可以把每个功能模块设计成一个函数,一个 C51 程序由一个主函数和若干其他功能函数构成,在主函数中调用其他功能函数,从而完成整个程序的功能。此外,函数之间也可以互相调用,同一函数也可以被其他函数多次调用。程序设计者通常把一

些常用的功能模块编写成函数，并将这些自己设计的功能函数做成一个专门的库函数，以供反复调用。这种模块化程序设计方法，可大大提高编程效率。C51 编译器提供了丰富的库函数，用户可以根据需要在编程时调用其中的函数。

从用户的角度来看，函数可分为两种：标准库函数和用户自定义函数。其中，标准的库函数是系统提供的，不需要用户定义，可以直接调用；用户自定义函数是用户根据特定的要求自己编写的函数，需要按照系统的要求定义，才可以调用。

4.7.1 函数的定义

定义一个函数的一般形式如下：

```
[函数数据类型] 函数名（形参列表）
    形参说明
    {
        局部变量定义；
        语句；
    }
```

1. 函数数据类型

函数类型是指函数执行后返回值的数据类型，若没有返回值，函数类型可以不写或者定义为 void。

2. 函数名

函数名为一个标识符，主函数名为 main，其他函数名一般按函数的功能取名，以字母或者下画线开头，数字开头为非法函数名。例如，display、max 等函数名，均是合法的。

3. 形参列表

函数名后面的形参列表相当于子程序的入口参数，是主调函数传送给被调函数的参数，形参可以没有，也可以有一个或几个，可以是整型、字符型或数组元素等变量，也可以是地址指针。无论形参是否有，形参外面的括号必须保留，不可省略。如果有形参，则必须对形参的数据类型加以说明。

4. 函数体

花括号内的局部变量定义和语句部分为函数体，函数的功能由函数体完成，有返回值的函数必须有一个或几个 return 语句。花括号内的声明和语句也可以没有，此时称为空函数，不执行任何功能，只为在以后程序进行功能扩充时再添加。

【例 4-19】 求两个数中较小数的函数。

解：程序如下：

```
int min (int x, int y)
    {
        int z;
        if (x < y) z = x
        else z = y;
        return z;
    }
```

函数也可以为：

```
int min (x, y)
int x, y;
  { int z;
    if (x < y) z = x
      else z = y;
    return z;
  }
```

4.7.2 函数的调用和声明

1. 函数的调用

函数调用的一般形式为：

函数名（实参列表）

实参的个数、顺序和数据类型必须和函数定义中的形参一一对应，参数之间用","号隔开，若没有参数传递，则参数可以省略，但是参数列表外的括号不能省略。例如：

```
int a, b, c;
c = min (a, b);  //调用上节中的 min 函数，求 a, b 中的最小值
```

2. 函数的声明

如果调用自定义的函数，应该在主调函数的源文件开头对被调函数作声明，使编译系统对调用函数的合法性进行检查，如果主调函数和被调函数不在同一个文件中，在声明中加 extern，表示调用的外部函数。函数声明的一般格式为：

［函数数据类型］函数名（形参列表）

若调用外部函数，则函数声明的一般格式为：

extern［函数数据类型］函数名（形参列表）

例如：

```
int min (int x, int y);           //主调函数和 min 函数在同一文件中
extern int min (int x, int y);    //主调函数和 min 函数不在同一文件中
```

4.7.3 中断函数

C51 提供以调用中断函数的方法处理中断，当中断发生时，转入中断函数执行，中断函数执行完再返回主程序。

1. 中断函数的定义

C51 中用关键字 interrupt 和中断号定义中断函数，一般格式如下：

［void］中断函数名（ ）interrupt 中断号 m [using n]
  {
    函数体
  }

说明：

1）中断函数没有返回值，中断函数定义时以 void 表示其数据类型，void 也可以省略。

2）中断函数名为标识符，一般以中断名称表示。例如，timer0 表示定时计数器 T0 的中断函数。

3) 圆括号为函数标志，中断函数不能进行参数传递，函数括号中参数为空。

4) interrupt 为中断函数的专用关键字，区别于主函数和其他自定义函数。

5) 中断号 m 的取值为 0~5，分别对应 51 系列单片机中的 6 个中断源。外中断 0（INT0）的中断号为 0，定时/计数器 T0 的中断号为 1，外中断 1（INT1）的中断号为 2，定时/计数器 T1 的中断号为 3，串行口中断的中断号为 4，定时/计数器 T2 的中断号为 5，每个中断源的中断号是唯一的，不同中断源的中断函数中断号不同。

6) 选项 [using n]，指定中断函数中使用的工作寄存器组号，n 的取值为 0~3，表示可以选择中断函数中使用工作寄存器为 0，1，2 或者 3 区的工作寄存器。若不使用选项 [using n]，表示中断函数和主程序使用同一区的工作寄存器 R0~R7。

7) { } 中为中断函数的函数体部分。

2. 中断函数的举例

主程序和中断函数之间的数据交换一般通过全局变量实现，在主程序中定义一个或几个全局变量，中断函数的函数主体部分通过语句对变量操作。例如，在下例中定义了全局变量 count，中断函数中修改 count 的值，主程序中可以查询 count 的值并做相应的处理。

【例 4-20】 编写主程序和 T0 的中断函数。

解：
```
#include <reg51.h>
unsigned int count;          //定义全局变量 count
TMOD = 0x01;
TL0 = 0xbd;
TH0 = 0x3c;
IE = 0x82;
TR0 = 1;                     //主程序中完成对定时/计数器 T0 的初始化编程
……
void timer0 ( ) interrupt 1
{
    TR0 = 0;                 //关定时/计数器 T0
    TL0 = 0xbd;              //装入 T0 的计数初值
    TH0 = 0x3c;
    TR0 = 1;                 //重新允许 T0 开始计数
    count++;
}
```

为了提高系统的可靠性，对于不使用的中断，编写一个空的中断函数，使之能够返回主程序。例如，在例 4-20 中只用到 T0 的中断函数，其他几个中断源没有相应的中断函数，则可以编写如下的空中断函数。

```
void extern0 ( ) interrupt 0 { }
void extern1 ( ) interrupt 2 { }
void timer1 ( ) interrupt 3 { }
void serial ( ) interrupt 4 { }
void timer2 ( ) interrupt 5 { }
```

3. 使用中断函数的注意事项

中断函数不同于自定义函数，在使用中断函数时，应注意几下几点。

1）中断函数不能进行参数传递，中断函数如包含任何参数声明都将导致编译失败，中断函数也没有返回值，因此在定义中断函数时应将其定义为 void 数据类型，明确说明没有返回值。

2）在任何情况下都不能直接调用中断函数，否则会编译错误。

3）在中断函数中如果调用了其他函数，则被调用函数所使用的寄存器组必须与中断函数相同，否则会产生不正确结果。

4.7.4 库函数

C51 软件包的库包含标准的应用程序，也称为库函数，包括本征函数和非本征函数。一些特定功能的库函数包含在一个头文件中，如果需要使用某一库函数，则必须在源程序中用预处理命令定义与该函数相关的头文件。例如：

```
#include <intrins.h>    //包含文件名为 intrins.h 的头文件
#include <reg52.h>      //包含文件名为 reg52.h 的头文件
#include <ctype.h>      //包含文件名为 ctype.h 的头文件
```

1. 本征函数文件

本征函数文件的文件名为 intrins.h，文件中包含了常用的本征函数。本征函数也称为内部函数，一共有 9 种函数。本征函数不采用调用形式，编译时直接将代码插入当前行。

（1）左环移本征函数

1）函数名：_crol_。

函数原型：

  unsigned char _crol_ (unsigned char a, unsigned char n);

函数功能：将无符号字符型变量 a，循环左移 n 位。

2）函数名：_irol_。

函数原型：

  unsigned int _irol_ (unsigned int a, unsigned char n);

函数功能：将无符号整型变量 a，循环左移 n 位。

3）函数名：_lrol_。

函数原型：

  unsigned long _lrol_ (unsigned long a, unsigned char n);

函数功能：将无符号长整型变量 a，循环左移 n 位。

（2）右环移本征函数

1）函数名：_cror_。

函数原型：

  unsigned char _cror_ (unsigned char a, unsigned char n);

函数功能：将无符号字符型变量 a，循环右移 n 位。

2）函数名：_iror_。

函数原型：

unsigned int _ iror _ (unsigned int a, unsigned char n);

函数功能：将无符号整型变量 a，循环右移 n 位。

3）函数名：_ lror _。

函数原型：

unsigned long _ lror _ (unsigned long a, unsigned char n);

函数功能：将无符号长整型变量 a，循环右移 n 位。

【例 4-21】 应用举例。

```
#include <intrins.h>
main ( )
  {
  unsigned char x;
  unsigned int y;
  unsigned long z;
  x = 0xa5;
  y = 0xff00;
  z = 0xa5a5a5a5;
  x = _ crol _ (x, 4);
  y = _ irol _ (y, 4);
  z = _ lrol _ (z, 4);
  }
```

执行结果为：x = 5a，y = 0xf00f，z = 5a5a5a5a。

(3) 其他本征函数

1）函数名：_ nop _。

函数原型：

void _ nop _ (void)

函数功能：产生一条 NOP 空指令，执行一次空操作。

2）函数名：_ testbit _。

函数原型：

bit _ testbit _ (bit x);

函数功能：产生一条 JBC 指令。该函数测试一个位，如果该位为 1，则将该位清 0，并且返回值为 1，否则返回值为 0。例如：

if _ testbit _ (RI) a = SBUF;   //若 RI = 1，则清零，并读 SBUF

3）函数名：_ chkfloat _。

函数原型：

unsigned char _ chkfloat _ (float x);

函数功能：检查浮点型变量 x 的状态，返回值为无符号字符型数据，其值可以为 0，1，2，3，4。

返回值意义为：

0——标志浮点数；

1——浮点数 0；

2—— + INF 正溢出；

3——-INF 负溢出；
4——NaN 不是一个数的错误状态。

【例 4-22】 应用举例。
```
#include <intrins.h>
main()
  {
    float f1, f2, f3;
    f1 = f2 * f3;
    switch(_chkfloat_(f1))
      {
        case 0: printf("result is a number\n"); break;
        case 1: printf("result is zero\n"); break;
        case 2: printf("result is +INF\n"); break;
        case 3: printf("result is -INF\n"); break;
        case 4: printf("result is NaN\n"); break;
      }
  }
```

2. 非本征函数

库函数中非本征函数在调用时由 ACALL 或者 LCALL 指令调用，常用的包含非本征函数的头文件有：

ctype.h——字符函数；
stdio.h——一般 I/O 函数；
string.h——字符串函数；
stdlib.h——标准函数；
math.h——数学函数；
absacc.h——绝对地址访问宏定义；
stdarg.h——变量参数表；
setjmp.h——全程跳转；
reg*.h——SFR 定义文件。

4.7.5 预处理命令

C51 语言中有些命令在程序编译前就预先处理好了。下面介绍一些常用的预处理命令。

1. 宏定义命令#define

宏定义命令用来指定标识符的值，一般定义格式为：

#define 标识符 数字或字符序列
#define 标识符（形参）数值或字符序列

例如：

#define PI 3.1415926

宏定义后，PI 作为一个常量使用，预处理时将程序中的 PI 换成数值 3.1415926。

#define s(a, b) a*b
area = s(2, 3);

预处理时将 area 换成 2*3。

2. 文件包含命令#include

文件包含命令是将另外的文件插入到当前文件中，作为一个整体文件编译。C51 提供了丰富的库函数，要在程序中调用这些库函数，需用#include 命令将相应的头文件包含在主文件中。包含命令的一般格式为：

  #include <头文件名>

或者

  #include "文件名"

例如：

  #include "math. h"   //包含数学计算函数库的头文件

4.8 C51 程序设计

前几节中介绍了 C51 程序设计的基本知识，本节中列举了一些 C51 程序设计的例子，使读者进一步掌握 C51 程序设计的方法。

4.8.1 数值运算程序设计

C51 语言中数值的加、减、乘、除运算，可以直接使用 +、 -、 *、/等高级运算符，并且 C51 语言中支持单字节、双字节，甚至四字节的加减乘除，这比汇编语言数值运算只有单字节的加减乘除运算指令，有很大的优势，程序设计者用 C51 语言处理数据算术运算时，往往只需要几条简单的指令就可以实现，本节中不再单独列举。

1. 数制转换程序

单片机内部为二进制运算，为了表示方便，常以十六进制表示，而人的操作习惯为十进制运算，因此经常需要在十进制和十六进制之间进行相应的转换。

【例 4-23】 十六进制到十进制转换。

解：

分析：待转换的整型十六进制数存放于变量 x 中，编写 C51 程序，将变量 x 中字节的十六进制数转换为相应的十进制数，存放于数组 a [ ] 中，其中转换结果的个位、十位、百位、千位、万位分别存放于 a [0]、a [1]、a [2]、a [3]、a [4] 中。

变量 x 为整型数，最大值为 65535，则 x 除以 10 的余数为 5，即十进制数的个位，商为 6553；商再除以 10 余数为 3，即十进制数的十位，商为 655……依此类推，得到百位、千位、万位。

程序：

```
void main ( )
{
unsigned int x;
unsigned char a [5] = {0, 0, 0, 0, 0};
unsigned char j, i = 0;
for (j = 1; j < = 5; j + + )
{
    a [i] = x%10;             //x 除以 10 的余数存入 a [i]
```

```
        x = x/10;                    //x 除以 10 的商（整数）
        i + + ;
    }
    ⋮
```

【例 4-24】 十进制到十六进制的转换。

解：

分析：十进制数以 BCD 码形式存放数组 a [ ] 中，a [0]、a [1]、a [2]、a [3]、a [4] 中分别存放个位、十位、百位、千位、万位，把此数转换为十六进制数存放于变量 x 中。常用于键盘输入时输入十进制数，需要转换为十六进制数，便于后续程序的单片机运算。程序为例题 4-23 的反运算。

一个十进制整数的表示形式为：$x = a_n \times 10^n + \cdots + a_1 \times 10 + a_0$

输入十进制数为 5 位，则 $n = 4$

即 $x = a_4 \times 10^4 + a_3 \times 10^3 + a_2 \times 10^2 + a_1 \times 10 + a_0$

程序：

```
    void main（）
    {
        unsigned int x = 0;
        unsigned char a [5] = {1, 2, 3, 4, 5};
        unsigned char j, i = 4;
        for（j = 1; j < = 5; j + +）
        {
            x = x * 10 + a [i];
            i--;
        }
    }
```

2. 求最大值

【例 4-25】 有 8 个无符号字符型数据放在数组 a [ ] 中，求其中的最大值。

解：

分析：数组中最大值存放于变量 max 中，设置 max 中初值为 0，把数组中的数逐一与 max 比较，若比 max 大，则取代 max 中的值，若比 max 小，则保持 max 中值不变。

程序：

```
    void main（）
    {
        unsigned char i = 0, max = 0;
        unsigned char a [ ] = {1, 2, 3, 4, 5, 100, 45, 56};
        while（i < 8）
        {
            if（a [i] > max）max = a [i];
            i + + ;
        }
    }
```

3. 查表程序

查表程序在 C51 程序设计中经常被使用,具有程序简单、执行速度快等优点,它属于非数值运算,但是可以实现一些数值转换的功能。查表程序一般有两种情况,一种根据序号查找相应的值;另一种是根据值查找相应的序号。

【例 4-26】 应用查表程序求 0~5 这几个数的平方值。

解:

程序设计思路:把几个数的平方值预先放在数组中,根据序号查找相应数组中的数据,即为该序号的平方值。例如,2 的平方值在 a[2] 内,3 的平方值在 a[3] 内。

程序如下:

```
void main ()
  {
    unsigned char square, i;
    unsigned char a [ ] = {0, 1, 4, 9, 16, 25};    //几个数的平方值放在数组 a[ ] 中
    square = a [i];                                 //i 为数值,square 为查表所得平方值
  }
```

4.8.2 硬件接口程序设计

【例 4-27】 通过单片机的并行口 P1 口,控制 8 路 LED 灯轮流点亮。引脚为 0 时灯亮,为 1 时灯熄灭。

解:程序如下:

```
#include <reg51.h>
#include <intrins.h>
void delay ( );                //延时函数声明
void main ()
 {
  P1 = 0xfe;
  while (1)
  { delay ( );                  //调用延时程序
    P1 = _crol_ (P1, 1);        //P1 数据左移 1 位
  }
 }
void delay ( )                  //延时函数
 {
  unsigned char i, j;
  for (i = 0; i < 0xff; i++)
  for (j = 0; j < 0xff; j++);
 }
```

【例 4-28】 单片机 P1 口控制 8 路 LED 灯,由两端往中间亮,再由中间往两端亮,如此反复循环。引脚为 0 时灯亮,为 1 时灯熄灭。

解:

编程思路:要使得 P1 口控制的 8 路 LED 灯符合上述闪亮要求,则一轮点亮过程中给 P1

口送出的数据应该分别为 7EH、0BDH、0DBH、0E7H、0DBH、0BDH，反复多次循环，即可实现编程要求。采用把一轮中 P1 口输出的数据放在数组 a [ ] 中查表的方式，可以实现 8 路 LED 灯任意形式的点亮方式。

程序如下：

```c
#include <reg51.h>
#include <intrins.h>
void delay ( );
unsigned char a [ ] = {0x7e, 0xbd, 0xdb, 0xe7, 0xdb, 0xbd};
unsigned char i = 0;
void main ( )
  {
    while (1)
     { if (i = =6) i = 0;
       P1 = a [i];
       delay ( );
       i ++;
     }
  }
void delay ( )
  {
    unsigned char i, j;
    for (i = 0; i < 0xff; i ++)
      for (j = 0; j < 0xff; j ++);
  }
```

4.9 C51 语言和汇编语言混合编程

C51 语言的优点在于模块化程序设计，程序可移植性高，但 C51 程序设计也有不足，如不能够准确计算程序的运行时间，在精确定时方面有一些困难。所以，在实际使用中可以使用汇编语言和 C51 语言混合编程。

在 Keil 软件中，C51 编写的程序以扩展名 .c 命名，汇编语言编写的程序以扩展名 .a51 命名，可以用 C51 语言编写主函数，用汇编语言编写部分函数，然后由 C51 语言调用。也可以用特定的语句在 C51 语言中嵌入汇编语言。

4.9.1 在 C51 语言中嵌入汇编语言

在 C51 语言中嵌入汇编语言的一般格式如下：

```
#pragma asm
Assembler Code Here          //汇编程序代码
#pragma endasm
```

【例 4-29】 在 C51 语言中插入一段软件延时程序，C51 语言文件名为 main.c。

解：程序如下：

```
#include <reg51.h>
void main (void)
  {
    P2 = 1;
    #pragma asm              //嵌入汇编语言程序段,实现精确延时
      MOV R7, #10
      DEL: MOV R6, #20
      DJNZ R6, $
      DJNZ R7, DEL
    #pragma endasm
    P2 = 0;
  }
```

用 Keil 软件编译程序时,还需要注意以下几点。

1) 新建一个项目,并在项目中添加文件 main.c。

2) 在 Keil 软件的左边工程窗口,右击 Options for File 'main.c' 选项,在弹出的对话框中,选中 Generate Assembler SRC File 和 Assemble SRC File 两个复选框,如图 4-1 所示。

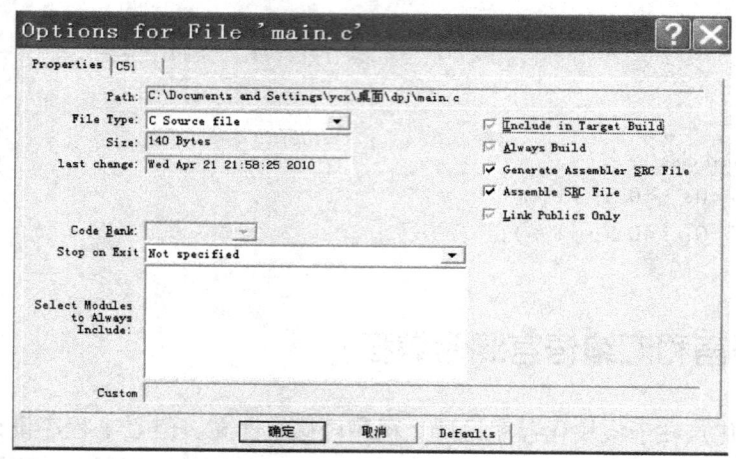

图 4-1 "Options for File 'main.c'" 对话框

3) 在项目中添加最后一个文件。如为 Small 模式,将 Keil \ C51 \ Lib \ C51S.Lib 加入项目中;如为 Compact 模式,将 C51C.Lib 加入项目中;如为 Large 模式,将 C51L.Lib 加入项目中。将此文件作为项目中的最后一个文件。

4) 编译项目。

在 4-29 的程序中,也可以采用函数调用方式,在 C51 语言中调用汇编函数,程序如下:

```
#include <reg51.h>
void delay (void);           //delay 函数声明
void main (void)
  {
    P2 = 1;
    delay ();                //调用延时函数
    P2 = 0;
```

```
    }
    void delay()
    {
      #pragma asm
        MOV R7,#10
      DEL:MOV R6,#20
        DJNZ R6,$
        DJNZ R7,DEL
      #pragma endasm
    }
```

4.9.2 C51语言和汇编语言程序参数的传递

上面程序中,调用汇编语言函数时,无参数传递,但许多汇编语言函数存在参数传递,这时要处理好入口参数和出口参数的传递。Keil C51 编译器使用寄存器传递参数非常方便,但使用寄存器传递参数最多只能传递 3 个参数,并且入口参数选择固定的寄存器。入口参数中第一个参数、第二个参数和第三个参数占用寄存器如表 4-5 所示。

表 4-5 参数传递的寄存器选择

参数数据类型	char	int	long、float	一般指针
第一个参数	R7	R6、R7	R4~R7	R1、R2、R3
第二个参数	R5	R4、R5	R4~R7	R1、R2、R3
第三个参数	R3	R2、R3	无	R1、R2、R3

表 4-5 的说明:若调用的汇编语言函数第一个入口参数为 char 型数据,则此参数存入寄存器 R7 中;若为 int 型数据,则此参数存入寄存器 R6、R7 中,其中高位字节在 R6 中,低位字节在 R7 中;若为 long 型数据,则此参数存入寄存器 R4~R7 中,其中高位在 R4 中,低位在 R7 中。

例如,在 C51 语言中调用汇编函数 func1(char x,int y),汇编函数名为 func1,其中入口参数有两个,第一个参数为 char 型参数,此参数存放于寄存器 R7 中,第二个参数为 int 型参数,存放于寄存器 R4、R5 中,其中高位字节在 R4 中,低位字节在 R5 中。

如果传递参数寄存器不够用,可以使用存储器传送,此时使用指针操作获取参数。

汇编函数的返回值,通过寄存器或存储器传递出口参数给 C51 程序,具体见表 4-6。

表 4-6 汇编函数返回值寄存器

返回值	寄存器	说明
bit	c	进位标志
char	R7	
int	R6、R7	高位在 R6,低位在 R7
long	R4~R7	高位在 R4,低位在 R7

4.9.3 带参数传递的汇编语言调用程序实例

【例 4-30】 编程使得单片机 P1.0 引脚输出周期为 4ms 的方波，同时 P1.1 引脚输出周期为 8ms 的方波。

解：

编程思路：用 C51 语言编写主程序 a1.c，调用延时 4ms 的延时程序，使 P1.1 引脚输出周期为 8ms 的方波；用 C51 语言编写 a2.c 的文件，通过调用延时程序使 P1.0 引脚输出周期为 4ms 的方波，即高电平和低电平时间持续 2ms，延时 2ms 由调用汇编函数 delay1ms（）实现；文件 a3.a51 中即是用汇编语言编写的延时程序。

具体程序如下：

1) C51 语言文件 a1.c：

```
#include <reg51.h>
#define uchar unsigned char
sbit P1_1 = P1^1;
extern void delay4ms (void);        //调用外部函数声明
main ( )
  {
  for ( ; ; )
    {
    P1_1 = 0;
    delay4ms ( );                   //调用延时 4ms 函数
    P1_1 = 1;
    delay4ms ( );
    }
  }
```

2) C51 语言文件 a2.c：

```
#include <reg51.h>
#define uchar unsigned char
sbit P1_0 = P1^0;
extern delay1ms (uchar x);          //外部函数 delay1ms () 声明，入口参数为 x
void delay4ms (void)
  {
  P1_0 = 0;
  delay1ms (2);                     //调用外部函数 delay1ms (2)，参数 2 送入寄存器 R7
  P1_0 = 1;
  delay1ms (2);
  }
```

3) 汇编程序文件 a3.a51：

```
        public _delay1ms            //用 public 声明 _delay1ms 为其他函数调用，以 "_" 开头
                                    //  后跟函数名
        de segment code             //定义 de 段位再定位程序段
```

```
            rseg de              //选择 de 为当前段
_delay1ms: nop
    dela: mov r1, #0f8h
    lop1: nop
          nop
          djnz r1, lop1
          djnz r7, dela
          ret
          end
```

用 Keil 软件对程序进行编译、调试时，先新建一个新项目，加入上述 3 个文件，.c 文件编译前，选中 Generate Assembler SRC File 和 Assemble SRC File 两个复选框，然后对项目进行编译和调试。

习 题 4

1. C51 语言有哪些特点？
2. 在 C51 语言中支持哪些数据类型？
3. 请分别定义下列变量：
1) 内部 RAM 中无符号字符型变量 x；
2) 内部 RAM 中位寻址区无符号字符型变量 y；
3) 将 y.0 ~ y.2 分别定义为位变量 key_ir、key_up、key_down；
4) 外部 RAM 中整型变量 x，并指定变量 x 的绝对地址为 4000H；
5) 特殊功能寄存器变量 SCON。
4. 将外部 8255 的 PA、PB、PC、控制口分别定义为绝对地址 7FFCH、7FFDH、7FFEH、7FFFH 的绝对地址字节变量。
5. 试用 C51 语言编写将 0~9，A~F 转换成相应的 ASCII 码的程序。
6. 试用 C51 语言编写整型变量 a 左移 4 位的程序。
7. 定义一个共有 20 个元素的一维数组，存放于单片机内部 RAM 中，数组中每个元素的值等于其数组序号，并用 C51 语言写出数组中所有元素求和的程序。
8. 试用 C51 语言完成求解 n! 的值的程序设计。
9. 用 C51 完成外部 RAM 的 000EH 单元和 000FH 单元的内容交换。
10. 用 C51 语言完成对内部 RAM 中 30H~40H 单元的数据按照从小到大的顺序排列。
11. 用 C51 语言和汇编语言混合编程的方法，使单片机的 P1.0 引脚产生占空比为 90%，周期为 10ms 的方波。

第 5 章　单片机应用系统的开发环境及仿真软件简介

Keil C51 μVision2 是众多单片机应用开发软件中优秀的软件之一。它支持众多不同公司的 MCS-51 架构的芯片；它集编辑、编译、仿真等于一体，还支持 PLM、汇编和 C 语言的程序设计；它的界面和常用的微软公司的 VC++ 的界面相似，界面友好，易学易用，在调试程序、软件仿真方面有很强的功能。

Keil C51 μVision2 功能虽然强大，但是它只能对单片机系统的软件进行模拟仿真，在没有硬件仿真器的情况下无法对单片机系统的硬件进行仿真。单片机系统的软件与其他计算机软件不同，它和系统的硬件是密切相关的，离开单片机的硬件特征，可以仿真的软件是极其有限的。因此，一个可以对单片机系统的软件和硬件进行综合仿真的软件工具，就成了开发单片机系统的重要帮手。Proteus 就是这样一个工具。

本章主要介绍 Keil C51 μVision2 和 Proteus 工具的基本特征和简单使用方法，并通过一个实例介绍如何将 Proteus.ISIS 与 Keil C51 进行联调。

5.1　Keil C51 μVision2 集成开发环境

Keil C51 μVision2 是德国 Keil 公司开发的基于 Windows 环境的 8051 软件开发平台。它集项目管理、源程序编辑、程序调试于一体，是一个强大的集成开发环境。Keil C51 μVision2 支持 Keil 的各种工具，包括 C 编译器、宏汇编器、连接/定位器及 Object-hex 转换程序，可以帮助用户快速有效地实现嵌入式系统的设计和调试。

Keil C51 μVision2 集成开发环境是使用工程方法来管理文件的，而不是单一文件的模式。所有的文件包括源程序（C 程序、汇编程序）、头文件，甚至说明性的技术文档都可以放在工程项目文件里面统一管理。一般可以按照下面的步骤来创建一个自己的 Keil C51 应用程序。

1) 创建一个工程项目文件。
2) 为工程选择一个目标器件（如 Atmel89C51）。
3) 创建源程序文件，输入程序代码并保存。
4) 把源文件添加到项目中。
5) 为工程项目设置软硬件调试环境。
6) 编译项目文件。
7) 硬件或者软件调试。

5.1.1　Keil C51 μVision2 的工作环境

安装 Keil C51 μVision2 集成开发软件，必须满足最小的硬件和软件要求。但是它所要求的 PC（个人计算机）配置非常低，现在的主流 PC 配置远远超过了所需配置，因此，一般情况下可以不关心它的配置要求。

以 Keil C51 μVision2 版本为例，当用户按照安装光盘中的说明文件安装好 Keil C51μVision2 软件后，就可以得到如图 5-1 所示的工作环境。

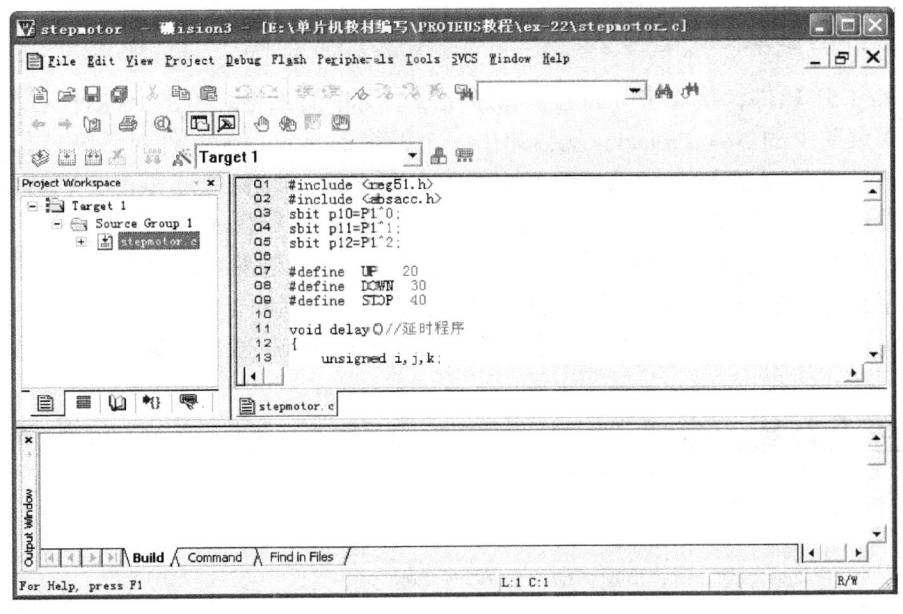

图 5-1　Keil C51 μVision2 界面

Keil C51 μVision2 界面提供一个菜单、一个工具条以便用户快速选择命令按钮。另外，还有源代码的显示窗口和信息显示窗口。Keil C51 μVision2 允许同时打开、浏览多个源文件。

菜单条提供各种操作菜单，如编辑操作、项目维护、开发工具选项、设置调试程序、窗口选择和处理在线帮助等。工具条按钮允许用户快速地执行 Keil C51 μVision2 命令。用户可以自己配置键盘快捷键用以执行常用的 Keil C51 μVision2 命令。表 5-1 列出了最常用的 Keil C51 μVision2 菜单命令。

表 5-1　Keil C51 μVision2 的菜单功能

菜　　单	快 捷 键	功 能 描 述
New	Ctrl + N	创建新文件
Open	Ctrl + O	打开已经存在的文件
Close		关闭当前文件
Save	Ctrl + S	保存当前文件
Save all		保存所有文件
New Project		创建新项目
Open Project		打开一个已经存在的项目
Build Target	F7	编译修改过的文件并生成应用
Rebuild Target		重新编译所有的文件并生成应用
Translate	Ctrl + F7	编译当前文件

Keil C51 集成开发软件的功能非常强大，所提供的各个功能选项也非常多。本章的后续内容将介绍一些基本的操作。如果想详细了解各个功能选项，请参考有关说明文档。

5.1.2 工程的创建

运行 Keil 51 软件，接着按下面的步骤建立一个简单的工程。单击 Project 菜单，选择弹出的下拉式菜单中的 New Project，就会弹出一个标准的 Windows 文件对话窗口，在"文件名"中输入 C 程序项目名称，"保存"后的文件扩展名为 .uv2，这是 Keil C51 μVision2 工程文件。接着选择所要的单片机，完成上面步骤后，就可以进行程序的编写了。

首先在项目中创建新的程序文件或加入旧程序文件。如果没有旧程序文件，那么就要新建一个程序文件。单击图 5-2 中新建文件的快捷按钮（见图中 1），会出现一个新的文字编辑窗口（见图中 2），这个操作也可以通过菜单命令 File→New 或快捷键 Ctrl + N 来实现。

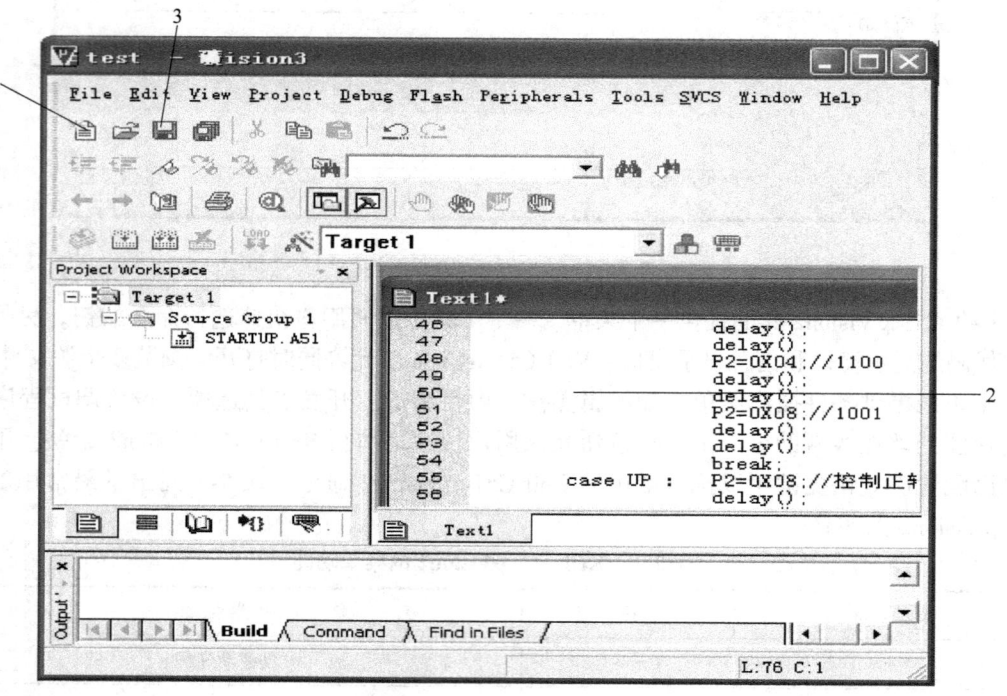

图 5-2 新建文件

当文件编辑完成后，单击图 5-2 中的保存快捷按钮（见图中 3）保存新建的文件，也可以用菜单命令 File→Save 或快捷键 Ctrl + S 进行保存。因为是新建文件，所以保存时会弹出一个文件操作窗口，把第一个程序命名为 test1.c，保存在项目所在的目录中，这时您会发现文件中单词有了不同的颜色，说明 Keil 的 C 语法检查生效了。

如图 5-3 所示，右击屏幕左边的 Source Group1 文件夹图标，弹出菜单，在这里可以进行在项目中增加或减少文件等操作。选择 Add File to Group 'Source Group 1'，弹出文件窗口，选择刚刚保存的文件，按 ADD 按钮，关闭文件窗口，程序文件已加到项目中了。这时在 Source Group1 文件夹图标左边出现了一个小"+"号，说明文件组中有了文件，单击它可以展开查看。

第 5 章　单片机应用系统的开发环境及仿真软件简介 | 109

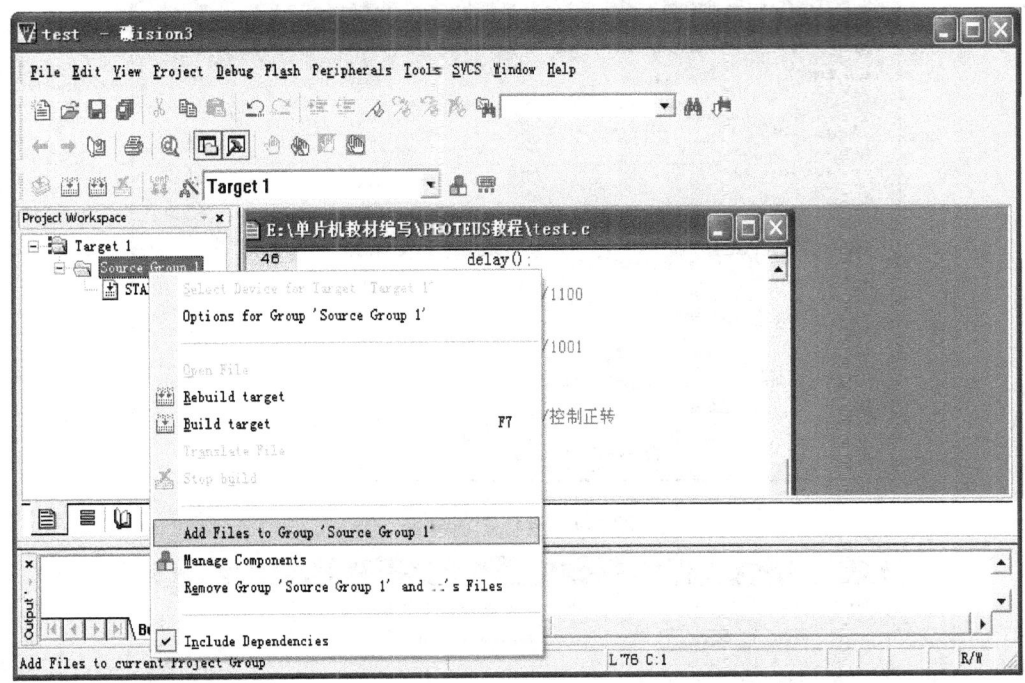

图 5-3　工程文件组

5.1.3　工程的设置

工程建立好以后，还要对工程进行进一步的设置，以满足要求。

首先单击左边 Projiect 窗口的 Target1，然后选择菜单命令 Frojiect→Options for target 'target1'，即出现工程设置对话框。这个对话框非常复杂，有很多选项卡，要全部搞清不容易，好在绝大部分设置项取默认值即可。下面介绍几个最常用的选项。

1. Target 选项卡

Target 选项卡界面如图 5-4 所示。Xtal 文本框中的数值是晶振频率值，一般将其设置成与所使用的硬件相同的晶振频率值。Memory Model 下拉列表用于设置 RAM 使用情况，其中有 3 个选项：Small 是指所有变量都在单片机的内部 RAM 中；Compact 是指可以使用一页外部扩张 RAM；而 Large 则是可以使用全部外部的扩张 RAM。Code Rom Size 下拉列表用于设置 ROM 空间的使用，同样也有 3 个选项：Small 模式，只用低于 2KB 的程序空间；Compact 模式，单个函数的代码量不能超过 2KB，整个程序可以使用 64KB 程序空间；Large 模式，可以使用全部 64KB 空间。

2. Output 选项卡

Output 选项卡界面如图 5-5 所示。其中 Creat HEX Fi 选项用于生成可执行代码文件（可以用编程器写入单片机芯片的 HEX 格式文件，文件的扩展名为 .hex），如果要做硬件实验，就必须选中该复选框。Name of Executable 文本框用于设置可执行文件的文件名，本例题为 test。选择菜单命令 Project→Build target，就可以生成指定文件名的 .hex 文件，即 test.hex。

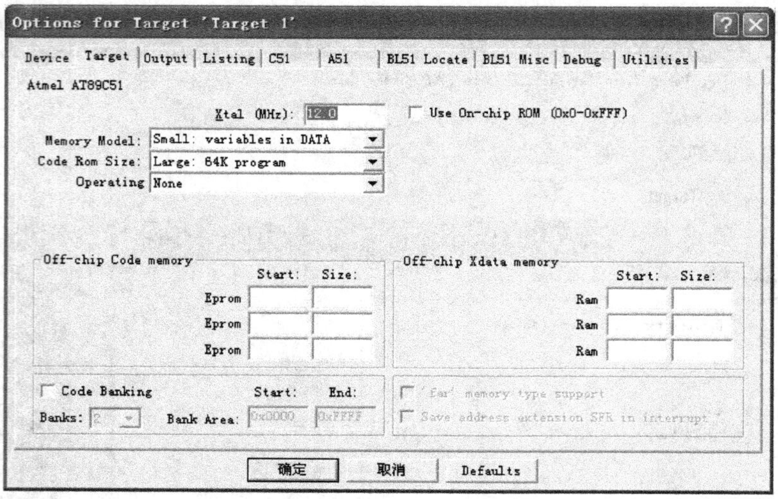

图 5-4 目标选项设置

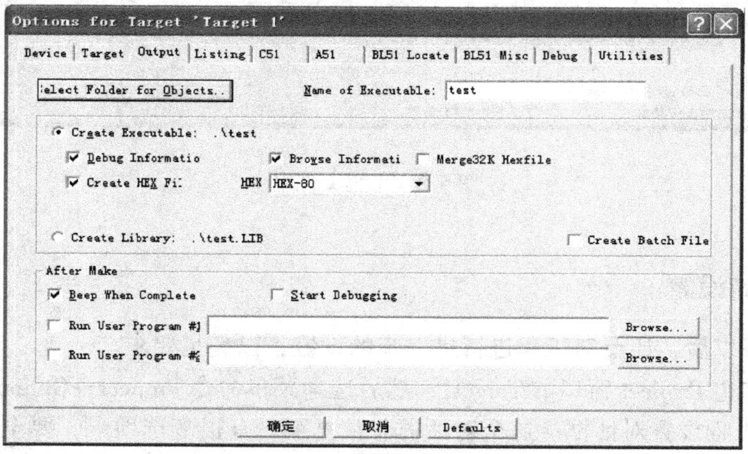

图 5-5 输出选项设置

5.1.4 工程的调试运行

当一个工程的所有选项配置完成后，就可以调试运行了。

如图 5-6 所示，图中 1、2、3 都是编译按钮。不同的是：1 用于编译单个文件；2 是编译链接当前项目，如果先前编译过一次之后文件没有做编辑改动，这时再单击是不会再次重新编译的；3 是重新编译，每单击一次均会再次编译链接一次，不管程序是否有改动。在图中 3 右边的是停止编译按钮，只有单击了前 3 个中的任一个，停止按钮才会生效；在 4 中可以看到编译的错误信息和使用的系统资源情况等，以后要查错就靠它了；5 是在菜单中的同一功能选项；6 是有一个小放大镜的按钮，这就是开启 \ 关闭调试模式的按钮，其菜单命令为 Debug→Start \ Stop Debug Session，快捷键为 Ctrl + F5。

进入调试模式后，如图 5-7 所示。图中 1 为运行，当程序处于停止状态时才有效；2 为停止，程序处于运行状态时才有效；3 是复位，模拟芯片的复位，程序回到最开头处执行，按 4 可以打开调试窗口。在嵌入式系统中，printf 函数所打印的信息一般是送往串行口，而

第 5 章 单片机应用系统的开发环境及仿真软件简介

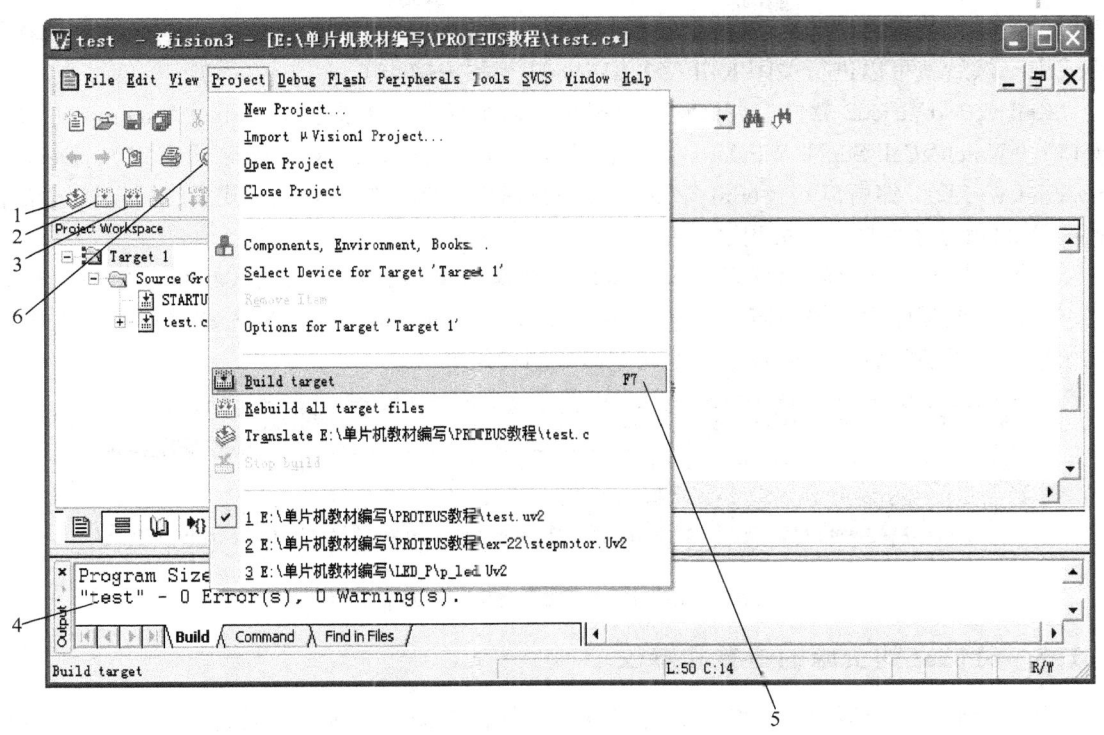

图 5-6 编译程序

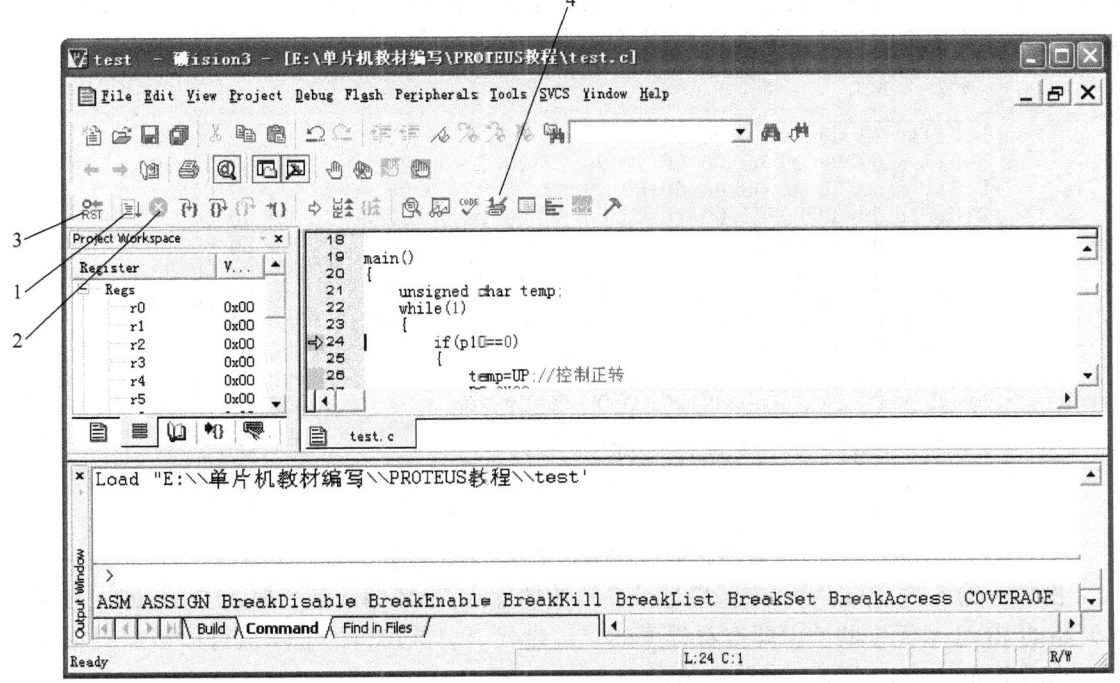

图 5-7 运行程序

在调试时，调试窗口就代表了串口，所以调试程序中的 printf 函数所打印信息被送往该窗口。因此，调试窗口又称作串行调试窗口。按运行键后，就可以看到串行调试窗口中的打印信息。按停止按钮再按开启/关闭调试模式按钮，可以停止程序调试运行，又回到文件编辑模式中，然后就可以进行关闭 Keil C51 μVision2 等相关操作了。

Keil C51 μVision2 软件在调试程序时提供了多个窗口，主要包括 Output Windows（输出窗口）、Watch&Call Statck Windows（观察窗口）、Memory Window（存储器窗口）、DissamblyWindow（反汇编窗口）、Serial Window（串行窗口）等。进入调试模式后，可以通过菜单 View 下的相应命令打开或关闭这些窗口。

图 5-8 所示依次是输出窗口、观察窗口和存储器窗口，各窗口的大小可以使用鼠标调整。进入调试程序后，输出窗口自动切换到 Command 页。该页用于输入调试命令和输出调试信息。对于初学者，可以暂不学习调试命令的使用方法。

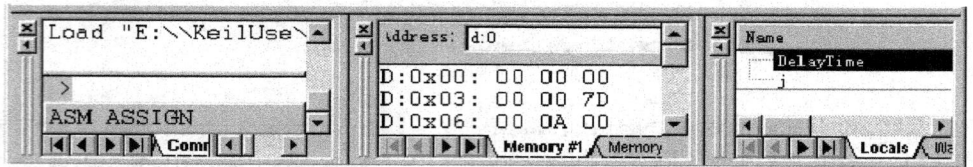

图 5-8　输出窗口、观察窗口、存储器窗口

5.1.5　存储空间资源的查看和修改

存储器窗口中可以显示系统中各种内存中的值，如图 5-9 所示。通过在 Address 文本框内输入"字母：数字"即可显示相应内存值，其中字母可以是 C、D、I、X，分别代表代码存储空间、直接寻址的片内存储空间、间接寻址的片内存储空间、扩展的外部 RAM 空间，数字代表想要查看的地址。

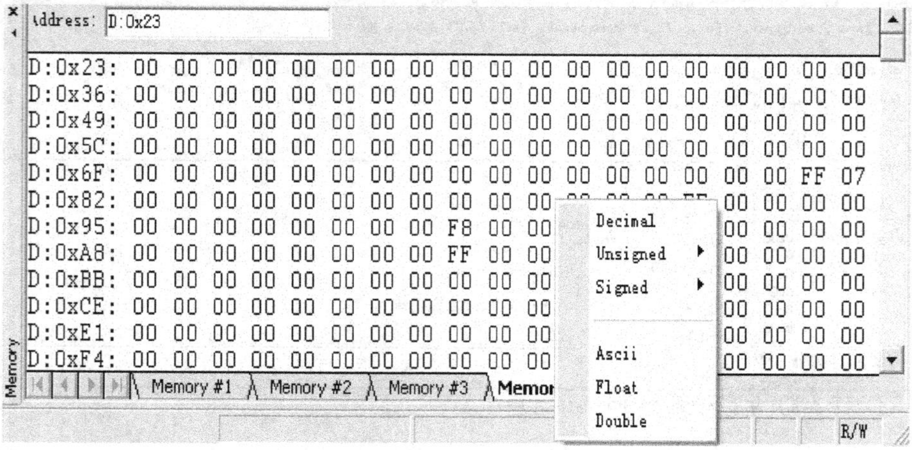

图 5-9　存储器数值显示方式选择

例如，输入 D：0 即可观察到以地址 0 开始的片内 RAM 单元值，输入 C：0 即可显示从 0 开始的 ROM 单元中的值，即查看程序的二进制代码。该窗口的显示值可以以各种形式显示，如十进制、十六进制、字符型等。

改变显示方式的方法是单击鼠标右键，在弹出的快捷菜单中选择。该菜单用分隔条分成 3 部分。其中，第一部分与第二部分的 3 个选项为同一级别，选中第一部分的任一选项，内容将以整数形式显示，而选中第二部分的 ASCII 项则将以字符形式显示。选中 Float 项将以相邻 4

字节组成的浮点数形式显示，选中 Double 项则将以相邻 8 字节组成的双精度形式显示。

第一部分又有多个选择项。其中，Decimal 项是一个开关，如果选中该项，则窗口中的值将以十进制的形式显示；否则，按默认的十六进制方式显示。Unsigned 和 Signed 后分别有 Char、Int、Long 3 个选项，分别代表以单字节方式显示、以相邻双字节组成的整型数方式显示、以相邻 4 字节组成的长整型方式显示。而 Unsigned 和 Signed 则分别代表无符号形式和有符号形式。究竟从哪一个单元开始的相邻单元则与用户的设置有关。以整型为例，如果用户输入的是 I:0，那么 00H 和 01H 单元的内容将会组成一个整型数，而如果用户输入的是 I:1，01H 和 02H 单元的内容会组成一个整型数，以此类推。

5.1.6 变量的查看和修改

图 5-10 所示是工程窗口寄存器页的内容。寄存器页包括了当前的工作寄存器组和系统寄存器。系统寄存器组有一些是实际存在的寄存器，如 A、B、DPTR、SP、PSW 等；有一些是实际中并不存在或虽然存在却不能对其操作的，如 PC、Status 等。每当程序中执行到对某寄存器的操作时，该寄存器会以反色（蓝底白字）显示，用鼠标单击然后按下 F2 键，即可修改该值。

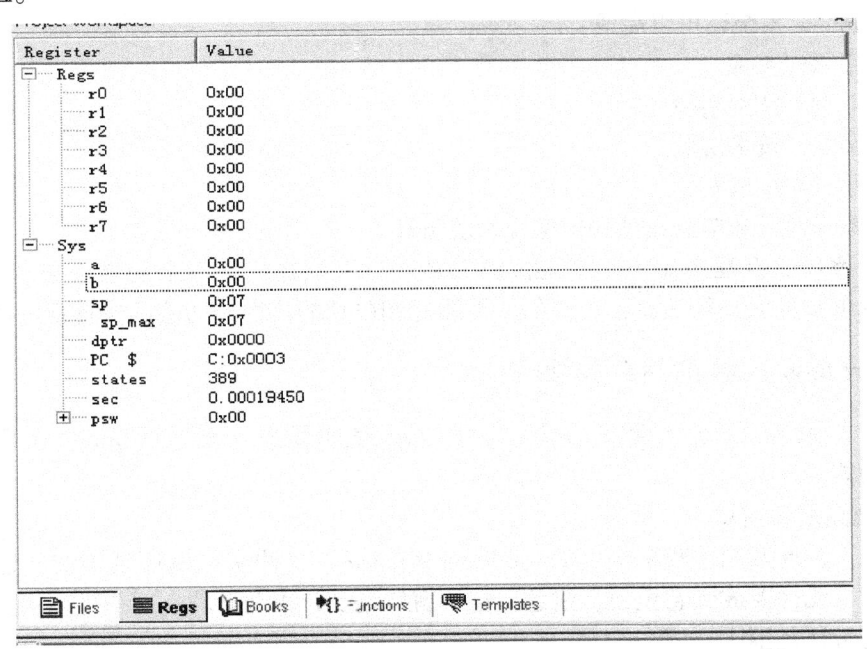

图 5-10 工程窗口

观察窗口是很重要的一个窗口，工程窗口中仅可以观察到工作寄存器和有限的寄存器，如 A、B、DPTR 等。如果需要观察其他寄存器的值，或者在高级语言调试时需要直接观察变量，就要借助于观察窗口了。

观察窗口中有一个标签页为 Locals。这一页会自动显示当前模块中的变量名及变量值。在另外两个标签页 Watch#1 和 Watch#2 中可以加入自定义的观察变量。单击 type F2 to edit，然后再按 F2 键即可输入变量，并可以在窗口中观察变量的值。观察窗口中变量的值不仅可以观察，还可以修改。

5.2 单片机硬件仿真开发工具 Proteus

Proteus 是英国 Labcenter Electronics 公司开发的 EDA 工具软件。该软件具有原理布图、PCB 设计及自动布线和电路的分析和仿真功能，可以对基于微控制器的设计连同所有的周围器件一起仿真。

5.2.1 Proteus ISIS 的功能简介

Proteus 系统包括 ISIS、ARES（印制电路板设计）两个主要程序的三大基本功能。其中最优秀的是电路原理仿真功能。除有普通分离器件、小规模集成器件的仿真功能以外，还具有多种带有 CPU 的可编程序器件的仿真功能，如 51 系列、68 系列、PIC 系列等；具有多种总线、存储器、RS232 终端仿真功能；具有电动机、液晶显示器等特殊器件的仿真功能；对可编程器件可以灵活地外挂各种编译、编辑工具，使用非常方便；具有多种虚拟仪器帮助完成实时仿真调试，用于课堂教学也是一个非常好的演示工具；具有传输特性、频率特性、电压波动分析等多种图形分析工具，可以完成电路参数和可靠性分析。

利用 Proteus 系统还可以完成：
1) 电路原理实验。
2) 模拟电子技术实验。
3) 数字电子技术实验。
4) 单片机与接口实验。
5) 为课程设计和毕业设计提供综合系统仿真。

Proteus 系统具有程序短小、安装快捷等特点，可以在电路图上用箭头显示电流方向、用颜色显示电流的大小等信息，大量的快捷图标和单独的仿真按钮使操作直观方便。

5.2.2 Proteus ISIS 的用户界面

安装完 Proteus 后，运行 ISIS Professional，会出现如图 5-11 所示的窗口。下面简单介绍各部分的功能。

1. 原理图编辑窗口

顾名思义，原理图编辑窗口（The Editing Window）是用来绘制原理图的。蓝色方框内为可编辑区，元件要放到它里面。注意，这个窗口是没有滚动条的，用户可用预览窗口来改变原理图的可视范围。

2. 预览窗口

预览窗口（The Overview Window）可显示两个内容。一个是，当用户在元件列表中选择一个元件时，它会显示该元件的预览图；另一个是，当用户的鼠标焦点落在原理图编辑窗口时（即放置元件到原理图编辑窗口后或在原理图编辑窗口中单击鼠标后），它会显示整张原理图的缩略图，并会显示一个绿色的方框，绿色的方框中的内容就是当前原理图窗口中显示的内容。因此，用户可用鼠标在它上面单击来改变绿色方框的位置，从而改变原理图的可视范围。

3. 模型选择工具栏

模型选择工具栏（Mode Selector Toolbar）包含主模型（Main Modes）工具栏、配件

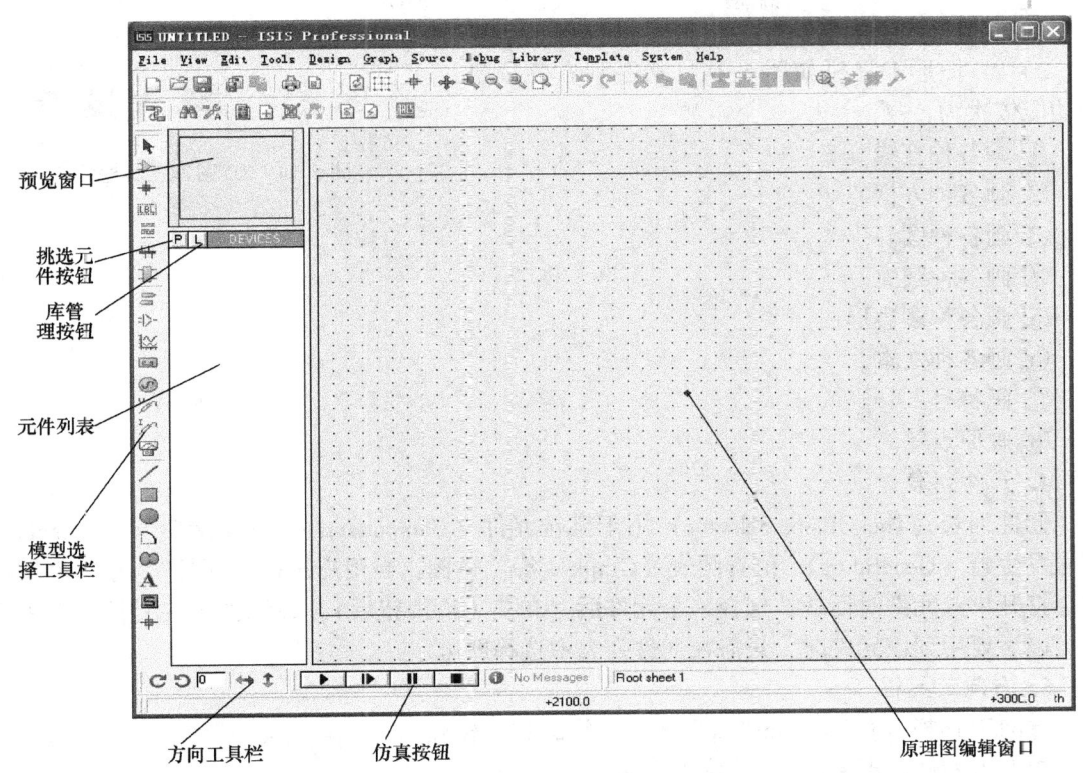

图 5-11 Proteus ISIS 用户窗口

(Gadgets) 工具栏和 2D 图形 (2D Graphics) 工具栏。

1) 主模型工具栏如图 5-12。从左到右各按钮的功能依次为：

① 选择元件 (Components)（默认选择的）。
② 放置连接点。
③ 放置标签（用总线时会用到）。

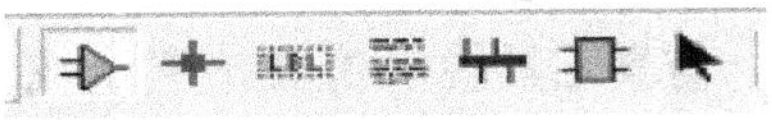

图 5-12 主模型工具栏

④ 放置文本。
⑤ 用于绘制总线。
⑥ 用于放置子电路。
⑦ 用于即时编辑元件参数（先单击该图标再单击要修改的元件）。

2) 配件工具栏如图 5-13。从左到右各按钮的功能依次为：

① 终端接口 (Terminals)：V_{CC}、地、输出、输入等接口。

图 5-13 配件工具栏

② 器件引脚：用于绘制各种引脚。
③ 仿真图表 (Graph)：用于各种分析，如 Noise Analysis。
④ 录音机。
⑤ 信号发生器 (Generators)。
⑥ 电压探针：使用仿真图表时要用到。
⑦ 电流探针：使用仿真图表时要用到。

⑧ 虚拟仪表：示波器等。

3) 2D 图形工具栏如图 5-14。从左到右各按钮的功能依次为：

图 5-14　2D 图形工具栏

① 画各种直线。
② 画各种方框。
③ 画各种圆。
④ 画各种圆弧。
⑤ 画各种多边形。
⑥ 画各种文本。
⑦ 画符号。
⑧ 画原点等。

4. 元件列表

元件列表（The Object Selector）用于挑选元件（Components）、终端接口（Terminals）、信号发生器（Generators）、仿真图表（Graph）等。举例，当用户选择"元件"，单击 P 按钮时会打开挑选元件对话框，选择一个元件后（单击 OK 按钮后），该元件会在元件列表中显示，以后要用到该元件时，只需在元件列表中选择即可。

5. 方向工具栏

方向工具栏（Orientation Toolbar）如图 5-15。使用方法：先右击元件，再单击相应的旋转图标。

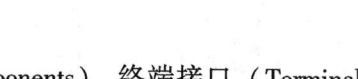

图 5-15　方向工具栏

1) 旋转，旋转只能是 90°的整数倍。
2) 翻转，完成水平和垂直翻转。

6. 仿真工具栏

仿真工具栏由仿真按钮组成，如图 5-16。从左到右各按钮的功能依次为：

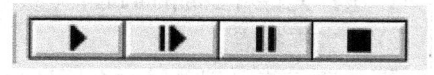

图 5-16　仿真工具栏

1) 运行。
2) 单步运行。
3) 暂停。
4) 停止。

5.2.3　Proteus ISIS 的单片机系统仿真

本小节通过建立一个简单的单片机仿真例子，介绍 Proteus ISIS 的最基本的单片机系统仿真应用操作。

建立一个单片机仿真系统的第一步是绘制原理图。绘制原理图要在原理图编辑窗口中的蓝色方框内完成。原理图编辑窗口的操作是不同于常用的 Windows 应用程序的，正确的操作是：用左键放置元件；右键选择元件；双击右键删除元件；右键拖选多个元件；先右键后左键编辑元件属性；先右键后左键拖动元件；连线用左键，删除用右键；先右击连线，再左键拖动改连接线；中键放缩原理图。

【例 5-1】　利用单片机 AT89C51 制作一个 0~99 计数的手动计数器，用其 P2.0~P2.7 接一个共阴极数码管，输出显示 0~99 计数值的个位，用 P0.0~P0.7 接数码管输出显示计数值的十位数。P3.3 引脚外接一轻触开关，要求每按下一次按键，计数值加 1，当计数值超出 99 后自动返回 0 重新开始循环计数。本例题所用的元器件如表 5-2 所示。

表 5-2 例 5-1 所使用元器件一览表

元 件 名 称	所 属 类	所 属 子 类
AT89C51	Micrpprocessor ICs	8051 Family
CAP	Capacitors	Generic
CAP-ELEC	Capacitors	Generic
CRYSTAL	Miscellaneous	—
RES	Resistors	Generic
7SEG-COM-CAT-GRN	Optoelectronics	7-Segment Displays
BUTTON	Switches&Relays	Switches

解：

首先进入 Proteus ISIS 编辑环境。选择 File→New Design 菜单命令，在弹出的模板对话框中选择 Default 模板，并将新建的设计保存在特定的目录下，保存文件名为 test。

接下来的工作是添加所需要的元件。Proteus ISIS 库提供了大量的元器件原理图符号，在绘制原理图之前，必须知道元器件对应的库。可以利用 ISIS 提供的强大的搜索功能来完成元器件的查找。查找元器件的步骤如下（以 AT89C51 为例）：

1) 单击 P 按钮，出现挑选元件对话框。

2) 在对话框的 Keywords 文本框中输入要选的元件名称，如 AT89C51，得到如图 5-17 所示的结果。

在 Results 栏中选择 Device 名为 AT89C51 的项，然后单击 OK 按钮，这时元器件列表中列出 AT89C51。

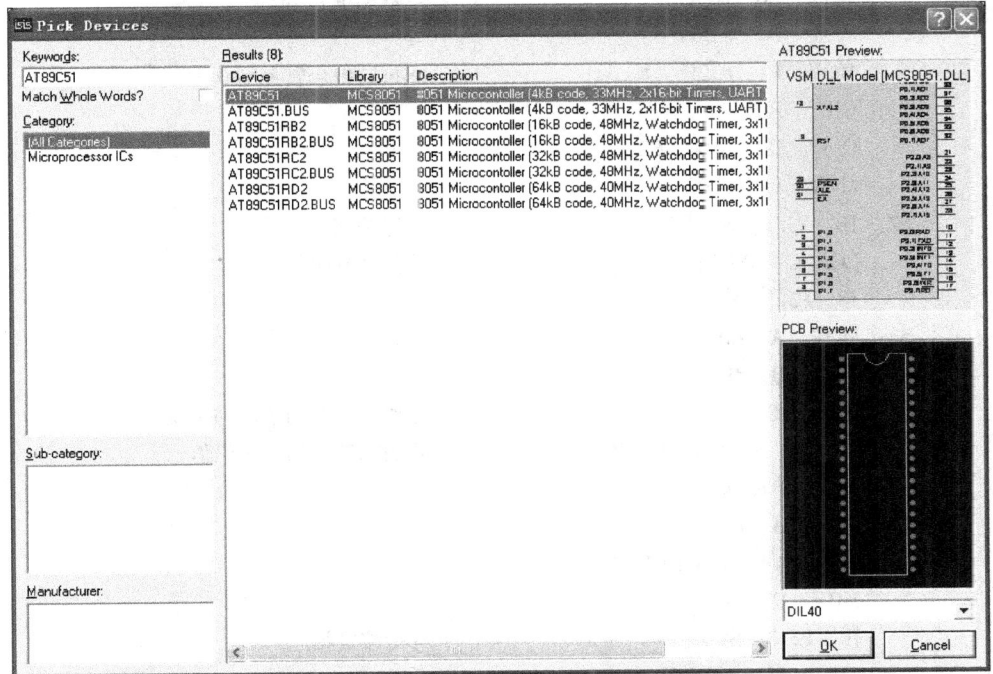

图 5-17 搜索 AT89C51 单片机元器件

3）按同样的方法拾取表中所有元器件于元件列表中，然后按照例题要求放置在设计图中，得到如图5-18所示的电路原理图。

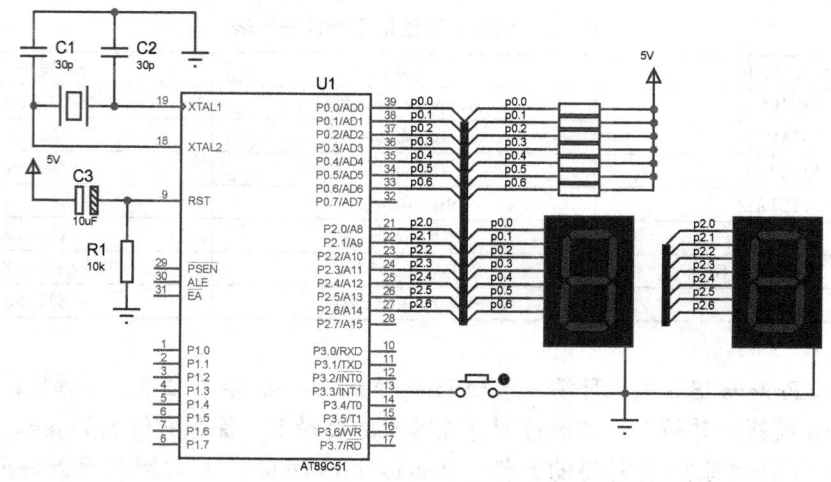

图 5-18 电路原理图

4）使用 Keil C51 工具，生成一个工程项目。该项目只有一个汇编语言文件，文件名为 test.asm。将程序编写完整后，生成一个名为 test.hex 的执行文件。程序清单如下：

```
        ORG    0000H
        LJMP   START
        ORG    0030H
START:  MOV    DPTR, #TABLE     ;设置段码表首地址
        MOV    R0, #00H         ;计数初值存 R0
        MOV    P0, #3FH
        MOV    P2, #3FH         ;复位时数码管显示 0
S1:     INC    R0
        CJNE   R0, #100, S2
        MOV    R0, #00H
S2:     JB     P3.3, $          ;等待按键
        LCALL  DELAY            ;消抖动延时
        JB     P3.3, S2
S3:     MOV    A, R0
        MOV    B, #10
        DIV    AB               ;分离计数值的个位和十位
        MOVC   A, @A+DPTR       ;差表求数字的七段码值
        MOV    P0, A
        MOV    A, B
        MOVC   A, @A+DPTR
        MOV    P2, A
        JB     P3.3, S1         ;等待按键抬起
        LJMP   S3
DELAY:  MOV    R5, #20          ;延时 10ms
```

```
    D1: MOV   R6, #250
        DJNZ  R6, $
        DJNZ  R5, D1
        RET
 TABLE: DB    3FH, 06H, 5BH, 4FH, 66H    ; 0~9 七段码值
        DB    6DH, 7DH, 07H, 7FH, 6FH
        END
```

5）在 ISIS 的电路原理图中，单击 U1 元件，设置其属性如图 5-19，将其可执行文件设置为刚才生成的可执行文件 test.hex。单击仿真工具栏中的运行按钮，整个系统就开始仿真运行。根据例题的说明进行操作，观察运行结果，是否符合例题所要求的结果。

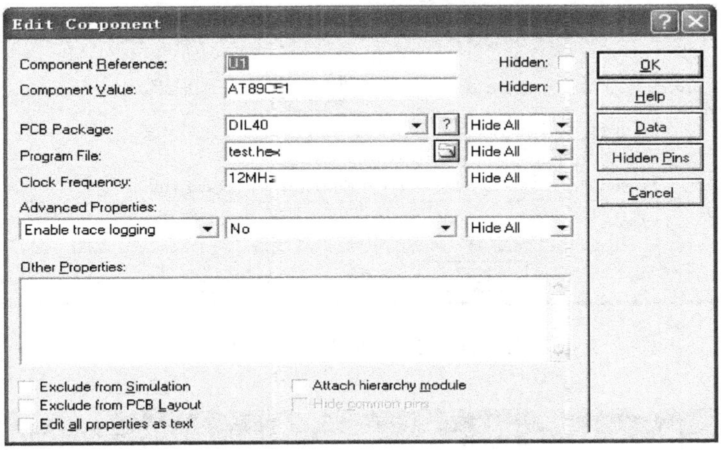

图 5-19　设置单片机的可执行文件

5.2.4　Proteus ISIS 与 Keil C51 的联合使用

在上一节中，分别介绍了 Proteus ISIS 和 Keil C51 两个工具软件，但它们是独立使用的。因此，对于 Keil C51 来说，Proteus ISIS 只是个仿真运行工具；对于 Proteus ISIS 来说，Keil C51 只是个生成可执行文件的集成开发工具而已，Keil C51 的许多调试性能不能发挥。幸好，Proteus 提供了一个非常优秀的功能，使得它和 Keil C51 联调成为可能。

如果要将 Proteus ISIS 和 Keil C51 进行联调，首先要做以下工作：

1）搜索到 Proteus 安装目录下 VDM51.dll 文件，将其复制到 Keil 安装目录的 \ C51 \ BIN 目录中。

2）编辑 Keil 安装目录下的 tools.ini 文件，加入 TDRV5 = BIN \ VDM51.DLL（"PROTEUS DEBUG"）。

3）在 Keil 中打开要调试的工程，选择 Project→Options for Target 'Target1' 菜单命令，在弹出的对话框中选中 Debug 选项卡，按图 5-20 所示进行数据配置。其中"Use："选项被选中，并将其配置为 PROTEUS DEBUG 值。生成可执行文件。

4）在 Proteus ISIS 中打开设计好的电路原理图，单击单片机元器件，将其可执行文件设置为要调试的 Keil 工程所生成的可执行文件。

至此联调的准备工作已完成，Keil C51 的各种运行、调试功能都可以使用了。图 5-21

所示为 Keil C51 正在单步调试，图 5-22 所示为 Proteus ISIS 的仿真运行结果。

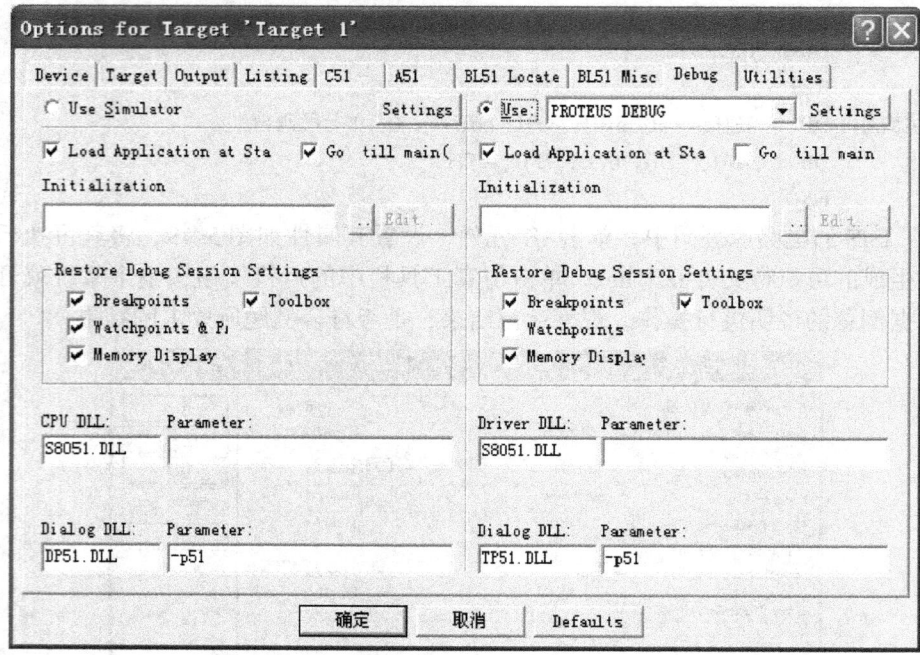

图 5-20　选中 PROTEUS DEBUG

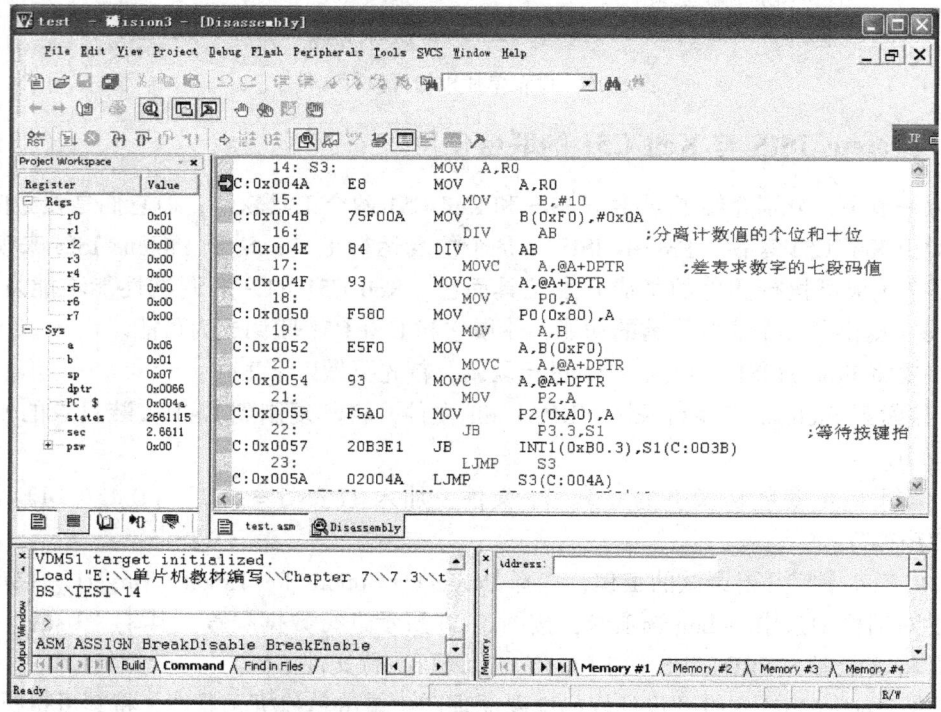

图 5-21　Keil C51 单步调试

第 5 章 单片机应用系统的开发环境及仿真软件简介

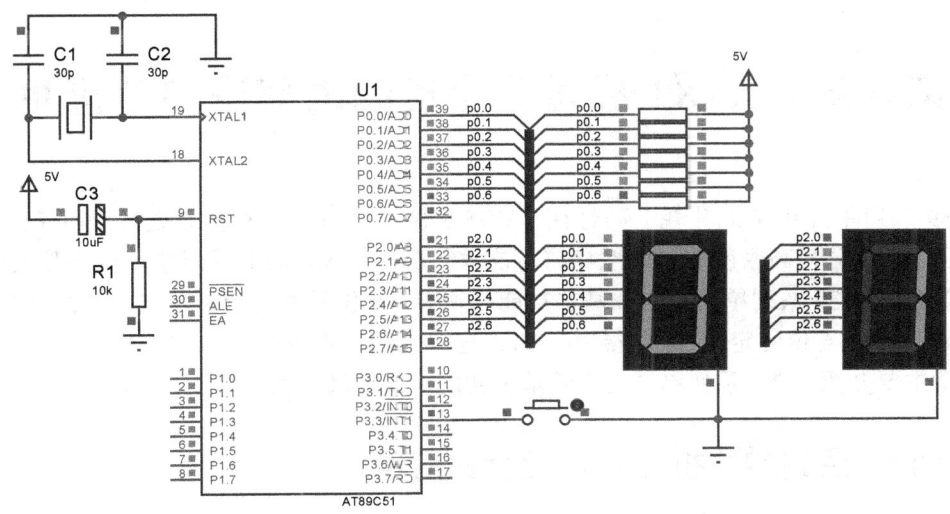

图 5-22 Proteus ISIS 的仿真运行结果

习 题 5

1. 试分析 Keil C51 集成开发环境的主要功能。
2. 简述利用 Proteus ISIS 仿真工具设计最基本的单片机仿真应用系统的基本操作步骤。
3. 在 Keil C51 集成开发环境中创建一个工程，用于实现例 5-1 的功能，并生成对应的可执行文件。
4. 利用 Proteus ISIS 仿真工具设计一个和例 5-1 相对应的仿真系统，并将习题 3 中生成的可执行文件在该系统上运行调试。
5. 将 Keil C51 的工程和 Proteus ISIS 仿真系统进行联调，用以调试例 5-1 所对应程序。

第6章 AT89系列单片机的内部资源及应用

AT89系列单片机是低功耗、高性能CMOS 8位单片机,具有在系统可编程Flash存储器,使用Atmel公司高密度非易失性存储器技术制造,与MCS-51系列单片机产品指令和引脚完全兼容。AT89系列单片机内部基本功能模块有:8位的并行口P0、P1、P2、P3,可编程的中断系统,16位的定时/计数器T0、T1,全双工的异步串行口UART。

本章主要介绍AT89系列单片机内部基本功能模块及其编程应用。

6.1 AT89系列单片机的并行口及其应用

单片机内部有4个8位的并行口P0~P3,应用非常广泛,可以作为输出口,直接连接输出设备(如发光二极管),也可以作为输入口,直接连接输入设备(如开关设备)。由于单片机应用场合的多样性,单片机并行口除了可以外接指示灯、开关外,还可以外接继电器、显示器、蜂鸣器、电动机、打印机、键盘等常见的I/O设备。

1. 指示灯

在单片机应用系统中,常会用到指示灯。洗衣机、电饭煲、空调等家用电器中都有指示灯指示电器的当前工作状态。本节中讲述单片机并行口控制指示灯的控制操作。

【例6-1】 LED指示灯接口电路如图6-1所示,编程实现LED指示灯D1按设定的时间间隔闪烁。

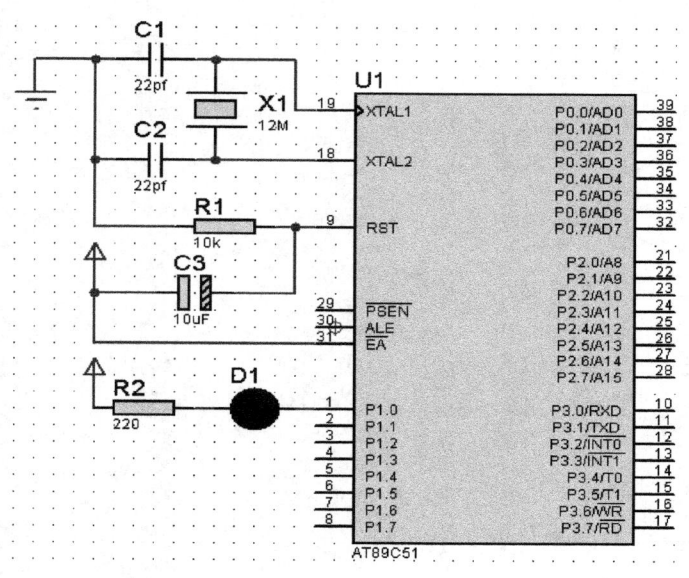

图6-1 LED指示灯接口电路

C51 程序如下：
```
#include <reg51.h>
#define uchar unsigned char
sbit LED = P1^0;
void Delay (uchar x)
{
uchar i;
while( x - - )
{
for(i = 0;i < 120;i + +);
}
}
//主程序
void main( )
{
while(1)
{
LED = ~ LED;
Delay (150);
}
}
```
你能编写对应的汇编语言程序吗？

2. 蜂鸣器

在许多智能家电和工业控制中都有蜂鸣器，它以发声的形式将机器状态告知人们。图 6-2 所示为一种蜂鸣器的接口电路。其工作原理是：当 P1.0 引脚输出 0 时，晶体管导通，在蜂鸣器两端加工作电压，蜂鸣器发出声音；当 P1.0 引脚输出 1 时，晶体管截止，蜂鸣器不发声。通过给 P1.0 引脚上输出高低电平持续时间不同的信号，可以使得蜂鸣器发出不同频率的声音，也可以应用此原理播放音乐。

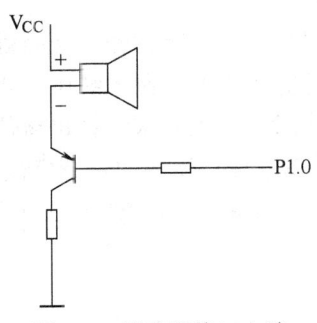

图 6-2 蜂鸣器接口电路

【例 6-2】 编程使蜂鸣器响铃 10 次，每次响铃发出 250Hz 的声音，持续时间为 0.5s，静音 1s，单片机使用 12MHz 的晶振。

解：分析：单片机系统使用 12MHz 晶振，则机器周期 $T_{cy}=2\mu s$，250Hz 频率的声音，周期为 4ms，则高、低电平持续时间为 2ms。

实现该功能的程序如下：

```
        MOV    R3,#10
AA1:    CLR    P1.0
        MOV    R1,#250
AA2:    LCALL  DELAY2        ;调用延时 2ms 子程序
        CPL    P1.0
        DJNZ   R1,AA2        ;250Hz 响铃 0.5s
        SETB   P1.0
        MOV    R2,#2
AA3:    MOV    R1,#250
AA4:    LCALL  DELAY2
        DJNZ   R1,AA4
        DJNZ   R2,AA3        ;静音 1s
        DJNZ   R3,AA1
        RET
DELAY2: MOV    R7,#10        ;延时 2ms 程序
AA5:    MOV    R6,#100
        DJNZ   R6,$          ;双周期指令，执行一次耗时 2μs
        DJNZ   R7,AA5
        RET
```

6.2 AT89 系列单片机的中断系统

中断（Interrupt）是日常生活中常见的现象。比如，我们正在工作时，突然来了一件更为紧急的任务，我们必须终止当前的工作，而去处理突发事件，处理完以后再继续之前的工作。在这个事件中，突发事件中断了我们正常的工作（中断请求），我们处理突发事件（中断响应），处理完之后继续工作（中断返回）。

实际上，现代计算机都具有对外界突发事件作出及时处理的功能，这需要依靠计算机内部的中断系统来实现。例如，在计算机工业控制系统中，当设备发生故障、系统内部出错以及用户要求一些特殊的功能和操作时，必须要求计算机暂停常规工作，转而去处理这些突发事件，待处理完毕后，继续执行原来的程序。可见，中断系统对单片机处理突然事件具有非常重要的意义。本节重点讲述单片机中断系统的概况和中断系统的使用方法。

6.2.1 中断的基本概念

计算机系统中止当前的正常工作，转入处理突发事件，待突发事件处理完毕，再回到原来被中断的地方，继续原来的工作，这样的整个过程称为中断。能够实现这种功能的部件就称为中断系统（Interrupt System）。产生中断请求的事件称为中断源（Interrupt Source）。中断源向 CPU 发出请求信号称为中断请求（Interrupt Request）。CPU 中止当前工作而处理中断称为中断响应（Interrupt Response）。可见，在中断系统中必须先有中断源请求中断，再由

中断系统做出反应（响应中断或者不响应中断）。中断响应过程如图 6-3 所示。

一般计算机系统允许有多个中断源。当几个中断源同时向 CPU 请求中断时，CPU 优先响应哪一个中断请求源，一般根据中断源的排队，优先处理排在队伍前面的中断请求。当 CPU 正在处理一个中断请求时，又发生了另一个优先级比它高的中断源请求，CPU 能够暂时中止执行对原来中断源的处理程序，转而去处理优先级更高的中断请求，待处理完以后，再继续执行原来低级中断处理程序，这样的过程称为二级中断嵌套。二级中断嵌套的中断过程如图 6-4 所示。

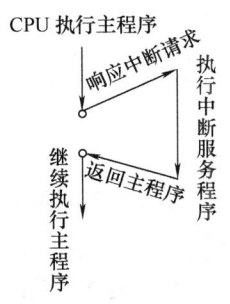
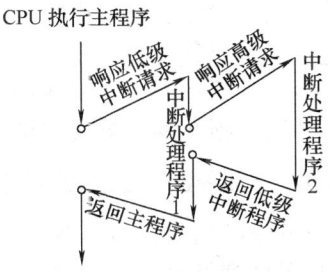

图 6-3　中断响应过程　　　　　　　　　图 6-4　二级中断嵌套过程

6.2.2　AT89 系列单片机的中断系统

AT89 系列单片机的中断系统结构随型号不同有所不同，包括中断源数目、中断优先级、中断控制寄存器等都有差别。例如，典型产品 89S52 单片机中有 6 个中断源，具有 2 个中断优先级，可以实现二级中断嵌套。每一个中断源可以设置为高优先级或者低优先级，用户可以根据需要来设定 CPU 是否开放中断，每个中断源允许或禁止向 CPU 请求中断。89S52 的中断系统结构如图 6-5 所示。

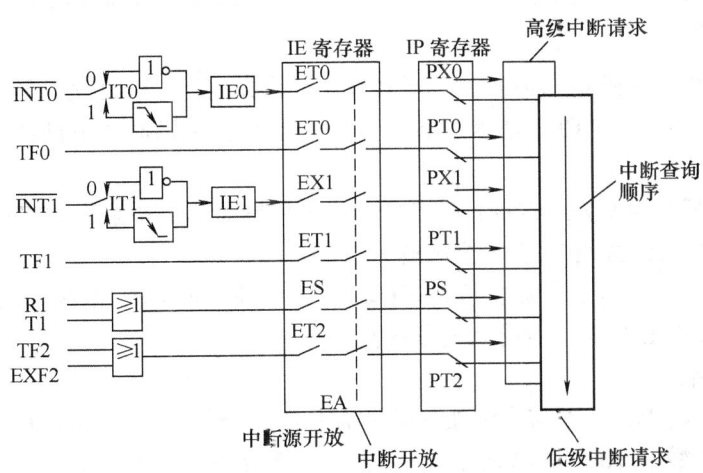

图 6-5　89S52 的中断系统结构

1. 89S52 中断源

89S52 有 6 个中断源：2 个外部事情中断请求源（$\overline{INT0}$、$\overline{INT1}$）和 4 个内部中断源（分

别为定时/计数器 T0、T1、T2 计数溢出事情中断请求和串行口发送或者接收完一个字节数据中断请求源)。89S51 有 5 个中断源,没有 T2 计数溢出中断。

(1) 外部中断源

外部事件中断由单片机外部的信号触发,外中断 0 和外中断 1 的中断请求信号分别由单片机的 $\overline{INT0}$ (P3.2)、$\overline{INT1}$ (P3.3) 引脚输入有效的中断请求信号。

外中断 0 和外中断 1 的中断标志位和它们的触发方式控制位在特殊功能寄存器——定时器控制寄存器 TCON 中的低 4 位,如图 6-6 所示。

D7	D6	D5	D4	D3	D2	D1	D0
TF1	TR1	TF0	TR0	IE1	IT1	IE0	IT0

图 6-6 定时器控制寄存器 TCON

IT0:外部中断 0 触发方式控制位。

IT0 = 0,外部中断 0 触发方式选择为电平触发方式。这种方式中,$\overline{INT0}$ 端输入低电平时,为有效的中断请求信号,置位 IE0。CPU 在每一个机器周期采样 $\overline{INT0}$ (P3.2) 引脚的输入电平。当采样到低电平时置 "1" IE0;当采样到高电平时,清零 IE0。采用电平触发方式时,外部中断源信号必须保持低电平有效,直到该中断被 CPU 响应,同时在该中断服务程序执行完之前,外部中断源信号必须清除;否则,将产生另一次中断请求。

IT0 = 1,外部中断 0 触发方式选择为边沿触发方式。这种触发方式 CPU 在每一个机器周期采样 $\overline{INT0}$ (P3.2) 引脚的输入电平。如果前一次机器周期中采样到 $\overline{INT0}$ (P3.2) 引脚为高电平,接着下一个机器周期采样到 $\overline{INT0}$ (P3.2) 引脚为低电平,即 $\overline{INT0}$ (P3.2) 引脚电平产生负跳变,则置 "1" IE0。IE0 为 1 时,向 CPU 申请中断,直到该中断被 CPU 响应,由硬件完成 IE0 清零。由于每个机器周期采样一次外部中断的输入电平,因此,采用边沿触发方式,外部中断源输入的高电平和低电平时间必须保持两个机器周期以上,才能保证 CPU 检查到电平的跳变。

IE0:外中断 0 的中断请求标志位。当外部中断源 $\overline{INT0}$ (P3.2) 引脚上有有效的中断请求信号时,则置位 IE0,向 CPU 请求中断,当 CPU 响应该中断时由硬件清零 IE0 (边沿触发方式)。

IT1:外部中断 1 触发方式选择位。IT1 = 0,外中断 1 为电平触发方式;IT1 = 1,外中断 1 为边沿触发方式。其功能和 IT0 完全相同。

IE1:外中断 1 的中断请求标志位。IE1 = 1,外中断 1 向 CPU 请求中断,CPU 响应中断请求后,由硬件清零 IE1 位 (边沿触发方式)。

(2) 内部中断源

特殊功能寄存器 TCON 中与中断相关的还有两位,分别为 TF0 和 TF1 位。

TF0:定时/计数器 T0 计数溢出中断标志位。T0 允许计数后,从计数初值开始加 1 计数,当计数计满后 (计数器所有位均为 "1"),再加 1,则计数溢出,此时由硬件自动置 "1" TF0,向 CPU 请求中断,一直保持到 CPU 响应该中断时才由内部硬件清零。

TF1:定时/计数器 T1 计数溢出中断标志位。T1 允许计数后,从计数初值开始加 1 计数,当计数溢出时,硬件自动置 "1" TF1,向 CPU 请求中断,一直到 CPU 响应中断时由硬件清零。

89S52 内部中断源除了 T0 和 T1 外，还有定时/计数器 T2 和串行口中断。

定时/计数器 T2 中断：定时/计数器 T2 的计数溢出标志位 TF2 为"1"，或者 T2 的外部中断标志位 EXF2 为"1"，作为有效的中断请求，向 CPU 请求中断。CPU 响应中断时不能自动清 0，必须由软件清 0。

串行口中断：串行口的接受中断标志 RI（SCON.0）和发送中断标志 TI（SCON.1）逻辑或以后作为内部的一个中断源。当串行口发送缓冲器发送完一个字符数据后，由硬件自动把发送中断标志位 TI 置"1"，向 CPU 请求中断。需要注意的是，CPU 响应中断后，发送中断标志位 TI 不会自动清零，必须由用户在中断处理程序中用软件清零。

2. 中断控制

(1) 中断使能控制

AT89 系列单片机的中断允许控制通过 2 级控制，第 1 级由 6 个中断源各自的中断允许位确定屏蔽或允许某个中断源的中断请求，第 2 级通过 1 个总控制位来确定 CPU 开放或者屏蔽中断请求。AT89 系列单片机通过一个特殊功能寄存器 IE——中断允许寄存器来保存这些中断允许控制位，IE 寄存器的字节地址为 0A8H，寄存器各位的位地址为 0A8H～0AFH，其格式如图 6-7 所示。

D7	D6	D5	D4	D3	D2	D1	D0
EA	—	ET2	ES	ET1	EX1	ET0	EX0

图 6-7　中断允许寄存器 IE

EA：AT89S 系列单片机的 CPU 中断允许控制位。EA = 1，CPU 中断允许，允许中断源向 CPU 申请中断，即 CPU 开放中断；EA = 0，CPU 中断屏蔽，即禁止中断源向 CPU 申请中断，CPU 屏蔽所有的中断。

EX0：外中断 0 的中断允许位。EX0 = 1，中断允许，允许外中断 0 向 CPU 申请中断；EX0 = 0，中断屏蔽，禁止外中断 0 的中断请求。

ET0：定时/计数器 T0 的中断允许位。ET0 = 1，中断允许，即允许定时/计数器 T0 计数溢出时向 CPU 申请中断；ET0 = 0，禁止中断，即禁止定时/计数器 T0 计数溢出时申请中断。

EX1：外中断 1 的中断允许位。EX1 = 1，外中断 1 中断允许；EX1 = 0，外中断 1 中断屏蔽。

ET1：定时/计数器 T1 的中断允许位。ET1 = 1，定时/计数器 T1 中断允许；ET1 = 0，定时/计数器 T1 中断屏蔽。

ES：串行口中断允许位。ES = 1，串行口中断允许；ES = 0，串行口中断屏蔽。

ET2：定时/计数器 T2 的中断允许位。ET2 = 1，定时/计时器 T2 中断允许；ET2 = 0，定时/计数器 T2 中断屏蔽。

(2) 中断优先级控制

AT89 系列单片机有两个中断优先级，每一个中断源可以设定其中断优先级别为高优先级中断或者低优先级中断，可以实现二级中断嵌套。

对于多个中断源请求中断时，处理中断请求的原则是：

1) 多个中断源同时向 CPU 请求中断时，优先响应高优先级中断源的中断请求。

2) 当 CPU 正在处理低级中断服务程序时，可以被高优先级的中断请求所中断，但不能被另外一个同级的中断请求中断,也不能被其他低优先级别的中断请求中断。若 CPU 正在执行高优先级的中断服务程序,则不能被任何中断源所中断,一直执行到结束,执行完中断返回指令 RETI,返回主程序再执行一条指令后,才能响应新的中断源请求。

AT89 系列单片机中断系统中通过特殊功能寄存器 IP 实现 6 个中断源的中断优先级别的控制,其字节地址为 0B8H,寄存器中各位的位地址为 0BFH~0B8H,格式如图 6-8。

D7	D6	D5	D4	D3	D2	D1	D0
—	—	PT2	PS	PT1	PX1	PT0	PX0

图 6-8 中断优先级寄存器 IP

PX0:外部中断 0 的中断优先级控制位。PX0 = 1,外部中断 0 定义为高优先级中断;PX0 = 0,外中断 0 定义为低优先级中断。

PT0:定时/计数器 T0 中断优先级控制位。PT0 = 1,定时/计数器 T0 中断定义为高优先级中断;PT0 = 0,定时/计数器 T0 中断定义为低优先级中断。

PX1:外部中断 1 的中断优先级控制位。PX1 = 1,外部中断 1 定义为高优先级中断;PX1 = 0,外中断 1 定义为低优先级中断。

PT1:定时/计数器 T1 中断优先级控制位。PT1 = 1,定时/计数器 T1 中断定义为高优先级中断;PT1 = 0,定时/计数器 T1 中断定义为低优先级中断。

PS:串行口中断优先级控制位。PS = 1,串行口中断定义为高优先级中断;PS = 0,串行口中断定义为低优先级中断。

PT2:定时/计数器 T2 中断优先级控制位。PT2 = 1,定时/计数器 T2 中断定义为高优先级中断;PT2 = 0,定时/计数器 T2 中断定义为低优先级中断。

在同一级别的中断源请求源中,一个内部的硬件查询序列确定优先响应哪一个中断请求。这样便在同级优先级中,由查询顺序确定中断响应的先后顺序。89S52 中断查询的顺序如下:

中断源	中断优先级
外中断 0	最高
定时/计数器 T0 中断	↓
外中断 1	
定时/计数器 T1 中断	
串行口中断	
定时/计数器 T2 中断	最低

CPU 在响应中断时,先查询外中断 0 是否有中断请求。若有中断请求,响应其中断请求,不再查询其他同级的中断请求;若没有中断请求,接着查询定时器 T0 的中断请求。以此类推,外中断 1、定时/计数器 T1 中断、串行口中断、定时/计数器 T2 中断。

AT89 系列单片机复位以后,特殊功能寄存器 IE、IP 的内容均为 0,由初始化程序对 IE、IP 编程,从而编程控制中断系统是否开放中断、允许哪些中断源申请中断以及中断源的中断优先级。

3. 中断响应过程

在初始化程序中设置 CPU 中断允许和中断允许控制位为中断允许状态,当中断源有有效的中断请求信号时，相应的中断标志位置"1"，CPU 在每一个机器周期顺序检查每一个中断源，并按优先级处理所有中断请求，在下一个机器周期响应最高级的中断请求。

(1) 响应一级中断请求的条件

CPU 能够响应一级中断请求应具备以下条件：

1）来自中断源有效的中断请求。
2）CPU 中断允许。
3）这个中断源的中断允许位处于允许状态。
4）CPU 刚刚结束一条指令的执行。

CPU 响应中断时，必须在一条指令执行结束之后。另外，CPU 执行 RETI 指令和对寄存器 IE 和 IP 访问指令时，即使指令执行结束也不会立即响应中断，必须再执行一条指令才会响应中断请求。

(2) 响应二级中断嵌套请求的条件

AT89 系列单片机可以有二级中断嵌套。CPU 能够响应二级中断嵌套请求应具备以下条件：

1）来自中断源有效的中断请求。
2）CPU 中断允许。
3）这个中断源的中断允许位处于允许状态。
4）这个中断源的中断优先级为高级。
5）CPU 刚刚结束主程序或者低级中断服务程序中一条指令的执行。

在二级中断嵌套中，若 CPU 正在处理一个中断服务程序，此时又来了一个新的中断请求，向 CPU 申请中断，如果新的中断请求的优先级高于正在处理的中断源的优先级，则 CPU 立即停止正在处理的中断，转去响应新的中断请求，待新的中断请求处理完毕，再继续处理原来的中断，原来的中断服务程序也处理完毕，则返回主程序，形成了二级中断嵌套的情形。如果新的中断请求的优先级不高于正在处理的中断源，则 CPU 继续处理正在处理的中断服务程序，待中断处理结束返回主程序后，再响应新的中断请求。

CPU 一旦响应中断请求，立即产生一个硬件调用，使程序转移到相应的中断服务程序的入口地址处去执行下面的中断服务程序，直到执行完中断服务程序的最后一条中断返回指令 RETI，返回被中断的程序。

AT89 系列单片机各个中断源的中断服务程序的入口地址是固定的，具体如表 6-1 所示。

表 6-1 中断源与入口地址

中 断 源	入 口 地 址
外部中断 0	0003H
定时器 T0	000BH
外部中断 1	0013H
定时器 T1	001BH
串行口中断	0023H
定时器 T2	002BH

通常，在中断入口处，执行一条跳转指令，跳到用户设计的中断处理程序入口。CPU 执行中断处理程序一直到 RETI 指令为止。RETI 指令是中断服务程序的最后一条指令。CPU

执行这条指令后,清零响应中断时所置位的优先级状态触发器,然后从堆栈中弹出栈顶的2字节到程序计数器(PC),堆栈中保存的数据为执行中断服务程序前,CPU正在执行指令的下一条指令的地址。当这个地址装入程序计数器(PC)后,CPU将接着执行被中断的程序。用户编写中断服务程序时,最后一条指令必须为RETI指令,用以返回被中断的程序,恢复中断现场。

6.2.3 外部事件中断及应用

AT89S系列单片机提供两个外部事件中断源。外部事件中断请求信号由$\overline{INT0}$(P3.2引脚)或者$\overline{INT1}$(P3.3引脚)输入单片机的中断系统,中断触发方式可以由IT0或者IT1位选择为电平触发或者边沿触发方式。电平触发方式中低电平信号为有效的中断请求信号。当单片机外部中断输入引脚上为低电平信号时,触发中断,中断系统把相应的中断标志位置"1",发出中断请求。需要注意的是,中断请求的低电平必须保持到CPU响应该中断为止,并且必须在本次中断返回前变为高电平,撤出中断请求信号,以免产生多次中断请求。若外部中断触发方式选择为边沿触发,则外部中断引脚上出现电平负跳变时触发中断,中断系统在连续的两个机器周期中,前一个机器周期检测到$\overline{INT0}$引脚或者$\overline{INT1}$引脚为高电平,在后一个机器周期检测到低电平,则置位响应的中断请求标志位IE0或者IE1,发出中断请求,高电平和低电平至少各自保持1个机器周期,这样可以保证被正确检测到。CPU响应外部中断的中断请求后,自动将中断请求标志IE0或者IE1清零,撤除本次中断请求。

1. 外部事件中断源的初始化

1)设置外部事件中断请求信号的触发方式。如果外部中断触发方式采用电平触发方式,IT0或者IT1位清零,用指令CLR IT0或者CLR IT1。由于单片机复位后,IT0和IT1被清零,默认为电平触发方式,因此有些程序中省略这一步。如果用边沿触发方式,IT0或者IT1位置"1",用指令SETB IT0或者SETB IT1。

2)开放CPU中断允许位:SETB EA。

3)设置外部事件中断允许控制位:SETB EX0或者SETB EX1。

4)设置中断源中断优先级。

由于单片机复位后,特殊功能寄存器IP中各位为0,若没有中断优先级嵌套,所有中断源的中断优先级都为同一级别——低级,程序中不需要设置中断优先级。如果有中断嵌套,则需要设置有些中断源中断优先级别为高级,有些中断源中断优先级别为低级,中断优先级别高的中断源优先响应。例如,指令SETB PX0,设置外部中断0中断优先级为高级;指令CLR PX1,设置外部中断1中断优先级为低级。由于单片机复位后IP中断优先级控制寄存器被清零,默认所有的中断源中断优先级为低级,所以很多程序中省略低优先级的中断控制。

主程序中,对中断系统初始化编程时,也可以采用字节操作指令完成中断允许控制和中断优先级控制,格式如下:

```
MOV  IE, #DATA1    //中断允许控制
MOV  IP, #DATA2    //中断优先级控制
```

例如,完成中断系统初始化编程,开放6个中断源的中断允许,同时设置外部中断1中断优先级为高级。

```
        MOV    IE,#0BFH
        MOV    IP,#04H
```
2. 外部中断应用举例

【例 6-3】 如图 6-9 所示，P1.0~P1.7 为输出线，外接指示灯 L0~L7，采用外部中断 0 电平触发方式改变指示灯 L0~L7 的显示状态。正常显示时，灯 L0~L7 自上而下逐一点亮，当有外部中断请求时，灯 L0~L7 全部点亮并闪烁显示 10 次。闪烁完成后，继续从暂停的位置接着逐个点亮灯的操作。

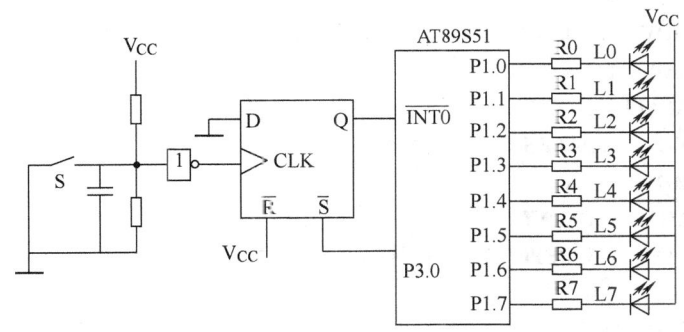

图 6-9 电平触发方式中断系统应用电路图

在图 6-9 中，当按键 S 每按动一次，产生一个正脉冲，接入 D 触发器 CLK 端，则 Q = D，Q 端输出低电平并锁存。Q 端和单片机的 $\overline{INT0}$（P3.2 引脚）相接，以低电平触发方式向 CPU 申请中断，CPU 响应中断后，由单片机 P3.0 输出 "0" 至 D 触发器 S 端，此时 D 触发器工作在置位状态，Q 端输出 "1"，从而撤销单片机外部中断 0 引脚上的低电平中断请求信号。这样，下一次按动按键 S 时，可以触发一次新的中断。

主程序：

```
            ORG    0000H
            LJMP   MAIN
            ORG    0003H
            LJMP   INT0
            ORG    0030H
    MAIN:   MOV    SP,#70H       ;设置堆栈区
            CLR    IT0           ;电平触发方式
            SETB   EA            ;开放 CPU 中断允许
            SETB   EX0           ;设置外中断 0 中断允许
            CLR    PX0           ;中断系统只有一个中断源,设置为低中断优先级
            MOV    A,#0FEH
    DISPLAY:MOV    P1,A          ;给 P1 口送数据,输出显示
            ACALL  DELAY         ;延时
            RL     A             ;左移,产生下一个显示控制码
            AJMP   DISPLAY
    DELAY:  MOV    R7,#200       ;延时子程序
    DEL0:   MOV    R6,#100
            DJNZ   R6,$
```

```
                DJNZ    R7,DEL0
                RET
```

中断服务程序：

```
                ORG     3000H
        INT0:   PUSH    ACC             ;保护现场
                PUSH    PSW
                CLR     P3.0
                MOV     R5,#10
        REPEAT: MOV     A,#00H          ;全部点亮
                MOV     P1,A
                ACALL   DELAY
                MOV     A,#0FFH         ;全部熄灭
                MOV     P1,A
                ACALL   DELAY
                DJNZ    R5,REPEAT       ;闪烁10次
                POP     PSW
                POP     ACC
                RETI
                END
```

C51程序：

```c
#include <reg52.h>
#include <intrins.h>
void delay();
sbit P3_0 = P3^0;
unsigned char a;
main()
  {
    a = 0xfe;
    IT0 = 0;              //外中断0电平触发方式
    EA = 1;
    EX0 = 1;
    PX0 = 0;
    while(1)
      {
        P1 = a;
        a = _crol_(a,1);   //左移,产生下一个显示控制码
        delay();
      }
  }
void delay()
  {
    unsigned int b;
    b = 20000;
```

```
            while (b>0) b--;
        }
    extern0 ( ) interrupt 0 using 2        //中断函数
        {
            unsigned char i;
            P3_0 = 0;
            for (i=10;i>0;i--)              //闪烁10次
            {
                P1 = 0x00;
                delay( );
                P1 = 0xff;
                delay( );
            }
        }
```

对于电平触发方式,需要在中断返回前撤销中断请求信号,这样单片机在检测到$\overline{INT0}$引脚或者$\overline{INT1}$引脚上为高电平时,才能清除中断请求标志位 IE0 或者 IE1。对于边沿触发方式的外部中断 0 或者外部中断 1,CPU 在响应中断后由硬件自动清除其中断标志位 IE0 或者 IE1,无须采取其他措施。

【例 6-4】 外部中断源的扩展。单片机系统中只提供了两个外部中断源,在某些单片机应用系统中有 2 个以上的中断源需要处理。此时,已有的两个外部中断源已经不能满足需要,需要扩展多个外部中断源。

图 6-10 中,共有 6 个外部中断源,分别为 0 号、1 号、2 号、3 号、4 号、5 号中断源,中断请求采用电平触发方式,0 号中断源的中断优先级别最高,单片机优先响应,单片机接收到 0 号中断源中断请求时,8 个 LED 灯闪烁显示 10 次,1 号、2 号、3 号、4 号、5 号中断源为低级中断源,当有其中一个发出中断请求信号时,则触发外部中断$\overline{INT1}$中断请求,然后在$\overline{INT1}$的中断服务程序中,通过查询 P1.0~P1.4 的状态,判定是哪一个中断请求,然后执行响应的□

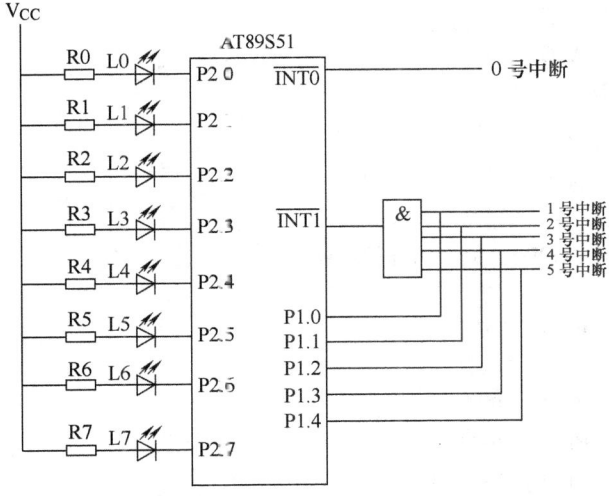

图 6-10 外部中断源扩展电路

断服务程序，查询的顺序，决定这几个中断源中断优先级，先查询的优先级别高，后查询的优先级别低。本例中低优先级中断源的中断优先循序为 5 号、4 号、3 号、2 号、1 号。

主程序：

```
            ORG   0000H
            LJMP  MAIN
            ORG   0003H        ;外中断 0 中断入口地址
            LJMP  PINT0
            ORG   0013H        ;外中断 1 中断入口地址
            LJMP  PINT1
            ORG   0030H
    MAIN：   CLR   IT0          ;设置外中断 0 为电平触发方式
            CLR   IT1          ;设置外中断 1 为电平触发方式
            MOV   IE,#85H      ;设置 CPU 中断允许,外中断 0、外中断 1 中断允许
            MOV   IP,#01H      ;设置外中断 0 为高级,外中断 1 为低级
    LOOP：  ……
            LJMP  LOOP
```

$\overline{INT0}$ 的中断服务程序：

```
    PINT0：   PUSH  ACC
            PUSH  PSW
            SETB  RS1          ;把工作寄存器区切换到 2 区,中断处理程序中使用 2 区 R0 ~ R7
            MOV   R1,#10       ;闪烁显示 10 次
    FLASH： CLR   A
            MOV   P2,A         ;P2 口灯全亮
            ACALL DELAY
            CPL   A
            MOV   P2,A         ;P2 口灯全熄灭
            ACALL DELAY
            DJNZ  R1,FLASH
            POP   PSW
            POP   ACC
            RETI
```

$\overline{INT1}$ 的中断服务程序：

```
    PINT1：   CLR   EA          ;关中断
            PUSH  ACC
            PUSH  PSW          ;保护现场
            SETB  EA           ;开中断
            JNB   P1.4  PINT1_5
            JNB   P1.3  PINT1_4
            JNB   P1.2  PINT1_3
            JNB   P1.1  PINT1_2
            JNB   P1.0  PINT1_1
    RETURN： CLR   EA          ;关中断
```

```
                POP    PSW
                POP    ACC           ;恢复现场
                SETB   EA            ;开中断
                RETI
PINT1_5:……                           ;5 号中断服务程序
                AJMP   RETURN
PINT1_4:……                           ;4 号中断服务程序
                AJMP   RETURN
PINT1_3:……                           ;3 号中断服务程序
                AJMP   RETURN
PINT1_2:……                           ;2 号中断服务程序
                AJMP   RETURN
PINT1_1:……                           ;1 号中断服务程序
                AJMP   RETURN
```

此程序对应的 C51 程序如下：

```
#include <reg52.h>
void  delay( );                  //延时函数声明
void  PINT1_5( );                //5 号中断调用的函数声明
void  PINT1_4( );                //4 号中断调用的函数声明
void  PINT1_3( );                //3 号中断调用的函数声明
void  PINT1_2( );                //2 号中断调用的函数声明
void  PINT1_1( );                //1 号中断调用的函数声明
sbit  P1_0 = P1^0;
sbit  P1_1 = P1^1;
sbit  P1_2 = P1^2;
sbit  P1_3 = P1^3;
sbit  P1_4 = P1^4;
unsigned char a;
main( )
  {
    IT0 = 0;                     //外中断 0 电平触发方式
    IE = 0x85;
    IP = 0x01;
    …
    while (1);
  }
  void  delay( )
  {
  unsigned int b;
  b = 20000;
  while (b > 0)  b --;
  }
  void  PINT1_5( )  { …… }       //5 号中断调用的函数定义
  void  PINT1_4( )  { …… }       //4 号中断调用的函数定义
```

```
          void  PINT1_3() { …… }      //3 号中断调用的函数定义
          void  PINT1_2() { …… }      //2 号中断调用的函数定义
          void  PINT1_1() { …… }      //1 号中断调用的函数定义
      extern0 ()  interrupt  0  using  2    //0 号中断函数
        {
          unsigned  char  i;
          for  (i=10;i>0;i--)
            {
              P2 = 0x00;
              delay();
              P2 = 0xff;
              delay();
            }
        }
      extern1 ()  interrupt  2           //外部中断 1 中断函数
        {
          if  (P1_4 == 0)  PINT1_5();   //1~5 号中断为同级中断,按照查询顺序只响应一个
            else  if  (P1_3 == 0)  PINT1_4();
              else  if  (P1_2 == 0)  PINT1_3();
                else  if  (P1_1 == 0)  PINT1_2();
                  else  if  (P1_0 == 0)  PINT1_1();
        }
```

6.3 AT89 系列单片机定时/计数器

各种型号的单片机,无论其功能强弱,都有定时/计数器。在单片机中,通常计数器和定时器设计成一个部件——计数器。当计数脉冲的周期一定时,计数器就作为定时器,定时时间就是计数器计数次数和计数脉冲周期的乘积。计数就是对计数脉冲进行计数,输入一个脉冲,计数器加 1,再输入一个脉冲,计数器再次加 1。

在智能控制系统中,经常要用到定时和计数的功能,因此定时/计数器特别有用。定时/计数器可以实现下列功能。

1) 定时操作功能。例如,采用定时/计数器实现定时扫描键盘、定时扫描输入口的状态;又如,到了预先的定时时间,启动外部的某个操作部件。

2) 计数操作功能。对外部输入的脉冲信号进行加法计数或测量输入信号的周期等参数。

3) 定时输出功能。从单片机的某个引脚定时输出高低电平,并使得高低电平保持一定的时间,如产生占空比一定的周期脉冲信号。

4) 看门狗系统。当单片机系统程序跑偏时,定时器产生复位信号,重新启动系统使其正常工作。

AT89 系列单片机一般有 2 个或者 3 个 16 位可编程定时/计数器,用于定时或者计数。根据单片机型号不同,有的单片机内部有 2 个 16 位定时/计数器 T0、T1,有的单片机内部有 3 个 16 位定时/计数器 T0、T1、T2。

6.3.1 定时/计数器的一般结构和工作原理

定时/计数器的一般结构如图 6-11 所示，由一个 N 位计数器、计数时钟信号、计数控制开关、计数溢出标志位等主要部分组成。51 系列单片机中计数器的计数方式为加 1 计数，计数时钟信号可以是单片机内部时钟信号，也可以是外部输入的时钟信号，当计数器计数加到计数溢出时，由单片机内部硬件自动把 TF 计数溢出标志位置 1，作为一个独立的中断请求源向 CPU 申请中断。

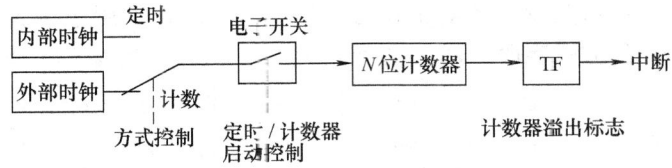

图 6-11　定时/计数器结构图

1. 定时方式

当计数器的计数脉冲为单片机内部确定周期的时钟信号时，对此确定周期的时钟信号计数，即实现定时。例如，计数时钟信号为周期 T 的脉冲信号，从计数器中计数初值 a 开始加 1 计数，直至计数溢出所占用的时间为

$$t = T(2^N - a)$$

其中，T 为时钟信号周期；N 为计数器的位数；a 为计数器的计数初值；t 为从计数器开始计数到计数溢出时的时间，即定时时间。

定时/计数器工作于定时方式时，是对单片机内部的机器周期信号进行计数，机器周期信号由振荡信号经过 12 分频得到，故一个机器周期为一个振荡周期的 12 倍。

例如，某单片机应用系统，使用 12MHz 的晶振，定时/计数器为 16 位的定时/计数器，计数初值为 15536，则单片机的机器周期为

$$T = 12\frac{1}{f_{osc}} = 12\frac{1}{12 \times 10^6}\mu s = 1\mu s$$

定时/计数器的定时时间为

$$t = T(2^N - a) = 1\mu s(2^{16} - 15536) = 50ms$$

这种工作方式称为定时器方式，其计数目的就是为了定时。例如，当计数器从计数初值到计数溢出时，对 P1.0 取反，则 P1.0 输出一个方波，高低电平持续时间是 50ms。

2. 计数方式

计数方式是对外部输入的脉冲信号计数，外部输入的脉冲信号从特定的引脚上输入，计数器对脉冲信号加 1 计数，即信号发生从 1～0 的负跳变，计数器自动加 1，外部输入信号的高低电平的维持时间必须不小于 1 个机器周期，因此计数输入信号的频率不能高于晶振频率的 1/24。例如，对外部脉冲信号计数可以统计外部事件的发生次数，在规定时间内测得外部输入脉冲数，可以求得脉冲的平均周期。这种方式通常称为计数方式。

6.3.2 定时/计数器 T0、T1 的功能和使用方法

51 系列单片机与 16 位定时/计数器 T0、T1 有关的特殊功能寄存器有 TH0、TL0、TH1、

TL1、TMOD、TCON，与定时/计数器中断相关的寄存器还有 IE、IP。

特殊功能寄存器 TH0、TL0 为 16 位定时/计数器 T0 的高 8 位和低 8 位寄存器，TH1、TL1 为 16 位定时/计数器 T1 的高 8 位和低 8 位寄存器，TMOD 为 T0 和 T1 的方式寄存器，TCON 为 T0 和 T1 的状态和控制寄存器，存放 T0、T1 的运行控制位和溢出中断标志位。通过对 TH0、TL0、TH1、TL1 的初始化编程来设定 T0、T1 计数器的计数初值，通过对 TCON 和 TMOD 的编程来选择 T0、T1 的工作方式和控制 T0、T1 的运行。

1. 方式寄存器 TMOD

特殊功能寄存器——定时/计数器工作方式寄存器 TMOD，用于设置 T0、T1 的工作方式。它的高 4 位为 T1 的方式字段，低 4 位为 T0 的方式字段，其含义完全相同，如图 6-12。

D7	D6	D5	D4	D3	D2	D1	D0
GATE	$C/\overline{T}$	M1	M0	GATE	$C/\overline{T}$	M1	M0

图 6-12 方式寄存器 TMOD

8 位中低 4 位 D0~D3 用于控制定时/计数器 T0，高 4 位 D4~D7 用于控制定时/计数器 T1。具体控制字含义如下：

（1）M1 和 M0 工作方式选择位

M1 和 M0 两位对应定时/计数器的工作方式，对应关系如表 6-2 所示。

表 6-2 定时/计数器工作方式选择

M1	M0	功 能 说 明
0	0	方式 0，13 位定时/计数方式
0	1	方式 1，16 位定时/计数方式
1	0	方式 2，8 位自动重装初值定时/计数方式
1	1	方式 3，T0 分为两个独立的 8 位定时/计数器，T1 停止计数

（2）$C/\overline{T}$ 定时/计数模式选择位

定时/计数器工作于定时还是计数方式，主要是选择的计数脉冲源的不同，计数脉冲源来自单片机内部时钟源为定时方式，计数脉冲源来自外部为计数方式，在 TMOD 中由 $C/\overline{T}$ 来实际选择计数脉冲源，含义如下：

$C/\overline{T}=0$ 为定时方式。在定时方式中，由振荡器输出的脉冲信号经过 12 分频信号作为计数脉冲信号，就是每一个机器周期定时/计数器加 1。定时/计数器从计数初值开始加"1"计数到计数溢出这段时间是固定的，为定时时间，所以这种方式为定时方式。

$C/\overline{T}=1$ 为计数方式。这种方式采用外部引脚上的输入脉冲作为计数脉冲，T0 计数器的计数脉冲由 P3.4 引脚输入，T1 计数器的计数脉冲由 P3.5 引脚输入。内部硬件电路在每个机器周期采样外部引脚的状态，当一个周期采样到高电平，下一个周期采样到低电平，计数器加 1。也就是说，在外部输入电平发生负跳变时，计数器加 1 计数。外部输入脉冲高电平和低电平时间必须保持在一个机器周期以上，故外部输入计数脉冲信号的频率最高是晶振频率的 1/24。对外部脉冲信号计数通常用于对输入的脉冲数计数，或者用于测定特定信号的周期、频率等参数。

(3) GATE 门控位

GATE = 1 时，是否启动定时/计数器开始计数，受外部引脚$\overline{INT0}$（或者$\overline{INT1}$）上电平的控制。其中，$\overline{INT0}$引脚控制 T0；$\overline{INT1}$引脚控制 T1。定时/计数器开始计数，$\overline{INT0}$（或者$\overline{INT1}$）上必须为高电平。

GATE = 0 时，是否启动定时/计数器开始计数，不受外部引脚输入电平的控制。

2. 控制寄存器 TCON

定时/计数器控制寄存器 TCON 占用的字节地址为 88H，TCON 中的高 4 位为定时器的计数启动位和溢出标志位，低 4 位为外部中断的触发方式控制位和外部中断请求标志。TCON 的格式如图 6-13 所示。

D7	D6	D5	D4	D3	D2	D1	D0
TF1	TR1	TF0	TR0	IE1	IT1	IE0	IT0

图 6-13 定时/计数器控制寄存器 TCON 的格式

(1) T0 运行控制位 TR0

TR0 为定时/计数器 T0 的运行控制位，由软件置"1"和清零来启动 T0 或者停止 T0 计数。当 GATE 门控位为 0 时，T0 的计数由 TR0 控制。TR0 为 1 时，启动 T0，计数开始，T0 从计数初值开始进行加 1 计数；TR0 为 0 时，停止 T0 计数。

当 GATE 门控位为 1 时，TR0 为 1 且$\overline{INT0}$（P3.2）引脚输入高电平时，T0 才计数；TR0 为 0，或者$\overline{INT0}$（P3.2）引脚输入低电平，T0 都处于不工作状态，停止计数。

(2) T0 溢出标志位 TF0

当 T0 被允许计数以后，T0 从初值开始加"1"计数，计数溢出时 TF0 置"1"，同时计数器清零。所谓计数溢出，即 T0 加"1"计数到 N 位计数器数值全为 1 时，再来一个脉冲，则计数溢出。TF0 可以由程序查询当前 TF0 的状态，TF0 也是单片机的内部中断请求源之一，若 T0 中断允许，则在 CPU 响应中断请求时，由硬件清零 TF0。

(3) T1 运行控制位 TR1

TR1 为定时/计数器 T1 的运行控制位，由软件置"1"和清零来启动 T1 或者停止 T1 计数。当 GATE 门控位为 0 时，T1 的计数由 TR1 控制。TR1 为 1 时，启动 T1 计数开始，T1 从计数初值开始进行加 1 计数；TR1 为 0 时，停止 T1 计数。

当 GATE 门控位为 1 时，TR1 为 1 且$\overline{INT1}$（P3.3）引脚输入高电平时，T1 才计数；TR1 为 0，或者$\overline{INT1}$（P3.3）引脚输入低电平，T1 都停止计数。

(4) T1 溢出标志位 TF1

当 T1 允许计数以后，T1 从初值开始加"1"计数，计数溢出时置"1"TF1。TF1 与 TF0 一样，可以支持查询方式和中断方式。

3. T0、T1 的工作方式和工作原理

定时/计数器 T0 有 4 种工作方式，可以工作于方式 0、方式 1、方式 2、方式 3；定时/计数器 T1 有 3 种工作方式，可以工作于方式 0、方式 1、方式 2。工作方式不同，计数器在结构上有所不同，功能上也有差别。方式 0、方式 1、方式 2 定时/计数器 T0 和 T1 的功能和结构完全一致；T0 工作于方式 3 时，定时/计数器分成两个独立的 8 位定时/计数器，此时借助定时/计数器 T1 的控制位和标志位，而定时/计数器 T1 停止计数。

下面以定时/计数器 T0 为例说明定时/计数器 4 种工作方式的结构和工作原理。

(1) 方式 0

当 T0 方式字段中 M1M0 = 00 时，定时/计数器工作于方式 0。方式 0 为 13 位的定时计数方式。定时/计数器 T0 方式 0 的逻辑结构图如图 6-14 所示。13 位计数器由 TL0 中的低 5 位和 TH0 中的 8 位组成。其中，TH0 中 8 位作为计数器的高 8 位；TL0 中的 5 位作为计数器的低 5 位。当 TL0 中低 5 位计数溢出时向 TH0 进位，TH0 计数溢出时置"1"溢出标志 TF0。

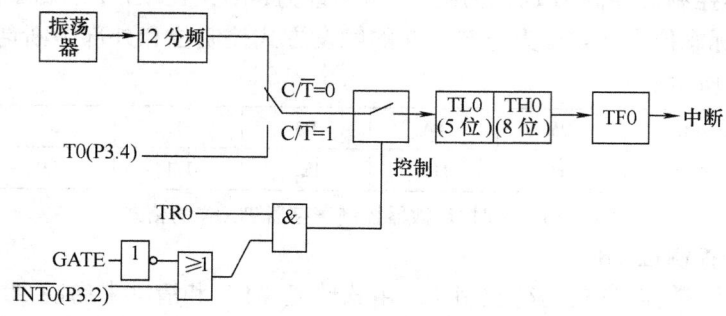

图 6-14　定时/计数器 T0 方式 0 的逻辑结构

在图 6-14 中，有两个电子开关，一个是定时/计数器 T0 定时还是计数方式的选择开关；另一个是定时/计数器是否计数允许的控制开关。

计数器的计数脉冲由 C/T̄ 选择，当 C/T̄ = 0 时，结构图中电子开关打在上面，以振荡器的输出信号经过 12 分频后信号作为 T0 的计数脉冲信号；当 C/T̄ = 1 时，结构图中电子开关打在下面，计数器对 T0 引脚（P3.4 引脚）上输入的脉冲信号计数。

从结构图中可知，当 GATE = 0 时，GATE 信号经过非门输出高电平，经过或门输出总为高电平。则控制信号完全由 TR0 决定。当 TR0 = 1 时，则与门输出为 1，控制开关控制端为高电平，即开关闭合，允许定时/计数器 T0 开始计数；TR0 = 0 时，则与门输出为 0，控制开关控制端为低电平，即开关断开，定时/计数器 T0 停止计数。

当 GATE = 1 时，只有 P3.2 引脚输入高电平，才能使得或门输出为高电平，同时，TR0 必须为 1，与门才能输出高电平，开关闭合，定时/计数器 T0 开始计数。当 INT0̄（P3.2）引脚输入低电平时，或门输出低电平，无论 TR0 为 0 还是为 1，与门输出总为低电平，定时/计数器 T0 停止计数。若 TR0 = 0，无论 P3.2 引脚输入高电平还是低电平，与门输出总为低电平，定时/计数器 T0 停止计数。因此，当 GATE = 1 时，要让定时/计数器 T0 开始计数，必须同时满足 TR0 = 1 和 INT0̄（P3.2）引脚输入高电平两个条件。

定时/计数器 T0 工作于方式 0，计数器开始工作时，13 位计数器从计数初值开始加 1 计数。当 13 位计数器各位全 1 后，再加 1 计数，则计数器计数溢出。计数器计数溢出时，由单片机硬件自动置位 TF0，同时将 13 位计数器清零。所以，方式 0 下，计数器的计数范围为 $1 \sim 8192$（2^{13}）。

T0 工作于方式 0 计数方式时，计数初值为 a，计数 N 次，则计数器中的值为 $X = a + N$。

T0 工作于方式 0 定时方式时，计数初值为 a，T0 从计数初值开始加 1 计数至计数溢出时，时间为：

$$t = \frac{1}{f_{osc}}12(2^{13} - a)$$

式中，f_{osc} 为系统晶振频率。

若单片机系统的晶振频率 $f_{osc} = 12\text{MHz}$，则定时时间 $t = (2^{13} - a)$ μs。

(2) 方式 1

当 T0 方式字段中 M1M0 = 01 时，定时/计数器工作于方式 1。方式 1 为 16 位的定时和计数方式。在这种方式下，T0 为 16 位的定时/计数器，方式 0 和方式 1 的差别仅仅在于计数器的位数不同，其余的逻辑结构图完全相同。定时/计数器 T0 工作于方式 1 的逻辑结构框图如图 6-15 所示。16 位计数器由 TL0 的中的 8 位和 TH0 中的 8 位组成。其中，TH0 中的 8 位作为计数器的高 8 位；TL0 中的 8 位作为计数器的低 5 位。当 TL0 计数溢出时向 TH0 进位，TH0 计数溢出时置"1"溢出标志 TF0。

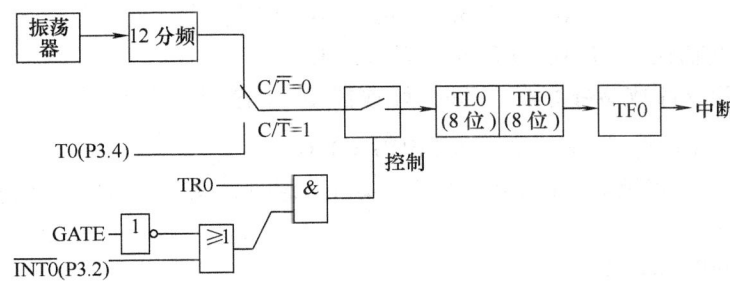

图 6-15 定时/计数器 T0 方式 1 的逻辑结构

当 GATE = 0 时，只要 TR0 = 1，则定时/计数器 T0 开始计数。

当 GATE = 1 时，TR0 = 1，同时 $\overline{\text{INT0}}$（P3.2）输入高电平，则定时/计数器 T0 开始计数。

计数器开始工作时，16 位的计数器从计数初值 a 加 1 计数，当 16 位计数器各位全 1 以后，再加 1 次，计数器产生溢出，由单片机硬件系统自动置"1" TF0，同时计数器清零。方式 1 下，计数器的计数范围为 1~65536（2^{16}）。

T0 工作于方式 1 定时方式时，计数初值为 a，T0 从计数初值开始加 1 计数至计数溢出时，时间为：

$$t = \frac{1}{f_{osc}}12(2^{16} - a)$$

式中，f_{osc} 为系统晶振频率。

若单片机系统的晶振频率 $f_{osc} = 12\text{MHz}$，则定时时间 $t = (2^{16} - a)$。当计数初值 a 为 0 时，定时时间最长，最大定时时间为 65536μs。

【例 6-5】 设 $f_{osc} = 12\text{MHz}$，当定时/计数器 T0 工作于方式 1，产生 50ms 定时，试分别采用中断和查询的方式编程实现 P1.0 引脚产生周期为 1s 的方波。

解：要使得 P1.0 引脚产生周期为 1s 的方波，则 P1.0 引脚高低电平持续的时间应精确为 500ms，本例使用定时/计数器 T0 精确定时 50ms，则 10 次 50ms 中断时定时时间为 500ms。如采用中断方式，在 T0 中断服务程序中设置一个计数单元，计数初值为 10，每次

50ms 中断时,计数单元数值减 1,当计数单元数值减为 0 时,恰好是 10 次中断,即时间为 500ms,500ms 到来时引脚 P1.0 取反。

若采用查询的方式,在主程序中不断查询 TF0 的状态。当 TF0 为 1 时,表示 50ms 定时时间已到,在主程序中判断是否 10 次 50ms 定时已到。如是,则 P1.0 引脚取反;若否,则继续循环等待。用查询方式,每次 TF0 置 1 后,TF0 必须由软件清零。

1) 计数初值。根据公式:

$$t = \frac{1}{f_{osc}}12(2^{16} - a)$$

则当定时时间为 50ms 时,计数初值 a 应该为

$$a = 2^{16} - \frac{f_{osc}}{12}t$$

代入 $f_{osc} = 12\text{MHz}$,$t = 50\text{ms}$,计算得

$$a = 15536 = 3\text{CB0H}(十六进制)$$

即计数器中 TL0 的初值为 B0H;TH0 的初值为 3CH。

2) TMOD 定时/计数器寄存器。定时/计数器 T0 工作于方式 1,故 M1M0 = 01;工作于定时工作方式,$C/\overline{T} = 0$;GATE = 0,则 TMOD = 01H。

① 中断方式。设置定时/计数器工作于方式 1,定时方式,同时中断允许。
主程序:

```
            ORG    0000H
            LJMP   MAIN
            ORG    000BH
            LJMP   INT0
    MAIN:   MOV    SP,#60H
            MOV    TH0,#3CH
            MOV    TL0,#0B0H
            MOV    TMOD,#1      ;M1M0 = 01,T0 工作于方式 0,GATE = 0,C/T = 0 定时方式
            MOV    IE,#82H      ;允许 T0 向 CPU 申请中断
            SETB   TR0          ;启动 T0 开始计数
            MOV    30H,#10      ;T0 中断次数计数单元初始化为 10
            SJMP   $
```

T0 中断服务程序:

```
    INT0:   MOV    TH0,#3CH
            MOV    TL0,#0B0H    ;重新赋计数器计数初值
            DJNZ   30H,RET0     ;计数单元减 1 不为 0 直接中断返回
            MOV    30H,#10      ;减 1 为 0,说明 500ms 时间已到,为了下次继续定时 500ms
                                ;计数单元赋计数初值 10
            CPL    P1.0         ;P1.0 取反
    RET0:   RETI
```

在中断方式时,CPU 响应溢出中断请求时,自动把溢出标志位清零。因此,在中断处理程序中无须对溢出标志位清零。

C51 程序：
```c
#include <reg52.h>
sbit P1_0 = P1^0;
unsigned char a = 10;
main()
{
    TH0 = 0x3c;                 //T0 初始化
    TL0 = 0xb0;
    TMOD = 0x01;
    IE = 0X82;
    TR0 = 1;
    while(1);
}
timer0() interrupt 1 using 1
{
    TH0 = 0x3c;                 //重赋计数初值
    TL0 = 0xb0;
    a--;
    if(a==0)
    {
        a = 10;
        P1_0 = ~P1_0;
    }
}
```

② 查询方式。采用查询方式，此时 T0 仍然工作于方式 1 的定时方式，但设置为不允许 T0 向 CPU 申请中断。

程序如下：

```
        ORG   0000H
        MOV   SP,#60H
        MOV   TH0,#3CH
        MOV   TL0,#0B0H
        MOV   TMOD,#1
        MOV   IE,#00H        ;关闭中断允许
        MOV   30H,#10
        SETB  TR0
WAIT:   JNB   TF0,$          ;TF0=0 循环等待,TF0=1 继续往下执行
        CLR   TF0            ;TF0 清零,以便下次定时 50ms 的查询
        MOV   TH0,#3CH       ;50ms 定时的计数初值再次赋给定时/计数器 T0
        MOV   TL0,#0B0H
        DJNZ  30H,WAIT       ;计数单元减 1 不为 0,继续等待
        MOV   30H,#10        ;计数单元减 1 为 0,则再次把计数初值赋给计数单元
        CPL   P1.0           ;P1.0 取反
```

              LJMP   WAIT   ;返回WAIT,继续查询等待
C51 程序：
    #include   <reg52.h>
    sbit   P1_0 = P1^0;
    unsigned char a;
    main ( )
      {
       TH0 = 0x3c;
       TL0 = 0xb0;
       TMOD = 0x01;
       IE = 0;
       TR0 = 1;
       while(1)
         {
          for(a = 10;a > 0;a --)
            {
             while (TF0 ==0);   // TF0 为0,则循环等待
             TF0 = 0;
             TH0 = 0x3c;
             TL0 = 0xb0;
            }
          P1_0 = ~ P1_0;   //10 次 T0 中断,P1.0 取反
         }
      }

(3) 方式2

当 T0 方式字段中 M1M0 = 10 时，定时/计数器 T0 工作于方式2。方式2 为 8 位自动重装初值定时/计数方式。在这种方式下，定时/计数器为 8 位自动重装初值的定时计数器，逻辑结构框图如图 6-16 所示。

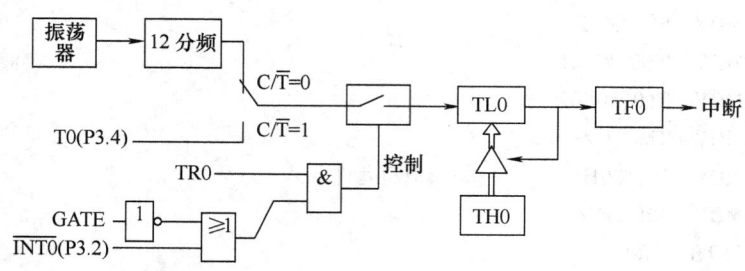

图 6-16 定时/计数器 T0 方式2 的逻辑结构

由 TL0 作为 8 位计数器，TH0 作为计数初值寄存器，当 TL0 计数溢出时置"1"溢出标志 TF0，同时将 TH0 中的内容自动送入 TL0 计数器中，TL0 计数器从这个计数初值开始计数，使得 TL0 从这个计数初值开始加 1 计数，计数溢出时再自动装入 TH0 中的计数初值，周而复始。

当 T0 工作于方式 2 的计数和定时方式时,计数器中计数数值较小,最大只能是 256 (2^8)。

T0 工作于方式 2 的定时方式时,计数初值为 a,T0 从计数初值开始加 1 计数至计数溢出时,时间为:

$$t = \frac{1}{f_{osc}} 12(2^8 - a)$$

式中,f_{osc} 为系统晶振频率。

若单片机系统的晶振频率 $f_{osc} = 12\text{MHz}$,则定时时间 $t = (2^8 - a)$。当计数初值 a 为 0 时,定时时间最长,最大定时时间为 $256\mu s$。

(4) 方式 3

当 T0 方式字段中 M1M0 = 11 时,定时/计数器 T0 工作于方式 3。只有定时/计数器 T0 有工作方式 3,而定时/计数器 T1 没有工作方式 3。如果把 T1 设置为工作方式 3,则 T1 停止计数。定时/计数器 T0 工作于方式 3 时的逻辑结构如图 6-17 所示。此时,T0 分为两个独立的 8 位计数器 TL0 和 TH0。TL0 计数器使用定时/计数器 T0 的所有控制位和状态标志位 GATE、$\overline{INT0}$ 引脚 (P3.2)、T0 (P3.4)、TR0、TF0。TL0 作为一个独立的 8 位定时器或者外部事件计数器,其计数溢出时置"1"溢出标志 TF0。同时,TL0 计数器清零,TL0 的计数初值必须由软件赋值。

TH0 只能工作于 8 位的定时方式,并借用定时/计数器 T1 的控制位和状态标志位 TR1 和 TF1。TR1 = 1 时,定时/计数器 TH0 开始计数,当 TH0 计数溢出时置"1"溢出标志 TF1。

在这种工作方式下,单片机多出一个定时/计数器,只有在 T1 用于波特率发生器时,不需要溢出中断的场合,T0 才需要选工作方式 3,以增加一个计数器。这时,T1 的运行由工作方式控制位 M1M0 来控制。M1M0 = 11 时,T1 停止计数;M1M0 = 00,01,10 时允许计数,计数溢出时并不置"1"标志 TF1。

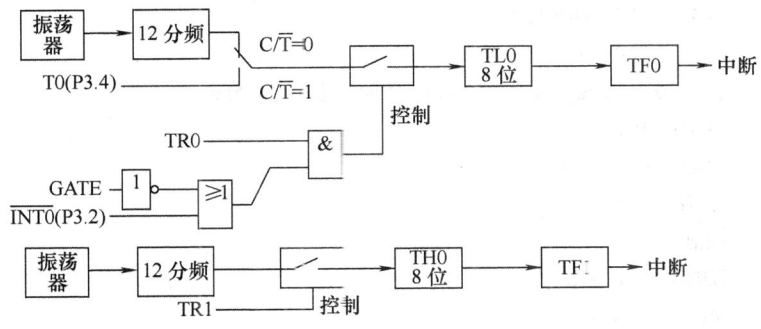

图 6-17 定时/计数器 T0 方式 3 的逻辑结构

6.3.3 定时/计数器的初始化编程及应用

定时/计数器 T0、T1 可以用来实现精确定时或者对外部脉冲事件计数。下面通过一些具体的应用实例说明定时/计数器的使用方法。

【例 6-6】设计一个占空比不同的信号发生器 要求:使用定时/计数器 T0,在 P1.0 引脚输出周期为 100ms，占空比为 1∶9 的周期信号（如图 6-18 所示），选用 12MHz 的晶振。

解：由分析可知，周期为 100ms，占空比为 1∶9 的周期信号，高电平持续时间为 10ms，低电平持续时间为 90ms，使用定时/计数器 T0 产生 10ms 定时，T0 工作于方式 1，则计数初值为：

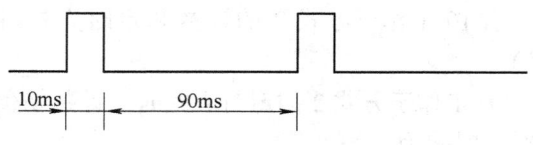

图 6-18　P1.0 引脚输出信号

$$t = 1\mu s(2^{16} - a) = 10ms$$

式中，$a = 65536 - 10000 = 55536 = D8F0H$（十六进制）。

具体程序如下：

```
            ORG    0000H
            LJMP   MAIN
            ORG    000BH
            LJMP   PINT0
            ORG    0030H
MAIN：      MOV    SP,#60H
            MOV    31H,#9          ;设置一个计数器
            MOV    TMOD,#01        ;定时/计数器初始化
            MOV    TH0,#0D8H
            MOV    TL0,#0F0H
            MOV    IE,#81H
            CLR    P1.0
            CLR    00H             ;设置 00H 为位标志,为 1 时输出低电平,为 0 时输出高电平
            SETB   TR0
HERE：      AJMP   HERE
PINT0：     PUSH   ACC
            PUSH   PSW
            MOV    TH0,#0D8H
            MOV    TL0,#0F0H
            JB     00H,LOW         ;若 00H 为 1,则输出 90ms
            SETB   P1.0
            SETB   00H
            SJMP   OUT
LOW：       CLR    P1.0
            DJNZ   31H,OUT
            MOV    31H,#9
            CLR    00H
OUT：       POP    PSW
            POP    ACC
            RETI
```

C51 程序如下：

```
#include    <reg52.h>
bit a;                    //定义标志位
```

```
    unsigned  char  b;
    main ( )
    {
      TMOD = 0x01;
      TH0 = 0x08;
      TL0 = 0xF0;
      IE = 0x81;
      TR0 = 1;
      a = 0;
      b = 9;
      while (1);
    }
    timer0 ( ) interrupt 1 using 1
    {
      TH0 = 0x08;
      TL0 = 0xF0;
      if a = = 0            //标志位为 0 时。P1.0 输出高电平
        {P1_0 = 1;
         a = 1;
        }
      else
        {P1_0 = 0;
         b -- ;
         if (b = = 0)
           {b = 9;
            a = 0;}
        }
    }
```

【例 6-7】 （秒表的程序设计） 单片机使用 12MHz 的晶振，定时/计数器 T0 工作于方式 2，产生 250μs 定时，每 1s 使秒表显示缓冲器 30H～32H 实时计时，缓冲器分配如下：30H 高 4 位为小时的十位，低 4 位为小时的个位；31H 高 4 位为分钟的十位，低 4 位为分钟的个位；32H 高 4 位为秒的十位，低 4 位为秒的个位。每 1s 加 1 计时，当计时到 59s，下 1s 到来时为 1min，秒清零，分钟加 1，当计时到 59min59s，下 1s 到来时为 1h，分钟、秒清零，小时加 1，能够计时的最长计时时间为 99h59min59s。

解：（1）确定 TMOD

若定时/计数器 T0 工作于方式 2 的定时方式，则 TMOD 中各位如图 6-19。

D7	D6	D5	D4	D3	D2	D1	D0
GATE	C/$\overline{T}$	M1	M0	GATE	C/$\overline{T}$	M1	M0
*	*	*	*	0	0	1	0

图 6-19 TMOD 中各位

图 6-19 中，"＊"表示任意。本例中没有用到定时/计数器 T1，所以 T1 的控制字段任

意，T0 控制字段为 0010。

TMOD = 02H。

（2）计算计数初值

由定时时间的计算公式

$$t = \frac{1}{f_{osc}} 12(2^8 - a)$$

当定时时间 $t = 250\mu s$，晶振 $f_{osc} = 12\text{MHz}$ 时，计算计数初值 $a = 6$，T0 中断 4000 次的时间为 1s。

（3）程序

```
            ORG   0000H
            LJMP  MAIN            ;设置跳转到主程序
            ORG   000BH           ;T0中断服务程序入口地址
            LJMP  PINTT0          ;设置跳转到中断服务程序
            ORG   0030H
MAIN:       MOV   SP,#60H         ;主程序
            MOV   36H,#0FH
            MOV   37H,#0A0H       ;4000=(0FA0H)中断次数放入计数单元
            MOV   TMOD,#02H
            MOV   TL0,#6
            MOV   TH0,#6
            MOV   IE,#82H
            SETB  TR0
            SJMP  $
PINTT0:     PUSH  PSW             ;T0中断服务程序
            PUSH  ACC
            SETB  RS0             ;选择1区的工作寄存器
            DJNZ  37H,RETURN
            DJNZ  36H, RETURN     ;4000次中断未到中断返回
            MOV   36H,#0FH
            MOV   37H,#0A0H       ;4000次中断到来,计数器单元恢复初始值
            MOV   R0,#32H
            MOV   A,@R0
            ADD   A,#1
            DA    A               ;调整为十进制相加
            MOV   @R0,A
            CJNE  A,#60H,RETURN   ;修改秒表计时值,秒单元加1,不为60s中断返回
            MOV   @R0,#0          ;为60s,秒单元清零,分钟单元加1
            DEC   R0
            MOV   A,@R0
            ADD   A,#1
            DA    A
            MOV   @R0,A
```

```
            CJNE   A,#60H,RETURN    ;若为60min,分钟单元清零,小时单元加1
            MOV    @R0,#0
            DEC    R0
            MOV    A,@R0
            ADD    A,#1
            DA     A
            MOV    @R0,A
    RETURN: POP    ACC              ;恢复现场
            POP    PSW
            RETI                    ;中断返回
```

C51程序：

```c
#include <reg52.h>
unsigned int  a = 4000;
unsigned char time_buf[] = {0,0,0};
main()
  {
    TH0 = 0x06;
    TL0 = 0x06;
    TMOD = 0x02;
    IE = 0x82;
    TR0 = 1;
    while(1)
  }
timer0() interrupt 1 using 1       //T0的中断函数
  {
    a--;
    if (a==0)
      {
        a = 4000;
        time_buf[2] += 1;           //秒单元加1
        if(time_buf[2] >= 60)       //若为60s
          {
            time_buf[2] = 0;        //秒单元清零
    time_buf[1] += 1;               //分钟单元加1
    if (time_buf[1] >= 60)          //若为60min
      {
        time_buf[1] = 0;            //分钟单元清零
        time_buf[0] += 1;           //小时单元加1
      }
   }
  }
 }
```

6.3.4 AT89S 系列单片机看门狗定时器的编程方法

目前,大多数单片机内都有看门狗监视定时器(Watchdog Timer)。单片机应用系统工作过程中一旦出现程序执行跑飞的现象,如硬件正常工作而程序因受到干扰而出现了不正确跳转,转入一个非法区域执行程序,或者出现异常死循环。此时,通过看门狗监视定时器监视这一现象。如发现程序跑偏,则看门狗给单片机一个复位信号,使得单片机系统复位,复位后单片机内部寄存器恢复成初始状态,软件程序从 0000H 地址开始重新执行程序。

看门狗监视定时器是一个 n 位的计数器,开启看门狗定时器后,由计数器对单片机内部的机器周期进行计数,计数器的计数初值为 0,当计数器计数溢出时,监视器输出高电平复位信号,使单片机系统复位。计数器的溢出时间为 $2^n T_{cy}$,如果程序正常执行,不需要对单片机系统复位,程序中每隔一段时间(小于溢出时间),对看门狗监视定时器复位(喂狗)一次,监视定时器复位恢复到计数初值为 0 的状态,继续计数,在计数溢出之前,对其进行复位,这样保证程序正常执行时,看门狗不会溢出,也就不输出高电平复位信号。

例如,AT89S52 看门狗定时器由一个 13 位定时器及 WDTRST(字节地址为 6AH)寄存器构成。开启看门狗定时器后,13 位定时器会自动加 1 计数,如不对定时器复位,则每计数 8192(2^{13})个机器周期溢出一次,并产生一个高电平复位信号,使单片机系统复位。对于 12MHz 的时钟脉冲,每 8192μs(约 8.192ms)产生一个复位信号,启动看门狗定时器。当系统超过 8.192ms 没有对看门狗定时器复位,看门狗定时器溢出,让系统复位。为了系统既能正常工作,又不会出现死机(程序跑飞),大约在 8ms 内必须对看门狗定时器复位(喂狗)一次。

启动看门狗的命令格式如下:
```
MOV    0A6H,   #1EH
MOV    0A6H,   #0E1H      ;启动看门狗
```

对 0A6H 单元依次写入数据 1EH 和 0E1H,激活看门狗监视定时器,如果程序正常执行,在看门狗监视定时器溢出时间前,再次复位看门狗监视定时器。复位的方法和激活看门狗监视定时器的方法一样,仍然是将数据 1EH 和 0E1H 依次写入 0A6H 单元。

如果用 C51 语言来完成此功能,程序如下:

```
#include   <reg52.h>
sfr    WDTRST = 0xa6;
main( )
  {
     ……
    WDTRST = 0x1e;              //启动看门狗
    WDTRST = 0xe1;
    While(1)
      {
        WDTRST = 0x1e;          //喂狗
        WDTRST = 0xe1;
         ……                    这部分执行时间必须少于 8ms(对 12MHz 时钟)
      }
  }
```

6.4 AT89系列单片机的串行接口及串行通信

6.4.1 串行口的基本通信方式

单片机 CPU 和外部设备进行数据交换称为通信。常用的通信方式有两种：并行通信和串行通信。

并行通信是指数据的各位同时并行传送的通信方式。多位数据同时通过多根数据线传送，每一根数据线传送一位二进制代码。并行通信的优点是传输速度快，其缺点是占用的硬件资源多，适用于近距离传输和处理速度较快的场合，多用于计算机内部。

串行通信是指数据按时间先后顺序一位一位串行地顺序传送数据的通信方式。与并行通信相比，串行通信占用较少的通信线，硬件成本降低，适合于较远距离的数据传输，如计算机与计算机之间、计算机与外部设备之间远距离通信。其缺点是传输速度慢、效率低。

单片机的串行通信通过串行口来实现。51 系列单片机提供一个全双工的异步串行接口，用于串行口接收和发送数据。常用的串行通信有单工方式、半双工方式和全双工方式 3 种方式，如图 6-20 所示。

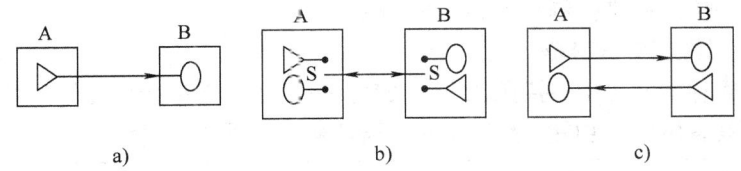

图 6-20 单片机的串行通信方式
a) 单工 b) 半双工 c) 全双工

单工方式下，数据只能单方向传输，只能从一端向另一端传输，不能往相反的方向传输；半双工方式下，允许数据向两个相反的方向传输，但在同一时刻数据只能向一个方向传输；全双工方式下，数据可以同时向两个相反的方向传输，需要两根独立的数据线，一根数据线用来发送数据，一根数据线用来接收数据。

在串行通信中，有两种最基本的通信方式：异步通信方式和同步通信方式。

异步通信方式是按字符传送的，用一个起始位表示字符的开始，接着是数据位和校验位，最后用一位停止位表示字符的结束，这样构成一帧的数据。在异步通信中，每个数据都以这样的帧形式传送，数据在通信线上一位一位地串行传送。异步通信方式一帧的数据格式如图 6-21 所示，起始位一般占用 1 位，用低电平表示，接着传输 1 字节的数据、校验位和停止位。

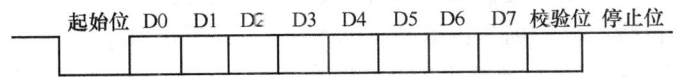

图 6-21 异步通信数据格式

在异步通信时，通信双方的字符格式必须是相同的，同时双方通信的波特率也必须相同。波特率是指每秒钟内传输的二进制数的位数。例如，串行通信的波特率为 2400bit/s，表示每秒钟内传输 2400 位二进制数。若字符格式为"1 位数据位，8 位数据位，无校验位，1 位停止位"，则每秒钟内数据传输为 240 个字符。

在异步通信方式中，每一个字符的发送都需要加上起始位和停止位，占用了时间。所以，在数据块传输时，为了提高速度，就去掉这些标志，采用同步传送。同步通信方式按数据块传输，传输的多个字符，按先后顺序组成数据块，在数据块前面加上同步字符，作为数据块的起始符号，在数据块的后面加上校验字符，用于校验数据传输的错误。同步通信的数据格式如图 6-22 所示，在同步通信中字符之间没有间隔，通信效率较高。

| 同步字符 1 | 同步字符 2 | n 个数据字节 | 校验字符 1 | 校验字节 2 |

图 6-22　同步通信数据格式

6.4.2　单片机串行口及控制寄存器

AT89 系列单片机提供一个可编程全双工的串行通信接口，可以同时发送和接收数据。串行口内部有发送缓冲器和接收缓冲器。它们在物理构造上是两个独立的缓冲器，但其共享一个字节地址 98H，共享一个特殊功能寄存器 SBUF。如果把数据写入 SBUF，则自动把数据送入发送缓冲器；如果从 SBUF 中读取数据，则自动读取接收缓冲器中的数据。

AT89 单片机串行口只有两个控制寄存器：串行口控制寄存器 SCON，用来选择串行口的工作方式，控制数据的接收和发送，给出串行口的当前工作状态等；还用到特殊功能寄存器 PCON 其中的一位，用来控制串行口的波特率。

1. 串行口控制寄存器 SCON

串行口控制寄存器 SCON，字节地址为 98H，是一个用于串行口控制的特殊功能寄存器，共 8 位，每一位具有位寻址功能。SCON 的数据位格式如图 6-23 所示。

D7	D6	D5	D4	D3	D2	D1	D0
SM0	SM1	SM2	REN	TB8	RB8	TI	RI

图 6-23　串行口控制寄存器 SCON 的数据位格式

SM0、SM1 是串行口工作方式选择位，共有 4 种工作方式，其功能如表 6-3 所示。

表 6-3　串行口工作方式及其功能

SM0	SM1	工作方式	功能说明	波　特　率
0	0	方式 0	移位寄存器方式	$f_{osc}/12$
0	1	方式 1	8 位异步通信方式	可变
1	0	方式 2	9 位异步通信方式	$f_{osc}/64$，$f_{osc}/32$
1	1	方式 3	9 位异步通信方式	可变

SM2 是方式 2 和方式 3 的多机通信控制位。对于方式 2 和方式 3，如 SM2=1，接收到的第 9 位数据（RB8）为 0 时不置位 RI，则接收到的数据丢失，只有接收到的第 9 位数据（RB8）为 1 时，才将接收到的前 8 位数据送入 SBUF，并置位 RI，产生中断请求。当 SM2=0 时，不论第 9 位接收到的是 0 还是 1，都将接收到前 8 位数据送入 SBUF 中，并将 RI 置 1，产生中断请求。

对于方式 1，如果 SM2=1，则只有接收到有效的停止位时才会置位 RI；对于方式 0，SM2 应该为 0。

REN 是串行接收允许控制位。REN=1 时，允许串行口接受数据；REN=0 时，禁止串行口接收数据。

TB8 是方式 2 和方式 3 时发送数据的第 9 位数据。TB8 必须由软件清零或者置 1。TB8 中的数据是方式 2 和方式 3 需要发送的第 9 位数据。

RB8 是方式 2 和方式 3 时接收到的第 9 位数据。在方式 1 中，如果 SM2 = 0，RB8 是接收到的停止位，在方式 0 中，不使用 RB8。

TI 是串行口发送中断标志位：当串行口工作于方式 0 时，发送完第 8 位数据，硬件自动将 TI 置 1；当串行口工作于其他 3 种工作方式，串行口开始发送停止位时，硬件自动将 TI 置 1。当 TI = 1 时，表示一帧数据发送完毕，并向 CPU 请求中断。TI 必须由软件清零。

RI 是串行口接收中断标志位：当串行口工作于方式 0 时，接收完第 8 位数据，硬件自动将 RI 置 1；当串行口工作于其他 3 种工作方式，串行口接收到停止位时，硬件自动将 RI 置 1；当 RI = 1 时，表示一帧数据接收完毕，并向 CPU 请求中断。RI 必须由软件清零。

2. 电源控制寄存器 PCON

电源控制寄存器 PCON 的字节地址为 87H，数据格式如图 6-24 所示。

D7	D6	D5	D4	D3	D2	D1	D0
SMOD	—	—	—	GF1	GF0	PD	IDL

图 6-24 电源控制寄存器 PCON 的数据格式

PCON 中只有一位 SMOD 与串行口工作有关系。

SMOD 波特率加倍选择位：串行口工作在方式 1、方式 2、方式 3 时，如果 SMOD = 1，则串行口波特率加倍；若 SMOD = 0，则波特率不会提高。

6.4.3 单片机串行通信工作方式

AT89 系列单片机的串行接口有 4 种工作方式，它们由 SCON 中的 SM0 和 SM1 这两位定义。下面分别说明串行口 4 种工作方式的功能特性和工作原理。

1. 方式 0

串行口工作方式 0 为同步移位寄存器工作方式，主要用于扩展并行输入/输出口。方式 0 输出时将发送缓冲器 SBUF 中的内容串行地移到外部寄存器，输入时将外部移位寄存器内容移入内部移位寄存器，然后再写入接收缓冲器 SBUF。

以方式 0 工作时，数据由 RXD 引脚输入或者输出，同步移位脉冲由 TXD 引脚输出，波特率为单片机振荡频率的 1/12。TXD 引脚输出的同步移位脉冲，每一个脉冲周期内完成一位二进制数据的接收或者发送。

(1) 方式 0 发送

方式 0 发送时，数据由 RXD 引脚串行输出，TXD 引脚输出同步移位脉冲信号，CPU 对发送数据缓冲器 SBUF 写入数据。例如"MOV SBUF, A"，产生一个正脉冲，启动串行口发送器，将数据从 RXD 引脚串行输出，串行输出的波特率固定，系统振荡频率的 1/12，当输出完第 8 位数据后，单片机自动置位 TI 标志位。

方式 0 输出时，串行口上可以外接串行输入/并行输出的移位寄存器，如 74LS164，用以扩展并行输出口，如图 6-25 所示。串行数据由 RXD 端输出，TXD 端输出的同步移位脉冲将 RXD 端

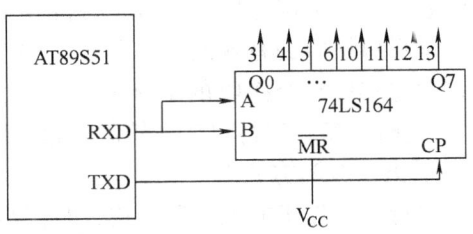

图 6-25 方式 0 扩展并行输出口

输出的数据逐位移入 74LS164，低位 D0 先移出。当 8 位全部移完时，数据 D0 ~ D7 分别出现在 74LS164 相应的引脚，同时把 TI 置位，表示 1 字节的数据发送完毕。若要发送下一字节的数据，必须先用软件将 TI 清零，然后再重复上述过程。

(2) 方式 0 接收

串行口工作于方式 0 接收数据时，可以扩展一片或者多片并行输入/串行输出的移位寄存芯片，如 74LS165，如图 6-26 所示。并行输入的数据从 74LS165 的并行数据输入引脚输入，由 74LS165 转换为串行数据，输入单片机的 RXD 引脚，单片机 TXD 引脚输出移位脉冲信号。在 REN = 1，RI = 0 时启动串行口接收，TXD 引脚输出的移位脉冲将并行数据逐一移入 RXD 端。8 位数据全部移入，则置位 RI，单片机执行指令"MOV A，SBUF"，取走接收缓冲器中的数据，如果需要再接收，则必须先用软件将 RI 清零。

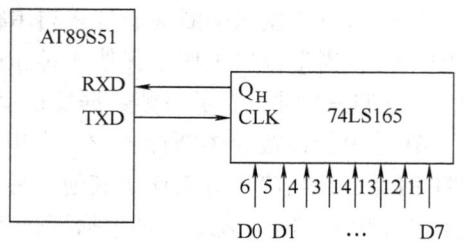

图 6-26　方式 0 扩展并行输入口

2. 方式 1

串行口工作方式 1 是 8 位的异步通信方式，TXD 为串行数据输出线，RXD 为串行数据输入线，传送一帧信息的数据格式为：1 位低电平起始位，8 位数据位（先低位后高位），1 位高电平停止位。方式 1 发送和接收数据的波特率可变，由定时/计数器 T1 或者 T2 的溢出率决定，是可变的。

(1) 方式 1 发送

当 TI = 0 时，执行指令"MOV SBUF，A"，CPU 向串行口发送缓冲器 SBUF 写入 1 字节的数据，启动串行口发送，在串行口内部产生的移位脉冲作用下（控制波特率），在 TXD 引脚上输出一帧信息，先发送起始位 0，接着从低位开始输出 8 位数据，最后输出停止位 1，发送后置位中断标志 TI，输出完一个字符后串行口停止工作，CPU 执行程序判断 TI 为 1 后软件清零 TI 中断标志，再向 SBUF 写入数据，启动串行口发送下一字符。

(2) 方式 1 接收

在 REN = 1 和 RI = 0 时，允许串行口接收器接收数据，接收器以所选波特率的 16 倍速采样 RXD 端电平，检测到 RXD 端输入电平发生负跳变时，复位内部的 16 分频计数器，计数器的 16 个状态把传送一位数据的过程等分成 16 个状态，在 7，8，9 这 3 个状态检测 RXD 引脚的输入电平，3 次采样的值中至少有两次相同的值，这样可以防止外界的干扰。如果在第一位接收数据时间内接收到的值不为 0，说明它不是一帧数据的起始位，起始位无效，复位接收电路，重新检测 RXD 端的负跳变，如果起始位有效，则开始接收本帧数据的其余部分信息，接收到停止位为 1 时，将接收到的 8 位数据装入接收数据缓冲器 SBUF，置位 RI，表示串行口接收到有效的一帧信息，向 CPU 请求中断。CPU 响应中断时，取走 SBUF 接收数据缓冲器中已经接收的 1 字节数据，如"MOV A，SBUF"，并清零 RI 接收中断标志位，如 CLR RI。接着串行口输入控制电路重新搜索 RXD 端上电平负跳变，接收下一个数据。

3. 方式 2 和方式 3

串行口工作于方式 2 和方式 3 时，是工作于 9 位的异步通信方式，TXD 为数据发送端，RXD 为数据接收端，传送一帧信息的数据格式为"1 位低电平起始位，8 位数据位（先低位后高位),1 位附加的第 9 位数据位,1 位高电平停止位",如图 6-27 所示。方式 2 发送和接收数据的波特率固定为振荡频率的 1/64 或者 1/32,而方式 3 的波特率由定时/计数器 T1 或者 T2 的溢出率决定。

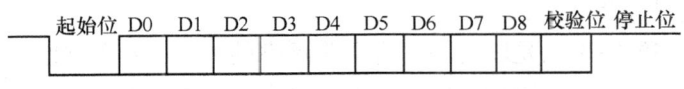

图 6-27　串行口方式 2(方式 3)数据格式

(1) 方式 2 和方式 3 发送

方式 2 和方式 3 发送数据的过程类似于方式 1,但不同的是,方式 2(方式 3)多了第 9 位附加数据。发送数据时,除了把 1 字节数据写入 SBUF 发送缓冲器外,还需要把第 9 位数据写入 SCON 的 TB8。

具体工作过程为:当 TI = 0 时,CPU 预先把要发送的第 9 位数据写入 SCON 的 TB8 位,接着 CPU 向 SBUF 发送缓冲器中写入 1 字节的待发送数据,启动串行口发送,串行口在内部移位脉冲控制下,先发送起始位 0,接着从低位开始依次发送 SBUF 中的 8 位数据,再发送第 9 位数据 TB8,最后发送停止位,发送完数据自动置位 TI 发送中断标志位,CPU 判断 TI 为 1 后,软件清"0"TI 位后,可以发送下一帧数据。

(2) 方式 2 和方式 3 接收

方式 2 和方式 3 的接收过程也与方式 1 类似。不同的是,方式 1 中 RB8 中存放的是停止位,方式 2(方式 3)中 RB8 中存放的是第 9 位数据。

在 REN = 1 和 RI = 0 时,允许串行口接收器接收数据,接收器以所选波特率的 16 倍速采样 RXD 端电平,检测到 RXD 端输入电平发生负跳变时,复位内部的 16 分频计数器,计数器的 16 个状态把传送一位数据的过程等分成 16 个状态,在 7,8,9 这 3 个状态检测 RXD 引脚的输入电平,3 次采样的值中至少有两次相同的值,这样可以防止外界的干扰。如果在第一位接收数据时间内接收到的值不为 0,说明它不是一帧数据的起始位,起始位无效,复位接收电路,重新检测 RXD 端的负跳变,如果起始位有效,则开始接收本帧数据的其余部分信息。

接收到停止位为 1 时,若 SM2 = 0,串行口工作于单机通信方式,则将接收到的 8 位数据装入接收数据缓冲器 SBUF,第 9 位数据装入 RB8,置位 RI,表示串行口接收到有效的一帧信息,向 CPU 请求中断。若 SM2 = 1,串行口工作于多机通信方式,当接收到第 9 位数据 RB8 = 1 时,数据有效接收,将数据分别装入 SBUF 和 RB8 中,置位 RI,当接收到第 9 位数据 RB8 = 0 时,数据丢失,并且不置位 RI。

若需要串行口继续接收下一帧数据,则软件清零 RI 位,REN = 1,一位时间后又开始搜索 RXD 上的负跳变。

6.4.4　单片机串行口的初始化编程及波特率设置

1. 串行口波特率

波特率是串行口数据通信的一个重要指标,表示串行口发送和接收数据的速度。波特率对数据的传送成功至关重要。为保证通信的可靠性,发送和接收方波特率相对误差不大于 2.5%。串行口的几种工作方式对于波特率的选择有所不同,具体如下。

(1) 方式 0 的波特率

串行口方式 0 的波特率是固定的,由振荡频率确定,是振荡频率的 1/12,即

$$\text{方式 0 波特率} = \text{振荡频率}/12$$

例如,单片机系统选择 12MHz 的振荡频率,则方式 0 发送和接收数据的波特率为 1MHz。

(2) 方式 2 的波特率

串行口方式 2 的波特率也是固定的,为振荡频率的 1/64 或者 1/32,这由 PCON 控制寄存器中的 SMOD 位决定。当 SMOD = 0 时,串行口方式 2 的波特率是振荡频率的 1/64;当 SMOD = 1 时,串行口方式 2 的波特率是振荡频率的 1/32,可以表示为

$$\text{方式 2 波特率} = 2^{\text{SMOD}} \times \text{振荡频率}/64$$

(3) 方式 1 和方式 3 的波特率

串行口工作于方式 1 和方式 3 时,波特率由定时/计数器 T1 或 T2 的溢出率和 SMOD 位一起确定。由于 T1 和 T2 可以编程确定其计数初值,则溢出时间可选择的范围比较大,因此溢出率可选范围大,故方式 1 和方式 3 串行通信的波特率是可变的,也是串行通信中最常用的工作方式。

1) T1 为波特率发生器。单片机复位后,若串行口工作于方式 1 或者方式 3,则默认为定时/计数器 T1 为波特率发生器。此时,串行口的波特率为

$$\text{方式 1 (方式 3) 波特率} = 2^{\text{SMOD}} \times (\text{T1 溢出率})/32$$

SMOD = 0 时,波特率等于 T1 溢出率的 1/32;SMOD = 1 时,波特率加倍,等于 T1 溢出率的 1/16。

T1 的溢出率是定时/计数器 T1 溢出时间的倒数分之一。当定时器 T1 作为波特率发生器时,禁止 T1 中断,T1 工作于定时方式,且一般选择工作方式 2(8 位自动重装初值工作方式),若计数初值为 a,则此时 T1 的溢出时间为

$$t = 12 \frac{1}{f_{\text{osc}}} (2^8 - a)$$

式中,f_{osc} 为单片机系统的振荡频率。

T1 的溢出率为溢出时间的倒数。此时,波特率的计算公式为

$$\text{方式 1(方式 3)波特率} = 2^{\text{SMOD}} f_{\text{osc}} / [32 \times 12 \times (2^8 - a)]$$

表 6-4 列出了常用的波特率对应的振荡频率、T1 的计数初值以及波特率的相对误差。T1 工作于方式 2 的定时工作方式。

表 6-4 常用波特率与 T1 参数

波特率/(bit/s)	振荡频率/MHz	SMOD	T1 计数初值	实际波特率/(bit/s)	误差/%
2400	12	0	F3H	2404	0.16
1200	12	0	E6H	1202	0.16
19200	11.0592	1	FDH	19200	0
9600	11.0592	0	FDH	9600	0
4800	11.0592	0	FAH	4800	0
2400	11.0592	0	F4H	2400	0
1200	11.0592	0	E8H	1200	0

当振荡频率选用 11.0592MHz 时,对于常用的标准波特率,根据选定的计数初值,可以达到波特率的相对误差为 0,所以这个频率是最常用的频率。

2) T2 为波特率发生器。在某些型号的单片机中有定时/计数器 T2 的，单片机复位后，TCLK = RCLK = 0，当设置串行口工作于波特率可变工作方式时，T1 为默认定时/计数器；若将 TCLK、RCLK 置 1，则以 T2 为串行口波特率发生器，T2 工作于波特率发生器方式，具体参考相关资料。

2. 串行口初始化编程

应用串行口发送或者接收数据，首先要对串行口初始化编程，选择串行口的工作方式、串行口的波特率以及是否允许串行口中断等，也就是对特殊功能寄存器 SCON、PCON、TMOD、TCON、TH1、TL1、IE、IP、SBUF 等编程。

串行口初始化编程一般考虑如下几个方面。

1) 确定波特率。如果串行口工作于波特率可变方式，确定 T1 为波特率发生器，还是 T2 为波特率发生器，确定定时/计数器的工作方式和计数初值，设定其为中断不允许，并完成其初始化编程。相关寄存器有 PCON、TMOD、TCON、TH1、TL1、IE。

2) 确定串行口的工作方式。设置是否接收允许，以及 TI、RI 标志位，如有第 9 位数据，设置 TB8，这些都通过对串行口控制寄存器 SCON 初始化编程确定。

3) 确定串行口是否中断允许及其中断优先级。通过对特殊功能寄存器 IE、IP 初始化编程确定。

【例 6-8】 已知振荡频率 f_{osc} = 11.0592MHz，对串行口初始化编程，设置其工作于方式 1 发送/接收方式，波特率为 9600bit/s，允许串行口中断。

解：1) 波特率 9600bit/s

方式 1 的波特率是可变的，当振荡频率 f_{osc} = 11.0592MHz，波特率为 9600bit/s，可以使用定时/计数器 T1 为波特率发生器；工作于方式 2（8 位自动重装初值工作方式）定时方式，计数初值为 FDH，不允许 T1 中断。

2) 串行口工作于方式 1，8 位异步通信方式，则 SCON = 50H。

3) 允许串行口中断，则 IE = 90H。

初始化程序段如下：

```
    MOV    TMOD,#20H        ;T1 工作于方式 2 定时方式
    MOV    TH1,#0FDH
    MOV    TL1,#0FDH        ;设置计数初值
    SETB   TR1              ;启动 T1
    MOV    SCON,#50H        ;串行口工作于方式 1,RI = 0,TI = 0
    MOV    IE,#90H          ;设置串行口中断允许
```

6.4.5 RS-232C 串行口标准

微型计算机和单片机系统大都采用总线结构。单片机常用的总线有并行总线和串行总线。常用的串行总线有 RS-232C、RS-422、RS-485 总线。

RS-232C 是美国电子工业协会（Electronic Industries Association，EIA）公布的串行总线标准，用于实现数字设备之间的数据通信，通信距离最大为 15m，传输速率为 20kbit/s。

1. RS-232C 的电气特性及帧格式

RS-232C 的电气标准是：-12 ~ -5V 为逻辑电平 1；+5 ~ +12V 为逻辑电平 0。

RS-232C 具有如下主要电气特性。

1）带 3~7kΩ 负载时驱动器的输出电平是：-12~-5V 为逻辑电平 1；+5~+12V 为逻辑电平 0。

2）不带负载时驱动器的输出电平为 -25~+25V。

3）输出短路电流为 0.5A。

4）驱动器转换速率小于 30V/μs。

5）接收器输入阻抗为 3~7kΩ。

6）接收器输入电压的允许范围为 -25~+25V。

7）输入开路时接收器的输出为逻辑 1。

8）+3V 输入时接收器的输出为逻辑 0。

9）-3V 输入时接收器的输出为逻辑 1。

10）最大负载电容为 2500pF。

RS-232C 一帧数据的格式为"1 位起始位，8 位数据位，1 位奇偶校验位，1 位或 1.5 位或 2 位停止位"。

常用的 RS-232C 连接器有 DB-25 和 DB-9。完整的 RS-232C 总线由 25 根信号线组成。DB-25 是 RS-232C 总线的标准连接器，上面有 25 只引脚；DB-9 是简约型的 RS-232C 总线，上面有 9 只引脚。具体信号线和引脚号对应如表 6-5 和表 6-6。

表 6-5 DB-25 引脚

引脚号	符号	名称	说明
1	PGND	保护地	
2	TXD	数据发送线	
3	RXD	数据接收线	
4	RTS	请求发送	
5	CTS	允许发送	
6	DSR	数据准备就绪	
7	SGND	信号地	
8	DCD	接收信号载波检测	收到一个满足一定标准的信号时置位
9		未定义	
10		未定义	
11		未定义	
12	RCD	辅助信道接收检测	
13	CTS	辅助信道允许发送	
14	TXD	辅助信道数据发送线	辅助信道传输较主信道低
15		发送信号元定时	
16	RXD	辅助信道数据接收线	
17		接收信号元定时	
18		未定义	
19	RTS	辅助信道请求发送	
20	DTR	数据终端准备就绪	
21	SD	信号检测	根据数据信息是否有错置位或复位
22	RI	振铃指示	收到振铃信号时置位
23		数据信号速率选择	指定两种传输速率中的一种
24		外部发送时钟	
25		未定义	

表 6-6 DB-9 引脚

引脚号	引脚符号	引脚名称
1	DCD	接收信号载波检测
2	RXD	数据接收线
3	TXD	数据发送线
4	DTR	数据终端准备就绪
5	GND	地线
6	DSR	数据准备就绪
7	RTS	请求发送
8	CTS	清除发送
9	RT	振铃指示

2. RS-232C 与 TTL 的电平转换

在单片机应用系统中，单片机常常作为 PC 的前置机，单片机完成数据采集，通过串行口把数据传输给 PC，PC 完成数据的存储、处理和分析等功能。

MCS-51 系列单片机的串行口电平为 TTL 电平标准，大于 0.8V 为 1，小于 0.3V 为 0，而 PC 串行口的电平标准为 RS-232C 标准，则当单片机串行口与 PC 串行口相连接时必须进行电平转换。

常用的 RS-232C 电平转换器芯片有 MAX232、HI232、1488、1489 等，它们的功能大致相同。如图 6-28 所示的 MAX232 电平转换器，只需要 +5V 供电，芯片内部有 2 组 TTL 电平到 RS-232C 电平转换器，有 2 组 RS-232C 电平到 TTL 电平转换器，从 T1IN 引脚（11 脚）输入 TTL 电平，从 T1OUT 引脚（14 脚）输出 RS-232C 电平；从 T2IN 引脚（10 脚）输入 TTL 电平，从 T2OUT 引脚（7 脚）输出 RS-232C 电平；从 R1IN 引脚（13 脚）输入 RS-232C 电平，从 R1OUT 引脚（12 脚）输出 TTL 电平；从 R2IN 引脚（8 脚）输入 RS-232C 电平，从 R2OUT 引脚（9 脚）输出 TTL 电平。

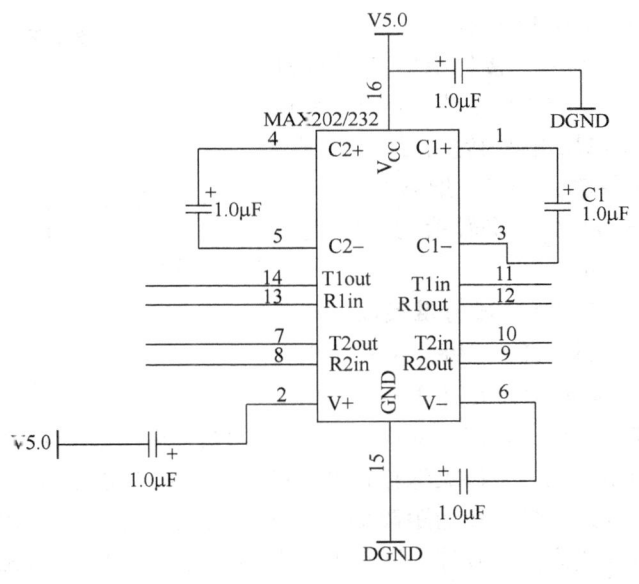

图 6-28 MAX232 电平转换器

单片机和 PC 电平转换结构如图 6-29 所示。单片机的 TTL 电平经过电平转换器与 PC 的 RS-232C 电平相连接。单片机串口发送线 TXD，经过电平转换，转换为 RS232 电平，接入 PC 串口接收线 RXD，PC 串口发送线 TXD，经过电平转换，转换为 TTL 电平，接入单片机的串口接收线 RXD。

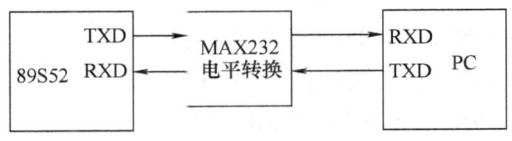

图 6-29 单片机和 PC 的通信连接图

6.4.6 RS-422、RS-485 标准串行总线接口

为了解决 RS-232C 标准传输距离短的缺点，随之 EIA 又推出了一些新的串行总线标准，如 RS-422、RS-485 标准。

1. RS-422 标准接口

RS-422A 的最大传输距离是 300m，传输速率为 10Mbit/s，在低速方式下，最大传输距离可达 1200m。

RS-422A 与 RS-232C 的主要区别是信号的传输方式不同。RS-232C 利用信号线与信号地之间的电压差传输信号；在 RS-422A 的发送端把逻辑电平转换成电压差进行传输，在接收端把电压差转换成逻辑电平，并允许在一条平衡总线上最多连接 10 个接收器。RS-422A 是一种单机发送多机接收的单向、平衡传输规范。

TTL 电平到 RS-422A 电平转换器常用发送驱动器 SN75174，而 RS-422A 电平到 TTL 电平常用传输线接收器 SN75175，其引脚图如图 6-30 所示。

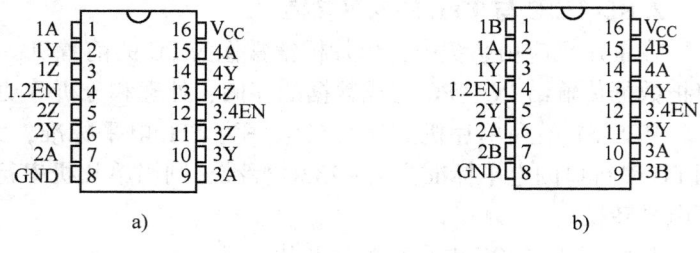

图 6-30 SN75174 和 SN75175 的引脚
a）SN75174 b）SN75175

RS-422 接口电路如图 6-31 所示，75174 完成 TTL 电平到 RS-422A 电平转换，经过数据线传输，75175 把接收到的 RS-422A 电平转换为 TTL 电平输出。

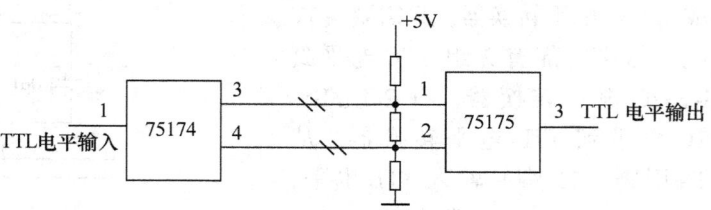

图 6-31 RS-422 接口电路

2. RS-485 标准接口

EIA 又于 1983 年在 RS-422 基础上制定了 RS-485 标准，增加了多点、双向通信能力，允许多个发送器连接到同一条总线上，同时增加了发送器的驱动能力和冲突保护特性，扩展了总线共模范围。RS-485 标准中，数据信号采用差分传输方式，最大传输距离为 1219m，最大传输速率为 10Mbit/s。通常，RS-485 网络采用平衡双绞线为传输媒体，平衡双绞线的长度与传输速率成反比，只有输出速率在 20kbit/s 以下时，才可能使用规定最长的电缆长度，只有在很短的距离下才能获得最高传输速率。一般来说，15m 长双绞线的最大传输速率仅为 1Mbit/s。

TTL 电平到 RS-485 电平转换，一般使用芯片 MC3487，而 RS-485 电平到 TTL 电平转换，使用芯片 MC3486。MC3487 和 MC3486 的引脚如图 6-32 所示。

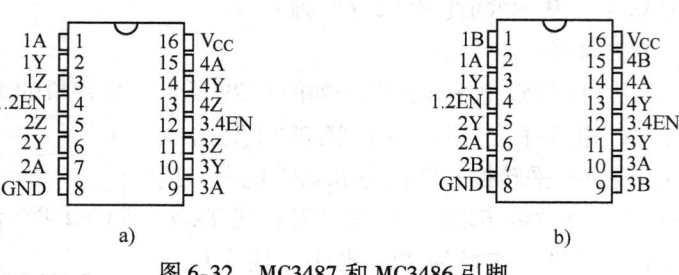

图 6-32 MC3487 和 MC3486 引脚
a）MC3487 b）MC3486

RS-485 总线应用与 MCS-51 单片机系统的数据传输时,由单片机采集的数据经过电平转换,转换为 RS-485 电平,经过 RS-485 传输线传输,接收端接收到 RS-485 电平,再转换为 TTL 电平。

6.4.7 串行通信应用举例

1. 移位寄存器方式应用

串行口工作方式 0 为移位寄存器方式,常用于串口—并口的扩展,通过方式 0 的发送方式完成串行—并行数据格式的转换;通过方式 0 的接收完成并行—串行数据格式的转换。因此,可以与具有并行输入串行输出、串行输入并行输出功能的芯片一起扩展并行口。如前面所述,74LS164 芯片可以把串行输入的数据转换为并行输出,74LS165 芯片可以把并行输入的数据转换为串行输出。下面举例说明这两种类型芯片和单片机串口的连接及程序控制应用。

【例 6-9】 串行口方式 0 输出扩展并行口。

如图 6-33 所示,串行口外接两片 74LS164,编程使得 0#74LS164 的输出端并行输出存储单元 30H 单元数据,1#74LS164 的输出端并行输出存储单元 31H 单元数据。74LS164 的 A、B 为串行输入端,$\overline{MR}$ 为清零控制端,Q0 ~ Q7 为移位寄存器的输出,CP 为移位时钟脉冲信号输入端。当 $\overline{MR}$ 为高电平,CP 脉冲的上升沿到来时,Q0 = A · B,Q0 ~ Q7 逐次右移 1 位,当 $\overline{MR}$ 为低电平时,输出端清零。

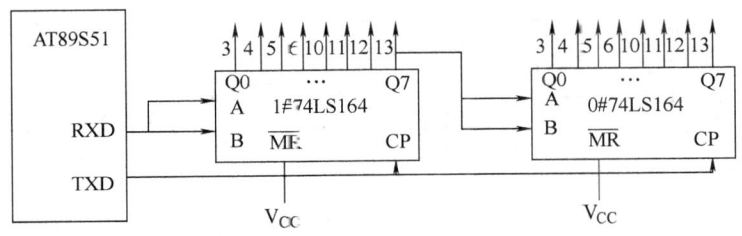

图 6-33 串行口扩展 16 位并行输出电路

解: 应用程序如下:

```
        MOV   SCON,#00H     ;设置串行口工作于方式 0
        MOV   R0,#30H
        MOV   R2,#02H
CIRCU:  MOV   A,@R0         ;先发送 30H 单元数据
        MOV   SBUF,A        ;数据送入串口发送缓冲器,启动串口发送
WAIT:   JNB   TI,WAIT       ;等待数据发送结束
        CLR   TI
        INC   R0
        DJNZ  R2,CIRCU
```

C51 程序如下:

```
#include  <reg52.h>
#define   uchar   unsigned char
#include  <absacc.h>
#define   data1   DBYTE[0x30]
#define   data2   DBYTE[0x31]
```

```
void main (void)
{
    SCON = 0;
    SBUF = data1;
    while(TI = = 0);
    TI = 0;
    SBUF = data2;
}
```

【例6-10】 串行口方式0并行输入口扩展。

如图6-34所示的16位接口电路读入数据,并把数据分别存放在30H和31H单元,其中0#74LS165的输入数据D0~D7存放于30H单元,对应D0存放在30H.0位,D7存放在30H.7位,1#74LS165的输入数据D0~D7存放于31H单元。74LS165是具有并行输入串行输出功能的8位移位寄存器,S/$\overline{L}$为移位和并行数据装入控制,DS为串行数据输入,QH为串行数据输出,CLK为时钟信号输入,CLK INH为时钟禁止。S/$\overline{L}$=0时,并行输入A~H的状态被锁入移位寄存器,当S/$\overline{L}$=1,CLK INH=0时,在移位时钟信号CLK的作用下,数据将由QH一位一位移位输出,先移出低端数据。

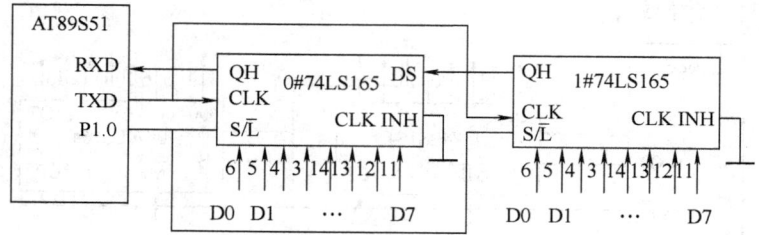

图6-34 串行口扩展16位的并行输入电路

解:

应用程序如下:

```
            MOV   R1,#02H       ;接收字节数
            MOV   R0,#30H       ;接收数据存储单元地址
            CLR   P1.0          ;并行输入数据锁入移位寄存器
            NOP
            SETB  P1.0          ;允许移位寄存器移位工作
            MOV   SCON,#10H     ;设置串行口工作于方式0,接收允许
WAIT:       JNB   RI,WAIT       ;查询RI位是否为1,等待接收数据
            CLR   RI            ;清除接收标志,准备下次接收
            MOV   A,SBUF
            MOV   @R0,A         ;存储接收数据
            INC   R0            ;修改存储单元地址
            DJNZ  R1,WAIT       ;2字节数据是否接收完
            RET
```

C51程序如下:

```
#include <reg52.h>
#include <intrins.h>
```

```
#define uchar unsigned char
uchar i,data1[ ];
sbit P1_0 = P1^0;
void main (void)
    {
    P1_0 = 0;
    _nop( )_;
    P1_0 = 1;
    SCON = 0x10;
    for(i = 0;i < 2;i + + )
    {
    while(RI = = 0);
    RI = 0;
    data1[i] = SBUF;
    }
    }
```

说明：串行口和 74LS165 正常移位工作时，在移位脉冲的作用下，最先移入 RXD 端的是 0#74LS165 的数据 D0，下次移位脉冲上升沿到来时，移入 RXD 端的是 0#74LS165 的数据 D1，直至 16 次移位脉冲上升沿到来时，RXD 端的是 0#74LS165 的数据 D7，2 字节的数据全部移入串行口。

2. 单机、多机通信应用

串行通信方式通常用在传输数据距离较远的应用场合，但是需要说明的是，如果通信双方都采用 TTL 电平传送数据，其传输距离一般不超过 1.5m，若要提高串行通信的传输距离，需要采用其他接口形式，如 RS-232C、RS-485、RS-422 等。

AT89 系列单片机串行口有 3 种异步通信方式，最常用的是方式 1 和方式 3，它们的波特率是可变的，可以根据具体通信要求进行波特率设定。

串行口几种通信方式中，在软件设计时，都可以采用查询方式或者中断方式来实现，采用查询方式时，设置为不允许串行口中断，主程序中不断查询 RI 或者 TI 位是否为 1，若 RI、TI 为 0，说明串行口正在接收数据或者正在发送数据，则程序循环等待。若 RI = 1，说明一帧数据接收完，CPU 可以把有效数据取走；若 TI = 1，则说明一帧数据发送完。采用中断方式，若 RI 或者 TI 为 0 时，正常执行主程序，则当 RI 或者 TI 为 1 时，转入串行口中断服务程序，执行串口中断程序。

【例 6-11】 设两台单片机进行串行通信，0#单片机发送数据，1#单片机接收数据，0#单片机将字符串'AT89S52 Microcomputer'发送到 1#单片机接收，并存储到其内部 RAM 从 30H 开始的存储单元。发送字符串以数据 0 结束，两台单片机的晶振频率均为 11.0592MHz，波特率均为 9600bit/s。试编写两个单片机的串口通信程序。

解： 0#单片机和 1#单片机之间串行通信使用单工通信方式，一台单片机只发送数据，另外一台单片机只具有接收数据的功能。

1) 两台单片机应该工作于方式 1，8 位波特率可变的异步通信方式。

0#单片机工作于发送方式，SCON = 40H。

1#单片机工作于接收方式，SCON = 50H。

2) 使用定时/计数器 T1 作为波特率发生器，T1 工作于方式 2，8 位自动重装初值的工作方式，波特率为 9600bit/s 时，查表可知计数初值应设定为 FDH。

0#单片机的发送程序如下：

```
            MOV   TMOD,#20H        ;T1 工作于方式 2,定时方式
            MOV   TH1,#0FDH        ;计数初值为 FDH
            MOV   TL1,#0FDH
            MOV   SCON,#40H        ;串行口工作于方式 1
            SETB  TR1              ;启动定时/计数器 T1
            SETB  TI               ;为了便于用循环实现数据发送,先置 TI
            MOV   R4,#0            ;R4 作为字符串表指针
    WAIT:   JNB   TI , WAIT
            CLR   TI
            MOV   DPTR,#TAB
            MOV   A,R4
            MOVC  A,@A+DPTR        ;取字符
            JZ    RETURN           ;字符串以 0 结束
            MOV   SBUF,A           ;发送字符
            INC   R4               ;为了取下一个字符,修改字符串指针
            LJMP  WAIT             ;跳转到等待查询,是否发送完一个字符
    RETURN: RET
            TAB:DB  'AT89S52 Microcomputer',0
```

C51 程序如下：

```
#include <reg52.h>
unsigned char string[] = {"AT89S52 Microcomputer"};  //字符串常量
unsigned char i = 0;
main ( )
  {
    TMOD = 0X20;
    TH1 = 0XFD;
    TL1 = 0XFD;
    SCON = 0X40;
    TR1 = 1;
    TI = 1;
    while(string[i]! = 0)
      {
        while(TI = = 0);
        TI = 0;
        SBUF = string[i];
        i + +;
      }
  }
```

1#单片机的接收程序如下：

```
            MOV   TMOD,#20H        ;T1 工作于方式 2,定时方式
```

```
                MOV    TH1,#0FDH            ;计数初值为 FDH
                MOV    TL1,#0FDH
                MOV    SCON,#50H            ;串行口工作于方式1,接收允许 REN=1
                SETB   TR1                  ;启动定时/计数器 T1
                MOV    R0,#30H              ;设置存储单元的地址指针
        WAIT:   JBC    RI,NEXT              ;循环检测 RI 是否为1,为1,接收 SBUF 中的数据
                SJMP   WAIT                 ;不为1,继续等待
        NEXT:   MOV    A,SBUF               ;取 SBUF 中接收的1字节的数据
                MOV    @R0,A                ;存放于存储单元
                INC    R0                   ;修改单元地址指针,便于存放下一个数据
                LJMP   WAIT
                RET
```

C51 程序如下:

```c
#include <reg52.h>
unsigned char string[];         //字符串常量
unsigned char i=0;
main()
{
    TMOD=0X20;
    TH1=0XFD;
    TL1=0XFD;
    SCON=0X50;
    TR1=1;
    while(1)
    {
        while(RI==0);
        RI=0;
        string[i]=SBUF;
        i++;
    }
}
```

【例 6-12】 两台单片机如果通信双双采用 TTL 电平,传输距离不超过 1.5m,为了提高串行通信的传输距离,采用 RS-232C 接口形式,通过 MAX232 芯片实现电平转换,如图 6-35 所示。晶振为 11.0592MHz,波特率为 9600bit/s。甲机通过 K1 键控制向乙机发送控制命令字符,甲机同时接收乙机发送的数字,并显示在数码管上。乙机接收到甲机发送的信号后,根据相应信号控制 LED 完成不同闪烁动作,并通过 K2 键控制向甲机发送数字。

解:两台单片机之间串行通信使用全双工通信方式,工作于方式1,8位波特率可变的异步通信方式。使用定时/计数器 T1 作为波特率发生器,T1 工作于方式2,8位自动重装初值的工作方式,波特率为 9600bit/s 时,查表可知计数初值应设定为 FDH。

甲机的通信程序如下:

说明: 当 K1 按下时甲机控制向乙机发送字符 "A" "B" "C" "D",并将接收到的字符显示在 LED 上。

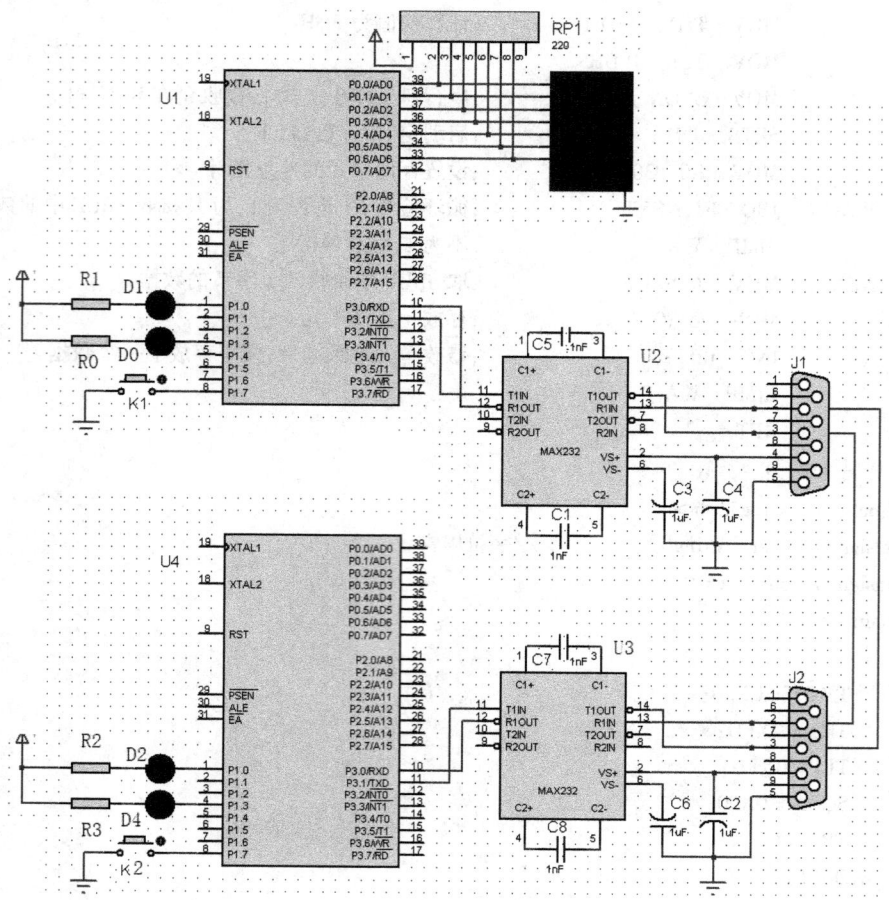

图 6-35 两台单片机采用 RS-232C 接口形式串行通信连接电路

```
#include < reg51.h >
#define uchar unsigned char
#define uint unsigned int
sbit LED1 = P1^0;
sbit LED3 = P1^3;
sbit K1 = P1^7;
uchar Operation_No = 0;                //操作代码
uchar code DSY_CODE[ ] = {0x3f,0x06,0x5b,0x4f,0x66,0x6d,0x7d,0x07,0x7f,0x6f}; // 0 - 9 数码管
                                                                                    显示代码

void Delay( uint t)
{
uchar i;
while( t - - )
for( i = 0;i < 120;i + + );
}
```

```c
void SerialPort_T(uchar c)                //甲机发送函数
{
    SBUF = c;
    while(TI = =0);
    TI = 0;
}
void main( )
{
    LED1 = LED2 = 1;
    P0 = 0x00;
    SCON = 0x50;                          //串口模式1,允许接收
    TMOD = 0x20;                          //T1 工作模式2
    PCON = 0x00;                          //波特率不倍增
    TH1 = 0xfd;                           //波特率为9600bit/s
    TL1 = 0xfd;
    TI = RI = 0;
    TR1 = 1;
    IE = 0x90;                            //允许串口中断
    while(1)
    {
        Delay(100);
        if(K1 = =0)                       //按下 K1 时选择操作代码0,1,2,3
        {
            while(K1 = =0);               //等待按键释放
            Operation_No = (Operation_No + 1)%4;
            switch(Operation_No)          //根据操作代码发送字符 A、B、C、D
            {
                case 0:SerialPort_T ('D');     //全灭
                LED3 = LED1 = 1;
                break;
                case 1:SerialPort_T ('A');     //D1 亮
                LED1 = 0;LED3 = 1;
                break;
                case 2: SerialPort_T ('B');    //D0 亮
                LED1 = 1;LED1 = 0;
                break;
                case 3:SerialPort_T ('C');     //D0、D1 全亮
                LED1 = 0;LED3 = 0;
                break;
            }
        }
    }
}
```

```c
void Serial_INT( ) interrupt 4          //甲机串口接收中断函数
{
    if(RI)
    {
        RI = 0;
        P0 = DSY_CODE[SBUF];            //显示接收数字
    }
}
```

乙机接收程序如下:

说明:乙机通过 K2 控制向甲机发送 0~9 字符,并在接收到甲机发送的字符后,根据相应信号控制 LED 完成不同闪烁动作。

```c
#include <reg51.h>
#define uchar unsigned char
#define uint unsigned int
sbit LED2 = P0^0;
sbit LED4 = P0^3;
sbit K2 = P1^7;
uchar NumB = -1;
void Delay (uint t)
{
    uchar i;
    while (t--)
        for (i=0; i<120; i++);
}
void main ( )
{
    LED3 = LED2 = 1;
    SCON = 0x50;                //串口模式1,允许接收
    TMOD = 0x20;                //T1 为工作模式2
    TH1 = 0xfd;                 //波特率为9600bit/s
    TL1 = 0xfd;
    PCON = 0x00;                //波特率不倍增
    RI = TI = 0;
    TR1 = 1;
    IE = 0x90;
    while (1)
    {
        Delay (100);
        if (K2 == 0)
        {
            while (K2 == 0);    //等待 K2 释放
```

```
            NumB = (NumB+1)%10;        //产生0~9范围内的数字
            SBUF = NumB;               //向甲机发送
            while(TI==0);
            TI=0;
            }
         }
      }
  void Serial_ INT ( ) interrupt 4    //接收中断
     {
       if(RI)
         {
           RI=0;
           switch(SBUF)                //根据所收到的不同命令字符完成不同动作
             {
               case 'D': LED4=LED2=1; break;      //全灭
               case 'A': LED2=0; LED4=1; break;   //LED2亮
               case 'B': LED2=1; LED4=0; break;   //LED4亮
               case 'C': LED4=LED2=0;             //全亮
                ⋮
             }
         }
     }
```

3. 多机通信程序举例

例6-11和例6-12两个例题中的串行通信，都是一台单片机和另一台单片机之间的通信，当单片机串行通信系统中的单片机有3台或者3台以上，并且其中一台是主单片机，其余的是从单片机，主从单片机的功能不同，这样的单片机应用系统为多机通信系统。

如前所述，串行口的控制寄存器SCON中的SM2为多机通信控制位。串行口以方式2或者方式3接收时，若SM2=1时，仅当接收到的第9位数据RB8为1时，数据才装入SBUF串口接收缓冲器，置位RI；如果接收到的第9位数据RB8为0时，则不产生中断标志RI，数据丢失。当SM2=0时，则接收到一个数据后，不管第9位数据RB8是何值，数据都装入SBUF，并置位RI。多机通信中就是应用单片机的这个特性，实现主从式多机通信。

如图6-36所示的多台单片机主从通信方式中，89S52主单片机，连接了3台从单片机，主机控制与从机间的通信，从机的通信只能通过主机才能实现。系统中使用TTL电平通信，传输距离在1.5m内。

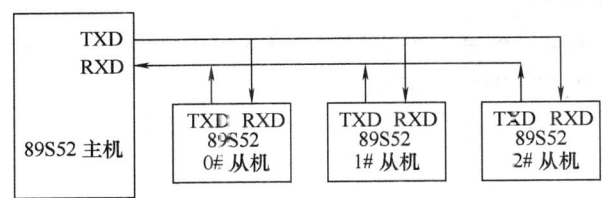

图6-36 多机通信系统结构框图

主从机通信的方式如下：

1) 每台从机分配一个地址,占用1字节,3台从机的地址分别为0、1、2,各从机的初始化程序将串行口编程为9位异步通信方式(方式2或者方式3),置位多机通信标志SM2=1,允许从机响应串行口接收中断。

2) 主机能够向特定的从机发送数据。主机给特定的某一从机发送数据。此时,其他从机不接收该数据,主机发送数据给从机时,先发送1字节的地址,以辨认与之通信的从机,主机发送地址信息的第9位数据为1,地址信息所有的从机都能接收,主机发送的命令或数据信息的第9位数据为0,只有地址信息与主机发送的地址信息一致的从机,才允许接收数据。

3) 从机接收到主机发送的地址信息,与自身的地址比较,如果一致,则清SM2=0,如果不一致,仍然保持SM2=1。

4) 从机接收主机发送的命令,命令信息第9位数据为0,则SM2=0的从机正常接收该命令,SM2=1的从机丢弃该命令。这样,可保证只有选中的从机才能有效接收命令。

5) 主机发送的命令为要求从机接收数据或者要求从机发送数据两种,根据命令情况从机作相应的处理程序:接收数据或者发送数据。

6) 从机接收完主机数据或向主机发送完数据后,重新置位SM2=1,以便下次通信能够顺利实现。

如图6-36所示的多机通信系统中,系统使用11.0592MHz的晶振,波特率为2400bit/s,主机发出的两种命令分别为00H和01H,含义如下:

00H——要求从机接收数据;

01H——要求从机发送数据。

从机状态字字节地址为20H,状态字定义如图6-37所示。

D7	D6	D5	D4	D3	D2	D1	D0
—	—	—	—	—	—	TRDY	RRDY

图6-37 从机状态字

TRDY:TRDY=1,从机发送状态准备好;TRDY=0,从机发送状态未准备好。

RRDY:RRDY=1,从机接收状态准备好;RRDY=0,从机接收状态未准备好。

主机程序如下(采用查询方式):

```c
#include <reg52.h>
unsigned char numbercj,numberjs,numberml,i;
unsigned char bdata state;
    sbit RRDY = state^0;
    sbit TRDY = state^1;
unsigned char trndata[16] = {0,1,2,3,4,5,6,7,8,9,10,11,12,13,14,15};
unsigned char revdata[16];
main()
{
    while(1){
    TMOD = 0X20;
    PCON = 0;
    TH1 = 0XF4;
```

```
            TL1 = 0XF4;
            TR1 = 1;
            SCON = 0XD0;
            TB8 = 1;
            SBUF = numbercj;              //发送从机地址
            while(TI = = 0);
            TI = 0;
            while(RI = = 0);
            RI = 0;
            numberjs = SBUF;
            if( numberjs = = numbercj)  {
            TB8 = 0;
            numberml = SBUF;              // 发送命令
            while(TI = = 0);
            TI = 0;
            while(RI = = 0);              //等待从机状态反馈
            RI = 0;
            state = SBUF;
            if  (numberml = = 0)  {
                if(RRDY = = 1)  {
                    for(i = 1;i < = 16;i + +)  {
                        TB8 = 0;
                        SBUF = trndata[i];
                        while(TI = = 0);
                        TI = 0;
                            }
                        }
            else  {
    if(TRDY = = 1)  {
                    for(i = 1;i < = 16;i + +)  {
                        while  (RI = = 0);
                        RI = 0;
                        trndata[i] = SBUF;
                                }
                        }
        }
    }
}
```

从机程序如下(采用中断方式):
```
#include   <reg52.h>
unsigned   char   numbercj,address,numberml,i;
unsigned   char   bdata   state;
  sbit    RRDY = state^0;
```

```c
    sbit   TRDY = state^1;
unsigned   char   trndata[16] = {0,1,2,3,4,5,6,7,8,9,10,11,12,13,14,15};
unsigned   char   revdata[16];
main   ()
  {
    TMOD = 0X20;
    PCON = 0;
    TH1 = 0XF4;
    TL1 = 0XF4;
    TR1 = 1;
    SCON = 0XF0;
    while(1);
  }
uart   ()   interrupt   4   using   1
  {
    if   (RI = =1)
        {RI = 0;
         if   (RB8 = =1)    {numbercj = SBUF;
                             if(numbercj = = address)
                             {SBUF = numbercj;              //反馈从机地址
                              SM2 = 0;
                              state = 0;}
                            }
         else   {if   (RRDY = =0)   {
                            numberml = SBUF;
                            if(numberml = =0){
                                RRDY = 1;
                                TRDY = 0;
                                SBUF = state;}
                            else{TRDY = 1;
                                 RRDY = 0;
                                 SBUF = state;
                                }
                           }
                else   {for(i = 1;i < =16;i + +){
                            while   (RI = =0);
                            RI = 0;
                            trndata[i] = SBUF;}
                       SM2 = 1;
                       RRDY = 0;
                      }
               }
        }
```

```
            else{TI = 0;
                if  (TRDY = =1)  {
                  for(i =1;i < =16;i + +)  {
                        TB8 = 0;
                        SBUF = trndata[i];
                        while(TI = =0);
                        TI = 0;
                        }
                    SM2 = 1;
                    TRDY = 0;
                 }
             }
         }
```

习　题　6

1. 简述 AT89S 系列单片机的并行口资源及其功能。

2. 设计一个声光报警器，设备正常运行时，绿色指示灯亮，若设备非正常运行时，红灯闪烁、报警器持续发声报警。

3. 简述 AT89S 系列单片机内部中断源，并指出各中断源中断服务程序入口地址。

4. 设计一个外部事件中断计数器，使用外中断 0 的边沿触发方式，对外部发生的中断事件进行计数。

5. 根据计数器结构不同，定时/计数器 T0、T1 分别有哪些工作方式？根据计数脉冲不同，T0、T1 有哪些工作方式？

6. 单片机系统使用 12MHz 的晶振，使用定时/计数器 T0 产生 250μs 的定时，使 P3.4 输出周期为 1s 的方波，试编写主程序和 T0 中断服务程序。

7. 单片机系统使用 12MHz 的晶振，使用定时/计数器 T2 产生 50ms 的定时，每隔 1s 时钟单元 30H ~ 32H（时、分、秒）计时，试编写主程序和 T2 中断服务程序。

8. 简述 AT89S 系列单片机有哪几种串行口工作方式。

9. 简述 AT89S 系列单片机多机通信原理。

10. 单片机系统晶振为 11.0592MHz，串行口工作于方式 1，波特率为 4800bit/s，从串行口输出字符"AT89S52 Micro computer"。试分别用查询方式和中断方式编写程序。

11. 0#单片机以波特率 1200bit/s，从串行口发送内部 RAM20H ~ 30H 单元的数据块，晶振为 11.0592MHz，1#单片机从串行口接收数据，并将数据保存于其内部存储器中，试编写串口通信程序。

第 7 章　AT89 系列单片机的存储器扩展技术

存储器是计算机的一个重要组成部分。单片机内部具有数据存储器和程序存储器。在简单的控制系统中,单片机本身自带的存储器资源就足以满足系统使用要求,但对于复杂的应用场合,单片机的片内存储器资源往往不能满足实际需求,需要扩充较大的存储器容量。所谓系统扩展主要有外部存储器的扩展和 I/O 接口部件的扩展,扩展是通过系统总线进行的,通过总线把 AT89 系列单片机与各扩展部分连接起来,进行数据、地址和控制信号的传送。因此要进行系统扩展,首先要构造系统总线,然后在系统总线上"挂"存储器芯片或 I/O 接口芯片,"挂"存储器芯片就是存储器扩展,"挂"I/O 接口芯片就是 I/O 扩展。本章主要介绍 AT89 系列单片机的总线扩展技术、存储器的扩展技术。有关 I/O 接口部件的扩展将在下一章介绍。

7.1　总线扩展及地址分配

在介绍系统扩展之前,应了解总线扩展方法和地址分配原则,以为设计单片机硬件电路和软件编程奠定基础。

7.1.1　系统总线

总线(Bus)是计算机各种功能部件之间传送信息的公共通信干线,它是由导线组成的传输线束。按照计算机所传输的信息种类,计算机的总线可以划分为数据总线、地址总线和控制总线,分别用来传送数据信息、地址信息和控制信号。

1. 数据总线

数据总线(Data Bus,DB)用于在单片机与存储器或 I/O 接口之间传送数据。单片机数据总线的位数与单片机处理数据的字长一致。AT89 系列单片机是 8 位字长,所以数据总线的位数也是 8 位的。数据总线是双向的,可以进行两个方向的传输。

2. 地址总线

地址总线(Address Bus,AB)用于传送单片机发出的地址信号,以便进行存储单元和 I/O 端口的选择。地址总线是单向的,只能由单片机向外送出。地址总线的数目决定着可直接访问的存储单元的数目。例如,N 位地址,可以产生地址的数目为 2^N 个连续地址编码,因此可以访问 2^N 个存储单元,即通常所说的寻址范围为 2^N 个地址单元。AT89 系列单片机最多可以扩展 64KB,即 65536 个地址单元,因此地址总线为 16 条。

3. 控制总线

控制总线(Control Bus,CB)实际上就是一组控制信号线,包括单片机发出的,以及从其他部件传送给单片机的。对于一条具体的控制信号线来说,其传送方向是单向的,但由不同方向的控制信号线组合的控制总线则表示为双向。

由于单片机系统采用总线结构形式,可以大大减少单片机系统中传输线的数目,提高了系统的可靠性，增强了系统的灵活性。此外，总线结构也使扩展易于实现，各功能部件只要符合总线规范就可以很方便地接入系统，实现单片机的系统扩展。

7.1.2 总线扩展

当单片机的最小系统不能满足系统功能要求时，就需要扩展 RAM、EPROM、I/O 口以及其他所需要的外围芯片。AT89 系列单片机有很强的外部扩展能力，大部分常规集成电路芯片可用于单片机的扩展电路。但由于受引脚的限制，AT89 系列单片机 P0 口是分时复用的地址/数据总线，而且与 I/O 口线复用。为了将地址总线与数据总线分离出来，以便与片外的电路正确连接，需要在单片机外部增加地址锁存器，构成片外三总线结构，即地址总线、数据总线和控制总线结构，如图 7-1 所示。

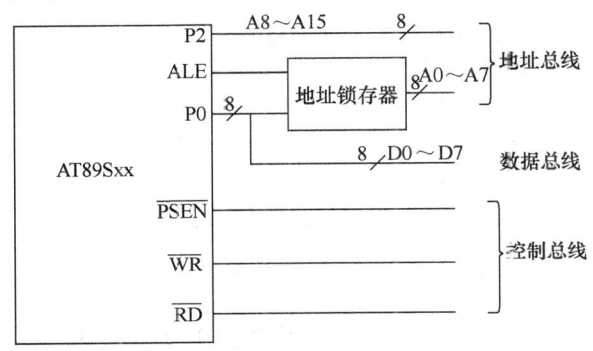

图 7-1 AT89 系列单片机扩展的三总线

7.1.3 地址分配

AT89 系列单片机的地址总线有 16 位，P0 口经过锁存器发出低 8 位地址，P2 口发出高 8 位地址。采用地址译码可以使单片机的数据总线分时地与不同地址的外围芯片进行数据传送而不发生冲突，而且 AT89 系列单片机的程序存储器与数据存储器使用不同控制信号进行读/写操作，它们的地址可以重叠使用，不会因为地址重叠而产生数据冲突问题。

由于外部数据存储器和 I/O 口是统一编址的，因此用户可以把外部 64KB 的数据存储器空间的一部分作为扩展外围 I/O 口用的地址空间。这样，单片机就可以像访问外部 RAM 存储器那样访问外部接口芯片，对其进行读入或写出操作。

单片机通过地址总线发出地址，可以选择某一外部存储器单元并对其进行读入或写出操作。要保证正确完成这种功能，需要经过两种选择：一种是必须选择该存储器芯片或 I/O 接口芯片，这称为片选；另一种是必须选择该芯片的某一存储单元，称为字选。高位片选地址加上字选单元地址，构成一个地址。

常用的对存储器芯片的片选方式分两种：线选方式和地址译码方式。

1. 线选方式

通常，线选法是把 P2 口的一根高位地址线接到扩展的存储器芯片的片选端上，低电平时，就选中该芯片，如图 7-2 所示。图中 Ⅰ、Ⅱ、Ⅲ 都是 2KB×8 位存储器芯片，地址线 A10~A0 实现片内寻址，地址空间为 2KB。用 3 根高位地址线 A11、A12、A13 实现片选，均为低电平有效。为了不出现寻址错误，当 A11、A12、A13 中有一根地址线为低电平时，其余两根地址线必须为高电平。也就是说，每次存储器操作只能选中其中一个芯片，现假设剩下的两根高位地址线 A14、A15 都为低电平，这样可得到 3 个芯片的地址分配，见表 7-1。

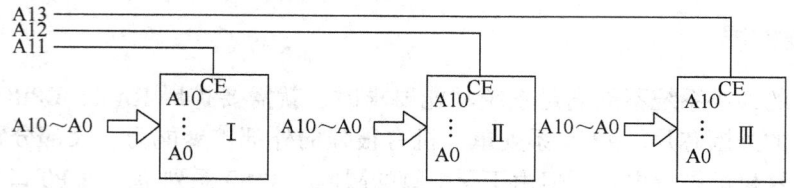

图 7-2 线选方式实现片选

表 7-1 线选方式地址分配表

芯片号	表示形式	二进制						十六进制
		A15	A14	A13	A12	A11	A10…A0	
芯片 I		0	0	1	1	0	0…0	3000H ~
							1…1	37FFH
芯片 II		0	0	1	0	1	0…0	2800H ~
							1…1	2FFFH
芯片 III		0	0	0	1	1	0…0	1800H ~
							1…1	1FFFH

可以看出，3 个芯片的内部寻址 A10~A0 都是从 0…0（共 11 位）到 1…1（共 11 位），为 2KB 空间，通过不同的片选信号——高位地址线 A11、A12、A13 之中某一根为 0，来区分这 3 个芯片的地址空间。

线选方式的接口电路简单，其缺点是地址空间没有充分利用，芯片的地址空间相互之间可能不连续。不能充分利用内存空间的原因是：用作片选信号的高位地址线的信号状态得不到充分利用。在图 7-2 中，A11、A12、A13 这 3 根地址线的信号状态从 000 到 111 应用 8 种状态，若采用译码方式能选通 8 个 2KB 芯片，存储空间共计 16KB。但在线选方式下，只能使用其中的 3 种状态（即 3 位数码中只允许 1 位为 "0"），选通 3 个 2KB 的芯片，存储空间减为 6KB。

由于线选方式不能充分利用内存空间，因此这种方式一般适用于存储器容量较小的系统。

2. 地址译码方式

地址译码方式通常是取扩展外围电路中最大容量芯片的地址线位数，作为芯片的字选，用于确定片内地址，用译码器对剩余的高位地址线进行译码，译出的信号作为片选线信号。片选线连接到扩展外围芯片的片选端上，当该口线为低电平时，就选中该芯片。根据剩余高位地址线是全部输入还是部分输入译码器参与译码，地址译码方式又分为全译码方式和局部译码方式。

（1）全译码方式

全译码方式是将片内寻址的地址线以外的高位地址线，全部输入到译码器进行译码，利用译码器的输出端作为存储器芯片的片选信号。

常用的译码器有 74LS138（3 线—8 线译码器）、74LS139（双 2 线—4 线译码器）、74LS154（4 线—16 线译码器）等。

用全译码方式实现片选的接口电路如图 7-3 所示。图中芯片Ⅰ、Ⅱ、Ⅲ都是 2KB×8 位。地址线 A10~A0 用于片内寻址。高位地址线 A13、A12、A11 接到 74LS138 的选择输入端 C、B、A，A15、A14 接到允许输入端 1OE、$\overline{\text{2OEA}}$。译码器的另一允许输入端 2OEB 接存储器访问信号。译码器的输出 $\overline{Y0}$、$\overline{Y1}$、和 $\overline{Y2}$ 分别作为 3 个芯片的片选信号。

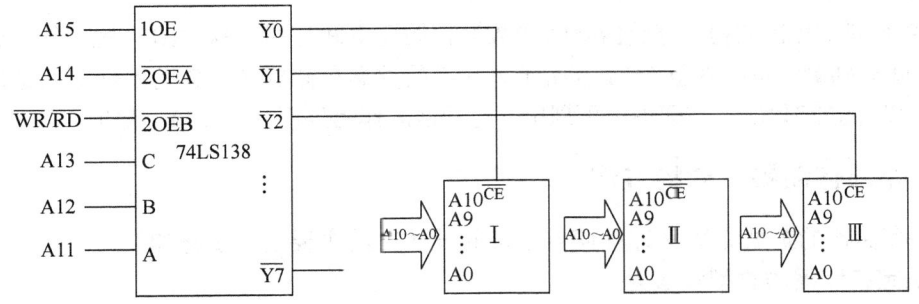

图 7-3 全译码方式实现片选

根据译码器的逻辑关系和存储器的片内寻址范围，可以得到 3 个芯片的地址空间，见表 7-2。

表 7-2 芯片地址空间范围

表示形式 芯片号	二进制							十六进制
	A15	A14	A13	A12	A11	A10	… A0	
芯片Ⅰ	1	0	0	0	0	0	… 0	8000H~87FFH
	1	0	0	0	0	1	… 1	
芯片Ⅱ	1	0	0	0	1	0	… 0	8800H~8FFFH
	1	0	0	0	1	1	… 1	
芯片Ⅲ	1	0	0	1	0	0	… 0	9000H~97FFH
	1	0	0	1	0	1	… 1	

全译码方式的电路连接稍复杂，它的优点是存储器芯片的地址空间连续，且唯一确定，不存在地址重叠现象；能够充分利用内存空间；当译码器输出端留有空余时，便于继续扩展存储器或其他外围器件。

（2）局部译码方式

图 7-4 所示为采用局部译码方式实现片选的接口电路。

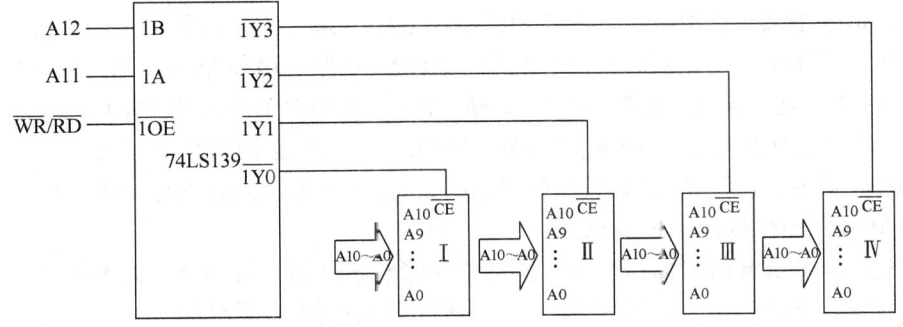

图 7-4 局部译码方式实现片选

局部译码方式，就是除了片内寻址的地址线外，其余高位地址线中只有部分输入译码器参与译码，这种译码方式称为局部译码方式。

7.2 AT89 系列单片机外部存储器的扩展

AT89 系列单片机的程序存储器空间和数据存储器空间是相互独立的。程序存储器和数据存储器空间分别最大可扩展至 64KB，由于单片机的数据存储器和 I/O 的地址空间是统一编址的，在 64KB 的外部 RAM 空间中，可划出一定的区间作为外部扩展接口的地址空间。

7.2.1 外部存储器扩展的方法

外部存储器的扩展方法（即存储器系统的设计）的主要设计步骤如下。

1. 确定存储器的类型和容量

根据对存储器功能的要求来确定存储器的大类，如存储固定信息采用 ROM，存储随机读写信息采用 RAM，然后进一步选定具体类型。根据程序量和数据量来确定存储器的容量，并要留有一定的余量。

2. 选择合适的存储器芯片

选择存储器芯片时，主要考虑存取时间、功耗等性能以及货源价格情况，一般从常用芯片中选定，并尽量减少芯片数量。

3. 分配存储器的地址空间

根据所用微处理器的寻址范围和系统要求，分配好 ROM 和 RAM 的地址空间，同时要兼顾 I/O 接口和外围设备占用的地址。

4. 设计片选逻辑

首先确定片选信号的产生方式，然后设计其逻辑电路。

5. 核算对系统总线的负载要求

微机系统总线的负载能力是有限定的，负载能力一般按能够带动几个标准 TTL 门来计。如果考虑了存储器和其他负载以后，总负载超过了总线的负载能力，就要接入总线驱动器。

7.2.2 程序存储器的扩展

程序存储器用于存放已编制好的始终保留的固定程序和表格常数。一般采用只读存储器，因为这种存储器在电源关断后，仍能保存程序（此特性成为非易失性），系统上电后，CPU 可取出指令予以重新执行。因此它的扩展所采用的是只读存储器。

单片机外部程序存储器扩展大多使用 EPROM 器件，用作单片机外部程序存储器的 EPROM 器件主要是 Intel 公司生产的 27 系列，EPROM 的典型产品有 2764、27128、27256、27512 等，容量分别为 8KB、16KB、32KB、64KB。这些产品均可用于 AT89 系列单片机程序存储器的扩展中。它们的引脚配置基本相同，只是在容量不同时地址口线不同。

1. 使用单片 EPROM 的扩展电路

随着大规模集成电路技术的发展，大容量存储器芯片的产量剧增，售价不断降低，其性价比明显增高。所以，在设计单片机系统时，应优先采用大容量存储芯片。这样，不仅可以使电路板的体积小，成本降低，还可以降低系统功耗和减少控制逻辑电路，从而提高系统的稳定性和可靠性。

AT89S52 外扩 16KB EPROM 27128 的线路图如图 7-5 所示。

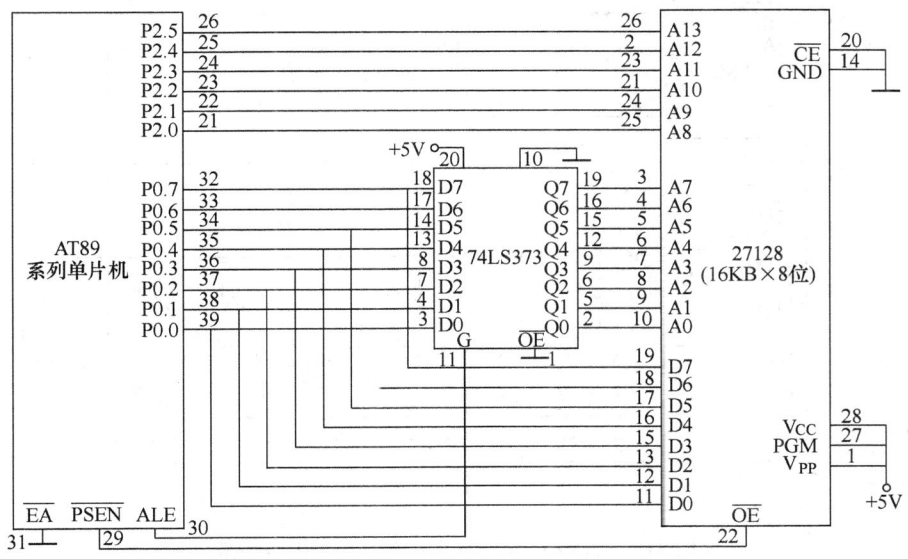

图 7-5　AT89 单片机与 27128 的接口电路

图 7-5 中由 AT89S52、74LS373 和 27128 构成单片机最小系统。74LS373 的三态控制端 $\overline{OE}$ 接地，以保持输出畅通；G 端与 AT89S52 的 ALE 连接，每当 ALE 端的电平出现下降沿时，74LS373 锁存低 8 位地址 A7～A0，并输出给 27128 使用。

27128 为 16KB×8 位的 EPROM 芯片，用于存放程序和常数。它有 14 根地址线 A13～A0，可选择 $2^{14}=16384$ 个存储单元，A13～A0 分别接 P2 口的 P2.5～P2.0 和 P0 口的 P0.7～P0.0，地址范围为 0000H～3FFFH。当 AT89S52 发送 14 位地址信息时，可分别选中 27128 片内地址为 0000H～3FFFH 中的任何一个单元。27128 芯片的 $\overline{CE}$ 端接地表示选中该芯片，$\overline{OE}$ 端由 AT89S52 的 $\overline{PSEN}$ 引脚信号控制，当 $\overline{PSEN}$ 引脚信号由高电平变为低电平时，允许 27128 输出，所指定的 27128 存储单元内容送到 P0 口，在 $\overline{PSEN}$ 上升沿，将数据送入单片机 CPU 内。

当 AT89S52 的外部程序存储器地址允许输入端 $\overline{EA}$ 接高电平时，CPU 只访问片内 8KB 程序存储器中的指令，但当程序计数器的值超过 8KB 时，将自动转去执行片外 27128 程序存储器内的程序；当 $\overline{EA}$ 引脚接低电平时，CPU 只访问外部 27128 程序存储器并执行外部程序存储器中的指令，而不访问片内程序存储器。访问 ROM/EPROM 的读数指令为 "MOVC A，@A+PC 或 MOVC A，@A+DPTR"。

如读取 EPROM 地址为 1000H 单元内容的指令为：

  MOV　DPTR,#1000H
  MOV　A,#00H
  MOVC　A,@A+DPTR

2. 使用多片 EPROM 的扩展电路

与单片 EPROM 扩展电路相比，多片 EPROM 的扩展除片选线 $\overline{CE}$ 外，其他均与单片扩展电路相同。图7-6给出了利用4片27128 EPROM扩展成64KB程序存储器的方法。片选信号采用译码选通产生。

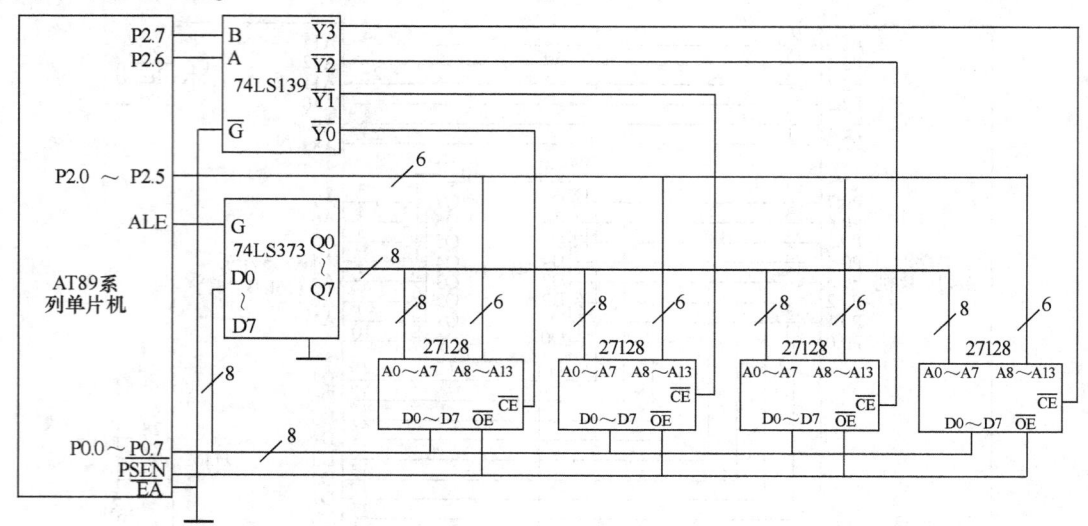

图7-6　AT89单片机与4片27128的接口电路

4片27128的地址空间见表7-3。

表7-3　芯片地址空间范围

2-4线译码器输入		2-4线译码器有效输出	选中芯片	地址范围	存储容量/KB
P2.7	P2.6				
0	0	$\overline{Y0}$	IC1	0000H~3FFFH	16
0	1	$\overline{Y1}$	IC2	40000~7FFFH	16
1	0	$\overline{Y2}$	IC3	8000~BFFFH	16
1	1	$\overline{Y3}$	IC4	C000~FFFFH	16

7.2.3　数据存储器的扩展

数据存储器即随机存储器（RAM），用于存放各种可随机修改的程序和数据。与ROM不同，对RAM可以进行读写两种操作。但RAM是易失性存储器，断电后所有信息立即消失。常用的外部数据存储器有静态RAM（Static Random Access Memory，SRAM）和动态RAM（Dynamic Random Access Memory，DRAM）两种。前者读写速度高，一般都是8位宽度，易于扩展，且大多数与相同容量的EPROM引脚兼容，有利于印制电路板设计，使用方便；缺点是集成度低，成本高，功耗大。后者集成度高，成本低，功耗相对较低；缺点是需要增加一个刷新电路，附加另外的成本。

单片机内部有RAM存储器，CPU对内部RAM具有丰富的操作指令。但在用于实时控制、数据采集和处理时，仅靠片内提供的数据存储器是远远不够的，此时可扩展外部数据存储器，最大可扩展64KB。AT89系列单片机扩展片外数据存储器的地址线也是由P0口和P2口提供的，因此最大寻址范围为64KB（0000H~FFFFH）。一般情况下，SRAM用于小于64KB的数据存储器的小系统，DRAM经常用于需要大于64KB的大系统。本节主要讨论静态RAM与AT89S52的接口。

典型的 SRAM 芯片的型号有：6116（2KB×8 位），6264（8KB×8 位），62128（16KB×8 位）62256（32KB×8 位）。它们都用单一的 +5V 电源供电，双列直插式封装。

静态数据存储器与单片机连接时，主要解决地址分配、数据线和控制信号线的连接。扩展数据存储器空间地址同外扩程序存储器一样，P2 口提供高 8 位地址，P0 口分时提供低 8 位地址和 8 位双向数据总线。外部 SRAM 的读/写信号由 AT89 系列单片机的$\overline{RD}$和$\overline{WR}$信号控制。片选端$\overline{CE}$由地址译码器的译码输出控制。图 7-7 给出了用线选法扩展 AT89 系列单片机外部数据存储器的扩展电路。

图 7-7 中单片机选用 AT89S52，数据存储器选用 6264。该芯片地址线为 A0～A12，故剩余地线为 3 根。用线选法可扩展 3 片 6264，外部数据存储器空间可达 24KB。3 片 6264 的存储器空间见表 7-4 所示。

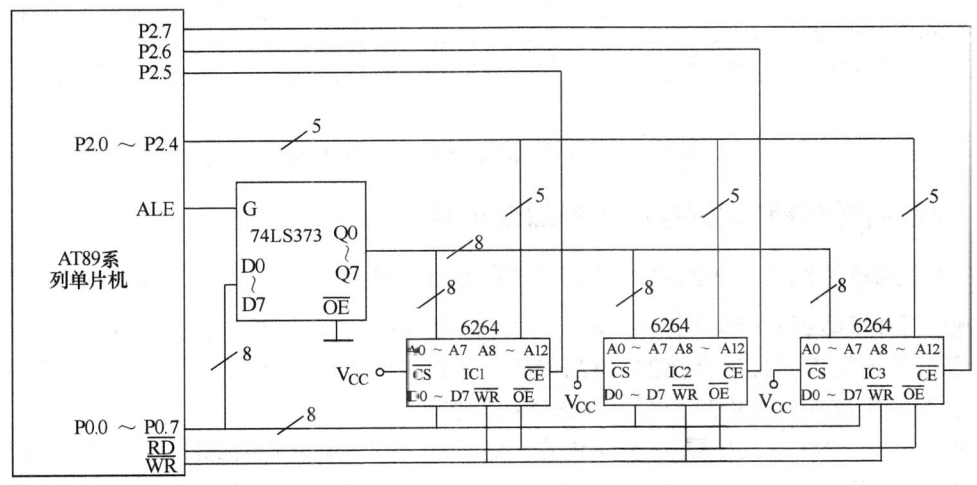

图 7-7 线选法扩展 3 片 6264 接口电路

表 7-4 6264 芯片存储空间范围

P2.7	P2.6	P2.5	选中芯片	地址范围	存储容量/KB
1	1	0	IC1	C000H～DFFFH	8
1	0	1	IC2	A000H～BFFFH	8
0	1	1	IC3	6000H～7FFFH	8

图 7-8 给出了用译码法扩展外部数据存储器的扩展电路，单片机选用 AT89S52，数据存储器选用 62128。该芯片地址线为 A0～A13，故剩余地址线为 2 根。若采用 2-4 译码器扩展 4 片 62128，使外部数据存储器容量可达 64KB。各片 62128 地址分配见表 7-5。

表 7-5 62128 芯片存储空间

2-4 线译码器输入		2-4 线译码器有效输出	选中芯片	地址范围	存储容量/KB
P2.7	P2.6				
0	0	$\overline{Y0}$	IC1	0000H～3FFFH	16
0	1	$\overline{Y1}$	IC2	4000～7FFFH	16
1	0	$\overline{Y2}$	IC3	8000～BFFFH	16
1	1	$\overline{Y3}$	IC4	C000～FFFFH	16

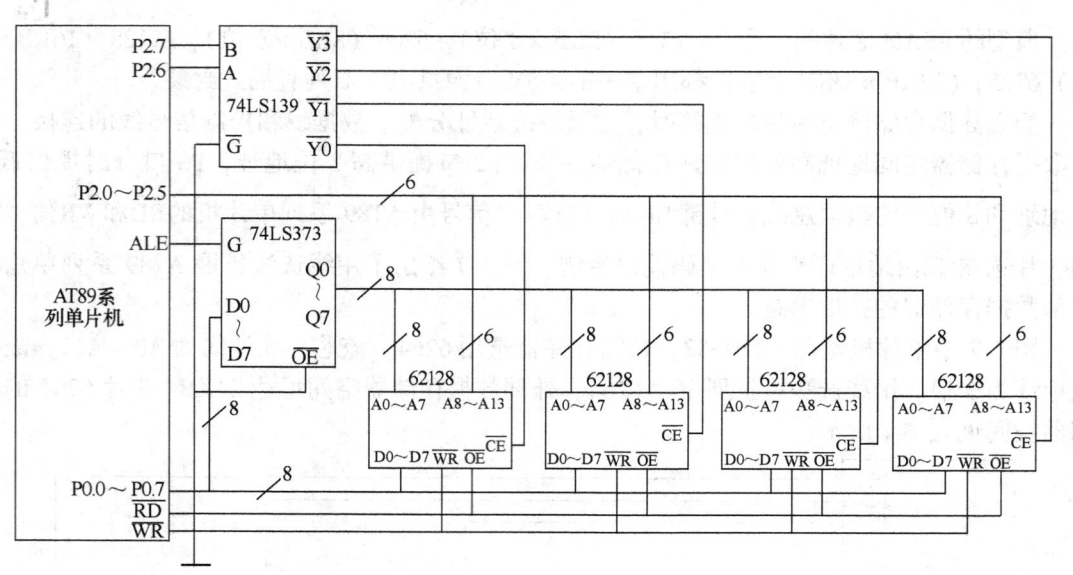

图 7-8 译码法扩展 4 片 62128 接口电路

7.2.4 程序存储器和数据存储器的综合扩展

AT89 系列单片机中的数据存储器和程序存储器是严格区分的，两者操作所用控制信号不同，读/写外部数据存储器用 $\overline{RD}$、$\overline{WR}$，读外部程序存储器用 $\overline{PSEN}$。在单片机应用系统设计中，经常是既要扩展程序存储器（EPROM）又要扩展数据存储器（RAM）即存储器的综合扩展。下面通过具体实例来介绍如何进行综合扩展。

【例7-1】 用线选法扩展 2 片 8KB 的 RAM 和 2 片 8KB 的 EPROM。RAM 芯片选用 2 片 6264，EPROM 芯片选用 2 片 2764，共扩展 4 片存储器芯片。扩展接口电路见图 7-9。

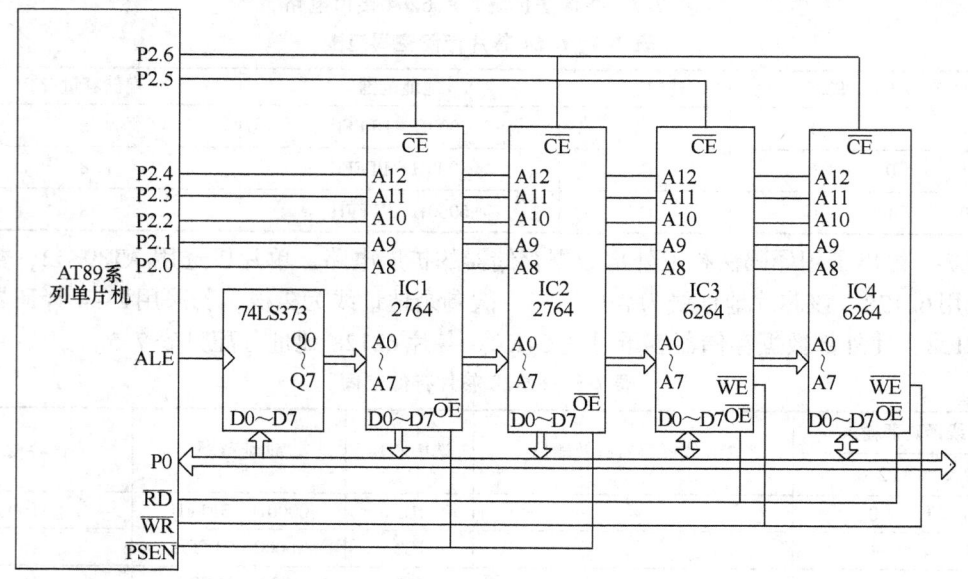

图 7-9 线选法综合扩展 EPROM 和 RAM 的接口电路

(1) 控制信号及片选信号

用单片机 P2 口的高位地址线 P2.6 和 P2.5 作为外扩存储器的片选信号，地址线 P2.6 作为 IC2 和 IC4 芯片的片选信号，与 IC2 和 IC4 芯片的片选端 $\overline{CE}$ 连接，地址线 P2.5 与 IC1 和 IC3 的片选端 $\overline{CE}$ 连接。当 P2.6 = 0，P2.5 = 1 时，IC2 和 IC4 的片选端 $\overline{CE}$ 为低电平，IC1 和 IC3 的片选端 $\overline{CE}$ 为高电平。当 P2.6 = 1，P2.5 = 0 时，IC1 和 IC3 的片选端 $\overline{CE}$ 为低电平，IC2 和 IC4 的片选端 $\overline{CE}$ 为高电平，每次同时选中两个芯片，具体哪个芯片工作还要通过 $\overline{PSEN}$、$\overline{WR}$、$\overline{RD}$ 控制信号控制。$\overline{PSEN}$、$\overline{WR}$、$\overline{RD}$ 3 各控制信号是在执行指令时产生的，当任意时刻只能执行 1 条指令，所以只能一个信号有效，不能同时有效。当片外程序存储器读选通信号 $\overline{PSEN}$ 为低电平时，肯定到 EPROM 中读程序；当读/写选通信号 $\overline{RD}$ 或 $\overline{WR}$ 为低电平时，则到 RAM 中读数据或向 RAM 中写入数据。

(2) 各芯片地址空间分配

硬件电路一旦确定，各芯片的地址范围实际就已经确定，编程时只要给出要选择的芯片的地址，就能准确地选中该芯片。结合图 7-9，介绍各个芯片地址范围的确定方法。

程序和数据存储器地址均用 16 位，低 8 位由 P0 口确定，高 8 位由 P2 口确定。例如，P2.6 = 0，P2.5 = 1，选中 IC2、IC4。地址线 A15 ~ A0 与 P0、P2 对应关系如表 7-6 所示。

表 7-6 地址线 A15 ~ A0 与 P0、P2 对应关系

P2.7	P2.6	P2.5	P2.4	P2.3	P2.2	P2.1	P2.0	P0.7	P0.6	P0.5	P0.4	P0.3	P0.2	P0.1	P0.0
A15	A14	A13	A12	A11	A10	A9	A8	A7	A6	A5	A4	A3	A2	A1	A0
空	0	1	×	×	×	×	×	×	×	×	×	×	×	×	×

这里除 P2.6、P2.5 位固定外，其他 "×" 位均可变。设没有用到的位 P2.7 = 0，"×" 各位全为 0，则得到最小地址 2000H；若 "×" 各位全为 1，则得最大地址 3FFFH，所以 IC2 和 IC4 占用地址空间为 2000H ~ 3FFFH 共 8KB。例如，P2.6 = 1，P2.5 = 0，选中 IC1、IC3。同理，可得 IC1、IC3 的地址范围为 4000H ~ 5FFFH。通过上面的计算分析可知，IC1、IC3 占用相同的地址空间。由于二者 1 个为程序存储器，1 个为数据存储器，3 条控制线 $\overline{PSEN}$、$\overline{WR}$、$\overline{RD}$ 只能有 1 个有效，因此地址空间重叠也没有关系，IC2 和 IC4 也同样。从例 7-1 可以看出，线选法地址不连续，地址空间利用不充分。

【例 7-2】 采用译码器法扩展 2 片 8KB EPROM，2 片 8KB RAM。EPROM 选用 2764，RAM 选用 6264，译码器选用 74LS139。扩展接口电路如图 7-10 所示。

(1) 控制线号及片选信号

74LS139 的 4 个输出端 $\overline{Y0}$ ~ $\overline{Y3}$ 分别连接到 4 个芯片 IC1、IC2、IC3、IC4 的片选端 $\overline{CE}$，3 个输入端 A、B、$\overline{G}$ 分别接到单片机 P2 口的 P2.5、P2.6、P2.7 端。输入端中 $\overline{G}$ 为使能端，低电平有效，A、B 端的不同组合控制输出端 $\overline{Y0}$ ~ $\overline{Y3}$ 中的某一个端子为有效低电平，从而选中 4 片存储器中的某一片。$\overline{Y0}$ ~ $\overline{Y3}$ 输出信号每次只能有 1 位是 0，其他 3 位全为 1，输出为 0 的一端所连接的芯片被选中。

(2) 各芯片地址空间分配

下面结合图 7-10，介绍译码法扩展存储器各芯片地址范围的确定方法。

根据 74LS139 的真值表知可，当 $\overline{1OE}=0$、A=0、B=0 时，输出端只有 $\overline{Y0}$ 为 0，$\overline{Y0} \sim \overline{Y3}$ 全为 1，选中 IC1。这样，引脚 P2.7、P2.6、P2.5 输出全为 0，其他地址线任意状态都能选中 IC1。当其他位全为 0 时，得到 IC1 的最小地址为 0000H；当其他位全为 1 时，得到 IC1 的最大地址为 1FFFH。所以，IC1 的地址范围为 0000H~1FFFH。同理，可以确定电路中各个存储器的地址范围见表 7-7。

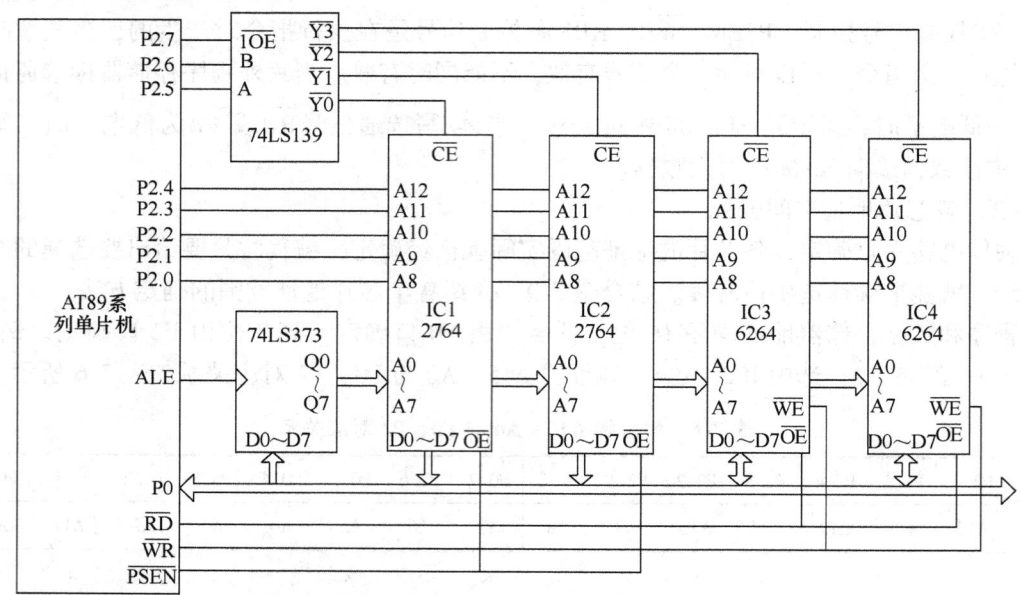

图 7-10 译码法综合扩展 EPROM 和 RAM 的接口电路

表 7-7 存储器的地址范围

芯片	地址范围
IC1	0000H ~ 1FFFH
IC2	2000H ~ 3FFFH
IC3	4000H ~ 5FFFH
IC4	6000H ~ 7FFFH

由例 7-2 可见，译码法扩展存储器各扩展芯片的地址空间是连续的。

习 题 7

1. 在单片机扩展系统中，程序存储器和数据存储器共用 16 位地址线和 8 位数据线，为什么两个存储器空间不会发生冲突？
2. 如何构建 AT89 系列单片机扩展的系统总线。
3. 在外部扩展多片程序存储器时，试比较译码法和线选法的优缺点。
4. 假设外部数据存储器 4000H 单元的内容为 80H，执行下列指令后累加器 A 中的内容为（　　）。

  MOV P2, #40H
  MOV R0, #00H
  MOVX A, @R0

5. 单片机存储器的主要功能是存储（　　　　）和（　　　　）。
6. 编写程序，将外部数据存储器中的 4000H~40FFH 单元全部清零。
7. 11 根地址线可选（　　　　）个存储单元，16KB 存储单元需要（　　　　）根地址线。
8. 区分 MCS-51 单片机片外程序存储器和片外数据存储器的最可靠的方法是（　　　　）。
   A. 看其位于地址范围的低端还是高端
   B. 看其离 MCS-51 芯片的远近
   C. 看其芯片的型号是 ROM 还是 RAM
   D. 看其是信号 $\overline{RD}$ 连接还是 $\overline{PSEN}$ 信号连接
9. 试画出 AT89 单片机与一片 EPROM 2764 和一片 SRAM 6264 的连接图，写出它们各自的地址码范围，判断是否有地址码重叠现象（要求画出完整的电路，包括锁存器。线选法和译码法均可）。
10. 编写一个程序（例如将 05H 和 06H 拼为 56H），设原始数据放在片外数据区 2001H 单元和 2002H 单元中，按顺序拼装后的单字节数放入 2002H 中。

第 8 章 AT89 系列单片机的接口扩展技术

I/O（输入/输出）接口是单片机与外部设备之间进行信息连接或传输的通道，是信息交换的桥梁。由第 7 章的介绍可知，I/O 扩展也属于系统扩展的一部分。本章介绍 I/O 接口扩展的方法，可编程接口芯片 8255A、键盘/显示器接口、A/D、D/A 转换器接口等的工作原理以及与 AT89 系列单片机的接口电路硬件设计和软件编程。

8.1 I/O 接口的扩展技术

8.1.1 I/O 接口的功能

1. 实现和不同外设的速度匹配

多种多样外设的工作速度差别很大，但大多数外设的速度很慢，无法和微秒量级的单片机速度相比。单片机和外设之间的数据传送方式有同步、异步、中断 3 种。无论采用哪种方式来设计 I/O 接口电路，单片机只有在确认外设已为数据传送做好准备的前提下才能进行 I/O 操作。而知道外设是否准备好，就需要 I/O 接口电路与外设之间传送状态信息，以实现单片机与外设之间的速度匹配。

2. 输出数据锁存

由于单片机工作速度快，数据在数据总线上保留的时间十分短暂，无法满足慢速外设的数据接收。I/O 电路应具有数据锁存器，以保证输出数据能被接收设备所接收。可见，数据输出锁存应成为 I/O 接口电路的一项重要功能。

3. 输入数据三态缓冲

输入设备向单片机输入数据时，要经过数据总线，但数据总线上面可能"挂"有多个数据源。为了传送数据时不发生冲突，只允许当前时刻正在进行数据传送的数据源使用数据总线，其余的数据应处于隔离状态。为此，要求接口电路能为数据输入提供三态缓冲功能。

8.1.2 I/O 端口的编址

在学习 I/O 端口编址前，首先需要弄清楚 I/O 接口（Interface）和 I/O 端口（Port）的概念。I/O 端口简称 I/O 口，常指 I/O 接口电路中具有端口地址的寄存器或缓冲器。I/O 接口是指单片机与外设的 I/O 接口芯片。一个 I/O 接口芯片可以有多个 I/O 端口，传送数据的称为数据口，传送命令的称为命令口，传送状态的称为状态口。当然，并不是所有的外设都需要 3 种端口齐全的 I/O 接口。

因此，I/O 端口的编址实际上是给所有 I/O 接口中的端口赋予一个地址，且此地址是唯一的，把这样的地址称为端口地址，这样 CPU 与接口交换数据，就变成了与端口交换数据。所有的端口都需要编址，不同的计算机采用的编址方式不尽相同。常用的 I/O 端口编址有两种方式，一种是统一编址方式（或称为存储器映像编址）；另一种是独立编址方式。

1. 统一编址方式

统一编址就是 I/O 端口的寄存器与存储器单元同等对待，统一进行编址，把存储器的一部分地址空间分给端口，把每一个端口作为一个存储单元。统一编址的优点是对端口信息的处理就像对存储器单元一样，不必专门设置专门的输入/输出指令来访问端口，直接使用访问数据存储器的指令进行 I/O 操作，简单、方便且功能强。但是，统一编址会减少存储器容量。

AT89 系列单片机使用的是 I/O 和外部数据存储器 RAM 统一编制的方式，用户可以把外部 64KB 的数据存储器 RAM 空间的一部分作为 I/O 接口的地址空间，每一接口芯片中的 1 个功能寄存器（端口）的地址就相当于 1 个 RAM 存储单元，CPU 可以像访问外部数据存储器 RAM 那样访问 I/O 接口芯片，对其功能寄存器进行读/写操作。

2. 独立编址

独立编址就是 I/O 地址空间和存储器地址空间分开编址，端口不占存储器地址空间。独立编址的优点是 I/O 地址空间和存储器地址空间相互独立，界限分明。但是，必须设置专门的输入/输出指令访问端口。访问存储器与访问端口采用不同的指令，译码后，产生的控制信息不同，其地址虽有重叠，但不会发生冲突。

8.1.3 I/O 接口数据的传送方式

为了实现和不同外设的速度匹配，I/O 接口必须根据不同外设选择恰当的 I/O 数据传送方式。I/O 数据传送的方式通常有 3 种：无条件传送方式、查询传送方式和中断传送方式。

1. 无条件传送方式

无条件传送又称为同步传送。当外设时刻都处于"准备好"状态，外设的速度可与单片机速度相比拟时，常采用同步传送方式。这种方式不需要交换状态信息。例如，将数据输出给 LED 数码管，一般采用这种传送方式。由于无条件传送方式在任何时候都不考虑外设是否准备好，常常会产生错误，所以很少场合使用此种传送方式。

2. 查询传送方式

查询传送又称为有条件传送，也称为异步传送。查询传送方式可以避免无条件传送方式出现的错误。在查询传送方式中，单片机首先要查询外设是否准备好，只有当外设准备好后，再进行数据传送。查询方式的过程为：查询—等待—数据传送。查询传送的优点是通用性好，可用于各种速度的外设和单片机之间的数据传送，硬件连线和查询程序十分简单；其缺点是效率不高，在连续传送数据时，每传送一个数据，都有一个等待过程，等待期间 CPU 不能进行其他操作，CPU 利用率低。为了提高单片机的工作效率，通常采用中断传送方式。

3. 中断传送方式

中断传送方式是利用 AT89 系列单片机本身的中断功能和 I/O 接口的中断功能来实现 I/O 数据的传送。在这种方式中，CPU 不再进行查询，只有在外设准备好后，发出数据传送请求，才中断主程序，而进入与外设进行数据传送的中断服务程序，进行数据的传送。中断服务完成后又返回主程序继续执行。因此，采用中断传送方式可以大大提高单片机的工作效率。

8.1.4 简单 I/O 接口的扩展

在许多应用系统中，有些开关量或并行数据需要直接输入/输出，可以利用 74LS 系列 TTL 电路或 CMOS 电路锁存器、三态门电路作为 I/O 端口扩展芯片。这种 I/O 端口一般都是通过 P0 口扩展，具有电路简单、成本低、配置灵活的优点。可以作为 8 位 I/O 扩展的芯片有 373、377、244、245、273、367 等。如果不需 8 位，也可选用 2 位、4 位、6 位的芯片扩展，即按输入/输出的要求来选择合适的扩展芯片。但做输入口时，一定要求有三态功能，否则将影响总线的正常工作。图 8-1 所示是一种扩展简单 I/O 端口的实例。

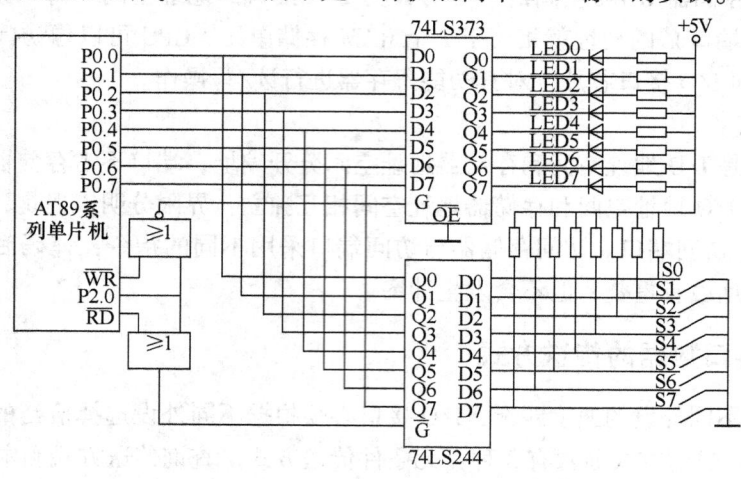

图 8-1　简单 I/O 接口扩展电路

74LS244 是总线驱动器，它带负载能力较强，可作扩展输入。74LS373 作扩展输出，它们可以直接接到 P0 口线上。P0 口为双向数据线，既能从 74LS244 输入数据，又能将数据传送给 74LS373 输出。输出控制信号由 P2.0 和 $\overline{WR}$ 而合成。当两者同时为低电平时，或非门输出高电平，将 P0 口数据锁存到 74LS373，其输出控制发光二极管 LED，当某线输出低电平时，该线上 LED 亮。

输入控制信号由 P2.0 和 $\overline{RD}$ 合成。当两者同时为低电平时，或门输出低电平，选通 74LS244，将外部信号输入到总线。无键按下时，输入为全 1；若按下某键，则所在线输入为 0。输入和输出都是在 P2.0 为 0 时有效，74LS244 和 74LS373 的地址都为 FEFFH。

图 8-1 所示电路的功能是按下任意键，对应的 LED 发光。其程序如下：

```
LOOP: MOV   DPTR, #0FEFFH    ;扩展 I/O 口地址送 DPTR
      MOVX  A, @DPTR         ;通过 74LS244 读入数据，检测键的状态
      MOVX  @DPTR, A         ;向 74LS373 输出数据，驱动 LED
      SJMP  LOOP             ;循环
```

C 语言程序：

```
#include <reg51.h>
#include <absacc.h>
unsigned char i;
main ( )
{
```

```
    while (1)                       //循环
      {
        i = XBYTE [0xfeff];         //通过74LS244读入数据,检测键的状态
        XBYTE [0xfeff] = i;         //向74LS373输出数据,驱动LED
      }
  }
```

8.1.5 可编程序 8255A 的并行 I/O 扩展

1. 8255A 芯片介绍

8255A 是 Intel 公司生产的可编程序并行 I/O 接口芯片,具有 3 个 8 位的并行 I/O 口,3 种工作方式,8255A 可编程序并行 I/O 接口芯片与一般接口芯片(如前面介绍的 74LS244/74LS373)一样可对单片机的 I/O 口进行扩展,但 8255A 可通过编程改变其功能,因而使用灵活方便,通用性强。

(1) 内部结构

8255A 的内部结构见图 8-2。

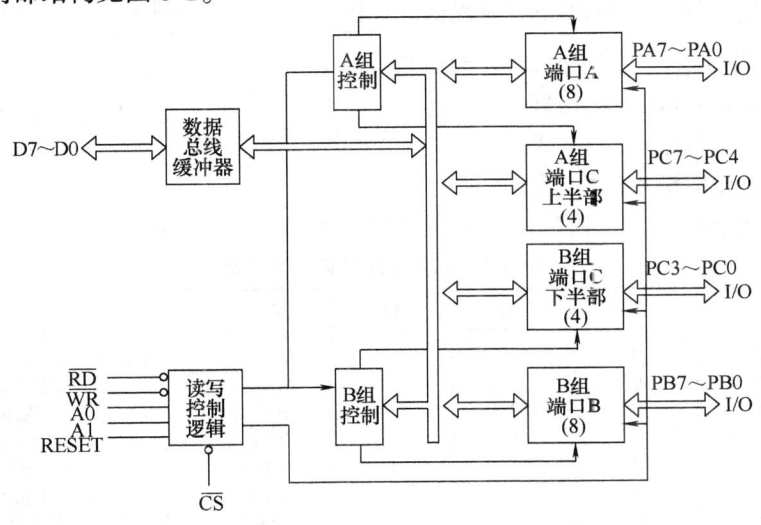

图 8-2 8255A 的内部结构

8255A 由以下 4 部分组成。

1) 并行 I/O 端口 A、B、C:8255A 有 3 个 8 位的并行 I/O 数据口,分别是 PA、PB、PC。这些口可由控制字决定其是工作在输入方式还是输出方式,或者是输入/输出双向方式。通常 PA 口、PB 口作为输入/输出口。而 PC 口可分为两个 4 位口,可以用于输入或输出,也可用作 PA、PB 选通方式操作时的控制信号。

2) A 组和 B 组控制器:8255A 有两组控制器,它们根据 CPU 送来的控制字,决定 8255A 的工作模式。A 组控制器控制 PA 口和 PC 口的上半部(PC7~PC4);B 组控制器控制 PB 口和 PC 口的下半部(PC3~PC0),并可根据命令字对端口的每一位实现按位置位或复位。

3) 数据总线缓冲器:三态双向缓冲器,作为 8255A 与单片机数据线之间接口,传送数据、指令、控制命令及外部状态信息。

4)读写控制逻辑电路:A0、A1 为 PA、PB、PC 口的选择线。$\overline{RD}$、$\overline{WR}$ 是 8255A 的读写控制信号,这些信号线分别与 AT89 系列单片机的地址线和读写信号线相连,用于接收单片机送来的读写命令和选择口地址,控制对 8255A 的读写。RESET 是复位线,高电平时,清除控制寄存器,把 PA、PB、PC 各口均置为输入方式。$\overline{CS}$ 是片选输入线。以上控制线对 8255A 各端口选择和读写操作见表 8-1。

(2)引脚说明

8255A 的引脚图见图 8-3。

由图 8-3,8255A 共有 40 只引脚,采用双列直插式封装,各引脚的功能如下:

D7~D0:三态双向数据线,与单片机数据总线连接,用来传送数据信息。

$\overline{CS}$:片选信号线,低电平有效,表示本芯片被选中。

$\overline{RD}$:读出信号线,控制 8255A 中数据的读出。

$\overline{WR}$:写入信号线,控制向 8255A 数据的写入。

PA7~PA0:A 口输入/输出线。

PB7~PB0:B 口输入/输出线。

PC7~PC0:C 口输入/输出线。

A1、A0:地址线,用来选择 8255A 内部的 4 个端口,见表 8-1 所示。

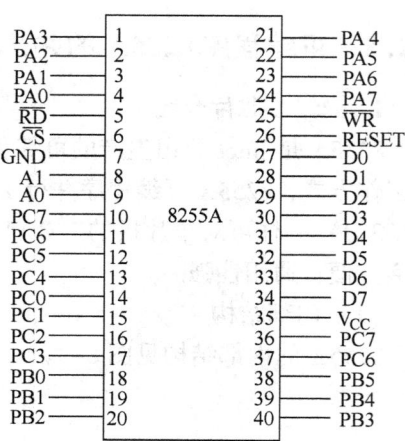

图 8-3 8255A 的引脚图

表 8-1 8255A 控制信号功能表

A1	A0	$\overline{CS}$	$\overline{RD}$	$\overline{WR}$	端口	功　能
0	0	0	0	1	A 口	读 A 口(A 口数据→数据总线)
0	0	0	1	0	A 口	写 A 口(总线数据→A 口)
0	1	0	0	1	B 口	读 B 口(B 口数据→数据总线)
0	1	0	1	0	B 口	写 B 口(总线数据→B 口)
1	0	0	0	1	C 口	读 C 口(C 口数据→数据总线)
1	0	0	1	0	C 口	写 C 口(总线数据→C 口)
1	1	0	1	0	控制器	写控制字(总线数据→控制字寄存器)
1	1	0	0	1	×	非法状态
×	×	1	×	×	×	总线高阻(数据总线为三态)

2. 8255A 控制字

8255A 有两种控制字,即工作方式选择控制字和 C 口置位/复位控制字。这两个控制字以 D7 位为标志位,若 D7 = 1,为工作方式选择控制字;若 D7 = 0 为 C 口置位/复位控制字。8255A 有以下 3 中工作方式。

1)方式 0:基本输入输出。

2)方式 1:选通输入输出。

3)方式 2:双向传送(仅 A 口有)。

(1)工作方式选择控制字

3 种工作方式由写入控制字寄存器的方式控制字来决定。方式控制字的格式如图 8-4 所示。3 个端口中 C 被分为两个部分,上半部分随 A 口称为 A 组,下半部分随 B 口称为 B 组。

其中，A 口可工作于方式 0、1 和 2，而 B 口只能工作在方式 0 和 1。

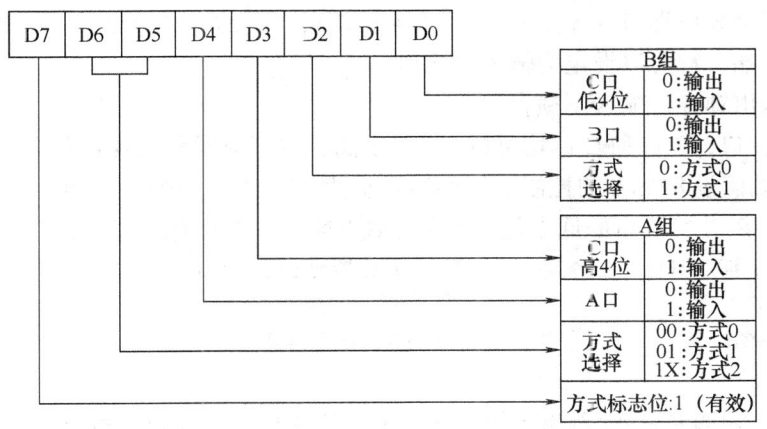

图 8-4　8255A 的方式控制字格式

例如，写入工作方式控制字 95H，可将 8255A 编程为：A 口方式 0 输入，B 口方式 1 输出，C 口的上半部分（PC7～PC4）输出，C 口的下半部分（PC3～PC0）输入。

(2) C 口置位/复位控制字

本控制字可使 C 口 8 位中的任意一位置位为"1"或复位清零。通过控制 C 口的各位状态，实现某些控制功能。其控制字格式如图 8-5 所示。

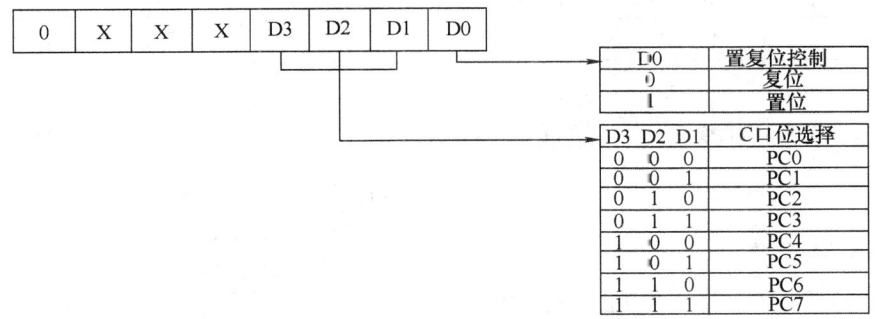

图 8-5　C 口按位置位/复位的控制字格式

例如，07H 写入控制口，置 1 PC3；08H 写入控制口，PC4 清零。若 8255A 的控制口寄存器地址为 FBH，PC5 先置"1"，后清零的程序如下：

```
    MOV   R0, #0FBH        ;控制字端口地址送 R0
    MOV   A, #0BH          ;PC5 置"1"，控制字送 A
    MOVX  @R0, A           ;使 PC5 = 1
    MOV   A, #0AH          ;PC5 清零，控制字送 A
    MOVX  @R0, A           ;使 PC5 = 0
```

3. 8255A 的 3 种工作方式

(1) 方式 0

方式 0 是一种基本的输入/输出方式。在方式 0 下，AT89 系列单片机可对 8255A 进行 I/O 数据的无条件传送。例如，从口线读入一组开关状态，向端口输出数字量，控制一组指示灯的亮、灭。实现这些操作并不需要联络信号，外设的 I/O 数据可在 8255A 的各端口得到锁存和缓冲。因此，8255A 的方式 0 称为基本输入/输出方式。方式 0 的基本功能为：
1）具有两个 8 位端口（A、B）和两个 4 位端口（C 的上半部分和下半部分）。
2）任一个端口都可以设定为输入或输出。
3）数据输出锁存，输入不锁存。

8255A 的 A 口、B 口和 C 口均可设定为方式 0，并可根据需要规定各端口为输入方式或输出方式。例如假设 8255A 的控制字寄存器地址为 FF7FH，则令 A 口和 C 口的高 4 位工作在方式 0 输出，B 口和 C 口的低 4 位工作于方式 0 输入，初始化程序为：

```
MOV   DPTR, #0FF7FH      ;控制字寄存器地址送 DPTR
MOV   A, #83H            ;方式控制字 83H 送 A
MOVX  @DPTR, A           ;83H 送控制字寄存器
```

（2）方式 1

方式 1 是一种选通输入/输出工作方式。A 口和 B 口都可以独立地设置成这种工作方式。在方式 1 下，8255A 的 A 口和 B 口通常用于传送和它们相连外设的 I/O 数据，C 口作为 A 口和 B 口的握手联络线，图中标有 I/O 的各位仍可用作基本输入/输出，不作联络线用。

1）方式 1 输入。当任一端口工作于方式 1 输入时，控制联络信号如图 8-6 所示，$\overline{STB}$ 与 IBF 构成了一对应答联络信号，各个控制联络信号的功能如下：

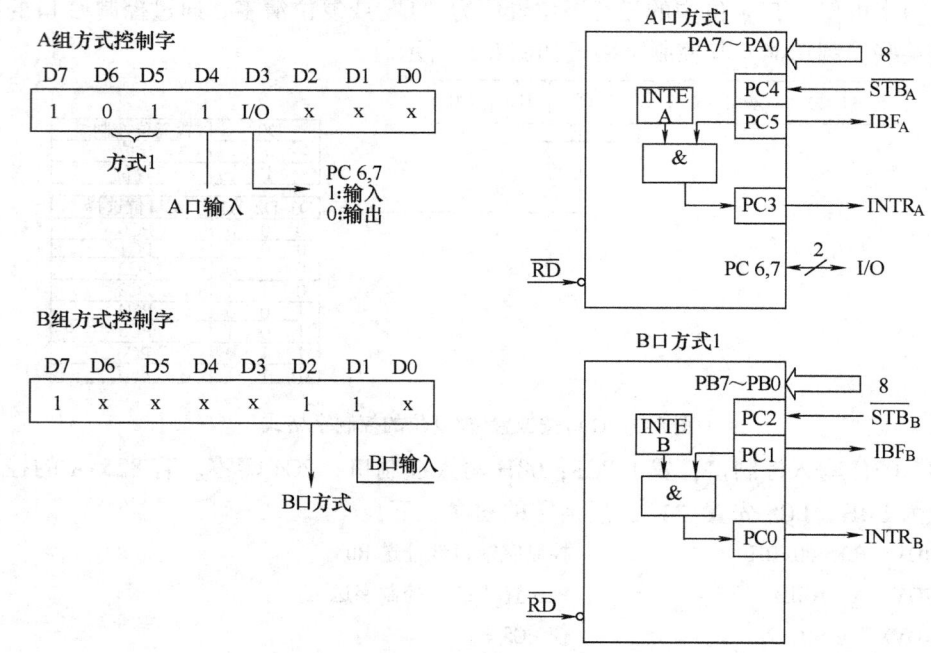

图 8-6　方式 1 输入联络信号

$\overline{STB}$：选通输入，低电平有效，是由外设送来的输入信号。

IBF：输入缓冲器满，高电平有效。表示数据已送入 8255A 的输入锁存器，它由 $\overline{STB}$ 信号的下降沿置位，由 $\overline{RD}$ 信号的上升沿使其复位。

INTR：中断请求信号，高电平有效。由 8255A 输出，向单片机发中断请求。

INTE A：A 口中断允许信号，由 PC4 的置位/复位来控制。

INTE B：B 口中断允许信号，由 PC2 的置位/复位来控制。

A 口的输入方式 1 工作示意图见 8-7。

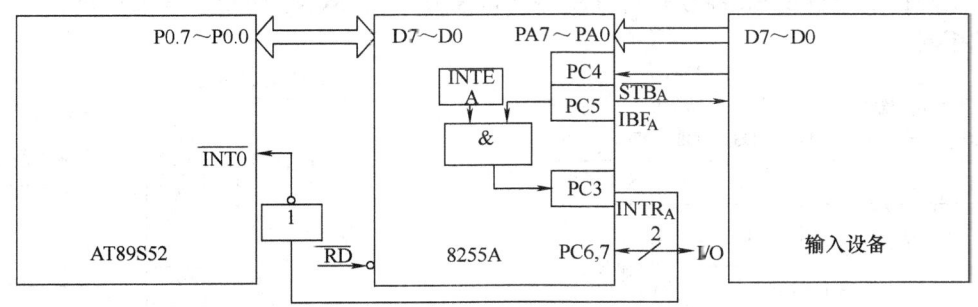

图 8-7　A 口方式 1 输入的工作示意图

方式 1 输入的工作过程如下：

当外设输入一个数据并送到 PA7 ~ PA0 上时，输入设备自动在选通输入线 $\overline{STB_A}$ 上向 8255A 发送一个低电平选通信号。

8255A 收到选通信号后，首先把 PA7 ~ PA0 上输入的数据存入 A 口的输入数据缓冲/锁存器；然后使输入缓冲器输出线 IBF_A 变为高电平，以通知输入设备，8255A 的 A 口已收到它送来的输入数据。

8255A 检测到联络线 $\overline{STB_A}$ 由低电平变为高电平、IBF_A 为 1 状态和中断允许触发器 $INTE_A$ 为 1 时，使输出线 $INTR_A$（PC3）变为高电平，向 AT89 单片机发出中断请求。$INTE_A$ 的状态可由用户通过 PC4 的置位/复位来控制。

AT89 单片机响应中断后，可以通过中断服务程序从 A 口的输入数据缓冲/锁存器读取外设发来的输入数据。当输入数据被 CPU 读走后，8255A 撤销 $INTR_A$ 上的中断请求，并使 IBF_A 变为低电平，以通知输入外设可以送下一个输入数据。

2）方式 1 输出。当任何一个端口按照工作方式 1 输出时，控制联络信号如图 8-8 所示，$\overline{OBF}$ 与 $\overline{ACK}$ 构成一对应答联络信号，各控制联络信号的功能如下：

如图 8-9 所示，B 口在方式 1 下的输出过程如下：

① AT89 单片机可以通过 "MOVX @R_i, A" 指令把输出数据送到 B 口的输出数据锁存器，8255A 收到后令输出缓冲器满引脚 $\overline{OBF_B}$（PC7）变为低电平，以通知输出设备输出的数据已在 B 口的 PB7 ~ PB0 上。

② 输出设备收到 $\overline{OBF_B}$ 上低电平后，先从 PB7 ~ PB0 上取走输出数据；然后使 $\overline{ACK_B}$ 线变为低电平，以通知 8255A 输出设备已收到输出数据。

③ 8255A 从应答输入线 $\overline{ACK_B}$ 收到低电平后就对 $\overline{OBF_B}$ 和中断允许控制位 $INTE_B$ 的状态进行检测，若它们皆为高电平，则 $INTR_B$ 变为高电平而向单片机请求中断。

④ 单片机响应 $INTR_B$ 上中断请求后便可通过中断服务程序把下一个输出数据送到 B 口的输出数据锁存器。重复以上过程，完成数据的输出。

(3) 方式 2

方式 2 是一种双向总线方式。只有 A 口才能设定为方式 2。在方式 2 下，PA7 ~ PA0 为双向 I/O 总线。当作输入总线使用时，PA7～PA0 受 $\overline{STB_A}$ 和 IBF_A 控制，其工作过程和方式 1 输入时相同；当作输出总线使用时，PA7～PA0 受 $\overline{OBF_A}$、$\overline{ACK_A}$ 控制，其工作过程和方式 1 输出时相同。

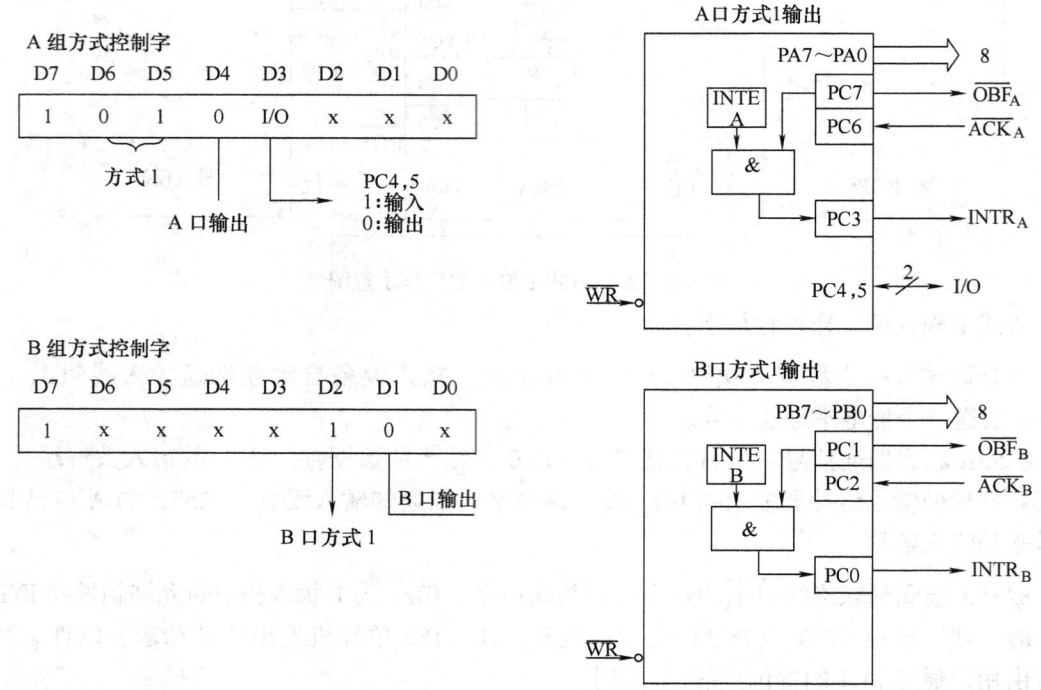

图 8-8　方式 1 输出联络信号

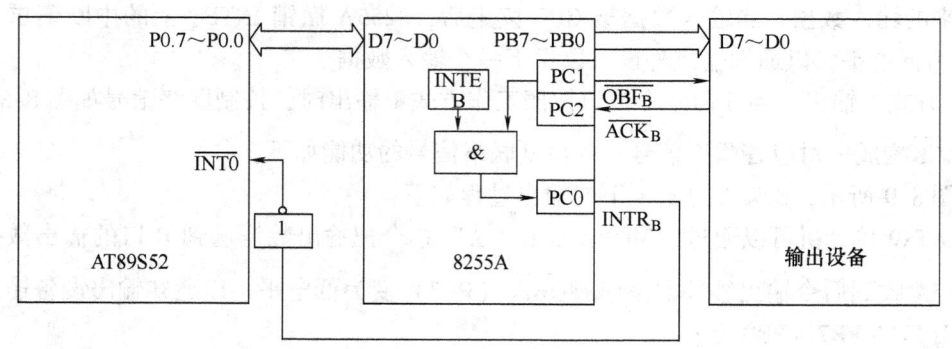

图 8-9　B 口方式 1 选通输出工作示意图

4. 8255A 和 AT89 系列单片机的接口

（1）硬件接口电路

8255A 和单片机的接口十分简单，只需要一个 8 位的地址锁存器即可。图 8-10 为 8255A 和 AT89 单片机的扩展实例。

（2）8255A 端口地址的确定

图 8-10 中，8255A 只有 3 根线与地址线相连。片选端 $\overline{CS}$、地址选择端 A1、A0，分别接在 P0.7、P0.1、P0.0 上，其他地址线全悬空。显然，只要 P0.7 为低电平，选中该 8255A，

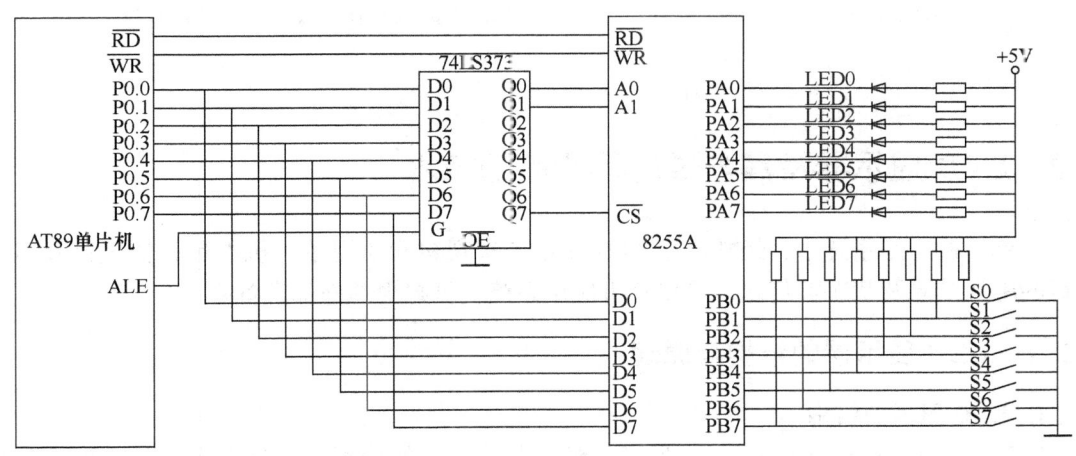

图 8-10 8255A 和 AT89 单片机的扩展电路

如果 P0.1、P0.0 再为 00，则选中 8255A 的 A 口。同理，P0.1、P0.0 为 01、10、11 分别选中 B 口、C 口及控制口。如果悬空端全设为 1，则 8255A 的 A、B、C 及控制口的地址分别为 FF7CH、FF7DH、FF7EH、FF7FH；如果悬空端全设为 0，则 8255A 的 A、B、C 及控制口的地址分别为 0000H、0001H、0002H、0003H。

（3）软件编程

如图 8-10 所示，在 8255A 的 B 口接有 8 个按键，A 口接有 8 个发光二极管，按下某键对应的发光二极管发光。实现的程序如下：

```
        MOV   DPTR, #0FF7FH    ;指向 8255 控制口
        MOV   A, #83H
        MOVX  @DPTR, A         ;向控制口写控制字, A 口输出, B 口输入
LOOP:   MOV   DPTR, #0FF7DH    ;指向 8255A 的 B 口
        MOVX  A, @DPTR         ;检测按键, 将按键状态读入累加器 A
        MOV   DPTR, #0FF7CH    ;指向 8255A 的 A 口
        MOVX  @DPTR, A         ;驱动 LED 发光
        SJMP  LOOP
```

C 语言程序如下：

```c
#include <reg52.h>
#include <absacc.h>
#define portA   XBYTE [0xff7c]
#define portB   XBYTE [0xff7d]
#define portCR  XBYTE [0xff7f]
unsigned char i;
void main ()
  {
    portCR = 0x83;              //向 8255A 控制口写入控制字, A 口输出, B 口输入
    while (1)
      {
        i = portB;              //监测 8255A 的 B 口按键, 读入按键状态
```

```
            portA = i;            //向8255A的A口输出数据，驱动LED发光
    }
}
```

8.2 LED 显示器及其与单片机的接口技术

在单片机应用系统中，经常使用 LED 显示器来观察和监视单片机的运行情况以及显示运行的中间结果及状态等信息，是单片机应用系统不可缺少的外部设备之一。

8.2.1 LED 显示器的结构与原理

1. LED 显示器结构

LED（Light Emitting Diode）是发光二极管英文名称的缩写。LED 显示器是由发光二极管构成的，所以在显示器前面冠以"LED"。

常用的 LED 显示器为 8 段（或 7 段，8 段比 7 段多了 1 个小数点"dp"段）。每一段对应一个发光二极管，所有二极管的阳极接在一起称为共阳极接法，阴极接在一起称为共阴极接法。LED 显示器的结构及接法如图 8-11 所示。图中 a、b、c、d、e、f、g 分别代表 7 段直线型发光二极管及其引脚，而 dp 代表圆点型发光二极管，用于显示小数点。通过各段发光二极管亮灭的不同组合，可以显示十六进制数字及一些其他字母和符号。

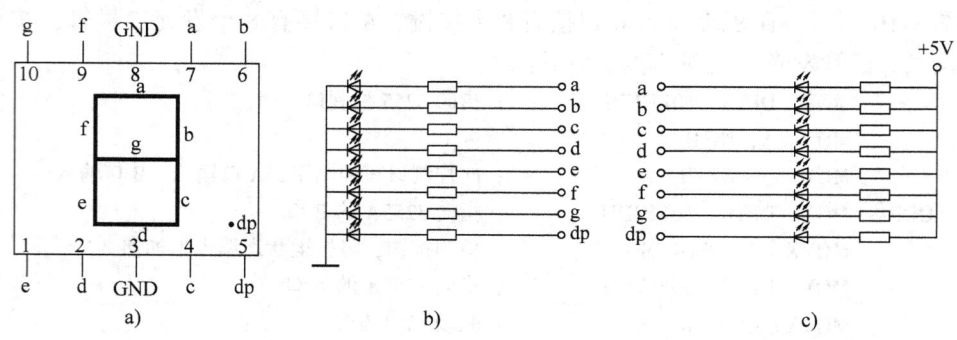

图 8-11 LED 显示器原理图
a）管脚配置 b）共阴极 c）共阳极

2. LED 显示器工作原理

共阳极数码管的 8 个发光二根管的阳极连接在一起。通常，共阳极接高电平，其他引脚接段驱动电路输出端。当某段驱动电路的输出端为低电平时，则该端所连接的字段导通并点亮；共阴极数码管的 8 个发光二极管的阴极连接在一起。通常，共阴极接低电平，其他引脚接段驱动电路输出端。当某段驱动电路的输出端为高电平时，则该端所连接的字段导通并点亮。

为了使 LED 显示器显示不同的符号或数字，就要把不同段的发光二极管点亮，这样就需要为 LED 显示器提供代码。因为这些代码是为了显示字型的，因此称之为字型码（或段码）。7 段发光二极管和 1 个小数点位，共计 8 段，因此提供给 LED 显示器的段码正好为 1 字节。各段与字节中各位的对应关系见表 8-2 所示。

表 8-2　LED 各段与字节中各位的对应关系

代码位	D7	D6	D5	D4	D3	D2	D1	D0
显示段	dp	g	f	e	d	c	b	a

按照上述格式，8 段 LED 的段码见表 8-3 所示。

表 8-3　8 段 LED 段码

显示字符	共阴极段码	共阳极段码	显示字符	共阴极段码	共阳极段码
0	3FH	C0H	C	39H	C6H
1	06H	F9H	D	5EH	A1H
2	5BH	A4H	E	79H	86H
3	4FH	B0H	F	71H	8EH
4	66H	99H	P	73H	8CH
5	6DH	92H	U	3EH	C1H
6	7DH	82H	T	31H	CEH
7	07H	F8H	y	6EH	91H
8	7FH	80H	H	76H	89H
9	6FH	90H	L	38H	C7H
A	77H	88H	"灭"	00H	FFH
B	7CH	83H	⋮		

8.2.2　LED 显示器的译码方式

译码方式是指由显示字符转换得到对应的字段码的方式，分为硬件译码和软件译码两种方式。硬件译码方式是指利用专门的硬件电路来实现显示字符到字段码的转换；软件译码方式就是通过编写软件译码程序，通过译码程序来得到要显示的字符的字段码。

8.2.3　LED 显示器的显示方式

LED 显示器有静态和动态两种显示方式。

1. LED 静态显示方式

LED 静态显示时，其公共端直接接地（共阴极）或接电源（共阳极），各段选线分别与 I/O 口线相连。要显示字符，直接在 I/O 线送相应的字段码，如图 8-12 所示。由于这种显示方式的各位分别由 1 个 8 位的并行数据输出口控制段码线，故在同一时间里，每一位显示的字符可以各不相同。LED 静态显示方式接口编程容易，但是占用的口线较多。如果显示器的位数很多时，一般采用动态显示方式。

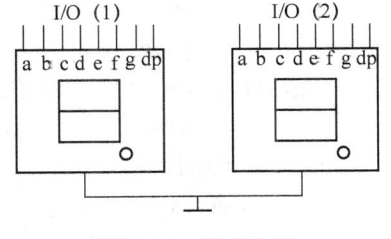

图 8-12　静态显示

2. LED 动态显示方式

LED 动态显示是将所有的数码管的段选线并接在一起，用一个 I/O 口控制，公共端不是直接接地（共阴极）或电源（共阳极），而是通过相应的 I/O 口线控制，如图 8-13 所示。动态显示方式是指逐位轮流点亮每位显示器（称为扫描），即每个显示块的位选线被轮流选中，多个显示块公用一组段选，段选数据仅对位选线被选中的显示块有效。对于每一位显示器来说，每隔一段时间点亮一次。虽然每位的字符是在不同时刻出现的，而在同一时刻，只有一位显示，其他各位熄灭，但由于 LED 显示器的余辉和人眼的视觉暂留作用，只要每位显示间隔足够短，则可以造成多位同时亮的假象，达到同时显示的效果。

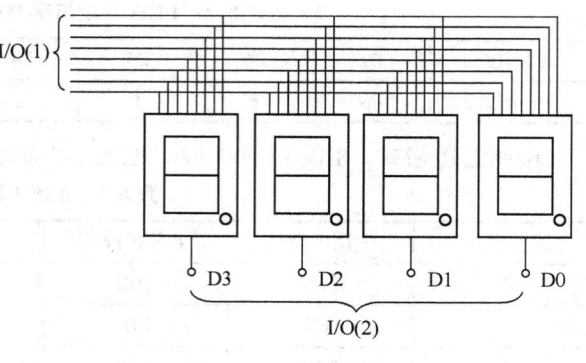

图 8-13　动态显示

8.2.4　LED 显示器与单片机的接口

1. 单片机与 LED 显示器静态显示接口

LED 静态显示接口电路如图 8-14 所示。单片机 P0 端口接有一只 LED 显示器，在显示器上显示数字 "7" 的程序如下：

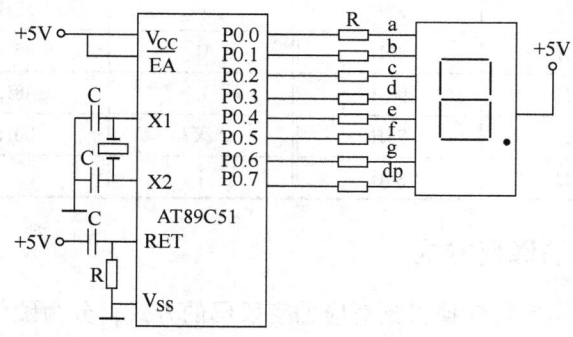

图 8-14　LED 静态显示接口电路

汇编语言程序：

```
START:  MOV   DPTR, #TABLE      ;存入表的起始地址
        MOV   A, #7             ;将欲显示的数字7存入A
        MOVC  A, @A+DPTR        ;按地址取代码并存入A
        MOV   P0, A             ;将代码送P0转变为数字显示
        SJMP  $                 ;程序运行在当前状态
TABALE: DB    0C0H, 0F9H, 0A4H, 0B0H, 99H, 92H, 82H, 0F8H, 80H, 90H  ;0~9字型码表
        END
```

C 语言源程序代码：

```c
#include <reg51.h>
    usigned char table[] = {0xc0H, 0xf9H, 0xa4H, 0xb0H, 0x99H, 0x92H, 0x82H, 0xf8H,
                            0x80H, 0x90H};      //字型码表
    void main()
    {
        P0 = table[7];      //显示数字7
        while(1);
    }
```

2. 单片机与 LED 显示器动态显示接口

LED 动态显示接口电路如图 8-15 所示。单片机 P0 口和 LED 显示器 8 段相连，P2 口的 P2.0 和 P2.1 通过晶体管 T0 和 T1 连接 LED 显示器的公共端，控制与其相连的数码管显示器工作。将 R0 内容（0~99）循环显示在两个 LED 显示器的程序如下：

```
START:    MOV    R0, #0              ;初始化计数器
          MOV    DPTR, #TABLE        ;存入查表起始地址
LOOP:     MOV    A, R0
          MOV    B, #10              ;十六进制转换成十进制
          DIV    AB                  ;A/B 的商存入 A，余数存入 B
          MOV    R1, A               ;R1 存放十位数
          MOV    R2, B               ;R2 存放个位数
          MOV    R3, #50             ;设导通频率为 50
LOOP1:    MOV    A, R2               ;个位数显示
          ACALL  CHANG               ;调用显示子程序
          CLR    P2.0                ;开个位显示
          ACALL  DLY10ms             ;调用延时 10ms 子程序
          SETB   P2.0                ;关闭个位显示
          MOV    A, R1               ;取十位数
          ACALL  CHANG               ;调用显示子程序
          CLR    P2.1                ;开十位显示
          ACALL  DLY10ms             ;调用延时 10ms 子程序
          SETB   P2.1                ;关闭十位显示
          DJNZ   R3, LOOP1           ;50 次显示未完成继续扫描
          INC    R0                  ;计数器加 1
          CJNE   R0, #100, LOOP      ;没到 100
          SJMP   START               ;跳转到开始处
CHANG:    MOVC   A, @A+DPTR          ;显示子程序
          MOV    P0, A
          RET
DLY10ms:  MOV    R6, #20             ;10ms 延时子程序
    D1:   MOV    R7, #248
          DJNZ   R7, $
          DJNZ   R6, D1
          RET                        ;延时子程序返回
TABLE:    DB     0C0H, 0F9H, 0A4H, 0B0H, 99H, 92H, 82H, 0F8H, 80H, 90H
          END                        ;程序结束
```

C 语言程序：

```c
#include <reg52.h>
unsigned char code table[] = {0xc0,0xf9,0xa4,0xb0,0x99,0x92,0x32,0xf8,0x80,0x90};
unsigned char dispcount = 0;            //计数
sbit gewei = P2^0;                      //各位选通定义
sbit shiwei = P2^1;                     //十位选通定义
```

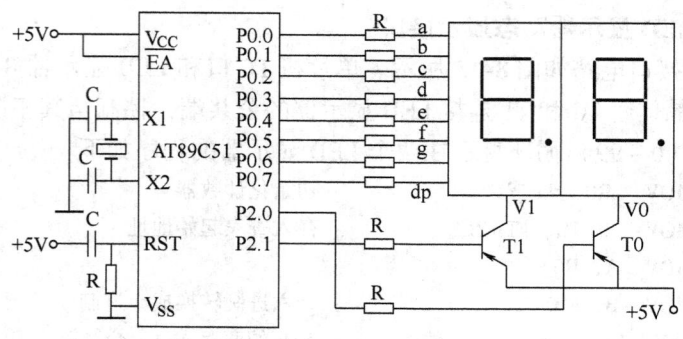

图 8-15 LED 动态显示接口电路

```
void Delay(unsigned int tc)              //延时程序
{while(tc!=0)
  {
    unsigned int i;
    for(i=0;i<100;i++);
    tc--;
  }
}
void LED(unsigned char x)                //LED 显示函数
  {
    if(x>=10)                            //显示两位数
    {shiwei=0;
      P0=table[x/10];                    //显示十位数
      Delay(10);
      shiwei=1;
      gewei=0;
      P0=table[x%10];                    //显示个位数
      Delay(10);
      gewei=1;
    }
    else                                 //显示一位数
    {
      shiwei=1;
      gewei=0;
      P0=table[x];
      Delay(10);
    }
  }
void main()
{
    unsigned char i;
    while(1)                             //循环执行
```

```
    {
        for(i=0;i<50;i++)
        LED(dispcount);              //调用显示函数
        dispcount++;                 //计数器加1
        if(dispcount==100)           //达到99后重新开始
        {dispcount=0;}
    }
}
```

8.3 键盘及其与单片机的接口技术

8.3.1 键盘的工作原理

键盘由一组规则排列的按键组成。一个按键实际上是一个开关元件。也就是说，键盘是一组规则排列的开关。

1. 按键的分类

按键按照结构原理可分为两类，一类是触点式开关按键，如机械式开关、导电橡胶式开关等；另一类是无触点式开关按键，如电气式按键、磁感应按键等。前者造价低，后者寿命长。目前，微机系统中最常见的是触点式开关按键。

按键按照接口原理可分为编码键盘与非编码键盘两类，这两类键盘的主要区别是识别键符及给出相应键码的方法。编码键盘主要是用硬件来实现对键的识别，非编码键盘主要是由软件来实现键盘的定义与识别。

编码键盘能够由硬件逻辑自动提供与键对应的编码，但需要较多的硬件，价格较贵。一般的单片机应用系统较少采用。非编码键盘只简单地提供行和列的矩阵，其他工作均由软件完成，由于其经济实用，较多地应用于单片机系统中。

2. 按键结构与特点

微机键盘通常使用机械触点式按键开关，其主要功能是把机械上的通断转换成为电气上的逻辑关系。也就是说，它能提供标准的 TTL 逻辑电平，以便与通用数字系统的逻辑电平相容。

机械式按键在按下或释放时，由于机械弹性作用的影响，通常伴随有一定时间的触点机械抖动，然后其触点才稳定下来。其抖动过程如图 8-16 所示，抖动时间的长短与开关的机械特性有关，一般为 5~10ms。

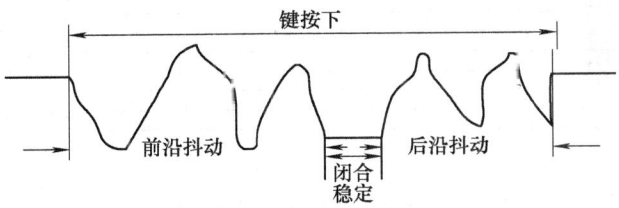

图 8-16 按键触点的机械抖动

在触点抖动期间检测按键的通与断状态，可能导致判断出错，即按键一次或释放被错误地认为是多次操作，这种情况是不允许出现的。为了克服按键触点机械抖动所致的检测误判，必须采取去抖动措施。在键数较少时，可采用硬件去抖；而当键数较多时，采用软件去抖。

硬件去抖动，可采用在键输出端加 R-S 触发器或单稳态触发器构成去抖动电路。图 8-17 是一种由 R-S 触发器构成的去抖动电路。当触发器一旦翻转，触点抖动不会对其产生任何影响。

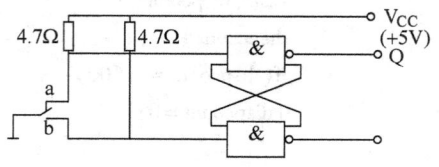

图 8-17 双稳态去抖动电路

软件去抖动，在检测到有按键按下时，执行一个 10ms 左右（具体时间应视所使用的按键进行调整）的延时程序后，再确认该按键电平是否仍保持闭合状态电平，若仍保持闭合状态电平，则确认该键处于闭合状态。同理，在检测到该键释放后，也应采用相同的步骤进行确认，从而可消除抖动的影响。

3. 按键编码

一组按键或键盘都要通过接口线查询按键的开关状态。根据键盘结构的不同，采用不同的编码。无论有无编码，以及采用什么编码，最后都要转换为相对应的键值，以实现按键功能程序的跳转。

4. 编制键盘程序

一个完善的键盘控制程序应具备以下功能。

1）检测有无按键按下，并采取硬件或软件措施，消除键盘按键机械触点抖动的影响。

2）判断是哪一个键按下，并且每次只处理一个按键。

3）准确输出按键值（或键号），以满足跳转指令要求。

8.3.2 独立式按键与单片机的接口

1. 独立式按键结构

独立式按键就是直接用 I/O 口线构成单个按键电路。每一个按键各自单独占用一根 I/O 口线，各 I/O 口线的工作状态相互不受影响。独立式键盘的结构如图 8-18 所示，这是最简单的键盘结构形式。图中当按键 Si（i = 0 ~ 7）断开时，相应的数据线 Di = 1；当 Si 闭合式，Di = 0。CPU 通过检测各数据线的状态，就知道有无按键闭合以及哪个按键闭合。

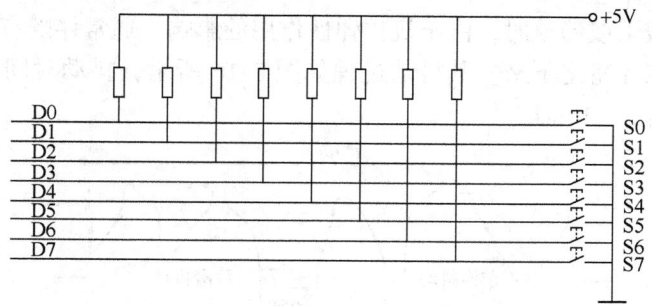

图 8-18 独立式键盘结构

2. 独立式键盘与 AT89 单片机的接口

独立式按键接口电路配置方便灵活，软件编程较简单，但每个按键必须占用一根 I/O 口线,在按键数较多时,I/O 口线浪费较大,故只有在按键数量不多时可采用这种按键接口电路。图 8-19 为独立式按键程序查询方式和中断方式的接口电路。在此电路中,按键输入都采用低电平有效。外部也不用外接上拉电阻,因为 P1 口内部具有上拉电阻,若采用 P0 口时外部必须外接上拉电阻。

3. 独立式按键的软件设计

使用独立式按键,采用定时中断方式,实现电子秒表设计:要求单片机控制 2 位数码管实现 00~59 的简易秒表,并利用 3 个独立按键实现秒表的启动、停止和复位功能。假设晶振频率为 12MHz,硬件电路如图 8-19 所示。

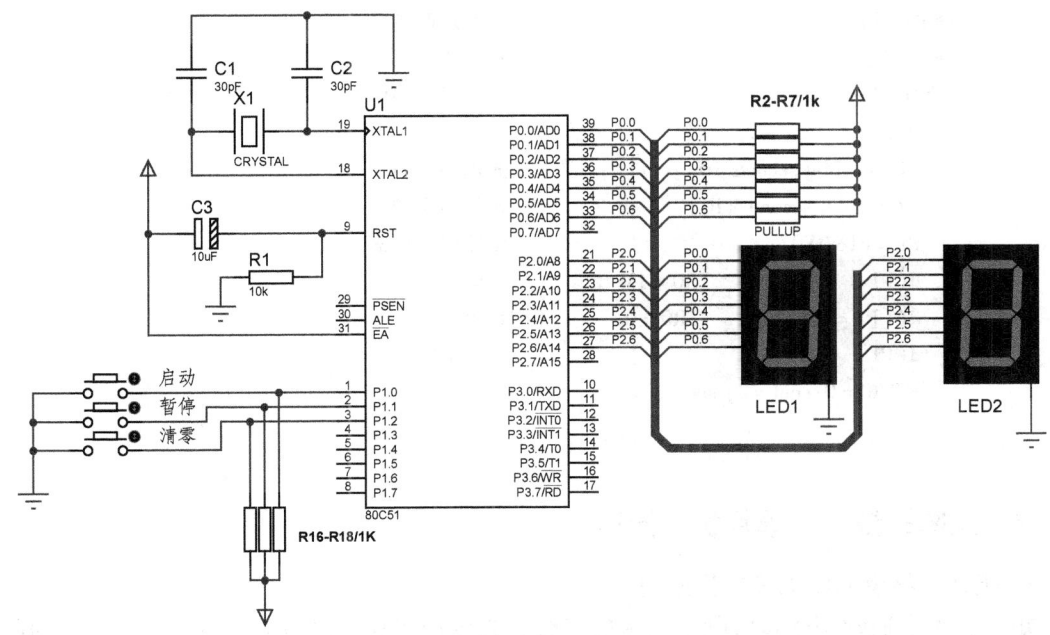

图 8-19　独立式安键控制的电子秒表硬件电路图

因为晶振频率为 12MHz,选择定时器 T0,定时 50ms,中断 20 次即为 1s。定时器 T0 工作在定时方式,选择方式 1,则 TMOD 为 0x01,定时初值为 0x3CB0。

C51 程序如下:

```
#include <reg51.h>                        // 51 头文件
unsigned char cont = 0;                   //定义中断次数
unsigned char second = 0;                 //定义秒
unsigned char code table[ ] = {0x3f,0x06,0x5b,0x4f,0x66,0x6d,0x7d,0x07,0x7f,0x6f};
timer0( ) interrupt 1                     //定时 50ms 中断函数
{
    TH0 = 0x3C;                           //初值重装载
    TL0 = 0XB0;
cont + + ;                                //中断次数增 1
if ( t = = 20)                            //若中断 20 次,相当于 1s
{
    cont = 0;                             //中断次数计数器清零
```

```
            second + +;                    //秒加1
        }
        if(second = =60) second =0;        //若秒=60,清零
    }
    main( )
    {
        TMOD = 0x01;                       //定义 T0 定时方式 1
        TH0 = 0x3C;                        //装载定时初值
        TL0 = 0XB0
        ET0 = 1;                           //打开定时器 0 中断
        EA = 1;                            //打开总中断
        TR0 = 1;                           //启动 T0 工作
        while(1)
        {   P0 = table[second/10];         //显示秒十位
            P2 = table[second%10];         //显示秒个位
            P1 = P1&0X07;                  //读按键的状态
            if(P1 = =0x06)    TR0 = 1;     //启动
            if((P1 = =0X05 )  TR0 = 0;     //暂停
            if(P1 = =0x03)                 //复位清零
            { TR0 = 0;cont = 0; second = 0; }
        }
    }
```

8.3.3 矩阵式键盘与单片机的接口

1. 矩阵式键盘的结构及工作原理

矩阵式键盘通常用于按键数目较多的场合，它由行线和列线组成，按键位于行、列的交叉点上。其结构如图 8-20 所示，1 个 4×4 的行、列结构可以构成 1 个具有 16 个按键的键盘。显然，在按键数目较多时，矩阵式键盘较之独立式键盘要节省很多 I/O 口线。

矩阵式键盘中的按键设置在行、列线交点上，行列线分别连接到按键开关的两端，行线通过上拉电阻接到 +5V 上。当无键按下时，行线处于高电平状态；当有键按下时，行、列线将导通，此时，行线电平将由与此行线相连的列线电平决定。这是识别按键是否按下的关键所在。然而，

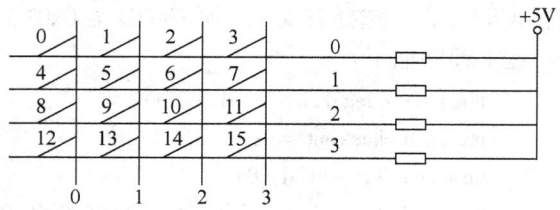

图 8-20 矩阵式键盘结构

矩阵键盘中的行线、列线和多个键相连，各按键按下与否均影响该键所在行线和列线的电平，各按键间将相互影响。因此，必须将行线、列线信号配合起来进行适当处理，才能确定闭合键的位置。

2. 键盘的编码

对于独立式按键键盘，因数量少，可根据实际需要灵活编码。对于矩阵式键盘，按键的位置由行号和列号唯一确定，因此可分别对行号和列号进行二进制编码，然后将两值合成 1

字节，高4位是行号，低4位是列号。如图8-21中的8号键，它位于第2行，第0列，因此，其控盘编码应为20H。采用上述编码对于不同行的键离散性较大，不利于散转指令对按键进行处理。因此，可采用依次排列键号的方式对按键进行编码。以图8-21中的4×4键盘为例，可将键号编码为01H，02H，03H，…，0EH，0FH，10H等16个键号。编码相互转换可通过计算或查表的方法实现。

3. 矩阵式键盘按键的识别

识别按键的方法很多，其中最常见的方法是扫描法。键盘扫描程序一般应包括以下内容：

1）判断有无键按下。
2）如果有键按下，识别是哪一个键按下，键盘扫描取得闭合键的行、列值。
3）用计算法或查表法得到键值。
4）判断闭合键是否释放，如没释放，则继续等持。
5）将闭合键键号保存，同时转去执行该闭合键的功能。

图8-21所示为4×8矩阵键盘通过8255A扩展I/O口与AT89单片机的接口电路原理图，键盘采用编程扫描方式工作，8255A的PC口低4位输出逐行扫描信号，PA口输入8为列信号，均为低电平有效。8255A的A0，A1端分别接于地址线A0，A1上，$\overline{CS}$与P2.7相接，$\overline{WR}$和$\overline{RD}$分别与AT89单片机的$\overline{WR}$和$\overline{RD}$相接。

根据图8-21可确定8255A PA口、PB口、PC口和控制口地址为7F00H、7F01H、7F02H、7F03H。编程扫描工作方式的工作过程如下：

1）首先判断有无键按下。其方法是PA口8位输出全0，读PC口低4位状态，若PC0~PC3为全1，则说明键盘无键按下；若不全为1，则说明键盘可能有键按下。

2）消除按键抖动的影响。其方法是在判断有键按下后，用软件延时的方法延时10ms后，再判断键盘的状态，若仍为有键按下状态，则认为有一个键按下；否则，当作按键抖动来处理。

3）识别是哪一个键按下。方法是逐列扫描，将列线逐列置低电平，检查行输入状态，称为逐列扫描。其具体过程如下：从PA0开始，依次输出"0"，置对应的列线为低电平，然后从PC口读入行线状态，如果全为"1"，则按下的键不在此列；如果不全为"1"，则按下的键必在此列，而且是该列与"0"电平行线相交的交点上的那个键。

为求取编码，在逐列扫描时，可用计数器记录下当前扫描列的列号，检测到第几行有键按下，就用该行的首键码加列号得到当前按键的编码。

4）判断闭合的键是否释放。其方法是PA口8位输出全0，读PC口低4位状态，若PC0~PC3为全1，则说明键盘已经释放；若不全为1，则说明键盘没有释放。

4. 键盘的工作方式

在单片机应用系统中，键盘扫描只是CPU的工作内容之一。CPU对键盘的响应取决于键盘的工作方式，键盘的工作方式应根据实际应用系统中CPU的工作状况而定，其选取的原则是既要保证CPU能及时响应按键操作，又不要过多占用CPU的工作时间。通常，键盘的工作方式有3种，即编程扫描、定时扫描和中断扫描。

(1) 编程扫描方式

编程扫描方式是利用CPU在完成其他工作的空余时间，调用键盘扫描子程序来响应键

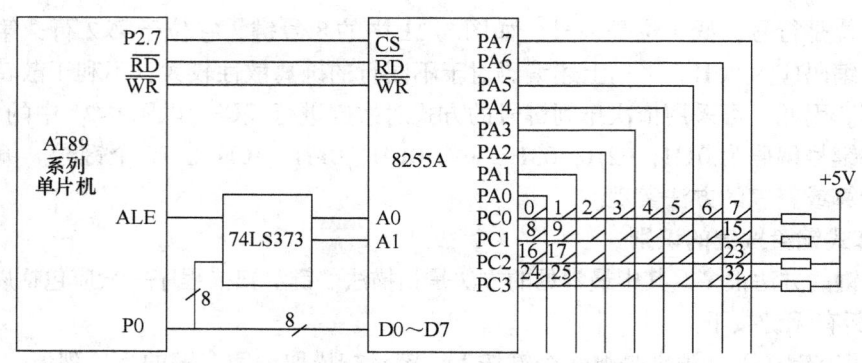

图 8-21 采用扩展 8255A 组成的 4×8 矩阵式键盘

盘输入的要求。在执行键功能程序时，CPU 不再响应键输入要求，直到 CPU 重新扫描键盘为止。

（2）定时扫描方式

定时扫描方式就是每隔一定的时间对键盘扫描一次。该方式利用单片机内部的定时器产生一定时间（如 10ms）的定时，当定时时间到就产生定时器溢出中断，CPU 响应定时器溢出中断请求，对键盘进行扫描，在有键按下时识别出该键，并执行相应键的处理功能程序。

（3）中断扫描方式

采用上述两种键盘扫描方式时，无论是否按键，CPU 都要定时扫描键盘。而单片机应用系统工作时，并非经常需要键盘输入，因此 CPU 经常处于空扫描状态。为进一步提高单片机扫描键盘的工作效率，可采用中断扫描工作方式。其工作过程为：当无键按下时，CPU 处理自己的工作，不需要理睬键盘；当有键按下时，产生中断请求，CPU 转去执行键盘扫描子程序，并识别键号。

5. 矩阵式键盘的软件设计

键盘的硬件电路如图 8-22 所示。单片机 P3 端口接有 4×4 矩阵式键盘，其中 4 条行线与单片机 P3 端口的 P3.0、P3.1、P3.2 和 P3.3 相接，另一端接上拉电阻后接到 +5V 电源上；4 条列线与 P3 端口的 P3.4、P3.5、P3.6 和 P3.7 相接。

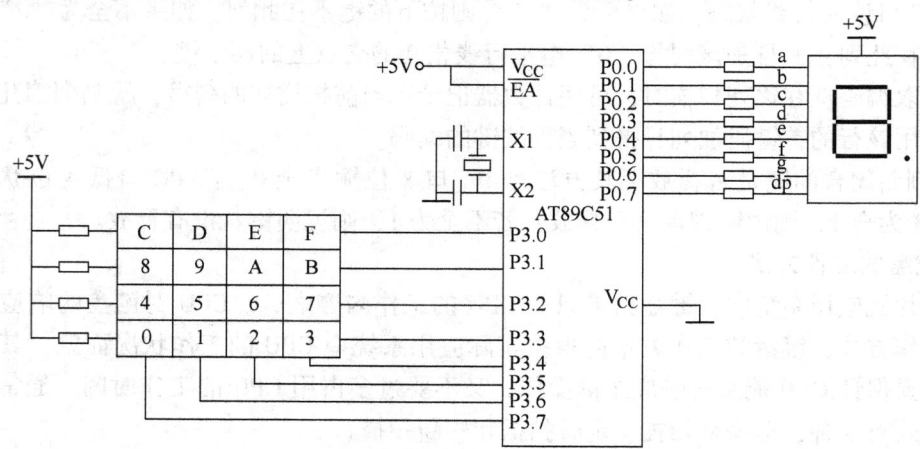

图 8-22 4×4 矩阵式键盘电路

扫描时，首先将行设置为低电平，在判断有键按下后，读入列状态。如果列状态出现并非全部为 1 状态，这时 0 状态的列与行相交的键就是被按下的键。

汇编语言程序：

```
            ORG   0000H
            LJMP  START
            ORG   0030H
    START:  MOV   P3, #0F0H          ; 4 行送 0
            MOV   A, P3              ; 读列线状态
            ANL   A, #0F0H           ; 屏蔽低 4 位
            CJNE  A, #0F0H, NEXT     ; 有键按下转 NEXT
            SJMP  START              ; 无键按下重新扫描
    NEXT:   ACALL DELAY              ; 调延时子程序消除抖动
            MOV   P3, #0F0H          ; 4 行送 0
            MOV   A, P3              ; 再读列线状态
            ANL   A, #0F0H
            CJNE  A, #0F0H, L1       ; 仍有键按下转 L1 逐行扫描
            SJMP  START
    L1:     MOV   R3, #0F7H          ; 扫描初值（P3.3=0），逐行扫描
            MOV   R1, #00H           ; 取码指针
    L2:     MOV   A, R3              ; 开始扫描
            MOV   P3, A              ; 将扫描值输出至 P3
            MOV   A, P3              ; 读入 P3 值，判断有无键按下
            MOV   R4, A              ; 键值暂存入 R4
            SETB  C                  ; C=1
            MOV   R5, #04H           ; 扫描 4 列
    L3:     RLC   A                  ; 将按键值左移一位
            JNC   KEY                ; 有键按下 C=C，跳至 KEY
            INC   R1                 ; C=1 没键按下，指针加 1
            DJNZ  R5, L3             ; 4 列扫描是否完毕
            MOV   A, R3              ; 行扫描码载入
            SETB  C                  ; C=1
            RRC   A                  ; 扫描下一行
            MOV   R3, A              ; 存回扫描寄存器
            JC    L2                 ; C=1, 4 行未扫描完转到 L2 处
            SJMP  START              ; C=0, 则 4 行已扫描完毕
    KEY:    ACALL DELAY              ; 调延时子程序
    D1:     MOV   A, P3              ; 读入 P3 值
            XRL   A, R4              ; 与上次读入值进行比较
            JZ    D1                 ; A=0, 表示按键未释放
            MOV   A, R1              ; 按键已放开，键码载入 A
            ACALL DISP               ; 调用显示子程序
            SJMP  START
```

```
    DISP: MOV    DPTR, #TABLE         ;数据指针指到 TABLE
          MOVC   A, @A+DPTR           ;取字型码
          MOV    P0, A                ;输出显示
          RET                         ;子程序返回
   DELAY: MOV R7, #60
    DLY1: MOV R6, #250
    DLY2: DJNZ R6, $
          DJNZ   R7, DLY1;
          RET
   TABLE: DB 0C0H, 0F9H, 0A4H, 0B0H, 99H, 92H, 82H, 0F8H, 80H, 90H, 88H, 83H
          DB 0C6H, 0A1H, 86H, 8EH
```

C 语言程序：

```c
#include <reg51.h>
#define uchar unsigned char
#define uint unsigned int
uchar code a[16] = {0xc0H, 0xf9H, 0xa4H, 0xb0H, 0x99H, 0x92H, 0x82H, 0xf8H, 0x80H,
0x90H, 0x88H, 0x83H, 0xc6H, 0xa1H, 0x86H, 0x8eH};  //字型码表
   void delay(uint i)                    //延时程序
     {uint j;
      for(j=0;j<i;j++);
     }
   uchar checkkey( )                     //检测有没有键按下,无键按下返回 0
     {uchar i;
      uchar j;
      j=0x0f;
      P3=j;                              //列输出全 0
      i=P3;                              //读行线状态
      i=i&0x0f;
      if (i==0x0f) return (0);           //无键按下返回 0
      else return (0xff);
     }
   uchar keyscan( )                      //键盘扫描程序,有键按下返回键码;无键按下返
                                         //  回 0x0ff
   {
      uchar scancode;
      uchar codevalue;
      uchar x;
      uchar m=0;
      uchar k;
      uchar i,j;
      if (checkkey()==0) return (0xff);
        else
          {delay(100);
```

```c
            if(checkkey()==0) return(0xff);
          else
            {
              scancode=0xf7;m=0x00;              //键盘行扫描初值,m 为行首键值
              for(i=1;i<=4;i++)                  //i 为行号,4 行逐行扫描
                {
                  k=0x80;                        //列检测码
                  P3=scancode;                   //从 P3.3 开始,逐行扫描
                  x=P3;
                  for(j=0;j<4;j++)               //j 为列号,检测本行的 4 列是否有键按下
                    {
                      if((x&k)==0)               //检测本列是否有键按下
                        {
                          codevalue = m+j;       //键值=行首键值+列号
                          while(checkkey()!=0);  //判断按键是否释放
                          return(codevalue);     //释放则返回按键值
                        }
                      else  k=k>>1;              //本列无键按下,列检测码右移
                    }
                  m=m+4;                         //本行无键按下,行首键值+4
                  scancode=~scancode;            //行扫描码右移,scancode 右移时,移入的数为 1
                  scancode=scancode>>1;
                  scancode=~scancode;
                }
            }
        }
}
void main()                                      //主函数
{
  ucnar x;
  P0=0xff;
  while(1)
    {
      if(checkkey()==0x00) continue;
      else
        {
          x= keyscan();
          P0=a[x];                               //显示按键值
          delay(100);
        }
    }
}
```

8.4 LCD 显示器及其与单片机的接口技术

LCD（Liquid Crystal Display）是液晶显示器英文名称的缩写。液晶显示器是一种被动式的显示器，即液晶本身不发光，而是利用液晶经过处理后能改变光线通过方向的特性，达到白底黑字或黑底白字显示的目的。液晶显示器具有功耗低、抗干扰能力强等优点，因此被广泛地应用在仪器仪表和控制系统中。

8.4.1 LCD 显示器的分类

LCD 显示器有段式和点阵式两种，点阵式又可分为字符模式 LCD 和图形模式 LCD。段式 LCD 显示器类似于 LED 数码管显示器。每个显示器的段电极包括 a、b、c、d、e、f、g 七个笔画（笔段）和一个小数点 dp，可以显示数字和简单的字符，每个数字和字符与其字形码（段码）对应。

点阵字符模式 LCD 专门用来显示字母、数字、符号等点阵型液晶显示模块。它由若干 5×7 或 5×10 的点阵组成，每一个点阵显示 1 个字符。此类显示模块广泛用在各类单片机应用系统中。

图形模式 LCD 是在平板上排列多行或多列，形成矩阵式的晶格点，点的大小可根据显示的清晰度来设计。这类液晶显示器广泛用于游戏机、笔记本式计算机和彩色电视机等图形显示设备中。

由于 LCD 的控制需要专用的驱动电路，一般不会单独使用，而是将 LCD 面板、驱动与控制电路组合成 LCD 模块（Liquid Crystal Display Moulde, LCM）一起使用。

目前常用的有 16 字×1 行、16 字×2 行，20 字×2 行，40 字×2 行等字符模块。这些 LCM 虽然显示字数不同，但都有相同的输入/输出界面。

8.4.2 LCD 模块的引脚

下面介绍常用的 20 字×2 行字符模块，引脚如图 8-23 所示。

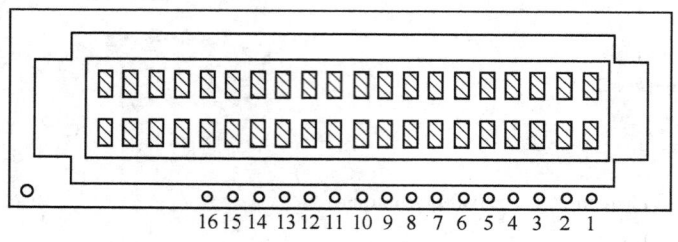

图 8-23　LCD 引脚图

20 字×2 行 LCD 每行可以显示 20 个字，可显示的行数为 2 行，有 16 只引脚，其中数据线 DB0~DB7 与控制信号线 RS、R/$\overline{W}$、E 用来与单片机相连接，另外 3 只引脚为电源信号线 V_{SS}、V_{DD}、V0，各引脚的功能见表 8-4 所示。

表 8-4 LCD 引脚功能

引 脚	符 号	功 能 说 明
1	V_{SS}	接地
2	V_{DD}	电源：+5V
3	V0	显示屏明亮度调整脚，一般将此脚接地
4	RS	寄存器选择 0：命令寄存器写入，忙标志和地址计数器读出；1：数据寄存器写入、读出
5	$R/\overline{W}$	读/写。0：写；1：读
6	E	读/写使能，下降沿触发
7	DB0	
8	DB1	
9	DB2	
10	DB3	8 位双向数据总线，实现数据的传输；DB7 也是一个忙标志（Busy flag）
11	DB4	
12	DB5	
13	DB6	
14	DB7	
15	BLA	背光源正极
16	BLK	背光源负极

8.4.3 寄存器选择、显示器地址及字符发生器

1. 寄存器选择

LCD 内部有两个寄存器，一个是指令寄存器 IR，用于存放由微控制器所送来的指令代码，如清除显示、光标归位等；另一个是数据寄存器 DR，用于存放欲显示的数据。

显示的过程是先把欲存放数据地址写入 IR，再把欲显示的数据写入 DR，DR 自动把数据送至相应的 DD RAM 或 CG RAM。DD RAM 是显示数据的存储器，用于存放 LCD 的显示数据；CG RAM 是字符产生器，用来存放设计的 5×7 点阵图形的显示数据。

LCD 指令寄存器和数据寄存器的选择见表 8-5 所示。

表 8-5 LCD 寄存器的选择

$R/\overline{W}$	RS	功 能 说 明
0	0	命令寄存器写入
0	1	数据寄存器写入
1	0	忙标志和地址计数器读出
1	1	数据寄存器读出
X	X	不动作

当 RS=0 时，选择指令寄存器；当 RS=1 时，选择数据寄存器。

当 $R/\overline{W}=0$ 时，数据写入 LCD 控制器；当 $R/\overline{W}=1$ 时，到 LCD 控制器读取数据。

E 由高电平变为低电平，LCD 执行命令。

2. 显示器地址

20 字×2 行显示器地址见表 8-6 所示。

表 8-6 20 字×2 行 LCD 显示器地址

1	2	3	4	5	6	7	8	9	10	11	12	13	14	15	16	17	18	19	20
80	81	82	83	84	85	86	87	88	89	8A	8B	8C	8D	8E	8F	90	91	92	93
C0	C1	C2	C3	C4	C5	C6	C7	C8	C9	CA	CB	CC	CD	CE	CF	D0	D1	D2	D3

3. 字符发生器

1602 液晶模块内部的字符发生存储器（CGROM）已经存储了 160 个不同的点阵字符图形。如表 8-7 所示，这些字符有阿拉伯数字、英文字母的大小写、常用符号和日文假名等，每一个字符都有一个固定的代码，比如大写的英文字母"A"的代码是 01000001B（41H），显示时模块把地址 41H 中的点阵字符图形显示出来，就能看到字母"A"。

表 8-7 CGROM 中字符码与字符字模关系对照表

	0000	0001	0010	0011	0100	0101	0110	0111	1000	1001	1010	1011	1100	1101	1110	1111
xxxx0000	CGRAM(1)			0	@	P	`	p				—	タ	ミ	α	p
xxxx0001	(2)		!	1	A	Q	a	q			。	ア	チ	ム	ä	q
xxxx0010	(3)		"	2	B	R	b	r			「	イ	ツ	メ	β	θ
xxxx0011	(4)		#	3	C	S	c	s			」	ウ	テ	モ	ε	∞
xxxx0100	(5)		$	4	D	T	d	t			、	エ	ト	ヤ	μ	Ω
xxxx0101	(6)		%	5	E	U	e	u			・	オ	ナ	ユ	σ	ü
xxxx0110	(7)		&	6	F	V	f	v			ヲ	カ	ニ	ヨ	ρ	Σ
xxxx0111	(8)		'	7	G	W	g	w			ア	キ	ヌ	ラ	g	π
xxxx1000	(1)		(	8	H	X	h	x			イ	ク	ネ	リ	√	x̄
xxxx1001	(2)		)	9	I	Y	i	y			ウ	ケ	ノ	ル	‾	y
xxxx1010	(3)		*	:	J	Z	j	z			エ	コ	ハ	レ	j	千
xxxx1011	(4)		+	;	K	[	k	{			オ	サ	ヒ	ロ	×	万
xxxx1100	(5)		,	<	L	¥	l	|			ヤ	シ	フ	ワ	¢	円
xxxx1101	(6)		-	=	M	]	m	}			ュ	ス	ヘ	ン	も	÷
xxxx1110	(7)		.	>	N	^	n	→			ョ	セ	ホ	゛	ñ	
xxxx1111	(8)		/	?	O	_	o	←			ッ	ソ	マ	゜	ö	■

8.4.4 LCM 控制指令

LCM 提供了 11 条控制指令，见表 8-8 所示。

表 8-8 LCM 控制指令

序号	指令功能	控制线		数据线							
		RS	R/$\overline{W}$	DB7	DB6	DB5	DB4	DB3	DB2	DB1	DB0
1	清除显示屏	0	0	0	0	0	0	0	0	0	1
		清除屏幕显示，并把光标移至左上角									
2	光标回到原点	0	0	0	0	0	0	0	0	1	X
		光标移至左上角，显示内容不变									
3	输入方式设置	0	0	0	0	0	0	0	1	I/D	S
		设置光标的移动方向，并指定整体显示是否移动。其中，I/D = 1 为增量方式，I/D = 0 为减量方式；S = 1 表示移位，S = 0 表示不移位									
4	显示器开关	0	0	0	0	0	0	1	D	C	B
		D = 1 为开显示，D = 0 为关显示；C = 1 表示开启光标，C = 0 表示关闭光标；B = 1 表示光标所在位置的字符闪烁，B = 0 表示字符不闪烁									
5	移位方式	0	0	0	0	0	1	S/C	R/L	X	X
		S/C = 0、R/L = 0 表示光标左移；S/C = 0、R/L = 1 表示光标右移 S/C = 1、R/L = 0 表示字符和光标左移；S/C = 1、R/L = 1 表示字符和光标右移									
6	功能设置	0	0	0	0	1	DL	N	F	X	X
		DL = 1 代表数据长度为 8 位，DL = 0 代表数据长度为 4 位 N = 1 表示双列字，N = 0 表示单列字；F = 1 为 5×10 字形，F = 0 为 5×7 字形									
7	CG RAM 地址设置	0	0	0	1	CG RAM 地址					
		将所要操作的 CG RAM 地址放入地址计数器									
8	DD RAM 地址设定	0	0	1	DD RAM 地址						
		将所要操作的 DD RAM 地址放入地址计数器									
9	忙碌标志位 BF	0	1	BF	地址计数器内容						
		读取地址计数器，并查询 LCM 是否忙碌 BF = 1 表示 LCM 忙碌，BF = 0 表示 LCM 可接收指令或数据									
10	写入数据	1	0	写入数据							
		将数据写入 CG RAM 或 DD RAM									
11	读取数据	1	1	读取数据							
		读取 CG RAM 或 DD RAM 数据									

8.4.5 AT89 单片机与 LCD 模块的接口

1. 硬件连接

LCD 模块与单片机连接电路非常简单，如图 8-24 所示。单片机 P1.0～P1.7 分别与 LCD 模块的 DB0～DB7 数据线连接，P3.5～P3.7 接至 LCD 模块控制信号 RS、R/$\overline{W}$ 和 E，LCD 模块的 V_{DD} 引脚接 +5V 电源，V_{SS} 和 V_0 引脚接地。

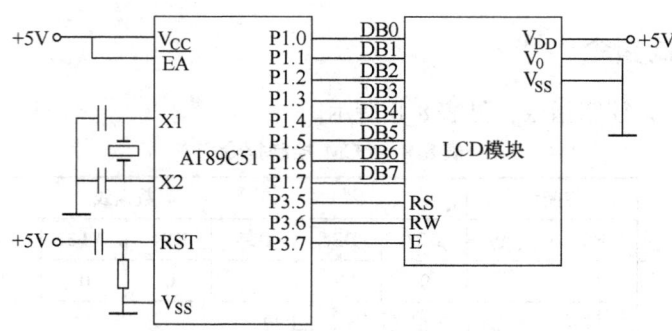

图 8-24 LCD 与单片机连接图

2. 软件设计

在 LCD1602 显示器的第一行开始位置显示 "LCD1602 check ok",在第二行的第五个位置显示 "study up",程序如下:

```c
#include <reg52.h>                        //包含头文件
#define uint unsigned int                 //预定义
#define uchar unsigned char
sbit rs = P3^5;                           //1602 的数据/指令选择控制线
sbit rw = P3^6;                           //1602 的读写控制线
sbit en = P3^7;                           //1602 的使能控制线
uchar code table1[] = "LCD1602 check ok"; //要显示的内容1放入数组table1
uchar code table2[] = "study up";         //要显示的内容2放入数组table2
void delay(uint n)                        //延时函数
{
    uint x,y;
    for(x = n;x > 0;x--)
    for(y = 110;y > 0;y--);
}
void lcd_wcom(uchar com)                  //1602 写命令函数
{
    rs = 0;                               //选择指令寄存器
    rw = 0;                               //选择写
    P1 = com;                             //把命令字送入 P2
    delay(5);                             //延时一小会儿,让1602准备接收数据
    en = 1;                               //使能线电平变化,命令送入1602的8位数据口
    en = 0;
}
void lcd_wdat(uchar data)                 //1602 写数据函数
{
    rs = 1;                               //选择数据寄存器
    rw = 0;                               //选择写
    P1 = data;                            //把要显示的数据送入 P2
    delay(5);                             //延时一小会儿,让1602准备接收数据
```

```
        en = 1;                          //使能线电平变化,数据送入1602的8位数据口
        en = 0;
}
void lcd_init()                          //1602初始化函数
{
        lcd_wcom(0x38);                  //8位数据,双列,5×7字形
        lcd_wcom(0x0c);                  //开启显示屏,关光标,光标不闪烁
        lcd_wcom(0x06);                  //显示地址递增,即写一个数据后,显示位置右移一位
        lcd_wcom(0x01);                  //清屏
}
void main()                              //主函数
{
        uchar n,m = 0;
        lcd_init();                      //液晶初始化
        lcd_wcom(0x80);                  //显示地址设为80H,即00H,)第一行的第一位
        for(m = 0;m < 16;m + + )         //将table[]中的数据依次写入1602显示
        {
         lcd_wdat(table1[m]);
         delay(200);
        }
        lcd_wcom(0xc4);                  //重新设定显示地址为0xc4,即第二行的第5位
        for(n = 0;n < 8;n + + )          //将table1[]中的数据依次写入1602显示
        {
         lcd_wdat(table2[n]);
         delay(200);
        }
        while(1);                        //动态停机
}
```

8.5 A/D、D/A 转换器及其与单片机的接口技术

单片机处理的是数字量。然而,在单片机的实时控制和智能仪表等应用系统中,被控制量或被测量对象的有关参量往往是一些连续变化的模拟量,如温度、压力、流量、速度等物理量。这些模拟量必须转换成数字量后才能输入到计算机进行处理。计算机处理的结果也常常需要转换为模拟信号,驱动相应的执行机构,实现对被控对象的控制。如果输入的是非电量的模拟信号,还需通过传感器转换为电信号并加以放大。这时就需要解决单片机与 A/D 和 D/A 的接口技术问题。

8.5.1 模/数 (A/D) 转换接口

1. A/D 转换器概述

实现模拟量转换为数字量的过程称为"量化",也称为模/数转换(Analog to Digit,A/D)。

实现模/数转换的设备称为 A/D 转换器或 ADC。

A/D 转换电路种类很多，根据转换原理可以分为逐次逼近式、双积分式、并行式、计数式等。目前使用较多的是前 3 种。逐次逼近式 A/D 转换器在精度、速度和价格上都适中，是目前最常用的 A/D 转换器；双积分式 A/D 转换器具有精度高、抗干扰性好、价格低廉等优点，但速度较慢，经常应用于对速度要求不高的仪器仪表中；并行式 A/D 转换器是一种用编码技术实现的高速 A/D 转换器，其速度最快（它的转换速度可为 20~50ns），价格也很高，一般用于要求高速度的场合。

2. A/D 转换的主要技术指标

（1）转换时间

A/D 转换时间就是 A/D 转换器完成一次模拟量变换为数字量所需时间。

（2）分辨率

A/D 转换器的分辨率是指转换器对输入电压微小变化响应能力的度量，习惯上以输出的二进制位数或者 BCD 码位数表示。与一般测量仪表的分辨率表达方式不同，A/D 转换器的分辨率不采用可分辨的输入模拟电压的相对值表示。例如，A/D 转换器 AD574A 的分辨率为 12 位，即该转换器的输出数据可以用 2^{12} 个二进制数进行量化，其分辨率为 1LSB。用百分数来表示分辨率为 $1/2^{12} \times 100\% = (1/4096) \times 100\% \approx 0.024414\%$。

（3）转换精度

A/D 转换器的转换精度反映了一个实际 A/D 转换器在量化值上与一个理想 A/D 转换器进行模/数转换的差值。转换精度可表示成绝对误差或相对误差，与一般测试仪表的定义相似。

3. 典型 A/D 转换芯片 ADC0809

（1）逐次逼近式 A/D 转换器转换原理

逐次逼近式 A/D 转换器是目前种类最多、应用最广的 A/D 转换器。其转换原理即"逐位比较"，其过程类似于用砝码在天平上称物体质量。图 8-25 所示为一个 N 位的逐次逼近式 A/D 转换器原理图。它由 N 位寄存器、D/A 转换器、比较器和控制逻辑等部分组成。N 位寄存器代表 N 位二进制数码。

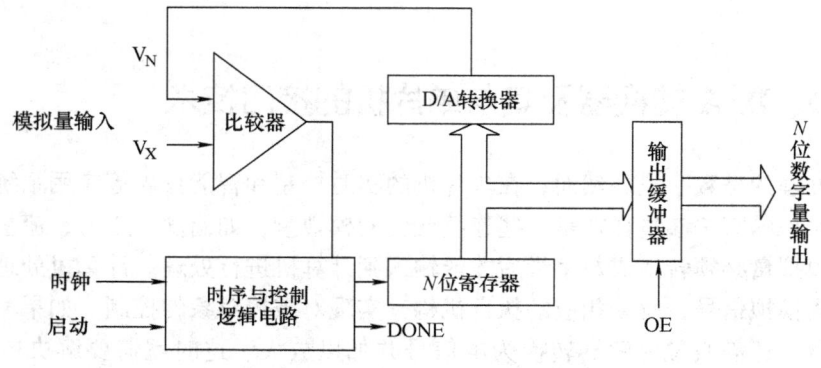

图 8-25　逐次逼近式 A/D 转换器原理图

当模拟量 V_0 送入比较器后，启动信号通过控制逻辑电路启动 A/D。首先，置 N 位寄存器最高位为"1"，其余位清零。N 位寄存器的内容经 D/A 转换后得到整个量程一半的模拟电压 V_N，与输入电压 V_X 比较。若 $V_X \geq V_N$ 时，则保留 $DN-1=1$；若 $V_X < V_N$ 时，则 $DN-1$ 位清零。然后，控制逻辑使寄存器下一位置"1"，与上次的结果一起经 D/A 转换后与 V_X

比较。重复上述过程,直至判别出 D0 位取"1"还是"0"为止,此时控制逻辑电路发出转换结束信号 DONE。这样经过 N 次比较后,N 位寄存器的内容就是转换后的数字量数据,经输出缓冲器读出。整个转换过程就是这样一个逐次比较逼近的过程。

常用的逐次逼近式 A/D 转换器件有 ADC0809 和 AD574A 等。下面介绍典型芯片 ADC0809。

(2) ADC0809

ADC0809 是美国国家半导体公司生产的一种 8 路模拟量输入、8 位数字量输出的逐次逼近式 A/D 转换器件。

1) 主要技术指标和特性:分辨率为 8 位;转换时间取决于芯片时钟频率,当 CLK = 500kHz 时,转换时间为 128μs;+5V 的单一电源供电;模拟输入电压范围为单极性 0 ~ +5V;具有可控三态输出锁存器;启动转换控制为脉冲式(正脉冲),上升沿使内部所有寄存器清零,下降沿使 A/D 转换开始。

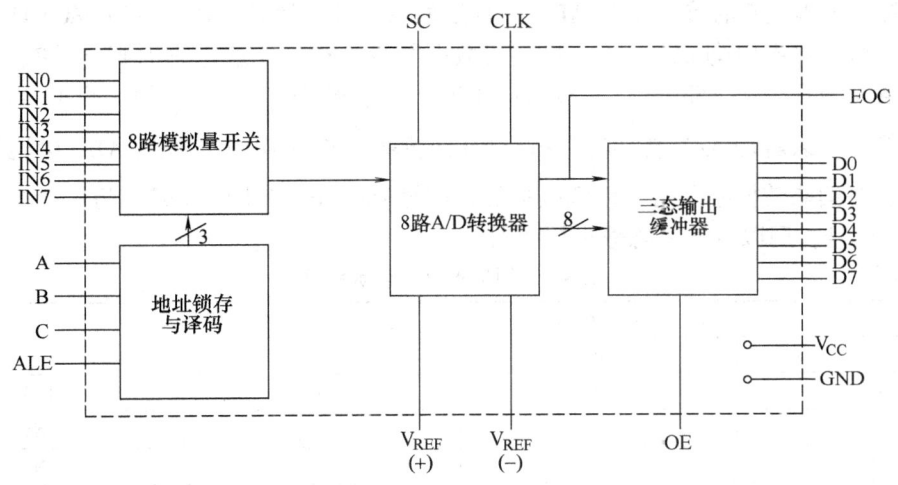

图 8-25 ADC0809 结构框图

2) ADC0809 的引脚与结构:ADC0809 的内部逻辑框图和引脚分别如图 8-26 和图 8-27 所示。它的内部除 A/D 转换部分外,还有模拟开关部分。

各引脚定义如下:

IN0 ~ IN7:8 路模拟量的输入端。

D0 ~ D7:A/D 转换后的数据输出端,为三态可控输出,可直接与计算机数据线相连。

A、B、C:模拟通道地址选择端,A 为低位,C 为高位。

V_{REF}(+)、V_{REF}(-):基准参考电压,其值决定了输入模拟量的量程范围。

CLK:时钟信号输入端,决定 A/D 转换的速度,转换一次时间为 64 个时钟周期。

ALE:地址锁存允许信号,高电平有效。当

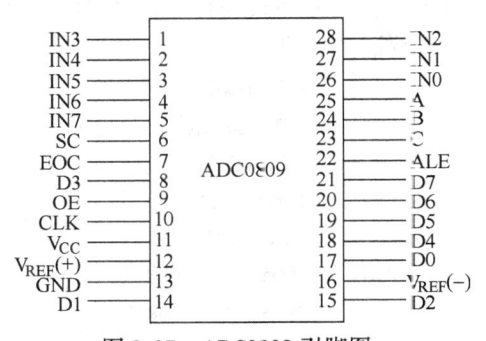

图 8-27 ADC0809 引脚图

此信号有效时，A、B、C 三位地址信号被锁存，译码选通对应模拟通道。

SC：启动转换信号，正脉冲有效。此信号通常与系统信号相连，控制 A/D 转换器的启动。

EOC：转换结束信号，高电平有效，表示一次 A/D 转换已完成。可作为中断触发信号，也可用程序查询的方法检测转换是否结束。

OE：输出允许信号，高电平有效，可与系统读选通信号 RD 相连。当计算机发出此信号时，也可用 ADC0809 的三态门被打开，此时可通过数据线读到正确的转换结果。

多路模拟开关最多允许 8 路模拟量分时输入，共用一个 A/D 转换器进行转换，这是一种经济的多路数据采集方法。8 路模拟开关的切换由地址锁存和译码电路控制，3 根地址线与 A、B、C 引脚端直接相连，通过 ALE 锁存。改变地址可以切换 8 路模拟通道，选择不同的模拟量输入。其通道选择的地址编码见表 8-9 所示。

4. AT89 单片机与 ADC0809 的接口电路

图 8-28 是 ADC0809 与 AT89S52 的连接示意图。由于 ADC0809 片内无时钟，可利用 AT89S52 提供的地址锁存允许信号 ALE 经 D 触发器二分频得到。由于 ADC0809 具有输出三态锁存器，数据输出引脚 D7～D0 可直接与数据总线相连，地址译码引脚 A、B、C 分别与地址总线 A0、A1、A2（即 P0.0～P0.2）相连，以选通 IN0～IN7 中的一个通道。将 P2.7 作为片选信号，以启动 A/D 转换时，由单片机的写信号 $\overline{WR}$ 和 P2.7 控制 ADC 的地址锁存和转换启动。在读取转换结果时，用低电平的读信号 $\overline{RD}$ 和 P2.7 引脚经或非门后，产生的正脉冲作为 OE 信号，用以打开三态输出锁存器。

表 8-9 通道选择的地址编码

地址编码			被选中的通道
C	B	A	
0	0	0	IN0
0	0	1	IN1
0	1	0	IN2
0	1	1	IN3
1	0	0	IN4
1	0	1	IN5
1	1	0	IN6
1	1	1	IN7

假设在以图 8-28 所示电路为基础的测控系统中，巡回检测一遍 8 路模拟量输入，将读数一次存放在片外数据存储器 A0H～A7H 单元，其程序如下。

汇编语言程序：

```
        ORG  000H
        LJMP MAIN
        ORG  0013H
        LJMP INT11
        ORG  0100H
MAIN:   MOV  R0, #0A0H    ;数据存储区首址
        MOV  R2, #08H     ;8 路计数值
        SETB IT1          ;边沿触发方式
```

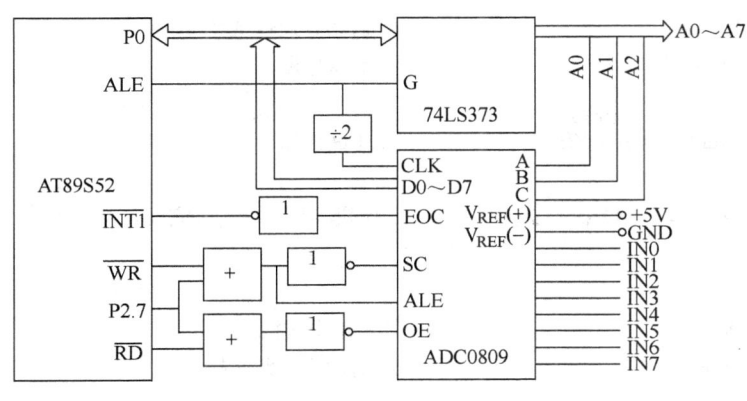

图 8-28 ADC0809 与 AT89S52 的连接

```
        SETB    EA                  ;中断允许
        SETB    EX1                 ;允许外部中断1中断
        MOV     DPTR, #7FF8H        ;A/D 转换器地址
LOOP:   MOVX    @DPTR, A            ;启动 A/D 转换
HERE:   SJMP    HERE                ;等待中断
        ORG     0200H               ;中断服务程序
INT11:  MOVX    A, @DPTR            ;读取转换结果
        MOVX    @R0, A              ;存数
        INC     DPTR                ;指向下一个模拟通道
        INC     R0                  ;指向数据存储区下一个单元
        DJNE    R2, NEXT            ;8 路没采集完转
        CLR     EA
        CLR     EX1
        RETI
NEXT:   MOV     @DPTR, A            ;启动下一路转换
        RETI
```

C 语言程序:

```c
#include <reg51.h>
#include <absacc.h>
#define    IN0 XBYTE[0x7ff8]
#define    uchar unsigned char
uchar    xdata  *addz;              //定义指向通道的指针变量
uchar    pdata  adcdata[8];         //定义存放转换结果的数组
uchar i;
void main(void)
{
    IT1 = 1;
    EA = 1;
    EX1 = 1;
    i = 0;
    addz = &IN0;                    //通道指针初始化
```

```
            *addz = i;                    //启动 0 通道 A/D 转换
            while(1);                     //等待中断
        }
    void init1 (void) interrupt 2         //中断函数
        {
            adcdata[i] = *addz;           //读取转换结果,并完成存储
            i++;
            addz++;
            if(i<8)                       //8 路未转换完
                {*addz = i;}              //启动下一路转换
            else
                {EA=0;EX1=0;}             //8 路转换完,关中断
        }
```

8.5.2 数/模（D/A）转换接口

将数字量转换为模拟量的过程称为数/模转换（Digit to Analog，D/A），实现 D/A 转换的设备称为 D/A 转换器或 DAC。

1. D/A 转换器的主要技术指标

（1）分辨率

分辨率表示对输入的最小数字量信号的分辨能力，即当输入数字量最低位（LSB）发生一次变化时，所对应输出模拟量的变化量。它与输入数字量的位数有关。通常定义刻度值与 2^n 之比。例如，如果满量程为 5V，设 8 位 D/A 转换，分辨率为 $5V/2^8 = 19.5mV$，即二进制变化一位可引起模拟电压变化 19.5mV。

（2）建立时间

建立时间是描述转换速度快慢的一个重要参数，是指 D/A 转换器输入数字量为满刻度值（二进制各位全为 1）时，从输入信号加上到模拟量电压输出达到满刻度值或满刻度值的某一百分比（如 99%）所需要的时间，也可称之为 D/A 转换速度。

（3）转换精度

精度参数用于表明 D/A 转换的精确程度，一般用误差大小表示。通常以满刻度电压（满量程电压）VFS 的百分数形式给出。例如，精度为 ±0.1% 指的是最大误差为 VFS 的 ±0.1%，若 VFS 为 10V，则最大误差为 ±10mV。

2. 典型 D/A 转换芯片 DAC0832

目前，D/A 转换器芯片种类很多，特性各异，但基本的转换原理是相同的，对应用设计人员来讲，只要掌握典型的 D/A 转换器集成电路性能及其与计算机之间接口的基本知识，就可以根据应用系统的要求合理选取 D/A 转换器集成电路芯片，并配置适当的接口电路。

（1）DAC0832 的特性

美国国家半导体公司 DAC0832 芯片是具有 2 个输入数据寄存器的 8 位 DAC，芯片为 20 引脚，双列直插式封装，能直接与 AT89S52 单片机直接相连接，其主要特性如下：

1) 分辨率为 8 位。
2) 电流输出，稳定时间为 1μs。

3）可双缓冲输入、单缓冲输入或直接数字输入。
4）单一电源供电（+5～+15V）。
5）20mW 低功耗。

（2）DAC0832 的逻辑结构和引脚功能

DAC0832 的逻辑结构如图 8-29 所示。DAC0832 的引脚如图 8-30 所示。

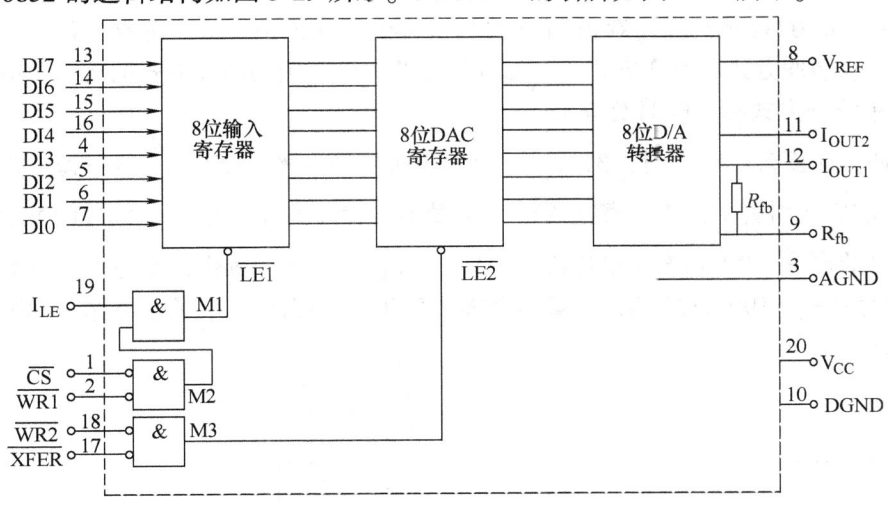

图 8-29　DAC0832 的逻辑结构

DAC0832 主要由两个 8 位寄存器和一个 8 位 D/A 转换器组成。D/A 转换器采用 T 形解码网格，两个 8 位寄存器（输入寄存器和 DAC 寄存器）构成双缓冲结构，通过相应的控制信号可以使 DAC0832 工作于 3 种不同的方式。

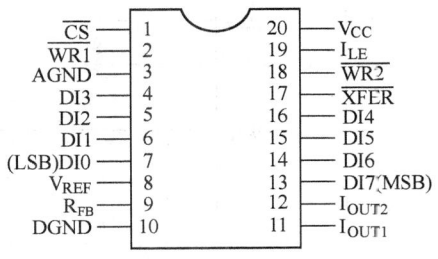

图 8-30　DAC0832 的引脚

各引脚的功能如下：

DI0～DI7：8 位数字信号输入端，TTL 电平，与单片机的数据总线相连，用于接受单片机送来的待转换的数字量，有效时间应大于 90ns。

$\overline{CS}$：片选信号输入端，低电平有效。

I_{LE}：数据锁存允许控制端，高电平有效。

$\overline{WR1}$：输入寄存器写选通控制端，低电平有效。

$\overline{XFER}$：数据传送控制，低电平有效。

$\overline{WR2}$：DAC 寄存器写选通控制端，低电平有效。当 $\overline{XFER}=0$，$\overline{WR2}=0$ 时，输入寄存器状态传入 8 位 DAC 寄存器中。

I_{OUT1}：电流输出端 1，当输入数字量全为"1"时，I_{OUT1} 输出电流最大；输入数字量全为"0"时，I_{OUT1} 输出电流最小。

I_{OUT2}：电流输出端 2，其值和 I_{OUT1} 端的电流之和为一常数。

R_{FB}：外部反馈信号输入端，芯片内部此端与 I_{OUT1} 之间已接有一个 15kΩ 的电阻，根据需要也可外接反馈电阻。

V_{CC}：电源输入端，电压范围为 +5 ~ +15V。
DGND：数字信号地，为工作电源地和数字逻辑地，两种地线最好在基准电源处共地。
AGND：模拟信号地，为模拟信号和基准电源的参考地。
DAC0832 是电流型输出，应用时需要外接运算放大器使之成为电压型输出。

3. AT89 单片机与 DAC0832 的接口电路

根据对 DAC0832 的输入寄存器和 DAC 寄存器的不同控制方法，可有 3 种工作方式：单缓冲方式、双缓冲方式和直通方式。下面分别介绍其中常用的两种方式的接口及应用。

(1) 单缓冲方式接口电路及应用

单缓冲方式接口电路如图 8-31 所示。ILE 引脚接高电平，$\overline{CS}$ 和 $\overline{XFER}$ 引脚连接在一起都接到地址线 P2.7 引脚上，输入寄存器和 DAC 寄存器地址都是 7FFFH；$\overline{WR1}$ 和 $\overline{WR2}$ 连到一起都和单片机的写信号 $\overline{WR}$ 相连。单片机对 DAC0832 执行一次写操作，则把 1 字节数据直接写入 DAC 寄存器中，DAC0832 输出的模拟量随之变化。根据图 8-32 所示电路，编写产生锯齿波和方波程序如下。

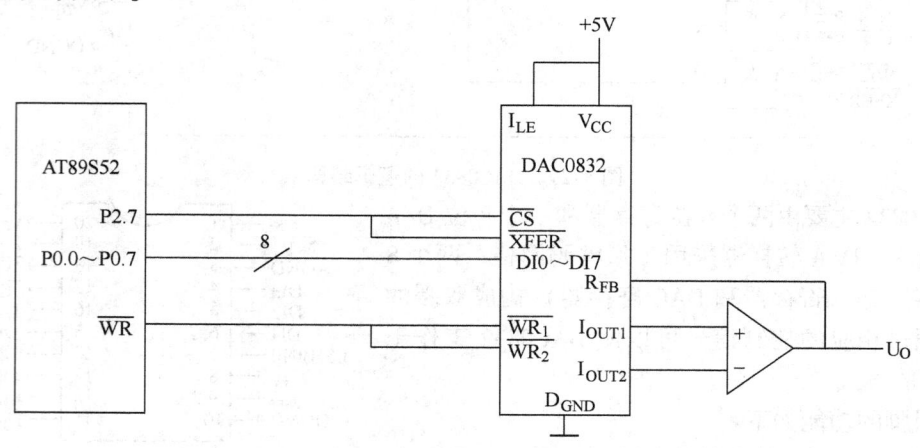

图 8-31 DAC0832 单缓冲方式接口电路

产生锯齿波程序清单：

```
START: MOV   DPTR, #7FFFH     ;设置 D/A 口地址
       MOV   A, #00H          ;输入数字量初始值 00H 到 A
LOOP:  MOVX  @DPTR, A         ;输出对应于 A 内容的模拟量
       INC   A                ;修改 A 的内容
       AJMP  LOOP             ;返回循环
```

C 语言程序：

```c
#include <reg52.h>
#include <absacc.h>
#define DAC0832 XBYTE[0x7fff]
void main()                   //主函数
  {
    unsigned char i;
    while(1)
```

```
        {
            for(i=0;i<255;i++)
            {
                DAC0832 = i;
            }
        }
    }
```

产生方波程序清单：
```
    START: MOV   DPTR, #7FFFH      ; 设置 D/A 口地址
    LOOP:  MOV   A, #0FFH          ; 给 A 送最大值
           MOVX  @DPTR, A           ; D/A 输出相应模拟量
           ACALL 延时子程序          ; 延时
           MOV   A, #00H           ; 给 A 送最小值
           MOVX  @DPTR, A           ; D/A 输出相应模拟量
           ACALL 延时子程序          ; 延时
           AJMP  LOOP              ; 返回循环
```

C 语言程序：
```c
    #include <reg52.h>
    #include <absacc.h>
    #define DAC0832 XBYTE[0x7fff]
    void delay(unsigned int i)          //延时函数
    {
        while(i--);
    }
    void main()                         //主函数
    {
        unsigned char i;
        while(1)
        {
            for(i=0;i<255;i++)
            {
                DAC0832 = 0xff;
                delay(15);
                DAC0832 = 0;
                delay(15);
            }
        }
    }
```

(2) 双缓冲方式接口电路及应用

对于多路 D/A 转换接口，要求同步进行 D/A 转换输出时，必须采用双缓冲方式。DAC0832 数字量输入锁存和 D/A 转换输出是分两步完成的，即 CPU 的数据总线分时输出数字量并锁存在各 D/A 转换器的输入寄存器中，然后 CPU 对所有 D/A 转换器发出控制信号，

使各输入寄存器中的数据存入相应的 DAC 寄存器,实现同步转换输出。

在图 8-32 中,每一路模拟量输出需一片 DAC0832。DAC0832(1)输入锁存器地址为 0DFFFH,DAC0832(2)输入锁存器的地址为 0BFFFH。DAC0832(1)和 DAC0832(2)的第二级寄存器地址同为 7FFFH。根据图 8-32,编写程序实现两路 D/A 同步转换输出的程序清单如下:

```
        ORG   0100H
        MOV   DPTR, #0DFFFH      ;指向 DAC0832(1)
        MOV   A, #DATA1          ;DATA1 送入 DAC0832(1)中锁存
        MOVX  @DPTR, A
        MOV   DPTR, #0BFFFH      ;指向 DAC0832(2)
        MOV   A, #DATA2          ;DATA2 送入 DAC0832(2)中锁存
        MOVX  @DPTR, A
        MOV   DPTR, #7FFFH       ;给 0832(1)和(2)提供WR信号
        MOVX  @DPTR, A           ;同时完成 D/A 转换输出
```

C 语言程序:

```c
#include <reg52.h>
#include <absacc.h>
#define DAC0832(1) XBYTE[0xdfff]
#define DAC0832(2) XBYTE[0xbfff]
#define DAC0832(3) XBYTE[0x7fff]
void main()                      //主函数
{
    DAC0832(1) = data1;
    DAC0832(2) = data2;
    DAC0832(3) = data2;          //随便写入一个数,打开第二级寄存器,同时启动 D/A 转换
}
```

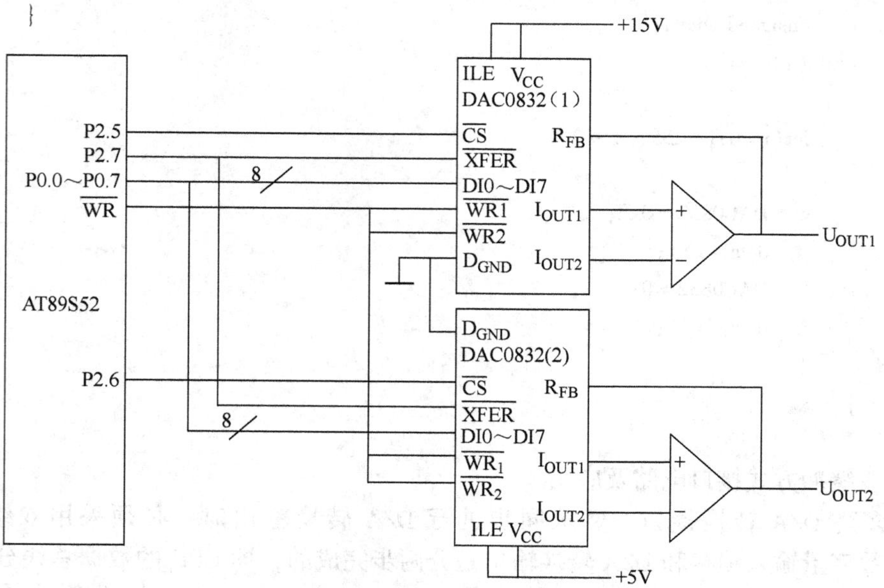

图 8-32 DAC0832 双缓冲器方式应用

习 题 8

1. I/O 接口的功能是什么？I/O 接口和 I/O 端口有什么区别？
2. 常用的 I/O 端口编址有哪两种方式？它们各有什么特点？AT89 单片机的 I/O 端口编址采用的是哪种编址方式？
3. I/O 数据传送有哪几种传送方式？分别在哪些场合下使用？
4. 以图 8-7 说明 8255A 的 A 口在方式 1 的选通输入方式下的工作过程。
5. 要求 8255A 的 A 口工作在方式 0 输出，B 口工作在方式 1 输入，C 口的 PC7 为输入，PC1 为输出。试编写 8255A 的初始化程序。
6. 键盘有哪 3 种工作方式，它们各自的工作原理及特点是什么？
7. 试说非编码键盘的工作原理，如何去键抖动？如何判断键是否释放？
8. 说明矩阵式键盘按键按下的识别原理。
9. LED 静态显示方式和动态显示方式有何区别？各有什么优缺点？
10. 试设计一个 LCD 显示器/键盘接口电路。
11. A/D 转换器的主要技术指标是什么？
12. 目前应用较广泛的 A/D 转换器主要有哪几种类型？它们各有什么特点？
13. 简要说明逐次逼近式 A/D 转换器的转换原理。
14. D/A 转换器的主要技术指标是什么？
15. DAC0832 与单片机连接时有哪些控制信号？其作用是什么？
16. 在 AT89S52 单片机系统中接入一片地址为 7FF8H～7FFFH 的 ADC0809 芯片，试画出系统硬件连接图，并编写 ADC0809 初始化程序和定时采样通道 1 的程序。

第 9 章 串行总线接口技术

由于数据的串行传输连线少,因而采用串行总线扩展技术可以使系统的硬件设计简化,系统的体积减小,同时系统的更改和扩充更为容易。

目前,单片机应用系统中常用的串行扩展总线有 I^2C (Inter IC) 总线、SPI (Serial Peripheral Interface) 总线、Microwire 总线及单总线 (1 – Wire BUS)。

串行扩展总线的应用是单片机目前发展的一种趋势。AT89 系列单片机利用自身的通用并行线可以模拟多种串行总线时序信号,因此可以充分利用各种串行接口芯片资源。本章主要介绍 I^2C 总线、SPI 总线及单总线的基本知识、常用的串行总线接口器件及和单片机的接口应用。

9.1 SPI 串行总线接口技术

9.1.1 SPI 串行总线简介

SPI 接口为串行外围接口,是 Motorola 公司首先在其 MC68HCxx 系列处理器上定义的。SPI 总线系统是一种同步串行外设接口,它可以使 MCU 与各种外围设备以串行方式进行通信以交换信息。SPI 总线系统可直接与各个厂家生产的多种标准外围器件直接接口。该接口一般包括以下 4 种信号。

- MOSI:主器件数据输出,从器件数据输入。
- MISO:主器件数据输入,从器件数据输出。
- SCLK:时钟信号,由主器件产生。
- $\overline{SS}$:从器件使能信号,由主器件控制。

SPI 接口是在 CPU 和外围低速器件之间进行同步串行数据传输,在主器件的移位脉冲下,数据按位传输,高位在前,低位在后,为全双工通信,数据传输速率总体来说比 I^2C 总线要快,速率可达到几兆比特每秒。

对于大多数不带 SPI 串行总线接口的 AT89 系列单片机来说,可以使用软件来模拟 SPI 的操作,包括串行时钟、数据输入和数据输出。

9.1.2 SPI 串行接口 A/D 转换器 TLC549 及其软硬件设计

TLC549 是美国德州仪器公司生产的 8 位串行 A/D 转换器芯片,通过 SPI 接口与单片机连接,从 CLK 输入的频率最高可达 1.1MHz。TLC549 具有 4MHz 的片内系统时钟,片内具有采样保持电路,A/D 转换器的最长转换时间为 17μs,最高转换速率为 40000 次/s。TLC549 的电源范围为 +3 ~ +6V,功耗小于 15mW,总失调误差最大为 ±0.5LSB,适用于电池供电的便携式仪表及低成本高性能的系统中。

1. 引脚功能

TLC549 有 8 个引脚,如图 9-1 所示。各引脚功能说明如下:

REF+：正基准电压输入端，2.5V≤REF+≤V_{CC}+0.1V。

REF−：负基准电压输入端，−0.1V≤REF−≤2.5V，且要求 REF+ ~ REF− ≥1V。在要求不高时，也可将 REF− 接地，REF+ 接 V_{CC}。

AIN：模拟信号输入端，0≤AIN≤V_{CC}，当 AIN≥REF+ 时，转换结果为全"1"（FFH），AIN≤REF− 时，转换结果为全"0"（00H）。

$\overline{CS}$：芯片选择输入端，低电平有效。

DO：数据串行输出端，输出时高位在前，低位在后。

CLK：外部时钟输入端，最高频率可达 1.1MHz。

2. TLC549 的时序

TLC549 的时序如图 9-2 所示。$\overline{CS}$ 变为低电平时，TLC549 芯片被选中，同时从 DO 端输出前次转换结果的最高有效位 A7；接着自 CLK 端输入 8 个外部时钟信号，前 7 个 CLK 信号输出上次转换结果的 A6 ~ A7 位。在第 4 个 CLK 信号由高至低的跳变之后，片内采样/保持电路对输入模拟量

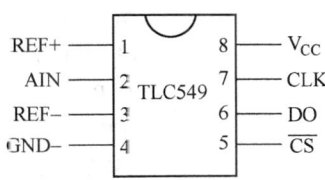

图 9-1　TLC549 引脚图

采样开始，第 8 个 CLK 信号的下降沿使片内采样/保持电路进入保持状态并启动本次 A/D 开始转换。

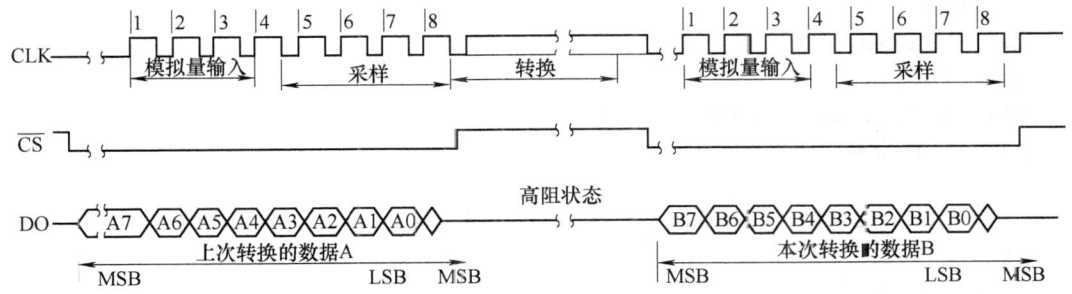

图 9-2　TLC549 的时序

TLC549 没有启动控制端，只要读走前一次数据后马上就进行新的转换，转换完成后就进入保持状态，转换时间为 36 个系统时钟周期，最大为 17μs。没有转换完成标志信号，只要采用延时操作即可控制每次读取数据的操作。

3. TLC549 与单片机的接口

TLC549 与单片机的连接如图 9-3 所示。采用 P1.0 ~ P1.2 连接 TLC549 的串行接口。

A/D 转换的汇编语言程序：

```
        DO   BIT  P1.2
        CLK  BIT  P1.1
        CS   BIT  P1.0
        ...
TLC549_AD: CLR  A           ; TLC549 A/D 转换子程序，转换结果在 A 中
```

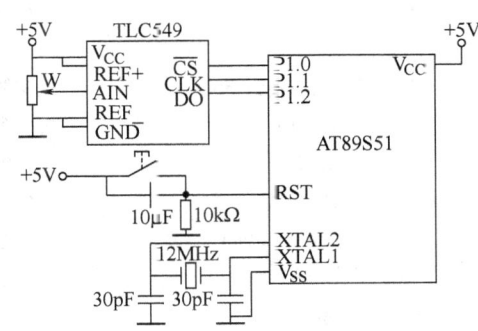

图 9-3　TLC549 与单片机的硬件连接

```
                CLR    CLK
                MOV    R5, #08H
                CLR    CS              ;选中 TLC549
        LOOP:   SETB   CLK             ;产生时钟
                NOP
                NOP
                NOP
                NOP
                MOV    C, DO           ;读取 A/D 转换的一位数据
                RLC    A               ;左移进入 A
                CLR    CLK
                NOP
                NOP
                DJNZ   R5, LOOP        ;判 8 次数据是否读完
                SETB   CS
                SETB   CLK
                RET
```

A/D 转换的 C 语言程序:

```
  sbit   DO = P1^2
  sbit   CLK = P1^1
  sbit   CS = P1^0
  bdata Unsigned char addata;
  sbit   adin0 = addata ^0;
   ...
unsigned char TLC549 _ad (void)    //A/D 转换程序
   {
     unsigned char i;
     Clk = 0;
     CS = 0;                        //令 CS 为低选中 TLC549
     _nop_ ();
     for (i = 0; i < 8; i ++)       //循环读取 8 位 A/D 转换结果
      { CLK = 1;                    //令 CLK 引脚为高,产生时钟
        delay ();                   //延时
        adin0 = DO;                 //读取 A/D 转换后数据线的一位数据
        addata = addata << 1;       //左移一位,先读取为高位,后读为低位
        CLK = 0;                    //令 CLK 恢复为 0
        _nop_ ();
        _nop_ ();
      }
     return addata;                 //返回 A/D 转换值
   }
void delay ()
  { unsigned char i;
```

```
       for (i = 0; i < 20; i ++)
}
```

4. 简易数字电压表的设计举例

利用 TLC549 A/D 转换器设计一个简易数字电压表,用 4 位 LED 显示器将被测电压显示出来,测量范围为 0.000 ~ 5.000V。将 TLC549 的 $\overline{CS}$、CLK、DO 接到单片机的 3 条 I/O 口线,REF +、REF – 直接接到 V_{CC}、GND,模拟输入 AIN 接电位器的中心抽头,调节电位器即可改变被测输入电压值,硬件连接如图 9-4 所示。

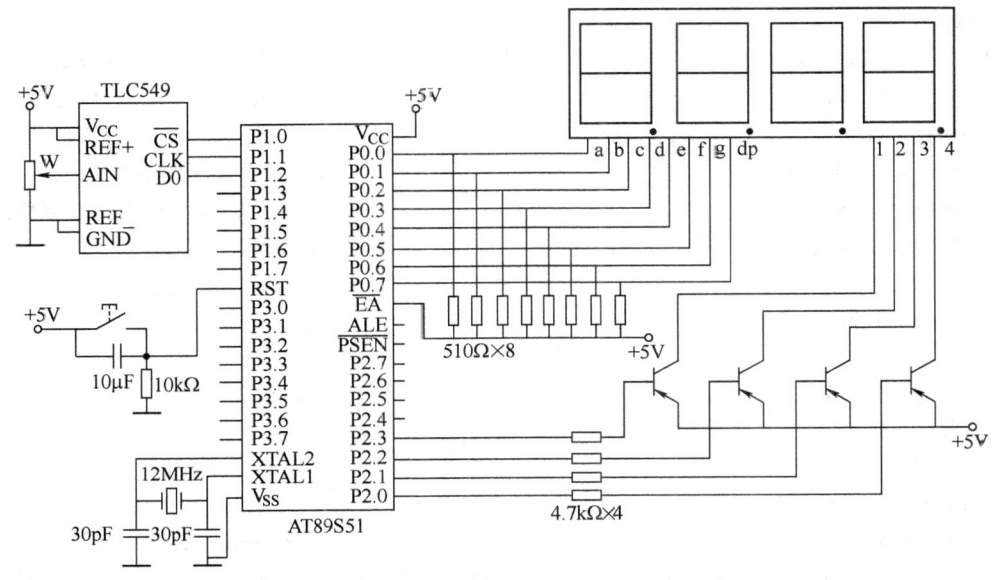

图 9-4 简易数字电压表硬件连接图

软件设计的基本思路:程序首先通过调用 TLC549_ad(),读取 A/D 转换结果并存入 addata,然后按公式 u = addata/255 × 5000(mV)计算电压值,再将 u 转换为 4 位 BCD 码送显示缓冲区,并调用显示程序 disp_ad()将其转换为字型码显示出来,显示格式为 x.xxxx,单位为 V。其 C 语言程序清单如下:

```
#include   <reg51.h>
#include   <intrins.h>
#define  uchar  unsigned  char
#define  ulong  unsigned  long
uchar  code  segtab[]  = {0xc0, 0xf9, 0xa4, 0xb0, 0x99, 0x92, 0x82, 0xf8, 0x80, 0x90, 0x88,
                          0x83, 0xc6, 0xa1, 0x86, 0x8e}; //0 ~ F 的共阳字型码表
uchar  disp_buf[4]  = {0, 0, 0, 0};                       //显示缓冲区
sbit  AD_CS = P1^0;
sbit  AD_CLK = P1^1;
sbit  AD_DAT = P1^2;
bdata  uchar  addata;
sbit  adin0 = addata^0;
```

```c
void   delay (void)                             //延时函数
{  uchar  i;
   for (i=0; i<20; i++);
}
uchar   TLC549_ad (void)                        //A/D 转换程序
{  uchar  i;
   AD_CLK = 0;
   AD_CS = 0;                                   //令 CS 为低选中 TLC549
   _nop_ ();
   for (i=0; i<8; i++)                          //循环读取 8 位 A/D 转换结果
   { AD_CLK = 1;                                //令 CLK 引脚为高,产生时钟
     delay ();
     adin0 = AD_DAT;                            //读取数据线的一位数据
     addata = addata  <<1;                      //左移,先读取为高位,后读为低位
     AD_CLK = 0;                                //令 CLK 恢复为低
   }
   return  addata;
}
void  disp_ad (void)                            //显示函数
{  uchar  i, j, wx;
   wx = 0xfe;                                   //首先点亮最左边
   for (i=0; i<4; i++)
     {   P2 = wx;                               //位选字送位选口
         P0 = segtab [disp_buf [i]];            //将显示缓冲区的 BCD 数据转换为字段码送 P0 显示
         if (i==3)    P0 = P0&0x7f;             //如果是最高位,点亮最高位的小数点
         wx = _crol_ (wx, 1);                   //位选字左移,选择显示下一位
         for (j=1; j<200; j++);                 //延时
         P0 = 0xff;                             //熄灭所有字段
     }
}
void  main ()
{  uint   u;
   uchar  i;
   while (1)
     { u = TLC549_ad () *5000/255;              //将转换结果换成电压值
       for (i=0; i<3; i++)                      //将电压值转换为 4 位 BCD 码送显示缓存
         { disp_buf [i] = u%10;
           u = u/10;
         }
       disp_buf [3] = u;
       disp_ad ();                              //显示电压值
     }
}
```

9.1.3 SPI 串行接口 D/A 转换器 TLC5615 及其软硬件设计

TLC5615 是 SPI 接口的 10 位电压输出的 D/A 转换器，通过 3 根串行总线就可以完成 10 位数据的串行输入，易于和工业标准的微处理器或单片机接口，适用于电池供电的测量仪表、移动电话以及工业控制场合。其主要特点如下：
- 5V 单电源工作。
- 3 线串行接口。
- DAC 输出的最大电压为 2V 倍基准输入电压。
- 上电时内部自动复位，确保可以重复启动。
- 功耗低，最大功耗为 1.75mW。

1. TLC5615 的内部结构和引脚功能

TLC5615 的内部结构如图 9-5 所示，内部包含一个电压跟随器为参考电压端 REFIN 提供高输入阻抗；10 位 DAC×2 电路提供最大值为 2 倍于 REFIN 的输出；一个 16 位移位寄存器，接收串行移入的二进制数，并且有一个级联的数据输出端 DOUT；并行输入输出的 10 位 DAC 寄存器，为 10 位 DAC 电路提供待转换的二进制数据。

TLC5615 的引脚如图 9-6 所示，各引脚功能如下。

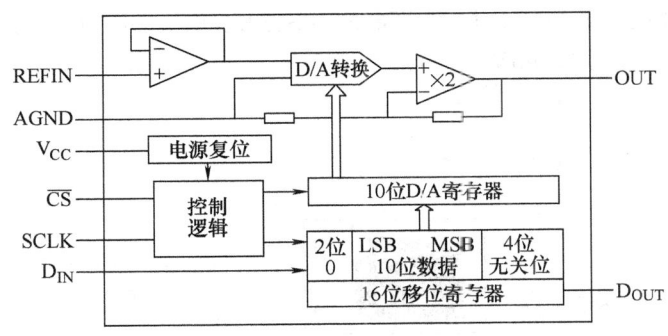

图 9-5 TLC5615 的内部结构

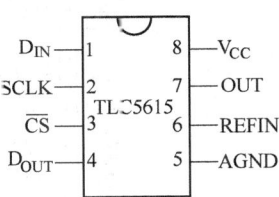

图 9-6 TLC5615 的引脚

DIN：串行二进制数输入端。

SCLK：串行时钟输入端。

$\overline{CS}$：芯片选择，低有效。

DOUT：菊花链的串行数据输出端（用于多芯片的级联）。

REFIN：基准电压输入端。

OUT：DAC 模拟电压输出端。

2. TLC5615 的时序

TLC5615 的时序如图 9-7 所示。当 $\overline{CS}$ 为低电平时，在每一个 SCLK 时钟的上升沿从 DIN 引脚移入一位数据，高位在前，低位在后。经 16 个时钟后，$\overline{CS}$ 的上升沿将 16 位移位寄存器的 10 位有效数据锁存到 10 位 DAC 寄存器，供 DAC 电路进行转换。

16 位数据的高 4 位和低 2 位不会被转换，待转换数据输入的格式如表 9-1 所示。

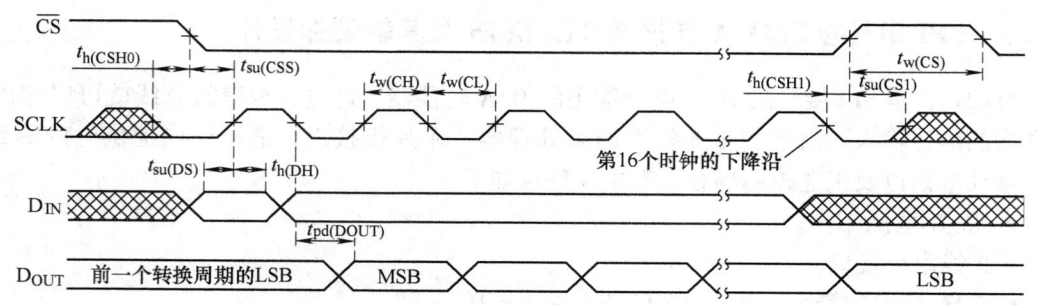

图 9-7 TLC5615 的时序

表 9-1 D/A 转换数据输入格式

输入序号	1	2	3	4	5	6	7	8	9	10	11	12	13	14	15	16
输入数据	×	×	×	×	D9	D8	D7	D6	D5	D4	D3	D2	D1	D0	0	0

设 n 为待转换的数字量，V_{REFIN} 为基准输入电压，则转换后的输出电压为

$$V_{OUT} = 2 \times V_{REFIN} \times n/1024$$

3. TLC5615 与单片机的接口

TLC5615 与单片机的硬件连接如图 9-8 所示，将 TLC5615 的 SCLK、$\overline{CS}$、DIN 分别与单片机的 P1.0、P1.1、P1.2 相连，基准电压接 +5V。

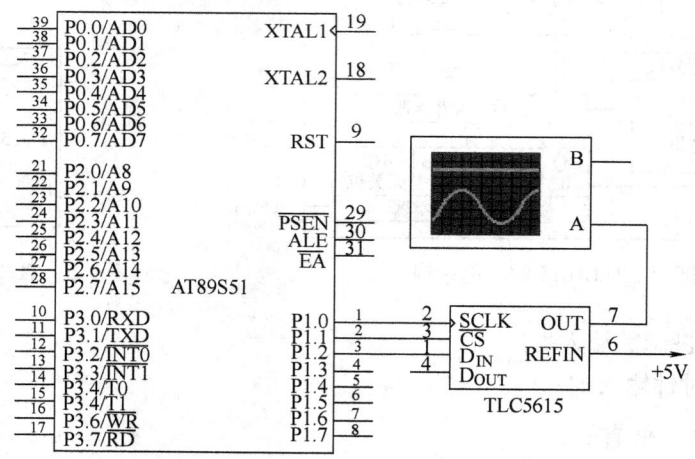

图 9-8 TLC5615 与单片机的硬件连接

设要转换的数据放在 R7R6 中，R7 为高 8 位，R6 低 8 位。D/A 转换的汇编语言程序如下：

```
        DIN     BIT     P1.2            ;引脚定义
        CS      BIT     P1.1
        SCLK    BIT     P1.0
        ……
TLC5615_DA: CLR     C               ;将 R7R6 中数据左移 2 位（16 位数据的最低 2 位添 00）
            RLC     R6
            RLC     R7
```

```
            CLR   C
            RLC   R6
            RLC   R7
            SETB  CS              ；初始化片选信号为高
            CLR   SCLK            ；初始化时钟为低
            CLR   DIN             ；D/A 数据线置低
            CLR   CS              ；选中 TLC5615，开始启动 D/A
            MOV   R5, #16         ；将 16 位数据从 DIN 端移进内部的 16 位移位寄存器
    LOOP：  RLC   R6              ；R7R6 中数据左移一位，最高位进入 CY
            RLC   R7
            MOV   DIN, C          ；将数据送到 DIN 引脚
            SETB  SCLK            ；送时钟
            NOP
            NOP
            NOP
            CLR   SCLK；
            NOP
            NOP
            NOP
            DJNZ  R5, LOOP
            SETB  CS              ；D/A 片选拉高，10 位有效数据锁存到 DAC 寄存器，开始转换
            RET
```

D/A 转换的 C 语言程序：

```c
sbit    DA_clk = P1^0;                      //引脚定义
sbit    DA_cs = P1^1;
sbit    DA_in = P1^2;
    …
void    delay_s (unsigned char n)           //延时
    {   unsigned char i;
        for (i=0; i<n; i++);
    }
void    TLC5615_DA_conver (unsigned int DA_data)   //D/A 转换程序
    {
        unsigned char i;
        DA_data = DA_data << 2;             //将数据左移 2 位（最低 2 位添 00）
        DA_cs = 1;                          //初始化片选信号为高
        DA_clk = 0;                         //初始化时钟为低
        DA_in = 0;                          //D/A 数据线置低
        DA_cs = 0;                          //选中 TLC5615，开始启动 D/A
        for (i=0; i<16; i++)                //将 16 位数据从 DIN 端移进内部的 16 位移位寄存器
        {
            DA_data = DA_data << 1;         //左移一位，最高位进入 CY
```

```
            DA_in = CY;                        //将数据送到 DIN 引脚
            DA_clk = 1; delay_s (0x02);        //送时钟
            DA_clk = 0; delay_s (0x02);
        }
        DA_cs = 1;              //片选拉高,10 位数据锁存到 DAC 寄存器,开始转换
        delay_s (0x20);
    }
```

4. 用 TLC5615 设计简易信号发生器

图 9-9 所示是用 TLC5615 设计简易信号发生器的硬件接口电路。系统实现上电后产生矩形波,当 S1 按下时产生正弦波,当 S2 按下时产生三角波。

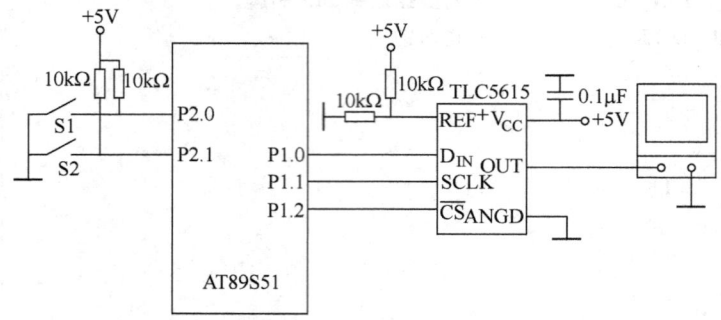

图 9-9 简易信号发生器的硬件接口电路

参考源程序清单如下:

```
#include    <reg51.h>
#include    <math.h>
sbit    S1 = P2^0;                             //定义 S1 按键
sbit    S2 = P2^1;                             //定义 S2 按键
sbit    DA_DIN = P1^0;                         //定义 D/A 数据线
sbit    DA_CLK = P1^1;                         //定义 D/A 时钟线
sbit    DA_CS = P1^2;                          //定义 D/A 片选信号
void    delay_s (unsigned char n)              //延时函数
{   unsigned char i;
    for (i = 0; i < n; i ++);
}
    /* TLC5615 D/A 转换函数 */
void    TLC5615_DA_conver (unsigned int DA_data)   //TLC5615 D/A 转换程序
{
    unsigned char i;
    DA_data = DA_data << 2 ;                   //将数据左移 2 位(最低 2 位添 00)
    DA_CS = 1;                                 //初始化片选信号为高
    DA_CLK = 0;                                //初始化时钟为低
    DA_DIN = 0;                                //D/A 数据线置低
    DA_CS = 0;                                 //选中 TLC5615,开始启动 D/A
    for (i = 0; i < 16; i ++)                  //将数据从 DIN 端移进内部的移位寄存器
    {
```

```c
        DA_data = DA_data  << 1;              //左移一位，最高位进入 CY
        DA_DIN = CY;                          //将数据送到 DIN 引脚
        DA_CLK = 1; delay_s (0x02);           //送时钟
        DA_CLK = 0; delay_s (0x02);
        }
    DA_CS = 1;                //片选拉高，10 位数据锁存到 DAC 寄存器，开始转换
    delay_s (0x20);
}
/*产生正弦波函数，幅度为 APx */
void sin_fun (unsigned char APx)
    { float  x, y;
      unsigned int  DA;
      while (1)
        {
        for (x = 0; x < (2 * 3.1415); x + = 0.1)
            {
            y = sin (x);                      //计算正弦值
            DA = APx + y * APx;               //上移 APx，双极性变成单极性
            TLC5615_DA_conver (DA);           //D/A 转换，产生电压
            }
        if (S2 == 0)   break;                 //S2 按下退出
        }
    }
/*产生三角波函数，幅度为 APx，步长为 step */
void sanjiao (unsigned int APx, unsigned char step)
    { unsigned int x;
     while (1)
      {for (x = 1;  x < APx;   x = x + step)   //三角波的上升部分
        TLC5615_DA_conver (x);                 //D/A 变换，产生电压
       for (x = APx; x > 1; x = x - step)      //三角波的下降部分
        TLC5615_DA_conver (x);                 //D/A 变换，产生电压
        if (S1 == 0)   break;                  //S1 有效退出
        }
     }
/*产生矩形波函数，幅度为 APx，高电平宽度为 numh，低电平宽度为 numl */
void juxb (unsigned int APx, unsigned int numh, unsigned int numl)
    {unsigned int x;
     while (1)
        {
        for (x = 0; x < numh; x ++)            //矩形波的高电平期间
            TLC5615_DA_conver (APx);           //D/A 变换，产生电压
        for (x = 0; x < numl; x ++)            //方波的低电平期间
            TLC5615_DA_conver (3);
```

```
            if ( (S1==0) || (S2==0) ) break;              //S1 或 S2 按下退出
        }
    }
    void main (void)                                      //主函数
    {
        while (1)
        {
            if ( (S1==1) && (S2==1) ) juxb (503, 500, 300);   //S1 和 S2 均未按下,产生矩形波
            if (S1==0) sin_fun (250);                         //S1 按下产生正弦波
            if (S2==0) sanjiao (500, 5);                      //S2 按下产生三角波
        }
    }
```

9.2　I^2C 总线接口技术

I^2C 总线是 Phlips 公司推出的一种高性能芯片间简单、双向二线制同步串行总线,数据传输时只需两根信号线,一根是双向数据线 SDA;另一根是时钟线 SCL。所有连接到 I^2C 总线上的串行器件,其数据线都连接到总线的 SDA 上,时钟线则连接到总线的 SCL 上。

9.2.1　I^2C 总线简介

1. I^2C 总线的主要特点

- 总线只有两根线,即串行时钟线(SCL)和串行数据线(SDA),这在设计中大大减少了硬件接口。
- 每个连接到总线上的器件都有一个用于识别的器件地址。器件地址由芯片内部硬件电路和外部地址引脚同时决定,避免了片选线的连接方法,并建立简单的主从关系,每个器件既可以作为发送器,又可以作为接收器。
- 同步时钟允许器件以不同的波特率进行通信。
- 同步时钟可以作为停止或重新启动串行口发送的握手信号。
- 串行的数据传输位速率在标准模式下可达 100kbit/s,快速模式下可达 400kbit/s,高速模式下可达 3.4Mbit/s。
- 连接到同一总线的集成电路数只受 400pF 的最大总线电容的限制。

2. I^2C 总线系统结构

I^2C 总线的系统结构如图 9-10 所示。采用 I^2C 总线标准的器件均并联在总线上,内部都有 I^2C 接口电路,用于实现和 I^2C 总线的连接。I^2C 总线上的每一个从器件均有一个唯一的地址,用于识别不同的器件。

3. I^2C 总线的工作时序

当 I^2C 总线没有进行信息传送时,数据线(SDA)和时钟线(SCL)都为高电平。当主控制器向某个器件传送信息时,首先应向总线送开始信号,然后才能传送信息,当信息传送结束时应送结束信号,如图 9-11 所示。开始信号和结束信号规定如下:

开始信号:SCL 为高电平时,SDA 由高电平向低电平跳变,开始传送数据。

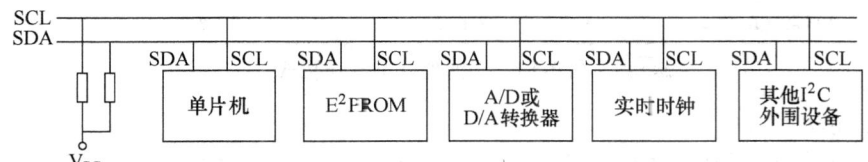

图 9-10　I²C 总线的系统结构

结束信号：SCL 为高电平时，SDA 由低电平向高电平跳变，结束传送数据。

开始信号和结束信号之间传送的是信息，信息的字节数没有限制，但每一字节必须为 8 位，高位在前，低位在后。数据线 SDA 上每一位信息状态的改变只能发生在时钟线 SCL 为低电平的期间，因为 SCL 高电平期间 SDA 状态的改变已经被用来表示开始信号和结束信号。每个字节后面必须接收一个应答信号（ACK），ACK 是从控制器在接收到 8 位数据后向主控制器发出的特定的低电平脉冲，用以表示已收到数据。主控制器接收到 ACK 后，可根据实际情况作出是否继续传递信号的判断。若未收到 ACK，则判断为从控制器出现故障。

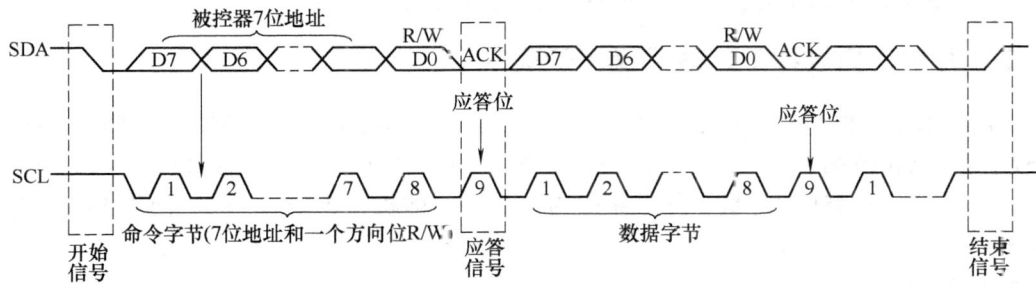

图 9-11　I²C 总线的工作时序

主控制器每次传送的信息的第一个字节必须是器件地址码，第二个字节为器件单元地址，用于实现选择所操作的器件的内部单元，从第三个字节开始为传送的数据。其中器件地址码格式如图 9-12 所示。

D7	D6	D5	D4	D3	D2	D1	D0
器件类型码					片选			R/W

图 9-12　I²C 总线上器件地址码格式

I²C 总线上的每一个从器件均有一个唯一的地址，每次主器件发出起始信号后，必须接着发出 1 字节的器件地址，以选取挂在总线上的某一从器件并控制总线的传输方向。器件类型码：表示器件的类型，出厂时根据 Philips 公司的 I²C 规程确定，比如对于 24C02 芯片来说，器件标识地址为 1010。片选地址：当总线上有多片同类器件时，只有器件引脚 A2～A0 的电平与器件地址中 A2～A0 同相的器件才能被选中。R/W 操作控制位，为 1 表示读操作，为 0 表示写操作。

说明：器件地址只表明选择挂在总线的哪一个器件及数据传送方向，而器件内部的地址是由编程者在传送第一个数据时指定的，即第一个数据为器件内的子地址。

4. I²C 总线读写操作

（1）当前地址读

该操作将从所选器件当前地址执行读操作，读的字节数不指定，格式如图 9-13 所示。

| S | 控制码（R/W=1） | A | 数据1 | A | 数据2 | A | P |

图 9-13　当前地址读操作格式

(2) 指定单元读

该操作将从所选器件指定地址读，读的字节数不指定，格式如图 9-14 所示。

| S | 控制码（R/W=0） | A | 器件单元 | 地址 | A | S | 控制码（R/W=1） | A | 数据1 | A | 数据2 | A | P |

图 9-14　指定地址读操作格式

(3) 指定单元写

该操作将从所选器件指定地址写，写的字节数不指定，格式如图 9-15 所示。

| S | 控制码（R/W=0） | A | 器件单元 | 地址 | A | 数据1 | A | 数据2 | A | P |

图 9-15　指定地址写操作格式

其中：S 表示开始信号；A 表示应答信号；P 表示结束信号。

9.2.2　用 I/O 口模拟 I²C 总线操作子程序

目前，有不少的单片机内部集成了 I²C 总线接口，如 MCS-51 系列的 8xC550、8xC552、8xC571 等。低价位的单片机内部虽然没有集成 I²C 总线接口，但可以通过软件实现 I²C 总线操作。假设采用 89S51 单片机，晶振频率为 12MHz，即机器周期为 1μs，使用 P1.0 作为数据线 SDA，P1.1 作为时钟线 SCL。

汇编语言程序：

```
    SCL   BIT  P1.1           ;汇编语言定义端口
    SDA   BIT  P1.0
```

C 语言程序：

```
    sbit  SDA = P1^0;          //C语言定义端口
    sbit  SCL = P1^1;
    bit   ack;                 //应答标志位，有应答为1，无应答为0
    #define DELAY5US  _nop_();_nop_();_nop_();_nop_();_nop_();
```

根据 I²C 总线数据传送的典型信号时序要求，可用单片机 I/O 口线产生起始信号、停止信号、应答信号、非应答信号等。其汇编语言和 C 语言程序如下。

1. 产生起始信号 S

汇编语言程序：

```
START: SETB  SDA              ;发送起始条件数据信号
       SETB  SCL              ;发送起始条件的时钟信号
       NOP
       NOP
       NOP
       NOP
       NOP
       CLR   SDA              ;发送起始信号（SCL 为高，SDA 发生由高到低）
       NOP
```

```
            NOP
            NOP
            NOP
            NOP
            CLR   SCL
            RET
```

C 语言程序：
```
    void  start ( )
      {  SDA = 1;                //将 SDA，SCL 置为 1
         SCL = 1;
         DELAY5US;                //延时 5μs
         SDA = 0;                 //SCL 为高时，SDA 由高变低
         DELAY5US;
         SCL = 0;                 //SCL 变低，准备发送或接收数据
      }
```

2. 产生停止信号 S

汇编语言程序：
```
    STOP:   CLR   SDA            ;发送停止条件的数据信号
            SETB  SCL            ;发送停止条件的时钟信号
            NOP
            NOP
            NOP
            NOP
            NOP
            SETB  SDA            ;发送 I²C 总线停止信号（SCL 为高，SDA 发生由低到高）
            NOP
            NOP
            NOP
            NOP
            NOP
            CLR   SCL
            CLR   SDA
            RET
```

C 语言程序：
```
    void  stop ( )
      {  SDA = 0;                //将 SDA 清 0，SCL 置 1
         SCL = 1;
         DELAY5US;
         SDA = 1;                 //当 SCL 为高电平时，SDA 由低变高
         DELAY5US;
         SCL = 0;
      }
```

3. 发送应答信号

汇编语言程序：

```
ACK:    CLR   SDA            ;发送ACK
        SETB  SCL
        NOP
        NOP
        NOP
        NOP
        NOP
        CLR   SCL
        SETB  SDA
        RET
```

C语言程序：

```c
void ack(void)              //产生应答信号
{ SDA = 0;                  //SDA先清零,发应答信号
  SCL = 1;                  //SCL由低变高,产生一个时钟
  DELAY5US;                 //延时5μs
  SCL = 0;                  //SCL变低,以便继续接收
  SDA = 1;
}
```

4. 发送非应答信号 (NACK)

汇编语言程序：

```
NACK:   SETB  SDA            ;发送NACK
        SETB  SCL
        NOP
        NOP
        NOP
        NOP
        NOP
        CLR   SCL
        CLR   SDA
        RET
```

C语言程序：

```c
void nack(void)
{ SDA = 1;                  //DA先置1,发非应答信号
  SCL = 1;                  //SCL由低变高,产生一个时钟
  DELAY5US;
  SCL = 0;                  //时钟线SCL恢复到低电平
  SDA = 0;
}
```

5. 应答检测子程序 CACK

汇编语言程序 (F0 = 1 通信失败)：

```
CACK:       SETB    SDA             ;发送应答信号 CACK
            SETB    SCL
            CLR     F0
            MOV     C, SDA
            JNC     CEND
            SETB    F0
CEND:       CLR     SCL
            RET
```

C 语言程序:
```
void  cack (void)
   { SDA = 1;                    //SDA 先置1,发非应答信号
     SCL = 1;                    //SCL 由低变高,产生一个时钟
     DELAY5US;
     ack = 0;
     if (SDA = 1)
     ack = 1;
     SCL = 0;                    //时钟线 SCL 恢复到低电平
   }
```

6. 向 I^2C 总线发送 1 字节数据

汇编语言程序:
```
;从 A 中取 1 字节数据写向 I²C 总线
WRITE_BYTE:     MOV     R7, #8          ;写8位
WRITE_LOOP:     RLC     A               ;发送 A 中数据
                MOV     SDA, C
                SETB    SCL
                NOP
                NOP
                NOP
                NOP
                NOP
                CLR     SCL
                DJNZ    R7, WRITE_LOOP
                RET
```

C 语言程序:
```
//将指针 P 指向的 1 字节数据发送
void  SendByte (uchar  *p)
   {uchar n, temp;
    temp = *p;
    for (n = 0; n < 8; n ++ )        //1 字节为8位,循环8次
      {if (temp &0x80) SDA = 1;      //将数据线 SDA 置1或清零
        else SDA = 0;
       NOP
```

```
            SCL = 1;                      //置 SCL 为高，通知从机开始接收数据
            DELAY5US;
            SCL = 0;                      //SCL 变低，准备发送下一位数据
            temp = temp << 1;             //准备下一位要发送的数据
        }
    }
```

7. 从 I²C 总线接收 1 字节数据

汇编语言程序：

```
    ;从 I²C 总线接收 1 字节数据放在 A 中
    RDBYTE: MOV    R7, #8           ;写 8 位
    RD_LOOP: SETB   SDA
             SETB   SCL
             NOP                     ;延时 5μs
             NOP
             NOP
             NOP
             NOP
             NOP
             MOV    C, SDA           ;采样 SDA 线上的数据到 cy
             MOV    A, R2            ;R2 为接收数据的缓冲寄存器
             RLC    A                ;将 cy 中的数据左移进 A 中
             MOV    R2, A            ;数据送回缓冲寄存器 R2
             CLR    SCL
             DJNZ   R7, RD_LOOP
             RET
```

C 语言程序：

```
    //接收 1 字节数据放在 P 指向单元
    uchar RcvByte(uchar *P)
    {
        uchar n, temp;
        for (n = 0; n < 8; n ++)          //1 字节为 8 位，循环 8 次
        {SDA = 1;                         //置数据线 SDA 为高，进入接收方式
         SCL = 1;                         //SCL 由低变高，产生一个时钟
         DELAY5US;
         temp = temp << 1;
         if (SDA = 1) temp = temp | 0X01
         ELSE   temp = temp&0xfe;
         SCL = 0;                         //时钟线 SCL 清零
        }
        *p = temp;
    }
```

8. 向有子地址器件发送多字节数据

以上介绍的都是 I^2C 总线的基本操作。I^2C 总线完整的数据传输是由以上操作组合而成的。设某从器件的写地址为 sla，如果希望向该器件由子地址 suba 开始的单元连续写入 n 字节的数据 dat1，dat2，…，datn，相应的操作过程如图 9-16 所示。有阴影部分表示数据由主器件向从器件传送，无阴影部分表示数据由从器件向主器件传送。

| START | sla | ACK | suba | ACK | dat1 | ACK | dat2 | ACK | … | datn | ACK | STOP |

图 9-16 向有子地址器件发送多字节的操作过程

汇编语言程序：

```
    ；多字节写操作子程序 WNBYTE
    ；入口参数：R7 写入的字节数，R0 写入数据的首地址，R3 从器件地址，R2 从器件内部子地址
WNBYTE: MOV    A, R3        ；取器件地址
        LCALL  START
        LCALL  WRITE_BYTE
        LCALL  CACK
        JB     F0, WRBYTE
        MOV    A, R2        ；取内容地址
        LCALL  WRITE_BYTE
        LCALL  CACK
        JB     F0, WRBYTE
WRDA:   MOV    A, @R0
        LCALL  WRITE_BYTE
        LCALL  CACK
        JB     F0, WRBYTE
        INC    R0
        DJNZ   R7, WRDA
        LCALL  STOP
        RET
```

C 语言程序：

```
//多字节写操作子程序 WNBYTE
//入口参数：n 为写入的字节数，S0 为写入数据的首地址，S3 为从器件地址，S2 为从器件内部子地址
void Sendnbyte (uchar *s3, uchar *s2, uchar *s0, uchar n)
    {uchar i;
    loop: start ();                    //发起始信号，启动总线
        SendByte (s3);                 //发送从器件地址
        cack ();
        if (ack)
            goto loop
        SendByte (s2);                 //发送器件子地址
        cack ();
        if (ack)
            goto loop
```

```
    for (i=0; i<n; i++)              //循环 n 次
      {SendByte (s0);                //发送 1 字节数据
       cack ( );
       if (ack)
        goto  loop
       s0 ++ ;                        //指向下一字节
      }
    stop ( );                         //发结束信号,结束本次数据传送
 }
```

9. 向有子地址器件读取多字节数据

主机首先发送起始信号、从器件地址 sla 和希望读取的字节数据所在从器件子地址 suba,执行一次写操作,在从器件应答之后,主器件重新发送起始信号和从器件读地址 sla+1,从器件响应并发送应答信号后,输出主机所要求的 1 字节数据 dat1,主器件随后发送应答信号 ACK,以后从器件每输出 1 字节数据,主机均回送 ACK 应答,当从器件输出最后 1 字节数据 datn 后,主机回送非应答信号,接着发送停止信号结束总线传送,相应的操作过程如图 9-17 所示。

| START | sla | ACK | suba | ACK | START | sla+1 | ACK | dat1 | ACK | ... | datn | NACK | STOP |

图 9-17 向有子地址器件读取多字节数据的操作过程

汇编语言程序:

```
    ;多字节读操作子程序 RNBYTE
    ;入口参数:R7 中为读出数据的字节数,R0 中为目标数据的首地址,R2 中为从器件内部子地址
    ;R3 中为从器件写地址,R4 中为从器件读地址
RNBYTE: LCALL  START
        MOV    A, R3            ;取从器件写地址
        LCALL  WRITE_BYTE       ;写从器件地址
        LCALL  CACK              ;检测应答信号
        JB     F0, RNBYTE        ;无应答重新开始
        MOV    A, R2
        LCALL  WRITE_BYTE        ;取从器件地址内部地址
        LCALL  CACK
        JB     F0, RNBYTE
        LCALL  START
        MOV    A, R4             ;取从器件读地址
        LCALL  WRITE_BYTE
        LCALL  CACK
        JB     F0, RNBYTE
RDN:    LCALL  RDBYTE             ;接收 1 字节数据
        MOV    @R0, A
        DJNZ   R7, ACK
        LCALL  MNACK              ;接收完发非应答信号
        LCALL  STOP
```

```
ACK:     LCALL  MACK              ;没接收完发应答信号
         INC    R0
         SJMP   RDN
```

C 语言程序：

```
    //多字节读操作子程序 RNBYTE
    //入口参数：n 为读出数据的字节数, s0 为读数据存放的首地址, s2 为从器件内部子地址
    //s3 为从器件写地址, s4 为从器件读地址
    viod  Rcvnbyte (uchar *s3, uchar *s4, uchar *s2, uchar *s0, uchar n)
    {
loop:   start ();                //发起始信号, 启动总线
        SendByte (s3);           //发送从器件地址
        Cack ();                 //应答检测
        if (ack)                 //如果没能应答, 重新开始
        goto  loop
        SendByte (s2);           //发送器件子地址
        Cack ();                 //应答检测
        if (ack)                 //如果没能应答, 重新开始
        goto  loop
        start ();                //再次发起始信号
        SendByte (s4);           //sla +1 表示进行读操作
        cack ();                 //应答检测
        if (ack)                 //如果没能应答, 重新开始
        goto  loop
        for (i = 0; i < n - 1; i ++)  //对前 n - 1 个字节发应答信号
        { RcvByte (s0);          //接收数据
          ack ();                //发送应答信号
          s ++;
        }
        RcvByte (s0);            //接收最后 1 字节
        nack ();                 //发送非应答信号
        stop ();                 //发结束信号, 结束本次数据传送
    }
```

9.2.3 24Cxx 系列 E^2PROM 芯片及其与单片机的接口

串行 E^2PROM 是在各种串行器件应用中使用较频繁的器件，和并行 E^2PROM 相比，串行 E^2PROM 容量小、数据传送速度较低，但因其体积较小，引脚较少，功耗低，特别适合于需要存放非挥发数据，速度要求不高，引脚少的单片机应用系统。

24Cxx 系列的 E^2PROM 有多种型号，其中典型的型号有 24C02/04/08/16/32/64/128/256 共 8 种芯片，容量分别为 1、2、4、8、16、32、64、128、256KB。串行 E^2PROM 一般具有两种写入方式，一种是字节写入方式；另一种是页写入方式，允许在一个写周期内同时对 1 字节到一页的若干字节的编程写入，一页的大小取决于芯片内页寄存器的大小。其中，24C01 具有 8 字节数据的页面写能力，24C02/04/08/16 具有 16 字节数据的页面写能力，

24C32/64 具有 32 字节数据的页面写能力,24C128/256 具有 64 字节数据的页面写能力。

1. 引脚的功能

24Cxx 系列的 E²PROM 引脚排列图分别如图 9-18a~c 所示。

V_{CC}:电源 +5V。

V_{SS}:地线。

SCL:串行时钟输入端,用于发送数据或接收数据时产生所需的时钟。

SDA:串行数据 I/O 端,用于输入和输出串行数据。该引脚是漏极开路的端口,需接上拉电阻到 V_{CC}。

WP:写保护端。该引脚提供了硬件数据保护,当 WP 接地时,允许对芯片执行写操作;当 WP 接 V_{CC} 时,则对芯片实施写保护。

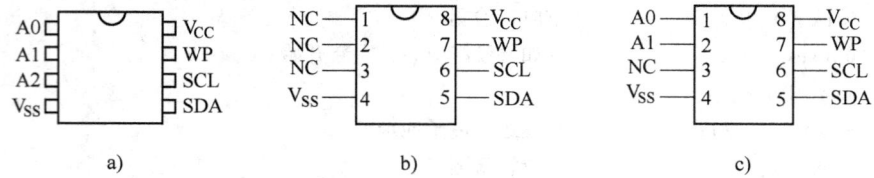

图 9-18 24Cxx 系列 E²PROM 引脚图

a) 24C01/02/04/08/16/32/64 引脚 b) 24C128 引脚 c) 24C256 引脚

A0、A1、A2:器件地址输入端,用于多个器件级联时设置器件地址,当这些脚悬空时默认值为 0,对于 24C02 可级联 8 个器件,如果线路上只有一片 24C02,这 3 个地址输入脚 A0、A1、A2 可悬空或连接到 GND。

例如,若 A2、A1、A0 所接的电平为 101,由于 24C02 的器件标识为 1010,则该芯片的读地址为 0xab,写地址为 0xaa。

2. 24Cxx 的器件地址

24Cxx 的器件地址如表 9-2 所示。

表 9-2 24Cxx 的器件地址

型号	控制码	片选			读写	总线访问的器件
24C01	1010	A2	A1	A0	1/0	最多 8 个
24C02	1010	A2	A1	A0	1/0	最多 8 个
24C04	1010	A2	A1	a8	1/0	最多 4 个
24C08	1010	A2	a9	a8	1/0	最多 2 个
24C16	1010	a10	a9	a8	1/0	最多 1 个
24C32	1010	A2	A1	A0	1/0	最多 8 个
24C64	1010	A2	A1	A0	1/0	最多 8 个
24C128	1010	X	X	X	1/0	最多 1 个
24C256	1010	0	A1	A0	1/0	最多 4 个

注:A0、A1 和 A2 对应器件的引脚 1、2 和 3。a8、a9 和 a10 对应存储阵列地址字地址。

3. AT89S51 单片机与 24C02 的硬件连接

图 9-19 所示为 AT89S51 单片机与 24C02 的连接电路。其中,P1.0 作为 24C02 的数据线

SDA；P1.1 作为 24C02 的时钟线 SCL；24C02 的器件标识地址为 1010。

由于系统中只有一片 24C02，所以直接将器件地址输入端 A2、A1、A0 接地，这样 24C02 在系统中的器件地址 SLAW = 0xA0，SLAR = 0xA1。两条线均接 4.7kΩ 的上拉电阻。

4. AT89S51 对 24C02 的读写程序

针对图 9-19，编写对 24C02 的读写程序，将若干字节数据写到 24C02 芯片地址为 0x10 开始的单元中，随后从这些单元读出数据，判断是否与写入的数据一致，如果读写正确，蜂鸣器鸣叫一声，否则鸣叫 3 声。

24C02 的内部有连续的子地址空间，对这些空间进行 n 字节的连续读写时，具有地址自动加 1 功能，只要设定好希望读写的器件子地址及字节数，就能完成整个操作。

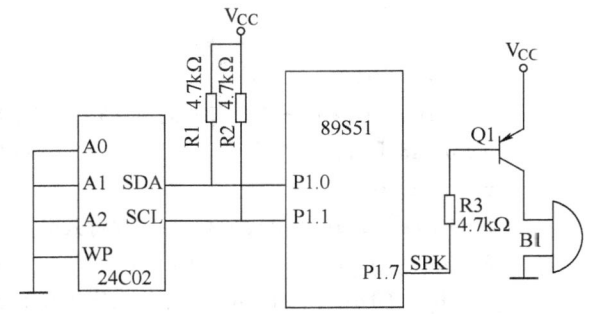

图 9-19 AT89S51 单片机与 24C02 的连接电路

注意：对于 24C02 连续写的字节数不应超过页容量 8，一次连续写所形成的总线传送结束后（主机发出停止信号后），24C02 执行内部擦写过程，大约需要 10ms，此时 24C02 不再应答主器件的任何请求。

C 语言参考程序如下。

I2C.h 文件：

```
#define    uchar   unsigned  char              //宏定义
Sendnbyte（uchar  * s3, uchar  * s2, uchar  * s0, uchar  n）
Rcvnbyte（uchar  * s3, uchar  * s4, uchar  * s2, uchar  * s0, uchar  n）
```

其中的函数 Sendnbyte（ ）、Rcvnbyte（ ）在前面 9.2.2 小节已作介绍，对 24C02 的读写完全适用。为了使用方便，可以将 9.2.2 小节介绍的模拟 I^2C 总线操作的子程序形成一个文件 I2C.c，并形成如上面的 I2C.h 文件，主程序和 I2C.c 加入同一个项目中，并且主程序包含这个.h 文件，即可使用 sendnbyte（ ）、Rcvnbyte（ ）这两个函数。

主函数 main.c 参考程序：

```
#include   <reg51.h>                           //头文件的包含
#include   <intrins.h>
#include   <I2C.h>
#define    uchar   unsigned  char              //宏定义
#define    uint    unsigned  int
#define    DELAY5US   _nop_();_nop_();_nop_();_nop_();_nop_();
sbit    BEEP = P1^7;
void   delay (void)
{   uchar  i;
    for (i = 0; i < 120; i ++);
}
void   beep (void)                              //报警函数
{   uint  k;
```

```
        for (k = 0; k < 1000; k ++)              //产生方波音频信号
           {delay ();
            BEEP = ~ BEEP;
           }
      }
    void   main (void)
      {  uchar   wd [8] = {1, 2, 3, 4, 5, 6, 7, 8};    //要写入 24C02 的数据
         uchar   rd [8];                                //存放从 24C02 中读出的数据
         uchar   i, j;
         Sendnbyte (0xa0, 0x00, wd, 8);  //将数组 wd 中的 8 个数据写入 24C02 地址为 00 开始的单元
         for (i = 0; i < 100; i ++) delay ();           //等待写操作完成
         Rcvnbyte (0xa0, 0xa1, rd, 8);   //从 24C02 地址为 00 的单元中读取 8 字节数据到数组 rd 中
         for (i = 0; i < 8; i ++)                       //比较读出与写入的数据是否一致
           if (wd [i]! = rd [i]) break;
           if (i = = 8)                                 //读出与写入的数据一致,蜂鸣器发一声"嘟"
              { beep ();                                //响铃
                 while (1);
              }
           i = 0;
         while (i < 3)                                  //出错,蜂鸣器发 3 声"嘟"
           {
              beep ();                                  //响铃
              i ++;
              for (j = 0; j < 1000; j ++)               //静音
                {delay ();
                 BEEP = 1;
                }
           }
        while (1);
      }
```

9.2.4　数码管动态显示驱动、键盘扫描管理芯片 ZLG7290B 及与单片机接口

ZLG7290B 是广州周立功单片机发展有限公司自行设计的数码管显示驱动及键盘扫描管理芯片。它能够直接驱动 8 位共阴极数码管(或 64 只独立的 LED),同时还可以扫描管理多达 64 只按键。其中有 8 只按键还可以作为功能键使用,就像计算机键盘上的 < Ctrl > < Shift > < Alt > 键一样。另外,ZLG7290B 内部还设置有连击计数器,能够使某键按下后不松手而连续有效。采用 I²C 总线方式,与微控制器的接口仅需两根信号线。该芯片为工业级芯片,抗干扰能力强,在工业测控中已有大量应用。

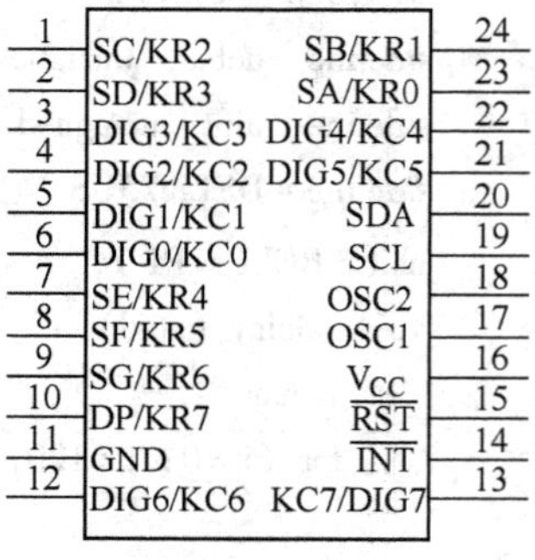

图 9-20　ZLG7290B 引脚图
(DIP – 24, SOP – 24)

1. 主要特性

ZLG7290B 具有如下主要特性。

- 直接驱动 8 位共阴极数码管（1 英寸以下，1 英寸 = 2.54 厘米）或 64 只独立的 LED。
- 能够管理多达 64 只按键，自动消除抖动，其中有 8 只可以作为功能键使用。
- 段电流可达 20mA，位电流可超过 100mA。
- 利用功率电路可以方便地驱动 1 英寸以上的大型数码管。
- 具有闪烁、段点亮、段熄灭、功能键、连击键计数等强大功能。
- 提供有 10 种数字和 21 种字母的译码显示功能，或者直接向显示缓存写入显示数据。
- 不接数码管而仅使用键盘管理功能时，工作电流可降至 1mA。
- 与微控制器之间采用 I^2C 串行总线接口，只需两根信号线，节省 I/O 资源。
- 工作电压范围为 +3.3~5.5V。
- 工作温度范围为 -40~+85℃。
- 封装 DIP-24（窄体），SOP-24。

2. 引脚图及功能说明

ZLG7290B 引脚图如图 9-20 所示，引脚功能见表 9-3。

表 9-3 ZLG7290B 引脚功能表

引脚序号	引脚名称	功能描述
1	SC/KR2	数码管 c 段/键盘行信号 2
2	SD/KR3	数码管 d 段/键盘行信号 3
3	DIG3/KC3	数码管位选信号 3/键盘列信号 3
4	DIG2/KC2	数码管位选信号 2/键盘列信号 2
5	DIG1/KC1	数码管位选信号 1/键盘列信号 1
6	DIG0/KC0	数码管位选信号 0/键盘列信号 0
7	SE/KR4	数码管 e 段/键盘行信号 4
8	SF/KR5	数码管 f 段/键盘行信号 5
9	SG/KR6	数码管 g 段/键盘行信号 6
10	DP/KR7	数码管 dp 段/键盘行信号 7
11	GND	接地
12	DIG6/KC6	数码管位选信号 6/键盘列信号 6
13	DIG7/KC7	数码管位选信号 7/键盘列信号 7
14	$\overline{INT}$	键盘中断请求信号，低电平（下降沿）有效
15	$\overline{RST}$	复位信号，低电平有效
16	V_{CC}	电源，+3.3~5.5V
17	OSC1	晶振输入信号
18	OSC2	晶振输出信号
19	SCL	I^2C 总线时钟信号
20	SDA	I^2C 总线数据信号
21	DIG5/KC5	数码管位选信号 5/键盘列信号 5
22	DIG4/KC4	数码管位选信号 4/键盘列信号 4
23	SA/KR0	数码管 a 段/键盘行信号 0
24	SB/KR1	数码管 b 段/键盘行信号 1

3. ZLG7290B 典型应用电路

ZLG7290B 典型应用电路原理图如图 9-21 所示。

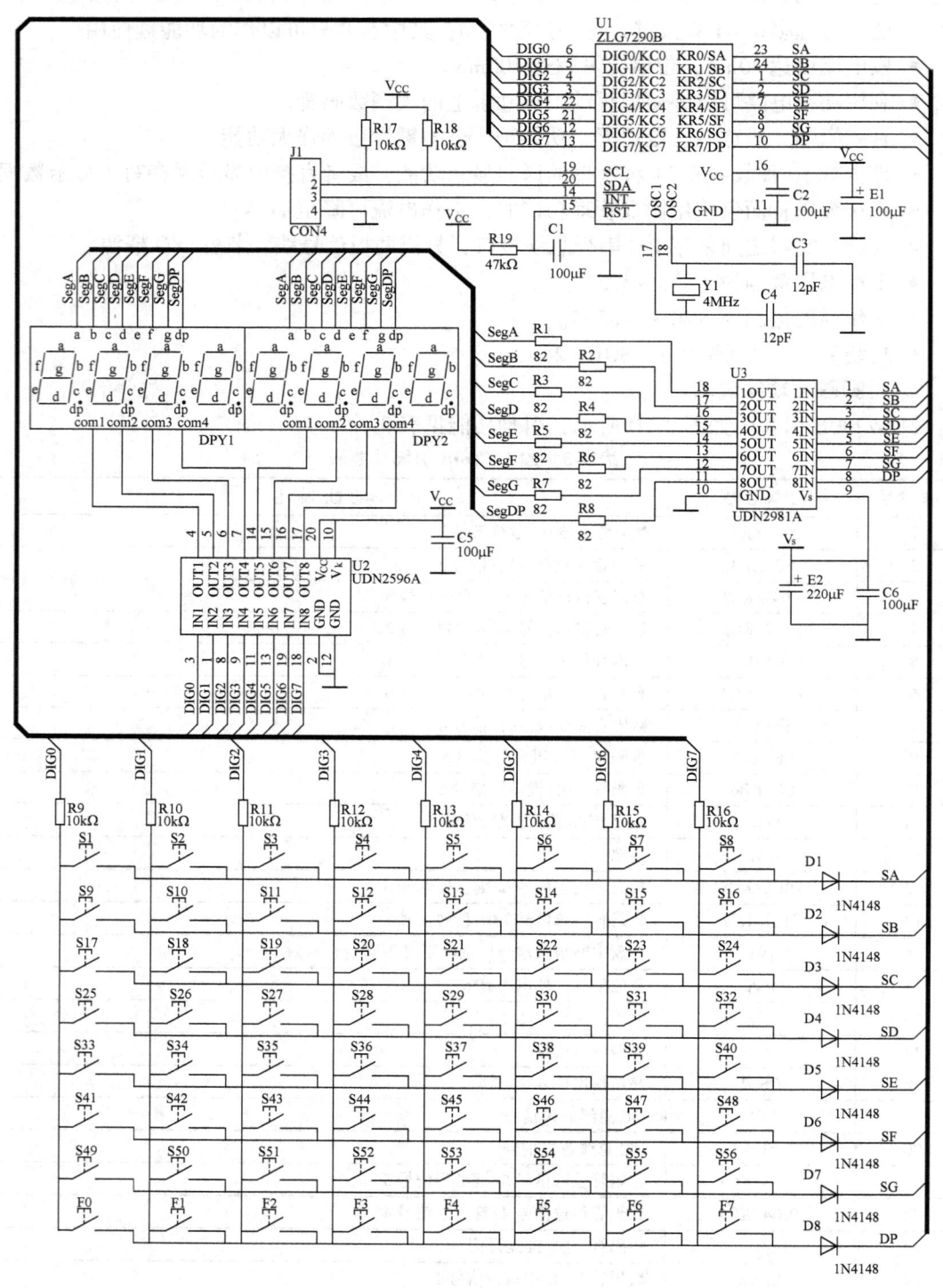

图 9-21 ZLG7290B 典型应用电路原理图

(1) 电路简析

在图 9-21 中，U1 就是 ZLG7290B。J1 是 ZLG7290B 与微控制器的接口，按照 I^2C 总线协议的要求，信号线 SCL 和 SDA 上必须要分别加上上拉电阻，其典型值是 $10k\Omega$。晶振 Y1 通常取值 4MHz，调节电容 C3 和 C4 通常取值在 10pF 左右。复位信号是低电平有效，数码管必须是共阴极的，不能直接使用共阳极的。DPY1 和 DPY2 是 4 位联体式数码管，共同组成完整的 8 位。R1 ~ R8 是限流电阻，典型值是 270Ω。64 只按键中，前 56 个按键是普通按键 K1 ~ K56，最后 8 个为功能键 F0 ~ F7。数码管扫描线和键盘扫描线是共用的，所以二极管 D1 ~ D8 是必需的，有了它们就可以防止按键干扰数码管显示的情况发生。在多数应用当中可能不需要太多的按键，这时可以按行或按列裁减键盘。

(2) 功能概述

如图 9-21 所示，ZLG7290B 可以扫描管理多达 64 个按键，K1 ~ K56 为普通按键，F0 ~ F7 为功能键。普通按键还有连击检测功能。ZLG7290B 内部有 8 个显示缓冲寄存器 DpRam0 ~ DpRam7，它们直接决定数码管显示的内容。ZLG7290B 提供有两种显示控制方式，一种是直接向显存写入字型数据；另一种是通过向命令缓冲寄存器写入控制指令实现自动译码显示。访问这些寄存器需要通过 I^2C 总线接口来实现。ZLG7290B 的 I^2C 总线器件地址是 70H（写操作）和 71H（读操作）。访问内部寄存器要通过"子地址"来实现。

4. 寄存器详解

(1) 系统寄存器（地址：00H）

系统寄存器（SystemReg）的第 0 位称作 KeyAvi，标志着按键是否有效，0 表示没有按键被按下，1 表示有某个按键被按下。SystemReg 的其他位暂时没有定义。当按下某个键时，7290B 的 INT 引脚会产生一个低电平的中断请求信号。当读走键值后，中断信号就会自动撤销。

(2) 键值寄存器（地址：01H）

如果某个普通键（图 9-21 中的 K1 ~ K56）被按下，则微控制器可以从键值寄存器（Key）中读取相应的键值 1 ~ 56。如果微控制器发现 ZLG7290B 的 INT 引脚产生了中断请求，而从 Key 中读到的键值是 0，则表示按下的可能是功能键。Key 的值在被读走后自动变成 0。

(3) 连击计数器（地址：02H）

ZLG7290B 为普通键（图 9-21 中的 K1 ~ K56）提供了连击计数功能。所谓连击是指按住某个普通键不松手，经过一两秒钟的延迟后，开始连续有效，连续有效间隔时间为几十到几百毫秒。当按住某个普通键一直不松手时：首先会产生一次中断信号，这时连击计数器（RepeatCnt）的值仍然是 0；经过一两秒延迟后，会连续产生中断信号，每中断一次 RepeatCnt 就自动加 1；当 RepeatCnt 计数到 255 时就不再增加，而中断信号继续有效。

(4) 功能键寄存器（地址：03H）

ZLG7290B 还提供有 8 个功能键（图 9-21 中的 F0 ~ F7）。功能键常常是配合普通键一起使用的，就像计算机键盘上的 < Shift > < Ctrl > 和 < Alt > 键，当然也可以单独使用。当按下某个功能键时，在 INT 引脚也会像按普通键那样产生中断信号。功能键的键值是被保存在功能寄存器（FunctionKey）中的。FunctionKey 的初始值是 FFH，每一位对应一个功能键，第 0 位（LSB）对应 F0，第 1 位对应 F1，以此类推，第 7 位（MSB）对应 F7。某一功能键被按下时,相应的 FunctionKey 位就清零。

(5) 命令缓冲区 CmdBuf0 和 CmdBuf1 (地址:07H 和 08H)

通过向命令缓冲区写入相关的控制命令可以实现段寻址、下载显示数据、控制闪烁等功能。

(6) 闪烁控制寄存器 (地址:0CH)

闪烁控制寄存器 (Flash On Off) 决定闪烁频率和占空比。复位值为 01110111B。高 4 位表示闪烁时亮的持续时间,低 4 位表示闪烁时灭的持续时间。改变 Flash On Off 的值,可以同时改变闪烁频率和占空比。特别说明:单独设置 Flash On Off 的值,并不会看到显示闪烁,而应该配合闪烁控制命令一起使用。

(7) 扫描位数寄存器 (地址:0DH)

扫描位寄存器 (ScanNum) 决定扫描显示的位数,取值为 0~7,对应 1~8 位。复位值是 7,即数码管的 8 位都扫描显示。实际应用中可能需要显示的位数不足 8 位,例如只显示 3 位,这时可以把 ScanNum 的值设置为 2,则数码管的第 0、1、2 位被扫描显示,而第 3~7 位不会被分配扫描时间,所以不显示。数码管的扫描位数减少后,有用的显示位由于分配的扫描时间更多因而显示亮度得以提高。ScanNum 的值为 0 时,只有数码管的第 0 位在显示,亮度达到最大。

(8) 显示缓冲区 DpRam0~DpRam7 (地址:10H~17H)

DpRam0~DpRam7 这 8 个寄存器的取值直接决定了数码管的显示内容。每个寄存器的 8 个位分别对应数码管的 a,b,c,d,e,f,dp 段,MSB 对应 a,LSB 对应 dp。例如大写字母 H 的字型数据为 6EH (不带小数点) 或 6FH (带小数点)。

5. 控制命令详解

寄存器 CmdBuf0 (地址:07H) 和 CmdBuf1 (地址:08H) 共同组成命令缓冲区。通过向命令缓冲区写入相关的控制命令可以实现段寻址、下载显示数据、控制闪烁等功能。

(1) 段寻址命令 (Seg On Off)

段寻址命令格式如图 9-22 所示。

D7	D6	D5	D4	D3	D2	D1	D0	D7	D6	D5	D4	D3	D2	D1	D0
0	0	0	0	0	0	0	1	on	0	S5	S4	S3	S2	S1	S0

图 9-22 段寻址命令格式

在段寻址命令中,8 位数码管被看成是 64 个段,每一个段实际上就是一只独立的 LED。第一字节 00000001B 是命令字,为该命令的特征码;第二字节中的 on 表示该段是否点亮,0 表示灭,1 表示亮;S5~S0 是 64 位段地址,取值 0~63。在某一位数码管内,各段的亮或灭的顺序按照 a,b,c,d,e,f,g,dp 进行。

(2) 下载数据命令 (Down load)

下载数据命令格式如图 9-23 所示。

D7	D6	D5	D4	D3	D2	D1	D0	D7	D6	D5	D4	D3	D2	D1	D0
0	1	1	0	A3	A2	A1	A0	dp	Flash	0	d4	d3	d2	d1	d0

图 9-23 下载数据命令格式

在第一字节中,高 4 位的 0110 是命令特征码;A3~A0 是数码管显示数据的位地址(其中 A3 留作以后扩展之用，实际使用时取 0 即可），位地址编号按从左到右的顺序依次为 0，1，2，3，4，5，6，7（以本章中的图 9-23 为准）；dp 控制小数点是否点亮，0 表示点亮，1 表示熄灭；flash 表示是否要闪烁，0 表示正常显示，1 表示闪烁；d4~d0 是要显示的数据，包括 10 种数字和 21 种字母。显示数据按照表 9-4 中的规则进行译码。

表 9-4 下载数据并译码命令的数据表

d4d3d2d1d0（二进制）					d4d3d2d1d0（十进制）	显示结果
0	0	0	0	0	00H	0
0	0	0	0	1	01H	1
0	0	0	1	0	02H	2
0	0	0	1	1	03H	3
0	0	1	0	0	04H	4
0	0	1	0	1	05H	5
0	0	1	1	0	06H	6
0	0	1	1	1	07H	7
0	1	0	0	0	08H	8
0	1	0	0	1	09H	9
0	1	0	1	0	0AH	A
0	1	0	1	1	0BH	b
0	1	1	0	0	0CH	C
0	1	1	0	1	0DH	d
0	1	1	1	0	0EH	E
0	1	1	1	1	0FH	F
1	0	0	0	0	10H	G
1	0	0	0	1	11H	H
1	0	0	1	0	12H	i
1	0	0	1	1	13H	j
1	0	1	0	0	14H	L
1	0	1	0	1	15H	o
1	0	1	1	0	16H	p
1	0	1	1	1	17H	q
1	1	0	0	0	18H	r
1	1	0	0	1	19H	t
1	1	0	1	0	1AH	U
1	1	0	1	1	1BH	y
1	1	1	0	0	1CH	c
1	1	1	0	1	1DH	h
1	1	1	1	0	1EH	T
1	1	1	1	1	1FH	（无显示）

(3) 闪烁控制（Flash）

闪烁控制命令格式如图 9-24 所示。

D7	D6	D5	D4	D3	D2	D1	D0	D7	D6	D5	D4	D3	D2	D1	D0
0	1	1	1	x	x	x	x	F7	F6	F5	F4	F3	F2	F1	F0

图 9-24 闪烁控制

在命令格式中,高 4 位的 0111 是命令特征码;xxxx 表示无关位,通常取值 0000;第二字节的 Fn($n=0\sim7$) 控制数码管相应位的闪烁属性,0 表示正常显示,1 表示闪烁。复位后,所有位都不闪烁。

6. ZLG7290B 动态数码显示程序设计

在 8 个数码管上从左到右显示 20100725,参考程序清单如下:

```
        SDA    BIT   P1.0
        SCL    BIT   P1.1
        WSLA   EQU   070H              ;ZLG7290B 器件的写地址
        RSLA   EQU   071H              ;ZLG7290B 器件的读地址
        ORG    0000H
        LJMP   0100H
        ORG    0100H                   ;主程序
START:  MOV    30H, #02H               ;变量缓冲区定义显示 20100725
        MOV    31H, #00H
        MOV    32H, #01H
        MOV    33H, #00H
        MOV    34H, #00H
        MOV    35H, #07H
        MOV    36H, #02H
        MOV    37H, #05H
        MOV    DPTR, #LEDSEG           ;数据指针指向字型码表首地址
        CLR    A
        MOV    R7, #08H
        MOV    R0, #40H
        MOV    R1, #30H
LOOP1:  MOV    A, @R1                  ;从变量缓冲区取出要显示的数字
        MOVC   A, @A+DPTR              ;查表得字型码
        MOV    @R0, A                  ;将字型码存储到 40H 开始的单元中
        INC    R1
        INC    R0
        DJNZ   R7, LOOP1
LOOP:   MOV    R7, #08H
        MOV    R0, #40H                ;字型码首地址送 R0
        MOV    R2, #10H                ;ZLG7290B 内部显示缓冲区首地址送 R2
        MOV    R3, #WSLA               ;ZLG7290B 器件的写地址送 R3
        LCALL  WRNBYT                  ;调用显示子程序
        LCALL  DELAY
        SJMP   LOOP
LEDSEG: DB     0FCH, 60H, 0DAH, 0F2H, 66H, 0B8H, 0BEH, 0E4H   ;0~F 共阴字型码表
        DB     0FEH, 0F6H, 0EEH, 3EH, 9CH, 7AH, 9EH, 8EH
DELAY:  MOV    R5, #00H                ;延时子程序
DELAY1: MOV    R6, #00H
```

```
            DJNZ    R6, $
            DJNZ    R5, DELAY1
            RET
            END
```
上述调用的相关的 I²C 子程序（WRNBYT，WRBYT，STOP，CACK，START）参见 9.2.2 小节的内容。

采用 C 语言编写的参考程序：

```c
#include  "reg51.h"
#include  "intrins.h"
#define   DEPLAY5US  _nop_();_nop_();_nop_();_nop_();_nop_();
sbit  SDA = P1^0;
sbit  SCL = P1^1;
#define   WSLA0   0x70
#define   RSLA0   0x71
#define   uchar   unsigned   char
void   STA (void);
void   STOP (void);
void   CACK (void);
void   Sendbyte (unsigned char *p);
void   Sendnbyte (uchar *s3, uchar *s2, uchar *s0, uchar n);
void   DELAY ();
void   main ()
{
  uchar  n, i, m, *c, *y, *x, wsubsla = 0x10, WSLA = WSLA0;
  uchar  a[8] = {2, 0, 1, 0, 0, 7, 2, 5};             //显示字符
  uchar  b[8];              //存放显示字符对应的字型码
  uchar  zxm[16] = {0xfc, 0x60, 0xca, 0xf2, 0x60, 0xda, 0xf2, 0x66, 0xbe, 0xe4, 0xfe, 0xf6,
                    0xee, 0x3e, 0x9c, 0x7a, 0x9e, 0x8e};     //0~F 的字型码
  for (i = 0; i < 8; i++)
    {
      m = a[i];                        //取当前显示字符
      b[i] = zxm[m];                   //查得显示字符的字型码
    }
  while (1)
    {
      x = &WSLA;            //取 ZLG7290B 器件的写地址
      c = &wsubsla;         //取 ZLG7290B 器件的内部显示缓冲寄存器的地址
      y = b;                //获得显示字符的字型码地址
      n = 8;
      Sendnbyte (x, c, y, n);   //调用写多字节数据的显示子程序
      DELAY ();
    }
}
```

}
void DELAY ( )
{
  unsigned char i, j;
  for (i = 0; i < 100; i ++)
  for (j = 0; j < 100; j ++);
}

上述程序调用的相关的 I^2C 子程序（Sendbyte ( )、Sendnbyte ( )、Stare ( )、stop ( )、ack ( )、nack ( )、cack ( )）参见 9.2.2 小节的内容。

7. 键盘扫描程序设计

键盘扫描程序，将得到的键值（01H ~ 10H）在最右边两位数码管显示，显示的格式为"data = xx"，程序采用中断结构，硬件连接上将 INT_KEY 信号与 P3.2（INT0）连接；普通的 I^2C 通信程序可以直接利用，ZLG7290B 芯片在读数据时有 20μs 延时。

汇编语言程序：

```
            SDA    BIT    P1.0
            SCL    BIT    P1.1
            WSLA   EQU    070H         ; ZLG7290B 器件的写地址
            RSLA   EQU    071H         ; ZLG7290B 器件的读地址
            ORG    0000H
            LJMP   0100H
            ORG    0003H               ; 中断入口
            LJMP   INT_7290            ; 键盘中断服务
            ORG    0100H
START:      MOV    SP, #60H
            SETB   EA                  ; 开 INT0 中断
            SETB   EX0
            SETB   IT0                 ; 触发极性为下降沿
            MOV    30H, #0DH           ; 变量缓冲区（存放显示字符在字型码表中的偏移地址）
            MOV    31H, #10H
            MOV    32H, #11H
            MOV    33H, #10H
            MOV    34H, #02H
            MOV    35H, #13H;
            MOV    36H, #13H;
            MOV    37H, #13H;
            ; 通过查表建立显示缓冲区 (40H – 47H)
            MOV    DPTR, #LEDSEG       ; 开始对变量查表
            MOV    R7, #8              ; 写入数据个数
            MOV    R0, #30H            ; 源数据块首地址
            MOV    R1, #40H            ; 当前字符字型码表显示缓冲区
LOOP1:      MOV    A, @R0
            MOVC   A, @A + DPTR        ; 查表得对应的字形码
```

```
            MOV    @R1, A              ;送显示缓冲区
            INC    R1
            INC    R0
            DJNZ   R7, LOOP1
            ;向7290B写入数据，以显示"data = xx"，最后两位为键值的十进制显示
LOOP:       MOV    R7, #8
            MOV    R2, #10H            ;ZLG7290B器件的内部显示缓冲寄存器的地址
            MOV    R3, #WSLA           ;ZLG7290B器件的写地址送R2
            MOV    R0, #40H            ;当前字符字型码表显示缓冲区地址送R0
            LCALL  WRNBYT              ;调显示子程序
            LCALL  DELAY               ;使显示稳定
            SJMP   LOOP
LEDSEG:  DB  0FCH, 60H, 0DAH, 0F2H, 66H, 0B6H, 0BEH, 0E4H  ;0~7的字型码
         DB  0FEH, 0F6H, 0EEH, 3EH, 9CH, 7AH, 9EH, 8EH     ;8~F的字型码
         DB  0FAH, 1EH, 12H, 00H                           ;a, t, =和熄灭码
   CF:   PUSH   02H                    ;将A中的数据拆分为两个4位十六进制数并查表
         PUSH   DPH;
         PUSH   DPL
         MOV    DPTR, #LEDSEG
         MOV    R2, A
         ANL    A, #0FH
         MOVC   A, @A+DPTR
         MOV    R3, A
         MOV    A, R2
         SWAP   A
         ANL    A, #0FH
         MOVC   A, @A+DPTR
         MOV    R4, A
         POP    DPL
         POP    DPH
         POP    02H
         RET
;中断服务程序INT_7290（读取健值、拆分并转换成字型码更新46H和47H单元内容，以便刷新显示）
INT_7290: NOP
          PUSH   00H
          PUSH   02H
          PUSH   03H
          PUSH   04H
          PUSH   07H
          PUSH   ACC
          PUSH   PSW
          MOV    R0, #20H              ;状态数据区首址
          MOV    R7, #04H              ;取状态数据个数
```

```
            MOV   R2, #00H        ;内部数据首地址
            MOV   R3, #WSLA       ;取器件地址(写)
            MOV   R4, #RSLA       ;取器件地址(读)
            LCALL RNBYTE          ;读出7290B的4个寄存器(地址为00H~03H)数据存于
                                   20H~23H
            NOP
            MOV   A, 21H          ;取21H单元的键值
            LCALL CF              ;拆分、查表
            MOV   47H, R3         ;送显示缓冲区(最低两位数码管的字型码在46H、47H中)
            MOV   46H, R4
            POP   PSW
            POP   ACC
            POP   07H
            POP   04H
            POP   03H
            POP   02H
            POP   00H
            RETI
DELAY:      MOV   R6, #00H
DELAY1:     MOV   R5, #00H
            DJNZ  R5, $
            DJNZ  R6, DELAY1
            RET
            END
```

相关的 I²C 子程序(WRNBYT、RNBYTE、WRBYT、STOP、CACK、STA),参见 9.2.2 小节的内容。

采用 C 语言编写的参考程序:

```c
#include "reg51.h"
#include "intrins.h"
#define DELAY5US _nop_();_nop_()_;_nop_();_nop_()_;_nop_();
sbit SDA = P1^0;
sbit SCL = P1^1;
#define unsigned char uchar
#define WSLA1 0x70;        //7290B 器件地址
#define RSLA1 0x71;
void start (void);         //函数声明
void stop (void);
void mack (void);
void nmack (void);
void cack (void);
void Sendbyte (unsigned char *p);
void Rcvbyte (unsigned char *p);
```

```c
void  Sendnbyte (unsigned  char  *s3, unsigned  char  *s2, unsigned  char  *s0, unsigned  char  n);
void  Rcvnbyte (unsigned  char  *s3, unsigned  char  *s4, unsigned  char  *s2, unsigned  char
*s0, unsigned  char  n);
uchar  zxm [8];
uchar  code  b [20] = {0xfc, 0x60, 0xda, 0xf2, 0x66, 0xb6, 0xde, 0xe4, 0xfe, 0xf6, 0xee,
0x3e, 0x9c, 0x7a, 0x9e, 0x8e, 0xfa, 0x1e, 0x12, 0x00};
/*0~F 字型码，最后 4 个依次为 a, t, =和熄灭的字型码*/
void  DELAY ();
void  main ()
{
    uchar  n, i, *c, *y, *x, wsubsa = 0x10, WSLA = WSLA1;
    uchar  a [8] = {0x0d, 0x10, 0x11, 0x10, 0x12, 0x13, 0x13, 0x13};
                                        //变量缓冲区（存放显示字符在字型码表中的偏移地址）
    for (i = 0; i < 8; i++)
    zxm [i] = b [a [i]];                //将显示字符查表转换成字型码
    EA = 1;                             //中断初始化
    EX0 = 1;
    IT0 = 1;
    while (1)
    {
        x = &WSLA;                      //取 ZLG7290B 器件的写地址
        c = &wsubsa;                    //取 ZLG7290B 器件的内部显示缓存寄存器的地址
        y = zxm;                        //取显示字符字型码首地址
        n = 8;
        Sendnbyte (x, c, y, n);         //调用写多字节数据的显示子程序
        DELAY ();
    }
}
void  INT_7290 ()      interrupt  0   using  0      //7290B 的中断函数，读取键值、拆分并转换成字型
                                                    //码更新数组 zxm [6] 和 zxm [7]，以便刷新显示
{
    uchar  n = 4, i, dyuan [4], *c, *y, *x, *d, wai = 0x00, WSLA = WSLA1, RSSLA = RSLA1;
    y = dyuan;
    c = &wai;
    x = &WSLA;                          //取 ZLG7290B 器件的写地址
    d = &RSLA;                          //取 ZLG7290B 器件的读地址
    Rcvnbyte (x, d, c, y, n);           //读出 7290B 的 4 个寄存器内容存于数组 dyuan [] 中
    i = dyuan [1];                      //取键值拆分成两位 BCD 码并分别查表获得字型码在最低两位显示
    i = i&0x0f;
    zxm [7] = b [i];
    i = dyuan [1] >>4;
    i = i&0x0f;
    zxm [6] = b [i];
```

```
}
void  DELAY ()
{
    unsigned  char  i, j;
    for (i = 0; i < 100; i ++)
    for (j = 0; j < 100;  ++);
}
```

相关的 I²C 子程序（Sendnbyte ()、Rcvnbyte ()、Sendbyte ()、Rcvbyte ()、stop ()、cack ()、start ()），参见 9.2.2 小节的内容。

9.3 单总线（1 - Wire）接口技术

9.3.1 1 - Wire 简介

1 - Wire 是美国 Dallas 公司的一项专有技术。它使用一根导线对信号进行双向传输，具有接口简单、容易扩展等优点，适合单主机、多从机构成的系统。

9.3.2 DS18B20 简介

DS18B20 是美国 Dallas 公司推出的数字温度传感器。它将温度传感器、数字转换电路集成到了一起，外形如同一只晶体管。

1. DS18B20 的主要特性

1）适应电压范围宽：3.0~5.5V，在寄生电源方式下可由数据线供电。

2）独特的单线接口方式：DS18B20 与微处理器连接时仅需要一条信号线即可实现微处理器与 DS18B20 的双向通信。

3）测温范围：-55 ~ +125℃，在 -10 ~ +85℃时精度为 ±0.5℃。

4）编程可实现分辨率为 9 ~ 12 位，对应的可分辨温度分别为 0.5℃、0.25℃、0.125℃和 0.0625℃，可实现高精度测温。

5）在 9 位分辨率时最多在 93.75ms 内把温度值转换为数字，12 位分辨率时最多在 750ms 内把温度值转换为数字。

6）支持多点组网功能，多个 DS18B20 可以并联在一条 DQ 线上，实现"一线制"单主机—多从机分布式温度采集系统，DS18B20 依靠各自的序列号采用分时方式与主控器点对点通信。

7）用户可自设定非易失性的报警上下限值。

2. DS18B20 的引脚定义及封装

DS18B20 有塑封（TO - 92）和扁平封装（8 - PIN SOIC）两种形式，如图 9-25 所示。

引脚功能定义如下：

DQ：数据输入输出，可直接与单片机

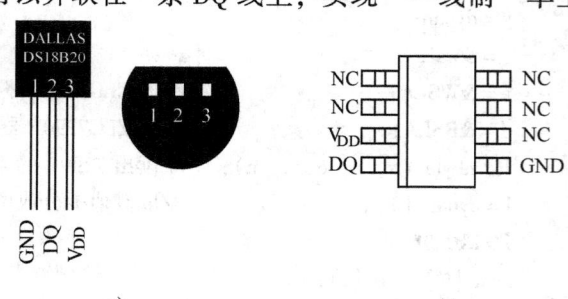

图 9-25 DS18B20 的封装和引脚图
a) 塑封（TO - 92） b) 扁平封装（8 - PIN SOIC）

的 I/O 口相连。

V_{DD}：+5V 电源电压。

GND：电源地。

3. DS18B20 的序列号

每片 DS18B20 均有一个唯一的产品序列号，固化在内部的 64 位激光 ROM 中，其格式如图 9-26 所示。开始 8 位是产品的类型编号（工厂代码）；接着是每个器件唯一的序列号，共 48 位；最后 8 位是针对前面 56 位的 CRC 校验码，这也是多个 DS18B20 可以采用一条数据线进行通信的原因，只要单片机用匹配命令即可通过序列号访问总线上指定的 DS18B20。

8位CRC校验码		48位序列号		8位工厂代码	
MSB	LSB	MSB	LSB	MSB	LSB

图 9-26　64 位激光 ROM 格式

4. 温度暂存器

DS18B20 内部有 9 字节的暂存器，其功能如表 9-5 所示。

表 9-5　DS18B20 内部 9 字节暂存器的功能

字节序号	功　能	字节序号	功　能
0	温度转换后的低字节	5	保留
1	温度转换后的高字节	6	保留
2	高温度触发器 TH	7	保留
3	低温度触发器 TL	8	CRC 校验寄存器
4	配置寄存器		

开始两个暂存器（TMSB、TLSB）存放当前测到的温度值，以 16 位补码形式表示 12 位温度读数，分辨率为 1/16℃。表 9-6 是 16 位温度转换值的存放格式，高 5 位是温度值的符号扩展，中间 7 位是温度值的整数部分，最低 4 位为小数部分。如果测得的温度大于 0，高 5 位为 0，只要将测到的数值乘以 0.0625 即可得到实际温度；如果温度小于 0，高 5 位为 1，测到的数值需要取反加 1 再乘以 0.0625 即可得到实际温度。温度与转换后的数字量的对应关系如表 9-7 所示。

表 9-6　DS18B20 16 位温度转换值格式

MS Byte								LS Byte							
D15	D14	D13	D12	D11	D10	D9	D8	D7	D6	D5	D4	D3	D2	D1	D0
S	S	S	S	S	2^6	2^5	2^4	2^3	2^2	2^1	2^0	2^{-1}	2^{-2}	2^{-3}	2^{-4}

表 9-7　温度与转换后的数字量的对应关系

温度/℃	16 位二进制编码	十六进制表示
+125	0000 0111 1101 0000	07D0H
+85	0000 0101 0101 0000	0550H
+25.0625	0000 0001 1001 0001	0191H
+10.125	0000 0000 1010 0010	00A2H

(续)

温度/℃	16位二进制编码	十六进制表示
+0.5	0000 0000 0000 1000	0008H
0	0000 0000 0000 0000	0000H
−0.5	1111 1111 1111 1000	FFF8H
−10.125	1111 1111 0101 1110	FF5EH
−25.0625	1111 1110 0110 1111	FE6FH
−55	1111 1100 1001 0000	FC90H

  高温度触发器和低温度触发器分别存放温度报警的上限值 T_H 和下限值 T_L。DS18B20 完成温度转换后就把转换后的温度值 t 和报警的上限值 T_H 和下限值 T_L 进行比较，如果 $t > T_H$ 或 $t < T_L$，则把该器件的告警标志置位，并对主机发出的告警搜索命令作出响应。

  配置寄存器用于确定温度值的数字转换分辨率，其格式见图 9-27。低 5 位均为 1，TM 是测试模式位，出厂时设为 0，工作模式，不要改变。R0、R1 用来设置分辨率，具体见表 9-8。出厂时设为 12 位方式。

D7	D6	D5	D4	D3	D2	D1	D0
TM	R1	R0	1	1	1	1	1

图 9-27 配置寄存器格式

表 9-8 温度分辨率设置

R1	R0	分辨率/位	温度最大转换时间/ms	R1	R0	分辨率/位	温度最大转换时间/ms
0	0	9	93.75	1	0	11	275.00
0	1	10	187.5	1	1	12	750.00

9.3.3 DS18B20 的读写时序

  DS18B20 与单片机之间的数据传送是靠严格的时序来实现的。下面介绍它的初始化及读写时序。

1. 初始化时序

  与 DS18B20 的通信前，首先必须对其初始化。其初始化时序见图 9-28。

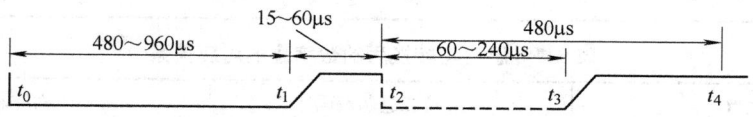

图 9-28 DS18B20 初始化时序

  单片机在 t_0 时刻发出最短为 480μs 的低电平有效的复位脉冲。在 t_1 时刻释放总线并进入接收状态，DS18B20 检测到总线变高后，等 15~60μs，在 t_2 时刻发出低电平有效的存在脉冲响应。假设 DS18B20 和单片机的 P1.0 引脚相连，晶振 12MHz。初始化程序如下。

汇编语言程序：

```
              DQ      BIT    P1.0
              ……
DELAY500US:   MOV     R7, #00H
              DJNZ    R7, $
              RET
DELAY60US:    MOV     R7, #1EH
              DJNZ    R7, $
              RET
DS18B20_INIT: SETB    DQ
              NOP
              NOP
              CLR     DQ                  ;在数据线上产生500μs的低电平
INIT_da18b20: CALL    DELAY500US
              SETB    DQ                  ;数据线拉高，进入接收状态，延时60μs
              CALL    DELAY60US
              MOV     C, DQ               ;检测存在脉冲
              JC      ERROR               ;没有存在脉冲响应转ERROR
              CALL    DELAY60US           ;检测到存在脉冲响应延时240μs
              CALL    DELAY60US
              CALL    DELAY60US
              CALL    DELAY60US
              RET
      ERROR:  CLR     DQ
              SJMP    DS18B20_INIT
              RET
```

C语言程序：

```c
sbit DQ = P1^0;
……
void delay (unsigned int i)             //延时10μs左右
  { unsigned int j;
      for (j = i; j > 0; j - -);
  }
bit reset (void)                        //复位函数，返回值为0复位成功；f返回值为1复位失败
  {
    bit flag;
    DQ = 0;                             //在数据线上产生500μs的低电平
    delay (50);
    DQ = 1;                             //数据线拉高，延时30μs
    delay (3);
    flag = DQ;                          //读取数据线状态flag = 0为复位成功；flag = 1为复位失败
    delay (25);                         //延时250μs
    return (flag);
```

```
    }
void ds18b20_init (void)
    {
    while (1)
        {
        if (! reset ())              //收到 DS18B20 的应答信号
            {
            DQ = 1;
            delay (30);              //延时 300μs
            break;
            }
        else
            reset ();                //否则,再发复位信号
        }
    }
```

2. 写时序

DS18B20 写时序如图 9-29 所示,单片机在 t_0 时刻将总线拉至低电平,从 t_0 时刻开始的 15μs 之内应将要写的数据位送到总线上。在 t_0 后的 15～60μs 内对总线采样,若为低电平,写入的是 0,连续写两位之间的间隙应大于 1μs。若为高电平,写入的为 1。

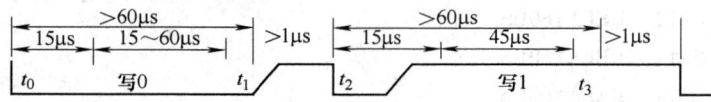

图 9-29 DS18B20 写时序

汇编语言程序:

```
            DQ    BIT   P1.0
            ……
DELAY15US:  MOV   R7,   #07H
            DJNZ  R7,   $
            RET
DELAY60US:  MOV   R7,   #1EH
            DJNZ  R7,   $
            RET
WRITE_BYTE: MOV   R7,   #08H    ;将累加器 A 中数循环写(先低位,后高位)入 DS18B20
            SETB  DQ
            NOP
            NOP
LOOP1:      CLR   DQ             ;产生 15μs 的负脉冲
            CALL  DELAY15US
            RRC   A              ;将最低位数据移到 CY
            MOV   DQ,   C        ;将最低位数据位送数据线
            CALL  DELAY60US      ;产生 60μs 的负脉冲
            SETB  DQ             ;数据线拉高,为写入下一位做准备
```

```
            CALL   DELAY15US
            DJNZ   R7, LOOP1
            RET
```

C 语言程序：

```
Sbit  DQ = p1^0;
void  delay (unsigned int i)
  {  unsigned int j;
     for (j = i; j > 0; j - -);
  }
void  wrbyte (unsigned char data)
  {  uchar i;
     for (i = 8; i > 0; i - -)    //循环写 8 位（先低位，后高位）
     {DQ = 0;                     //产生 15μs 的负脉冲
      delay (1);
      DQ = data&0x01;             //将当前数据位送数据线
      data = data > > 1;          //将下一位数据移到最低位
      delay (5);                  //延时 60μs
      DQ = 1;                     //数据线拉高，为写入下一位做准备
      delay (1);
     }
  }
```

3. 读时序

DS18B20 读时序如图 9-30 所示，当片机在 t_0 时刻将总线从高拉至低电平，保持 1μs。在 t_1 时刻将总线拉高，延时 15μs。在 t_2 时刻读取数据，并延时至少 45μs。在 t_3 时刻将数据线拉高至少 1μs，为写入下一位数据做准备。

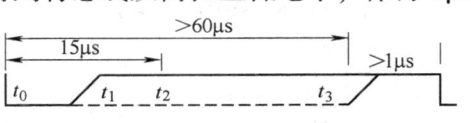

图 9-30 DS18B20 读时序

汇编语言程序：

```
            DQ     BIT   P1.0
            ......
DELAY15US:  MOV    R7, #07H
            DJNZ   R7, $
            RET
DELAY60US:  MOV    R7, #1EH
            DJNZ   R7, $
            RET
READ_BYTE:  MOV    R7, #08H      ;读 DS18B20 的 1 字节数据并放在累加器 A 中
            SETB   DQ
            NOP
            NOP
    LOOP:   CLR    DQ
            NOP
            NOP
```

```
                NOP
                SETB    DQ
                CALL    DELAY15US
                MOV     C, DQ               ;读取数据放入 CY
                CALL    DELAY60US
                RRC     A                   ;读出的数据右移进累加器 A 中
                SETB    DQ
                CALL    DELAY15US
                DJNZ    R7, LOOP
                CALL    DELAY60US
                RET
```

C 语言程序:

```c
Sbit  DQ = P1^0;
unsigned char bdata dat
Sbit  dat7 = dat^7;
void  delay (unsigned int i)
    { unsigned int j;
      for (j = i; j > 0; j--);
    }
unsigned char rdbyte (void)
    { unsigned char i;
        dat = 0;                    //读出数据初值为 0
        for (i = 8; i > 0; i--)     //循环读 8 位(先低位,后高位)
        { DQ = 0;                   //产生 1μs 的负脉冲
          _nop_ ();
          DQ = 1;                   //数据总线拉高,延时 15μs
          delay (1);
          dat7 = DQ;                //读取数据
          delay (4);                //延时 60μs
          dat = dat >> 1;           //读出数据右移一位
          DQ = 1;                   //数据线拉高,为写入下一位做准备
          _nop_ ();
        }
        return (dat);
    }
```

9.3.4　DS18B20 的操作流程及指令说明

1. DS18B20 的操作流程

主机控制 DS18B20 完成温度转换必须经过 3 个步骤:每一次读写之前都要对 DS18B20 进行复位,复位成功后发送一条 ROM 指令,最后发送 RAM 指令。这样,才能对 DS18B20 进行预定的操作。

2. 基本操作指令

DS18B20 提供了一系列的指令以控制传感器的工作，上电后，传感器处于空闲状态，需单片机向其发送指令，控制它进行相应的操作。

（1）READ ROM ［33H］

在多点温度测量系统安装前，首先必须知道每只 DS18B20 的产品序列号，可以将 DS18B20 逐个与单总线挂接，由单片机发该命令，从激光 ROM 读出 8 字节的序列号。

注意：执行该指令时，如果总线上有多个 DS18B20 时，所有的 DS18B20 会试图同时传送信号，这样就会发生数据冲突，导致操作失败。

（2）SKIP ROM（跳过 ROM）［CCH］

单片机可用这一命令同时访问总线上的所有设备而不需送出 ROM 序列码信。例如，发出 SKIP ROM 命令后接着送出 CONVERT 命令，可使总线上的所有 DS18B20 同时进行温度转换；在单点系统中，此命令允许主控器不提供 64 位 ROM 编码而访问从器件以简化操作，节省时间。

（3）MATCH ROM ［55H］

执行该命令后，单片机必须接着向 DS18B20 发送 8 字节的产品序列号，以选中单总线上指定的 DS18B20，只有完全匹配的 DS18B20 才能对随后由单片机发出的读暂存器操作命令进行响应。

（4）CONVERT T ［44H］

该命令开始一次温度转换。转换结束后，数据保存在暂存器中 2 字节的温度寄存器 TMSB、TLSB 中。

（5）READ SCRTCHPAD ［BEH］

用该命令可读暂存器的内容。数据传送开始于字节 0 的最低位，直到暂存器的第 9 字节被读取。温度寄存器 TLSB、TMSB 处于暂存器的开始 2 字节，如只需读取温度值，在读取开始的 2 字节后，可用初始化命令结束读操作。

9.3.5 电子温度计的设计

用数字温度传感器 DS18B20 构成一个电子温度计，将所测的温度值在 LED 显示器上显示出来，保留一位小数。硬件连接图如图 9-31 所示。

1. 设计思想

1）单片机首先对 DS18B20 进行复位操作。

2）由于总线上只有一只 DS18B20，单片机可用 SIKP ROM ［CCH］指令跳过传感器序列号识别。

3）CONVERT T ［44H］指令启动传感器温度转换，传感器转换完成后，自动将当前温度值放入内部暂存器的开始 2 字节中。

4）为了读取温度值，单片机仍需对传感器进行复位操作，并跳过 ROM 识别，然后发读暂存器指令 READ SCRTCHPAD ［BEH］。

5）单片机连续读出 2 字节的温度值，将其转换为十进制数在数码管上显示出来。

2. 将温度值转换为十进制的方法

温度值为 2 字节的 16 位二进制数，如表 9-9 所示。高 5 位为符号位，高字节的低 3 位和低字节的高 4 位组成一个 7 位温度整数部分,最低 4 位是小数部分。高字节×256+低字节即可得到一个 16 位二进制数,如果是负数,对其求补。将这个 16 位二进制数右移 4 位去掉小数部分后,即可得到温度整数部分的真值,转换成十进制数后就是温度的百、十、个位值。

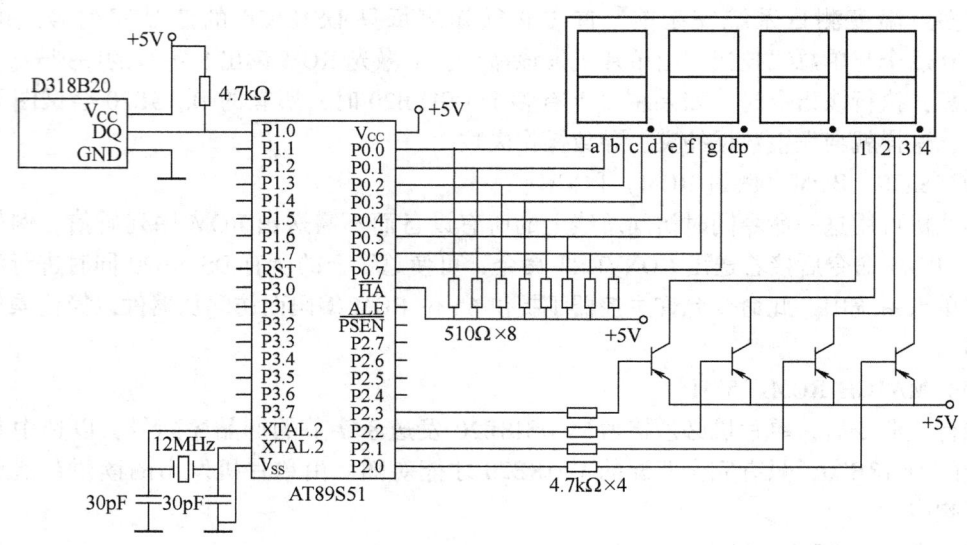

图 9-31 电子温度计的硬件连接图

表 9-9 温度值的 16 位二进制数表示

温度值/℃	输出二进制码	十六进制表示
+125	0000 0111 1101 0000	07D0H
+25.75	0000 0001 1001 1100	019CH

低字节的低 4 位转换成十进制数后,就是温度的小数部分。小数部分只有 4 位,取值范围是 0~F。由于只要精确到 0.1℃,可通过查表来简化这种转换,小数部分二进制数对应十进制小数值见表 9-10。

表 9-10 小数部分二进制数对应十进制小数值转换表

小数部分二进制值	0	1	2	3	4	5	6	7	8	9	A	B	C	D	E	F
十进制值	0	0	1	1	2	3	3	4	5	5	6	6	7	8	8	9

例如,最后 4 位为 1101 表示十六进制数 C,对应的十进制小数为 0.7。

3. 软件流程图

系统由主程序、温度测量子程序、温度转换子程序和显示子程序等组成。

(1) 主程序

在主程序中首先初始化,检测 DS18B20 是否存在,然后通过调用读温度子程序读出 DS18B20 的当前值,调用温度转换子程序把从 DS18B20 中读出的值转换成对应的温度,调用显示子程序把温度值在数码管的相应位置进行显示。

(2) 温度转换子程序

温度转换子程序的功能是发复位命令,发跳过 ROM 命令,发启动温度转换命令。

(3) 读取温度值

读出并处理 DS18B20 测量的当前温度值，读出的温度值以 BCD 码的形式存放在缓冲区。

(4) 温度数据处理子程序

温度数据处理子程序流程如图 9-32 所示。

(5) LED 动态显示子程序

LED 动态显示子程序流程如图 9-33 所示。

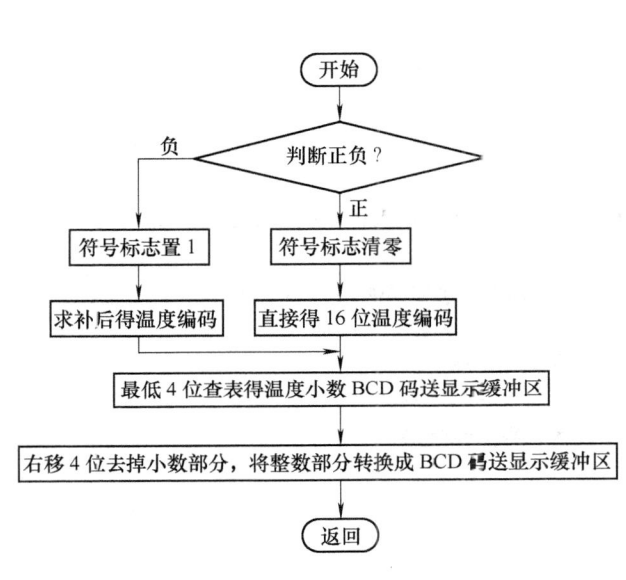

图 9-32 温度数据处理子程序流程图

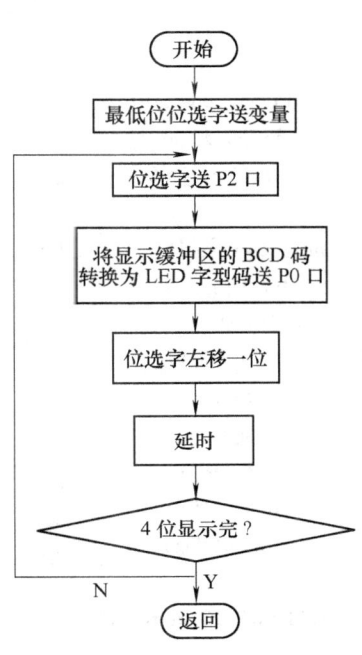

图 9-33 LED 动态显示子程序流程图

4. 参考源程序清单

```
#include    <reg51.h>
#include    <intrins.h>
#define  uchar   unsigned   char
sbit    DQ = P1^0;                                //DS18B20 的数据线
bdata  uchar  dat;                                //用于数据收发缓冲
sbit    dat0 = dat^0;                             //定义变量 dat 的最低位
sbit    dat7 = dat^7;                             //定义变量 dat 的最高位
uchar   dp[16] = {0,0,1,1,2,3,3,4,5,5,6,6,7,8,8,9};
                                                  //小数部分转换表
uchar   code   segtab[] = {0xc0,0xf9,0xa4,0xb0,0x99,0x92,0x82,0xf8,
0x80,0x90,  0x88,0x83,0xc6,0xa1,0x86,0x8e};       //共阳字段码表
uchar   dbuf[4] = {0,0,0,0};                      //显示缓存
void    disp(void)                                //LED 动态显示程序
    { uchar i,n,wx;
        wx = 0xfe;                                //首先选中最低位
```

```c
        for(n=0;n<4;n++)
         {P2 = wx;
            P0 = segtab[dbuf[n]];      //将显示缓存的BCD数据转换为字段码送P0口显示
            if(n==1)   P0 = P0&0x7F;   //小数点定在个位后
            wx1 = (wx>>1)+1;           //位选线低电平左移一位,准备显示下一位
            for(i=1;i<200;i++);        //延时
            P0 = 0xff;                 //熄灭所有字段
         }
    }
void delay(unsigned int i)             //约10μs的延时
   {unsigned  int j;
     for(j=i;j>0;j--);
    }
bit  reset(void)         //复位DS18B20,返回,flag=0为复位成功;flag=1为复位失败
   {bit flag;
     DQ = 0;                           //在数据线上产生500μs的低电平
     delay(50);
     DQ = 1;                           //数据线拉高
     delay()                           //延时30μs
     flag = DQ;                        //读取数据线状态
     delay(25);
     return(flag);
    }
void ds18b20_init(void)                //初始化DS18B20
    {
     while(1)
       {
        if(!reset())                   //收到DS18B20的应答信号
          {
           DQ = 1;
           delay(40);                  //延时
             break;
          }
        else
           reset();                    //否则再发复位信号
       }
    }
void wrbyte(uchar dada)                //向DS18B20写入1字节数据
   {uchar i, dat;
    dat = dada;
    for(i=8;i>0;i--)                   //循环写8位(先低位,后高位)
      {
       DQ = 0;                         //产生15μs的负脉冲
```

```c
            delay(1);
            DQ = dat0;                    //将当前数据位送数据线
            dat = dat >> 1;               //将下一位要写入的数据移到最低位
            delay(1);                     //延时15μs
            DQ = 1;                       //数据线拉高,为写入下一位做准备
        }
    }
    uchar rdbyte(void)                    //从 DS18B20 读取 1 字节数据
    { uchar i;
      uchar dat = 0;                      //读出数据初值为 0
      for(i = 8;i > 0;i--)                //循环读 8 位(先低位,后高位)
        { dat = dat >> 1;                 //读出数据先右移一位
          DQ = 0;                         //产生 1μs 的负脉冲
          _nop_();
          DQ = 1;                         //数据总线拉高
          delay15(1);                     //延时 15μs
          dat7 = DQ;                      //读取数据
          delay15(4);                     //延时,为读下一位做准备
        }
      return(dat);
    }
    void convert(void)                    //启动 DS18B20 开始温度转换
    {
      ds18b20_init(void)                  //初始化 DS18B20
      wrbyte(0xcc);                       //跳过 ROM
      wrbyte(0x44);                       //启动温度转换
    }
int readt(void)                           //读取 DS18B20 暂存器中的温度值
  { uchar h,l;
    ds18b20_init(void)                    //初始化 DS18B20
    wrbyte(0xcc);                         //跳过 ROM
    wrbyte(0xbe);                         //读暂存器指令
    l = rdbyte();                         //读温度低位
    h = rdbyte();                         //读温度高位
    return(h * 256 + l);
  }
  void tdatacl(int x)                     //数据处理,将温度值转换成 BCD 码送显示缓冲区
  {
    bit zf;                               //正负标记,0 代表正数;1 代表负数
    zf = 0;
    if(x < 0)                             //如果温度在 0 度以下
      { zf = 1;                           //置负数标志
        x = -x;                           //求补
```

```c
            }
        dbuf[0] = dp[t&0x0f];        //将最低4位小数部分的二进制值通过查表求出十进制小数
        x = x>>4;                    //去掉小数部分
        dbuf[3] = x/100;             //求出BCD百位
        x = x%100;
        dbuf[2] = x/10;              //求出BCD十位
        dbuf[1] = x%10;              //求出BCD个位
        if(zf==1)                    //如果是负数
           {if(dbuf[2]==0)           //如果十位为0
              {dbuf[3] = 0x13;       //如果十位为0,则百位不显示
               dbuf[2] = 0x12;
               }                     //十位显示符号,显示格式为"-x.x"
            else                     //如果十位不为0
               dbuf[3] = 0x12;       //百位显示符号、显示格式为"-xx.x"
            }
        else                         //否则,如果是正数
           {if(dbuf[3]==0)           //如果百位是0
              { if(dbuf[2]==0)       //如果十位是0
                  dbuf[2] = 0x13;
                dbuf[3] = 0x13;      //则百位和十位不显示,显示格式为"x.x"
               }
            }
    }
void main(void)
{
    int  t;
    while(1)
      { convert();                   //启动温度转换
        t = readt();                 //读取温度值
        tdatacl(t);                  //数据处理,将温度值转换成BCD码送显示缓冲区
        disp();                      //将显示缓冲区的BCD码温度值转换成字型码送显示
       }
}
```

习 题 9

1. 常用的串行总线有哪些？它们各有什么特点？

2. 利用 AT89S51 单片机和串行 A/D 转换器 TLC549，设计一个简单的数据采集显示系统，将转换的模拟电压以二进制的形式通过单片机的 P1 口连接的发光二极管显示出来。画出硬件电路图，编写完整的软件。

3. 利用 AT89S51 单片机和串行 D/A 转换器 TLC5615，设计一个简单的波形发生器，使得按 S1 键产生方波，按 S2 键产生锯齿波，按 S3 键产生三角波，按 S4 产生正弦波，画出硬件图，编写相应的程序，并将设计方案在 Proteus 上验证。

4. 在 AT89S51 单片机上设计扩展两片 AT24C02，画出硬件图，写出能对它们读写的程序，并设计一个

方案在 Proteus 上进行验证。

5. 说明获取 ZLG7290B 普通按键和功能键键值的方法，编写获取功能键键值的子程序。

6. 利用 AT89S51 单片机和 DS18B20 设计一个简单的温度采集显示系统，将转换后的温度数据（12 位中的整数部分——8 位）以二进制的形式通过单片机的 P1 口连接的发光二极管显示出来。画出硬件电路图，编写完整的软件。

7. 将图 9-23 中的并口驱动 LED 显示器改成用 ZLG7290B 驱动电路，设计一个电子温度计，画出硬件电路图，编写完整的软件。

8. 利用 AT89S51 单片机和 DS18B20 设计一个能测试 DS18B20 序列号的电路，编写软件并在 LCD1602 上将序列号显示出来，在 Proteus 上进行验证。

第10章 单片机应用系统设计方法

前面的章节分别介绍了单片机的组成、功能、内部资源的应用及系统扩展方法,但这些知识都是分散的。如何根据所学的知识来组成一个实际的单片机应用系统,还涉及很多内容,如器件选择、软硬件的配合、资源的分配、抗干扰措施、最优方案的选择等。本章主要介绍典型单片机应用系统的组成、软硬件设计方法、抗干扰措施和仿真调试方法等。

10.1 单片机典型应用系统组成

单片机典型应用系统组成如图10-1所示。以单片机作为控制核心,通过A/D转换接口实现模拟信号的采集;通过D/A转换接口,输出模拟量的控制信号,实现对执行机构的控制;通过开关量输入输出通道,实现开关信号的检测和控制;通过通信接口,实现系统和外界(单片机或PC)的数据交换和远程传输;通过人机界面,沟通用户和系统,实现数据和命令的输入及结果的显示。

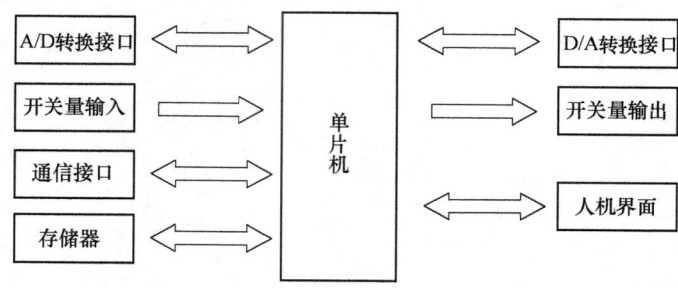

图10-1 单片机典型应用系统组成

单片机系统是将硬件和软件合理的结合起来,构成一个完整的系统装置来完成特定的功能或任务。其中,软件是用以实现有关功能的"思想或灵魂";硬件是保证这种工作进程的"平台或介质"。

10.2 单片机典型应用系统开发过程

单片机应用系统开发过程包括总体设计、硬件设计、软件设计、仿真调试、性能测试、可靠性实验和产品化等几个阶段,如图10-2所示。但各阶段不是绝对独立的,有时是交叉进行的。

10.2.1 确定任务

首先要细致分析、研究实际问题,明确设计目的,综合考虑系统的先进性、可靠性、可维护性以及成本、经济效益,拟定出合理可行的技术性能指标,编写设计任务书。

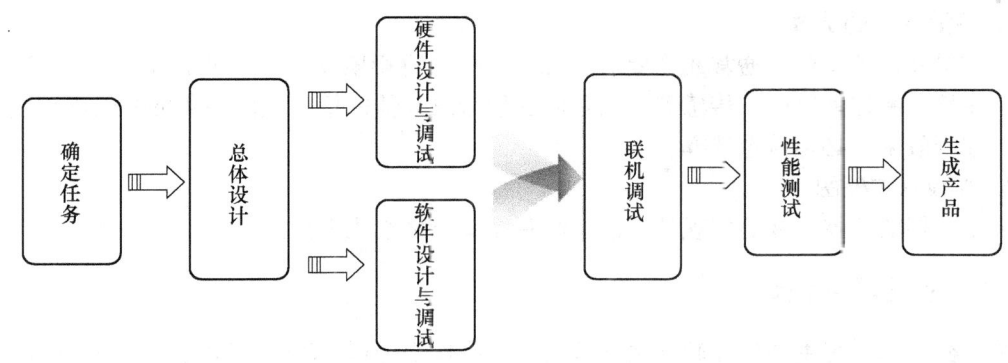

图 10-2　单片机典型应用系统开发过程

10.2.2　总体设计

设计人员在接到单片机应用系统的研制任务后，一般先进行总体设计。总体设计包括以下内容。

1. 项目调研、方案论证

设计人员接到研制任务后，首先应对用户提出的任务进行深入细致的分析和项目调研，参考国内外同类或相关产品的有关资料和标准，根据系统的工作环境、用途、功能和技术指标，经过反复论证拟订出性价比最高的一套方案。这是系统设计的依据和出发点，也是决定系统设计是否成功的关键。

2. CPU 的合理选型

目前，世界上生产单片机的厂商有几十家，单片机芯片的型号有上千种，其中应用较多的产品有 Intel 公司的 MCS-51 及其兼容芯片（如 Atmel 公司的 89S5x 系列、Philips 公司的 51 系列等）、MCS-51 派生型芯片（如 SST 公司的 89E5XRD2 系列、华邦 Winbond 的 W78 与 W77 系列、Philips 公司的 LPC76x 与 LPC900 系列等）、Atmel 公司的 AVR 系列、Microchip 公司的 PIC 系列、Motorola 公司的 M68HC 系列、TI 公司的 TMS430 系列等 MCU 芯片以及以 ARM 为内核的 32 位 MCU 芯片。一般来说，在选择单片机类型时应综合考虑以下几个因素。

（1）货源稳定、充足

所选单片机芯片在国内元器件市场上货源要稳定、充足，并且有成熟的开发设备（主要指仿真器和编程器）。对于 MCS-51 及其兼容芯片来说，在研制阶段可选择带 Flash ROM 存储器的 CPU 芯片，如 89S5x 系列，借助 ISP 编程器即可反复修改监控程序，便于调试。

（2）性价比高

在保证性能指标的情况下，所用芯片价格要尽可能低，使系统有较高的性价比。

（3）芯片加密功能完善

如果所选芯片加密功能完善，则软件不容易破解，使委托方与开发者的利益都可以得到保护。

（4）尽量选择用户广泛、技术成熟而设计人员又熟悉的单片机类型

选择用户广泛、技术成熟而设计人员又熟悉的单片机类型，在研制任务重、时间紧的情况下，可以较快地进行系统设计。

3. 关键器件的选择

确定单片机类型后，通常还需要对系统中一些严重影响系统性能指标的器件进行选择。例如，在精确测控系统中，传感器、前置微弱信号放大器的精度或使用条件等因素直接影响系统的控制效果，必须慎重选择。

4. 绘制总体框图

根据选择的元器件和要实现的功能，绘制系统总体组成框图。

10.2.3 系统硬件设计

单片机应用系统由硬件和软件两部分组成。硬件部分以 CPU 为核心，包括扩展存储器、输入输出接口电路及设备等；软件部分包括各种控制程序。只有硬件和软件的密切配合、协调一致，才能组成一个高性能的单片机应用系统。硬件设计时应考虑系统资源及软件实现方法，而软件设计时又必须了解硬件的工作原理。

在应用中，系统的软硬件功能划分要根据系统的要求而定，一些硬件电路的功能可以由软件来实现，反之亦然。用硬件来实现某些功能可以提高系统的反应速度，减少存储容量，缩短软件开发周期，但会增加系统硬件成本，使系统的灵活性与适应性变差；相反，若用软件来实现某些硬件功能，可以节省硬件开支，增强灵活性和适应性，但系统反应速度会下降，软件设计费用和所需存储器容量也相应增加。对于产品量大、价格敏感的小产品，原则上能用软件实现的功能，不靠硬件电路完成。但如果系统对实时性要求较高，应采用硬件实现。因此在总体设计时，必须权衡利弊，仔细划分好硬件和软件的功能。

1. 系统硬件电路设计的一般原则

1）尽可能选择典型电路，采用硬件移植技术，力求硬件电路标准化、模块化。

2）尽可能选择功能强的芯片，简化电路的设计。

3）系统配置及扩展必须充分满足系统的功能要求，并留有余地，以便于系统的二次开发。

4）在不影响系统功能的条件下，采用"以软代硬"的方法，以简化系统的硬件电路，降低成本，提高系统的可靠性。

5）系统中相关的器件要尽可能做到性能匹配。例如，选用 CMOS 芯片单片机构成低功耗的系统时，系统中全部芯片都应选择低功耗器件。

6）单片机外接电路较多时，必须考虑其驱动能力。若驱动能力不足，则系统工作不可靠。这时应增设线驱动器或者减少芯片功耗，以降低总线负载。

7）可靠性与抗干扰设计，如去耦滤波、合理布线、信号隔离、看门狗电路等。

8）工艺设计，包括机架机箱、面板、配线、接插件等，必须兼顾电磁兼容的要求以及安装、调试、维护等操作是否方便的要求。

2. 硬件可靠性设计

单片机应用系统工作环境恶劣，个别系统甚至要求在无人值守情况下工作，因此任何差错都可能造成非常严重的后果。可见，单片机在应用时对系统的可靠性要求较高，而影响单片机应用系统可靠性的因素很多，如电磁干扰、电网电压波动、大型用电设备（电炉、电机、电焊机等）的起/停、高压设备和电磁开关的电磁辐射、传输电缆的共模干扰等，需要针对不同应用条件在硬件上采取相应的抗干扰措施，使系统可靠运行。硬件抗干扰措施主要有以下几点。

(1) 输入/输出通道干扰的抑制措施

采用隔离和滤波技术可抑制输入/输出通道可能出现的干扰。常用的隔离器件有隔离变压器、光电耦合器、继电器和隔离放大器等,应根据传输信号的种类选择相应的隔离器件。例如,对于高频开关信号可采用脉冲变压器作为隔离器件;对于低速开关、电平信号,可采用光电耦合器作为隔离器件。

(2) 供电系统干扰的抑制措施

单片机应用系统的供电线路是干扰的主要入侵途径,常采用如下措施进行供电系统干扰的抑制。

1) 单片机系统的供电线路和产生干扰的各类大功率用电设备分开供电。

2) 通过低通滤波器和隔离变压器接入电网。低通滤波器可以吸收大部分电网中的"毛刺",隔离变压器是在初级绕组和次级绕组之间多加一层屏蔽层,并将它和铁心一起接地,防止干扰通过初、次级之间的电容效应进入单片机供电系统。

3) 在整流元件上并接滤波电容,可以在很大程度上削弱高频干扰。

(3) 电磁场干扰的抑制措施

电磁场的干扰可采用屏蔽和接地措施。用金属外壳或金属屏蔽罩将整机或部分元器件包起来,再将金属外壳接地,即能起到屏蔽作用。单片机系统中有数字地线、模拟地线、交流地线、信号地线、屏蔽地线,应分开接不同性质的地线。强信号地线和弱信号地线也要分开。

(4) 使用"看门狗"电路,解决 CPU 运行时可能进入混乱或死循环

由于干扰或程序设计错误等各种原因,程序在运行过程中可能会偏离正常的顺序而进入到不可预知、不受控制的状态,甚至陷入死循环。为防止出现这种情况造成重大损失,并让系统能够自动恢复正常运行,必须对系统运行进行监控。完成系统运行监控功能的电路或软件称为"看门狗"。其工作原理是系统在运行过程中,每隔一段固定的时间给"看门狗"一个信号(喂狗),如果系统运行正常,则"看门狗"电路不会产生复位或中断信号。如果超过这一时间没有给出信号,"看门狗"将自动产生一个复位信号使系统复位,或产生一个"看门狗"定时器中断请求,系统响应该请求,转去执行中断服务子程序,处理当前的故障。"看门狗"的使用有以下两种情况。

1) 使用某些单片机本身的"看门狗"。某些单片机本身带有"看门狗"。例如 AT89S 系列单片机,可以使用其"看门狗"功能,只要周期性地写 01EH 和 0E1H 到 WDTRST 寄存器,系统正常工作时 WDT 不会计数溢出,只有系统出现故障,在规定的时间内不能写 01EH 和 0E1H 到 WDTRST 寄存器,WDT 计数溢出,从而使系统复位恢复正常工作。

2) 使用专门的监控芯片。对于本身没有"看门狗"的单片机,可以外接专门的监控芯片。例如,美国 MAXIM 公司推出的微处理机/单片机系统监控集成电路具有系统复位、备份电池切换、"看门狗"定时输出、电源电压监测等多种功能,使用非常方便。

3. 元器件选择原则

单片机应用系统中可用的元器件种类繁多、功能各异且价格不等,选择元器件的基本原则是选择那些满足性能指标、可靠性高、经济性好的元器件。选择元器件时应考虑以下因素。

（1）尽量采用通用的大规模集成电路

在应用系统中，尽量采用通用的大规模集成电路芯片，这样能简化系统的设计、安装和调试过程，也有助于提高系统的可靠性。一般原则是能用一块中大规模芯片完成的功能，不用多个中小规模电路芯片实现。

（2）整个系统的速度匹配

单片机时钟频率一般可在一定范围内选择（如增强型 51 系列单片机芯片可在 0～33MHz 之间任意选择），在不影响系统性能的前提下，时钟频率选低一些好，这样一方面可降低系统对其他元器件的速度要求，从而降低成本和提高系统的可靠性；另一方面也将减少晶振电路潜在的电磁干扰。

（3）外围电路芯片类型一致

对于低功耗应用系统，必须采用 HCMOS 或 CMOS 芯片，如 74HC 系列、CD4000 系列；而一般系统可使用 TTL 数字集成电路芯片。

10.2.4 系统软件设计

整个单片机应用系统是一个整体，当系统的硬件电路设计定型后，软件的任务也就明确了。软件设计是单片机系统设计中最重要的一环。进行软件编程时，可以采用汇编语言或高级语言（常为 C 语言）完成。系统软件设计主要包括以下两个方面的问题。

1. 资源分配

一个单片机应用系统所拥有的硬件资源可分为片内和片外两部分。片内资源是指单片机本身所包含的中央处理器、程序存储器、数据存储器、定时/计数器、看门狗计数器、中断源、I/O 接口以及串行通信接口等。这部分硬件资源的种类和数量，不同公司、不同系列单片机之间的差别较大，设计人员进行硬件设计选择单片机时一定要根据系统要实现的功能充分了解它们内部资源的情况进行合理选型。当选定某种型号的单片机进行系统设计时，软件设计应充分利用片内的各种宝贵的硬件资源。软件设计在进行资源分配时应注意以下几点。

（1）在分配 I/O 引脚时，必须根据外部接口电路特性做出合理的选择

单片机芯片各 I/O 引脚的功能不完全相同，如部分引脚具有第二输入/输出功能；各 I/O 引脚输出级的电路结构也不尽相同，如 8xC5x 的 P0 口采用漏极开路输出方式，而 P1～P3 口采用准双向结构；各 I/O 引脚输出级的驱动能力也不同，如 8xC5x 的 P0 口可以驱动 8 个 LSTTL 门，而 P1～P3 只能驱动 4 个 LSTTL 门。因此，在分配 I/O 引脚时，必须根据外部接口电路的特性做出合理的选择。

（2）ROM 资源分配

片内 ROM 存储器用于存放控制程序和数据表格。因为现在单片机内部 Flash 内存的容量都可以做得很大，所以在大多数的应用场合，尽量选择片内的 Flash 内存的容量能够满足实际需要的单片机型号。这样不仅可以节省额外的硬件投资、节省单片机的口线资源，更重要的是片内 Flash 中的程序在下载、烧写时通过"加密"可以得到保护。只有当程序特别大，内部空间无法满足要求时才选用扩展外部 ROM。

对于片内 ROM 资源分配，按照 51 单片机及其兼容派生芯片的复位及中断入口的规定，002FH 以前的地址单元都作为复位入口、中断地址区。在这些单元中一般都设置转移指令，

使程序在复位时转移到复位启动控制主程序或相应的中断服务程序。当程序存储器中存放的控制程序及子程序数量较多时，应尽可能为它们设置入口地址表。一般的常数、表格集中设置在表格区。二次开发扩展区应尽可能放在高位地址区。

（3）RAM 资源分配

RAM 分为片内 RAM 和片外 RAM。片外 RAM 的容量比较大，通常用来存放批量大的数据，如采样数据；片内 RAM 容量较少，但运行速度快，应尽可能充分利用。

对于 52 系列单片机来说，片内 RAM 是指 00H~FFH 单元，高 128 单元和低 128 单元的使用并不完全相同，分配时应注意发挥各自的特点，做到物尽其用。

00H~1FH 这 32 字节可以作为工作寄存器组。在工作寄存器的 8 个单元中，R0 和 R1 具有指针功能，是编程的重要角色，应充分发挥其作用。系统上电复位时，PSW 为 00H，CPU 自动选择工作寄存器组 0 作为当前工作寄存器。具体编程时应根据实际需要，在不同位置合理设置 PSW 的值，可以使主程序或中断服务程序使用不同的工作寄存器组，通常可在应用程序中，安排主程序及其调用的子程序使用工作寄存器组 0，而安排定时器溢出中断、外部中断、串行口中断使用工作寄存器组 1、2 或 3。

20H~2FH 这 16 字节具有位寻址功能，可用来存放各种软件标志、逻辑变量、位输入/位输出信息等。当这些位的功能全部安排好后，保留 1~2 字节备用，剩下的单元可改作一般 RAM 区使用。

30H~7FH 为一般通用寄存器，通常用来存放各种参数、指针和中间结果，或者用作数据缓冲区。此外，也常将堆栈安放在片内 RAM 的高端，如 60H~7FH。设置堆栈区时应事先估算出子程序和中断嵌套的级数，合理设置栈顶指针的大小并留有余量。当系统中扩展了 RAM，应把使用频率最高的数据缓冲区安排在片内 RAM 中，以提高处理速度。

对外部扩充的存储器和端口，应正确设计译码电路，并根据硬件的译码电路，合理分配存储器和端口地址，防止地址冲突，造成系统运行混乱。

ROM、RAM 资源分配好后，应列出一张详细的资源分配清单，作为编程的参考依据。

2. 软件设计

在进行软件设计时，应注意以下问题。

（1）模块化结构

单片机应用系统的软件设计千差万别，不存在统一模式。但软件开发的明智方法是尽可能采用模块化结构，方便调试、系统集成和扩充。根据系统软件的总体构思，按照先粗后细的方法，把整个系统软件划分成多个功能独立、大小适当的模块。应明确规定各模块的功能，尽量使每个模块功能单一，各模块间的接口信息简单、完备，接口关系统一，尽可能使各模块间的联系减少到最低限度。这样，各个模块可以分别独立设计、编制和调试，最后再将各个程序模块连接成一个完整的程序进行总调试。

（2）软件抗干扰技术

由于单片机芯片主要应用于工业控制、智能化仪器仪表中，因此对单片机应用系统的可靠性要求更高。消除干扰除了硬件抗干扰措施外，还需要在软件设计时，采取相应措施。软件对系统的干扰主要表现在：数据采集不可靠、控制失灵、程序运行失常等几个方面。为了避免上述情况的发生，人们研究了许多对策。下面简单介绍针对上述几种干扰，在软件设计时，常采用的抗干扰措施。

1)通过数字滤波提高数据采集的可靠性。其常用方法有 3 种。

① 算术平均法。对一点数据连续采样多次,计算其平均值,以其平均值作为采样结果。这种方法可以减少系统的随机干扰对采集结果的影响。一般取 3~5 次平均值即可。

② 中值法。根据干扰造成数据偏大或偏小的情况,对一个采样点连续采集多个信号,并对这些采样值进行比较,取中值作为该点的采样结果。

③ 比较取舍法。当控制系统测量结果的个别数据存在明显偏差(如出现尖峰脉冲干扰)时,可采用比较取舍法,即对每个采样点连续采样几次,根据所采数据的变化规律,确定取舍办法来剔除个别错误数据。例如"采三取二",即对每个点连续采样 3 次,取两次相同的数据作为采样结果。

2)程序运行失常的软件抗干扰措施。单片机应用系统被引入强干扰后,程序计数器 PC 的值可能被改变,因此会破坏程序的正常运行。被干扰后的 PC 值是随机的,这将导致程序偏离正常的执行顺序,可能将使程序执行一系列非预期、无意义、不受控的指令,会使输出严重混乱,造成所谓的"死机"。软件抗干扰措施主要有以下几项。

① 设立软件陷阱。软件陷阱是指一些可以使混乱的程序恢复正常运行或使飞出的程序恢复到初始状态的一系列指令。主要有以下两种:

空指令(NOP):在程序的某些位置插入连续几个 NOP 指令(即将连续几个单元置成 00H),不会影响程序的功能,而当程序失控时,只要 PC 指向这些单元(落入陷阱),在连续执行几个空操作后,程序会自动恢复正常,不再会将操作数当做指令码执行,将正常执行后面的程序。这种方法虽然浪费一些内存单元,但可以保证不死机。通常在一些决定程序走向的位置,必须设置 NOP 陷阱,包括 0003H~0030H 地址未使用的单元。这段区域是 51 系列单片机 5 个中断入口地址,一般用于存放一条绝对跳转指令,但一条绝对跳转指令只占用了 3 字节,而每两个中断入口之间有 8 个单元,余下的 5 个单元应用 NOP 填满。

跳转指令"LJMP add16":当 PC 失控导致程序飞出而进入非程序区时,只要在非程序区设置拦截措施,强迫程序回到初始状态或某一指定状态,即可使程序重新正常运行或进行故障处理。

利用"LJMP 0000H"(机器码为 020000H)指令,将非程序区和未用的中断入口地址反复用"020000H,020000H,…,020000H"填满,则不论程序失控后指向上述区域的哪一字节,最后都能回到复位状态,重新执行主程序。

② 加软件"看门狗"。"看门狗"可以使陷入死机的系统产生复位,重新启动程序运行。"看门狗"功能可以由专门的硬件电路来完成,也可以由软件和定时器来实现。定时器的定时时间稍大于主程序正常运行一个循环的时间,而在主程序循环运行过程中需执行一次定时器时间常数的初始化。这样,当程序失常时,将不能定时的对定时器时间常数进行初始化而导致定时器中断溢出,利用定时器中断服务子程序可将系统复位。

10.2.5 软硬件系统联机调试

系统联机调试包括硬件调试和软件调试。硬件调试的任务是排除系统的硬件电路故障。软件调试是利用开发工具进行在线仿真调试,除发现和解决程序错误外,也可以发现硬件故障。程序调试一般是一个子程序一个子程序地调试,然后一个模块一个模块地进行,最后联合起来统调。在调试过程中,不断地发现错误,排除故障,修改系统的硬件和软件,直到其正确为止。程序联调运行正常后,还需在模拟的各种现场条件和恶劣环境下运行和测试,以检查系统是否满足原设计要求,并进行不断的改进和完善。

1. 单片机开发工具

(1) 在线仿真器

单片机仿真器也称为单片机仿真开发器,是单片机开发的重要工具,为单片机应用系统的软硬件联合调试和故障排查提供了很大的方便,其种类繁多。一般专用仿真器只能仿真某一特定型号的单片机,如南京伟福公司的 K51 系列和 E51 系列仿真器只能仿真 MCS-51 及兼容芯片。但目前一些型号的仿真器功能较强,通过更换不同的仿真插头可以仿真不同系列、不同类型的单片机芯片,如 WAVE 的 V8、E6000、E2000 系列仿真器,更换不同仿真插头即可仿真 MCS-51 及其兼容单片机和 Microchip 公司的 PIC 系列单片机,但价格比专用仿真器高一些。因此选择仿真器时,首先要了解该仿真器能仿真何种类型的单片机芯片。

(2) 编程器

由于目前内置 OTP ROM、Flash ROM 存储器芯片的单片机 CPU 已成为主流芯片,因此程序调试结束后,需要在编程器上将调试好的程序代码写入 CPU 的程序存储器中。

2. 系统调试

(1) 脱机检查

首先用万用表对各 IC 座的电源端电位进行检查,确定其无误后再插入芯片,然后逐步按照电路原理图检查电路中所有元器件的各引脚,检查数据总线、地址总线和控制总线是否有短路等故障,顺序是否正确;检查各开关按键是否能正常开关,是否连接正确;各限流电阻是否短路等。

(2) 程序调试

程序的调试首先单独调试各功能子程序,检验程序是否能够实现预期的功能,接口电路的控制是否正常等,然后再一个模块一个模块地进行调试,最后逐步将各模块连接起来总调。联调需要注意各程序模块间能否正确传递参数,特别要注意各子程序的现场保护与恢复。

(3) 联机仿真调试

暂时拔掉电路板上的单片机 CPU 芯片,将仿真器的 40 芯仿真插头插入单片机 CPU 的芯片插座。可以先运行一个简单的测试软件来查看接口工作是否正常。然后运行一个简单模块,如果运行测试结果与预期不符,则很容易根据故障现象判断故障原因并采取针对性措施排除故障。正常后再不断地加入其他模块进行调试,这样对出现的问题很容易在增加的模块中进行处理。直到所有模块加入后系统能正确运行为止。最后再进行系统总调,优化系统硬件和软件的配置,使系统达到良好的工作状态。

10.2.6 性能测定

利用各种测量设备进行系统参数的测量,记录系统的各种性能指标参数,完成系统测试报告。

10.2.7 生成正式产品

经过系统参数的测量,各种性能指标满足要求后,就可以把调试完毕的软件固化在

Flash 存储器中,然后脱机(脱离开发系统)运行。如果脱机运行正常,再在真实环境或模拟真实环境下运行,经反复运行正常且各种性能指标满足要求,开发过程即告结束,可以小批量试生产。

习 题 10

1. 简述单片机应用系统的组成和开发步骤。
2. 单片机应用系统的硬件设计应遵循哪些原则?
3. 简述单片机应用系统元器件的选择原则。
4. 单片机应用系统干扰源主要有哪些?列举常用的软硬件抗干扰措施。
5. 什么是软件陷阱?其作用是什么?如何设置软件陷阱?
6. 什么是"看门狗"?简述软件看门狗的实现方法。
7. 简述单片机应用系统的软件设计要注意的问题。

第 11 章 单片机应用系统设计实例

学会以单片机为核心，利用其内部资源并结合各种扩展接口器件设计单片机应用系统，是学习本课程的首要任务。单片机应用系统的设计，首先通过对系统的目标、任务、指标要求等的分析，确定总体方案和软、硬件分工；其次分别进行软、硬件设计以及制作、编程；第三将软件与硬件结合起来对系统进行仿真调试、修改、完善。第 10 章介绍了单片机应用系统的设计方法。本章介绍两个实用性较强的单片机应用系统设计实例，以期引导读者通过实例初步掌握单片机应用系统的软硬件设计方法，将所学的知识加以系统化并用于实践。

11.1 简易数字频率计的设计

11.1.1 设计要求

设计一个简易数字频率计，能实时测量周期信号的频率，并将结果显示出来，频率测量范围为 0～1MHz。

11.1.2 总体方案

1. 频率测量基本原理

数字频率计的主要功能是测量周期信号的频率。频率是单位时间（1s）内信号发生周期变化的次数。如果能在给定的 1s 时间内对周期信号进行计数，并将计数结果显示出来，就实现了对被测信号的频率测量。

2. 实现方法

单片机 AT89S51 内部具有两个 16 位定时/计数器，如果用 T0 对外界周期信号进行计数，T1 作为定时器产生 1s 的定时中断，在 T1 的定时中断服务程序中读取 T0 的计数值，即可实现频率的测量。由于频率测量范围为 0～1MHz，根据单片机对外部信号的计数需要两个机器周期才能识别一个脉冲，所以外部计数脉冲的频率应小于振荡频率的 1/24。所以本系统选择使用 24MHz 才能实现频率测量范围 0～1MHz。如果系统的频率测量范围更大，则可以在周期脉冲信号接入 T0 引脚前加分频电路即可。

11.1.3 系统硬件设计

系统的硬件连接电路如图 11-1 所示。本系统较简单，数据处理的量也不大，因此选用 AT89S51 作为控制系统的核心。AT89S51 是 Atmel 公司推出的一种低功耗、高性能的 CMOS 单片机，内带 4KB 可编程 Flash 存储器、128B 内部 RAM、2 个 16 位定时/计数器、WDT，并具备 ISP 端口，便于程序的在系统修改和调试，可大大缩短系统的开发周期。AT89S51 单片机采用静态时钟方式，时钟频率为 0～33MHz。本系统采用 24MHz 的工作频率。频率测量没有大量的运算和暂存数据，现有的 128B 片内 RAM 已能满足要求，也不必外扩片外 RAM。

系统选用 LCD1602 显示频率，因为系统外扩元件较少，LCD1602 采用 I/O 并行接口方式和单片机相连。图中 U_i 为输入的周期信号，经过比较和整形电路后将其变为周期脉冲信号送 T0 引脚供计数使用。

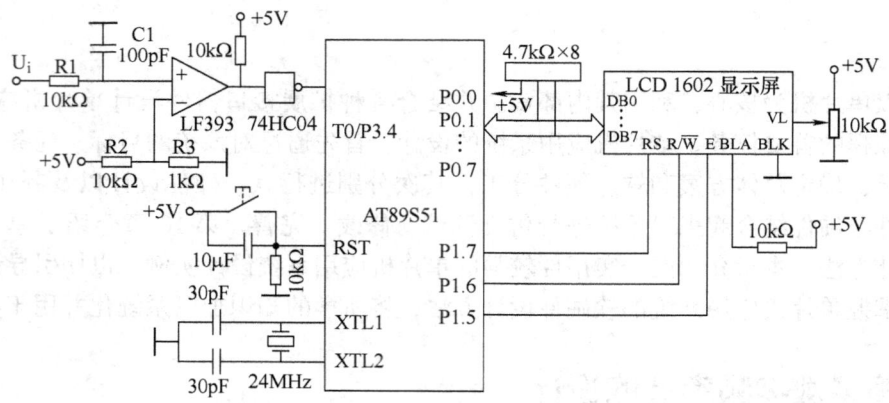

图 11-1　数字频率计电路图

11.1.4　系统软件设计

本系统的软件设计分为主程序、LCD 显示驱动程序、T1 25ms 定时中断服务程序和 T0 计数溢出中断服务程序 4 部分。为了便于管理和调试，将整个程序分成两个模块文件，分别是主模块 main.c 和液晶显示模块 LCD1602.c。液晶显示模块 LCD1602.c 可以单独调试，仿真成功后将这两个文件加入同一个项目中，并建立液晶显示模块 LCD1602.c 文件的 .h 文件，主模块 main.c 包含这个头文件即可（或在主模块 main.c 中将调用 LCD1602.c 文件的函数声明为外部函数即可）。在不同的应用系统中，硬件上单片机和 LCD1602 的连接如果改变，只需要更改 LCD1602.c 文件中的引脚定义即可。

1. 主程序

主程序首先完成对 T0、T1 和中断的初始化，然后开放中断并启动 T0、T1 工作；接下来判断 1s 定时时间是否到，1s 定时时间到，则将计数值处理后送 LCD 显示器显示。主程序流程如图 11-2 所示。

2. T1 25ms 定时中断服务程序

系统时钟为 24MHz，机器周期为 $0.5\mu s$，最大定时时间为 $65536 \times 0.5\mu s = 32.768ms$，本系统选用定时时间为 25ms，定时中断 40 次即可实现 1s 定时，T1 中断服务程序的流程如图 11-3 所示。

3. T0 计数溢出中断服务程序

T0 设置为计数器工作方式，初值为 0，如果输入周期信号频率很高，在 1s 时间内 T0 计数到 65536 就会溢出，因此在 T0 计数溢出中断服务程序中要统计溢出次数，1s 的计数值即频率 = T0 溢出次数 × 65536 + 当前读出的 T0 计数值。

4. LCD 显示程序

LCD1602 显示程序流程图如图 11-4 所示。首先根据行号和列号发写入地址命令，然后将指针变量指向的字符串发写入数据命令，将数据显示在 LCD 上。

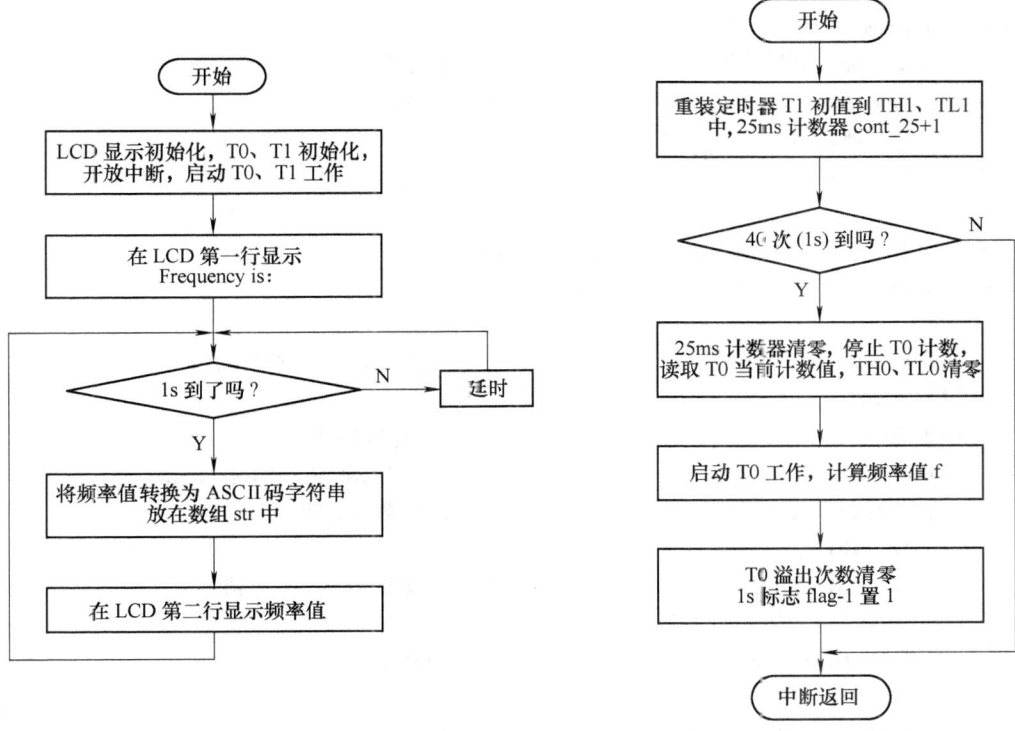

图 11-2　系统主程序流程图　　　　图 11-3　T1 25ms 定时中断服务程序流程图

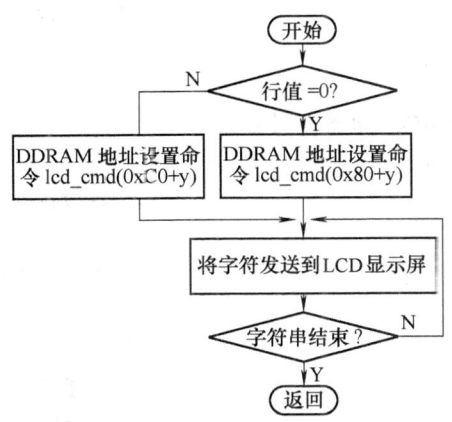

图 11-4　LCD1602 显示程序流程图

5. 参考程序清单

```
/*主函数 main.c 参考程序*/
    #include    <reg51.h>
    #include    <stdio.h>
    #include    <LCD1602.h>              //包含液晶显示器自定义头文件
    unsigned    char    time1_H,time1_L;  //T1 的定时初值
    unsigned    char    cont_25;          //25ms 计数器
    unsigned    char    time0_H,time0_L;  //T0 的当前计数值
```

```c
    unsigned char  T0_num = 0;                  //T0 溢出计数器
    unsigned long  fdata;                       //频率
    sbit bdata flag_1s;                         //1s 到标志
void delay_s(unsigned char n)                   //延时函数
    { unsigned char i;
      for(i = 0;i < n;i + +);
    }
/*定时器 T1 25ms 中断服务程序,40 次中断为 1s*/
    void  Time1_int(void)  interrupt  3
       {
         TH1 = time1_H;                         //T1 定时 25ms 到,重装初值
         TL1 = time1_L;
         cont_25 + +;                           //25ms 计数器 +1
         if(cont_25 > 39)                       //是否 40 次,即 40×25ms = 1s 到
            { cont_25 = 0;                      //25ms 计数器清零
              TR0 = 0;
              time0_H = TH0;                    //1s 到读出 T0 当前计数值
              time0_L = TL0;
              TH0 = 0;TL0 = 0;                  //T0 重新清零
              TR0 = 1;
              fdata = (time0_H * 256 + time0_L) + T0_num * 65536;   //计算频率
              T0_num = 0;                       //T0 溢出次数清零
              flag_1s = 1;                      //置 1s 到标志
            }
       }
/*T0 中断函数,当计数超出 65536 溢出时,中断*/
void  Time0_int(void) interrupt 1
    { T0_num + +;                               //溢出计数器增 1
    }
void  t0_t1_init(void)                          //定时器 T0、T1 初始化函数
    {float x;
     unsigned int idata y,z;
      TMOD = 0x15;                              //T1 工作在定时方式,T0 工作在计数方式
      x = 12/24.00;                             //计算 1 个机器周期的时间
      y = 25000/x;                              //计算定时 25ms 的计数值
      z = 65536 - y;                            //计算定时 25ms 的计数初值
      time1_H = z/256;                          //定时初值高 8 位
      time1_L = z%256;                          //定时初值低 8 位
      TH1 = time1_H;
      TL1 = time1_L;
      TR1 = 1;
      TH0 = 0;                                  //T0 初值为 0
      TL0 = 0;
```

```c
        TR0 = 1;                                   //T0 开始计数
    }
    void main(void)                                //主函数
    {
        unsigned char i;
        unsigned char str[6] = {0,0,0,0,0,0};      //定义存放显示字符串的数组
        init_lcd();                                //LCD1602 初始化
        t0_t1_init();                              //T0、T1 初始化
        ET1 = 1;                                   //开 T1 中断
        ET0 = 1;                                   //开 T0 中断
        EA = 1;                                    //开总中断
        cont_25 = 0;                               //25ms 计数器清零
        T0_num = 0;                                //T0 溢出计数器清零
        flag_1s = 0;                               //1s 到标志清零
        disp_str(0,5,"Frequency is:");             //在 LCD 第一行上显示"Frequency is:"
        while(1)
            {
                if(flag_1s == 1)                   //1s 到刷新显示频率
                    {
                        for(i=6;i>0;i--)           //将频率值转换成 ASCII 码字符串放在 str 数组中
                        {
                            str[i-1] = fdata%10 + 0x30;
                            fdata = fdata/10;
                        }
                        disp_str(1,5,str);         //在 LCD 的第二行显示频率
                        flag_1s = 0;               //1s 到标志清零
                    }
            delay_s(200);
            }
    }
/*液晶显示驱动模块 LCD1602.C 参考程序*/
#include    <reg52.h>
#include    <intrins.h>
#define uchar  unsigned  char
#define uint   unsigned  int
sbit    RS = P1^7;                                 //引脚定义,根据硬件连接确定
sbit    RW = P1^6;
sbit    E = P1^5;
sfr     LCDDATA = 0x80;                            //LCD 数据总线定义为 P0 口
sbit    RDY = LCDDATA^7;                           //就绪线 BF,低电平有效
void    lcd_cmd(uchar  cmd)                        //向液晶屏发送指令函数
    {
        LCDDATA = cmd;                             //命令送数据总线
```

```c
            RS = 0;                         //选择命令寄存器
            RW = 0;                         //执行写数据操作
            E = 1;
            _nop_();
            E = 0;                          //使能信号有效
            while(1)
              { LCDDATA = 0xff;             //总线变高,准备读
                RS = 0;
                RW = 1;                     //读操作
                E = 0;
                _nop_();
                E = 1;
                if(RDY = =0)  break;        //如果就绪,返回
              }
         }
    void  lcd_data(uchar   dat)             //向液晶屏写入数据函数
        {
            LCDDATA = dat;                  //显示数据送数据总线
            RS = 1;                         //选择数据寄存器
            RW = 0;                         //写数据操作
            E = 1;
            _nop_();
            E = 0;                          //使能信号有效
            while(1)
              { LCDDATA = 0xff;             //总线变高,准备读
                RS = 0;                     //选择命令寄存器
                RW = 1;                     //读操作
                E = 0;                      //使能信号有效
                _nop_();
                E = 1;
                if(RDY = =0)break;          //如果就绪,返回
              }
        }
    void  init_lcd(void)                    //初始化液晶屏
        {
            lcd_cmd(0x01);                  //清屏幕
            lcd_cmd(0x3c);                  //设置双行显示,5×10 点阵
            lcd_cmd(0x0C);                  //开显示,关闭光标
        }
    void  disp_str(uchar  x,uchar  y,uchar  * p)    //在 x 行、y 列显示字符串 p
        {
            if(x = =0)                      //如果在第一行显示
            lcd_cmd(0x80 + y);              //设置第一行的写入地址
```

```
         else                              //如果在第二行显示
            lcd_cmd(0xc0 + y);             //设置第二行的写入地址
         while( * p)                       //当字符串没结束
            lcd_data( * p + + );           //将字符依次发送到液晶屏显示
      }
/ * 液晶显示驱动模块 LCD1602.h * /
#define  uchar   unsigned   char
void   init_lcd(void);                     //初始化液晶屏
void   disp_str(uchar   x,uchar   y,uchar   * p);   //在 x 行、y 列显示字符串 p
```

11.2 压力测量系统的设计

11.2.1 设计要求

设计并制作出具有如下功能的压力测量系统：
1）能自动测量压力，压力测量范围为 0～100MPa。
2）在显示器上将压力值实时显示，压力显示格式为 "P = XXX.X" MPa。
3）具备压力超限报警功能。
4）测量误差不大于 ±0.5MPa。

11.2.2 总体方案

1. 压力检测的基本原理

力学传感器的种类繁多，如电阻应变片压力传感器、半导体应变片压力传感器、压阻式压力传感器、电感式压力传感器、电容式压力传感器、谐振式压力传感器及电容式加速度传感器等。但应用最为广泛的是压阻式压力传感器，它具有极低的价格和较高的精度以及较好的线性特性。

电阻应变片是一种将被测件上的应变变化转换成为一种电信号的敏感器件。它是压阻式应变变送器的主要组成部分之一。电阻应变片应用最多的是金属电阻应变片和半导体应变片两种。金属电阻应变片又有丝状应变片和金属箔状应变片两种。通常是将应变片通过特殊的粘合剂紧密地粘接在产生力学应变基体上，当基体受力发生应力变化时，电阻应变片也一起产生形变，使应变片的阻值发生改变，从而使加在电阻上的电压发生变化。这种应变片在受力时产生的阻值变化通常较小，一般这种应变片都组成应变电桥，并通过后续的仪表放大器进行放大，再传输给处理电路，如图 11-5 所示。

图 11-5 所示的压力电桥检测电路，由应变片的电阻 R1 和另外 3 个固定电阻 R2、R3、R4 构成桥路，当电桥平衡时（即电阻应变片未受力作用时），R1 = R2 = R3 = R4 = R，此时电桥的输出 U_o = 0；当应变片受力后，R1 发生变化，使 R1、R3 ≠ R2、R4，电桥输出 U_o ≠ 0，引起电桥不平衡，压力信号转换为微弱的电压信号输出，实现了通过压阻效应实现压力到电阻的转换，再由桥路转换为

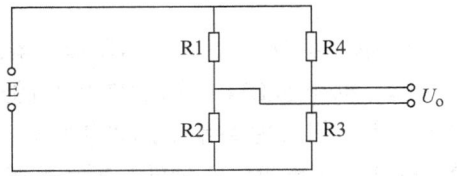

图 11-5 压力电桥检测电路

差动输出的微弱电压信号。

2. 压力数据采集

系统要求压力误差为不大于±0.5MPa，可以选用8位A/D转换器，其最小分辨率为0.39MPa（100MPa/255），测量误差为±0.39MPa，能满足系统的测量要求。A/D转换器的选择方案有以下两种。

方案一：采用并行A/D转换芯片，如ADC0809。这种方案编程相对简单，但占用口资源较多。

方案二：采用串行A/D转换芯片，如TLC549。这种方案由于采用口线模拟SPI串行总线接口，编程相对复杂，但占用口资源较少，比较适用于并行口资源较少的场合。

本设计选择使用串行A/D转换芯片，因为使用串性总线接口技术是一种发展趋势，同时采用口线模拟SPI串行总线的函数也已经标准化，可以移植使用。

3. 显示方案

显示器可以选用LED或LCD。LED显示器的优点是显示亮度大，可以更远距离看到显示结果，缺点是只能显示数字和简单字符，显示不直观；LCD显示器的优点是可以显示数字和所有的字符，缺点是只能近距离观察结果，亮度也有限。本设计压力测量选用LED显示器，使用ZLG7290B直接驱动7位共阴极数码管，采用I^2C总线方式，与微控制器的接口仅需两根信号线，节省I/O资源。

4. 系统组成

压力测量系统的组成如图11-6所示。单片机采用串行总线接口技术实现数据采集和显示，有效地节省了口线，便于系统扩展。压力检测电桥将压力信号转换为微弱的电压信号经放大电路，把信号放大至0~5V，作为A/D转换器TLC549输入信号。单片机通过SPI总线读取转换压力结果，进行数据处理后通过I^2C总线写入ZLG7290的显示缓冲寄存器，即可在LED显示器上显示压力的大小。P2.7接蜂鸣器，低电平驱动蜂鸣器鸣叫实现压力超限报警。

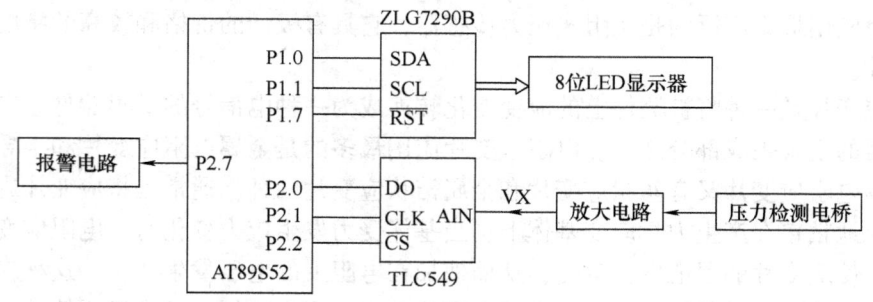

图11-6 压力测量系统组成

11.2.3 系统硬件设计

1. 单片机与A/D转换器及显示器的硬件连接

单片机和TLC549及ZLG7290B的连接电路如图11-7所示。本系统较简单，数据处理的量也不大，但考虑到系统的可扩展性，因此选用AT89S52作为控制系统的核心。AT89S52是Atmel公司推出的一种低功耗、高性能的CMOS单片机，内带8KB可编程Flash存储器、256B内部RAM、3个16位定时/计数器、WDT，并具备ISP端口，便于程序在系统修改和调试，可大大缩短系统的开发周期。AT89S52 单片机采用静态时钟方式，时钟频率为 0 ~ 33MHz。本系统采用 12MHz 的工作频率。压力测量系统没有大量的运算和暂存数据，现有的 256B 片内 RAM 已能满足要求，也不必外扩片外 RAM。利用单片机的 P1.0 和 P1.1 两根线模拟 I^2C 总线，实现和 ZLG7290B 的数据传输。P1.7 实现对 ZLG7290B 的复位操作。利用单片机的 P2.0 ~ P2.2 三根线模拟 SPI 总线，实现和 TLC549 的数据传输。采用 8 位 LED 显示器显示压力测量结果。压力的显示形式是 P = xxx.xMP。P2.7 接蜂鸣器实现压力超限报警。

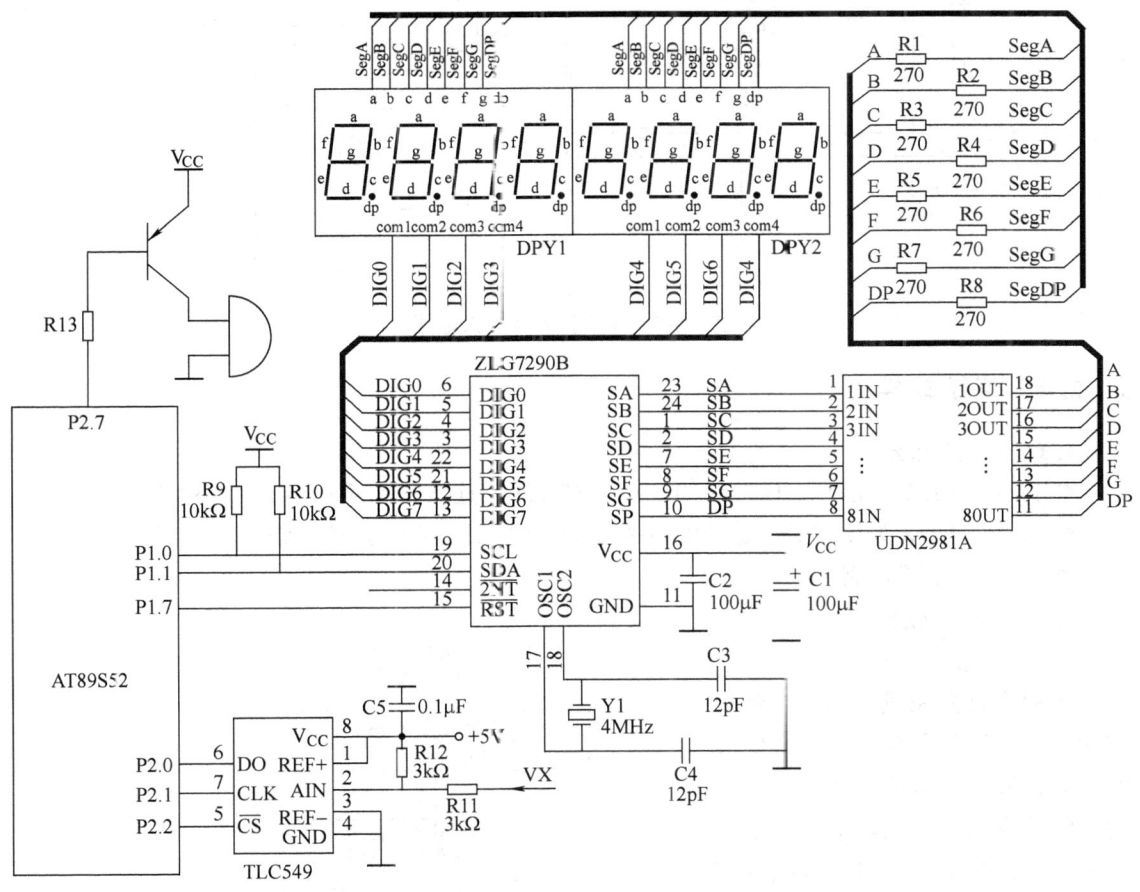

图 11-7　压力测量系统原理图

2. 压力检测及放大电路

压力检测及放大电路如图 11-8 所示。电阻应变片和 3 个 120Ω 的电阻组成电桥检测电路，通过调节 RP1 在无压力时使电桥平衡。运算放大器 A1、A2 和 A3 组成仪表放大器，差动输入，单端输出。调节 RP2 可以改变增益。A1、A2 组成了同相高输入阻抗的差动输入，差动输出，由于电路结构对称，改变增益时，输入阻抗不变。A1、A2 的反馈电阻相等，共模增益、失调、漂移等得到了相互补偿。后级电路对信号进一步放大。本系统测量精度要求不高，仪表放大器使用的运算放大器可以使用 LM324 或 OP07 等芯片按图 11-8 所示连接即可。如果压力测量精度较高（精密容器或医疗上的应用），仪表放大器就必须选用高精度的集成仪表放大器，如 AD620 等实现对微弱信号的放大功能。

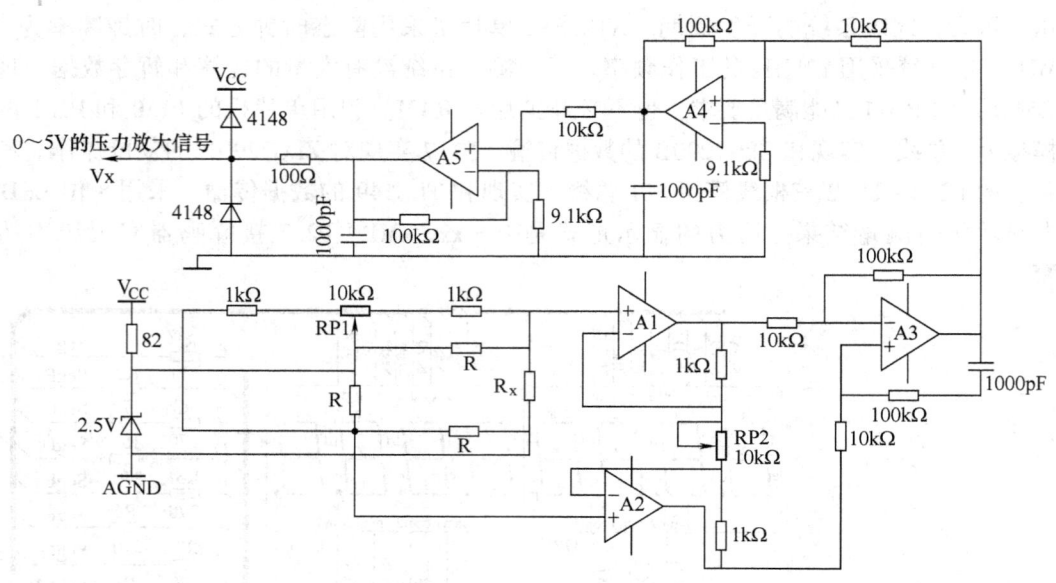

图 11-8 压力检测及放大电路

11.2.4 系统软件设计

1. I/O 口资源分配

- P1.0 ~ P1.1 为模拟 I²C 总线的 SDA、SCL 线,连接显示驱动器 ZLG7290B。
- P2.0 ~ P2.2 为模拟 SPI 总线串行 A/D 转换器 TLC549 的 DO、CLK、CS 线。
- P2.7 为报警控制。

2. 功能模块软件设计

（1）主程序

主程序首先完成初始化,然后调用 A/D 转换器实现对压力信号的采集,经过数据滤波和显示转换后,将结果送往显示器显示,如果当前压力值超限,就启动蜂鸣器实施报警,流程图如图 11-9 所示。

（2）A/D 转换模块

按 TLC549 的时序编写 A/D 转换程序,A/D 转换结果存放在 temx 中,流程图如图 11-10 所示。

（3）压力值转换为字型码

将压力值转换为十进制数并转换为字型码放在数组 ledbuf [3] 到 ledbuf [6] 中,流程图如图 11-11 所示。

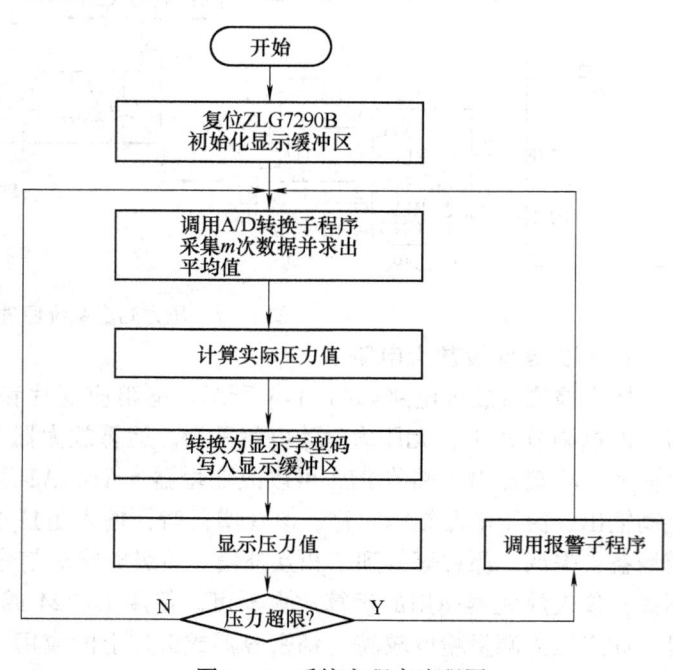

图 11-9 系统主程序流程图

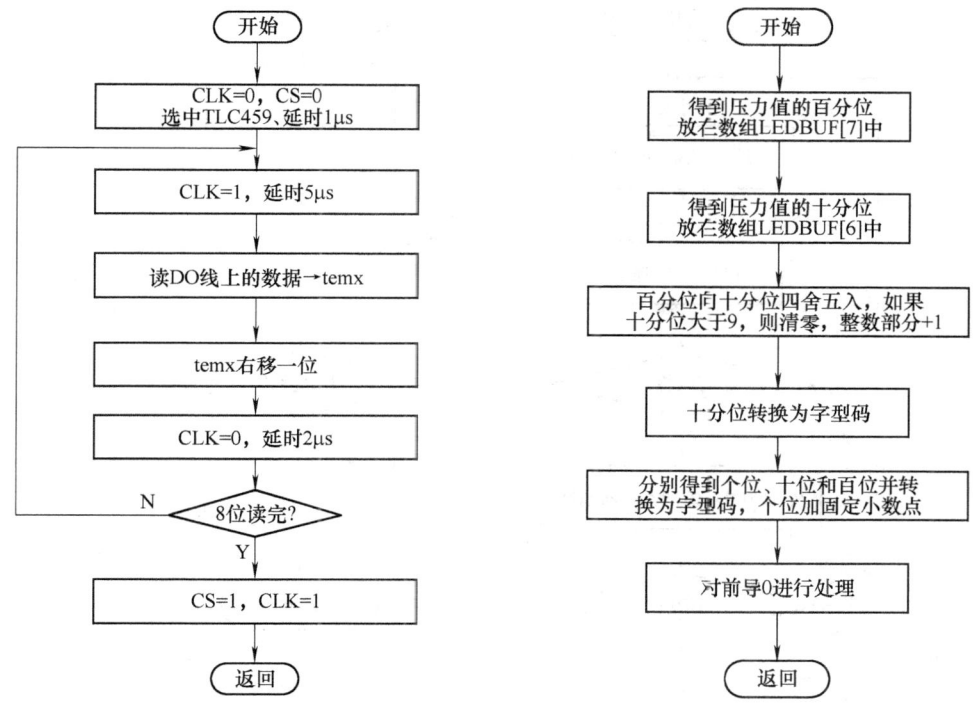

图 11-10　A/D 转换子程序流程图　　　图 11-11　压力值转换为字型码

(4) 压力显示模块

按照 ZLG7290B 写多字节的时序,将显示缓冲区字型码按显示位置的对应关系写入 ZLG7290B 内部的显示缓冲寄存器,即可完成压力值的显示,流程图如图 11-12 所示。多字节显示函数名为 Sendnbyte(),具体程序参见 9.2.2 小节的内容。

3. 参考程序清单

```
#include  "reg51.h"
#include  "intrins.h"
#define   DELAY5US   _nop_();_nop_();_nop_();_nop_();  _nop_();
sbit   SDA = P1^0;                       //引脚定义
sbit   SCL = P1^1;
sbit   DAT = P2^0;
sbit   CLK = P2^1;
sbit   CS = P2^2;
sbit   RST = P1^7;
#define   WSLA1    0x70                  //7290 器件写地址
#define   WSUBSLA1  0x10                 //7290 显示寄存器地址
#define   BAOJH    0x80                  //报警上限值
#define   BAOJL    0x1E                  //报警下限值
unsigned  char  TLC549_ADC()             //函数声明部分
void   start(void);
```

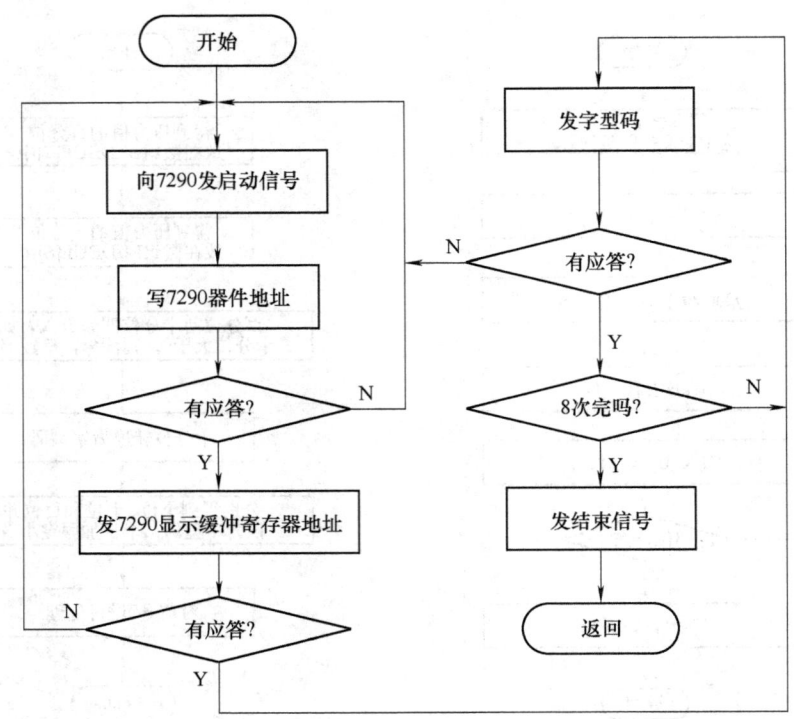

图 11-12 压力显示模块流程图

```c
void    stop(void);
void    cack(void);
void    Sendbyte(unsigned char *p);
void    Sendnbyte(unsigned char *s3, unsigned char *s2, unsigned char *s0, unsigned char n);
void    DELAY(void);
void    beep(void);
void    int_zxm(unsigned int y);
unsigned   ledtab[20] = {0xfc,0x60,0xda,0xf2,0x66,0xb6,0xbe,0xe4,0xfe,0xf6,0xee,0x3e,
0x9c,0x7a,0x9e,0x8e};                        //0~F 的字型码表
unsigned   ledbuf[8] = {0xce,0x12,0xff,0xff,0xff,0xff,0xff,0xff};   //初始显示 P =
void    main()                                //主函数
    {unsigned char n, *c, *zxm, *x, wsubsla = WSUBSLA1, wsla = WSLA1;
    float adc,p;
    unsigned char i,m,p0;
    unsigned int int_data,y,sum = 0;
    RST = 0;                                //复位 7290
    DELAY();
    RST = 1;
    while(1)                                //无限循环采集
    {
        m = 25;                             //采样次数
```

```c
        for(i=0;i<m;i++)                          //m 次循环
            sum+=(unsigned long int)TLC549_ADC(); //将 m 次转换结果累加在 sum 中
        adc=(float)sum/(float)m;                  //求 A/D 转换值的平均值
        p=adc*100/255;                            //将平均值转换为实际的压力值
        p0=(unsigned char)P                       //得到压力值的整数部分
        p=p*100;                                  //将压力值扩大 100 倍
        int_data  =(unsigned int)p;               //转换为整型
        int_zxm(int_data);                        //调用显示转换函数,转换的字型码在 ledbuf[ ]
        x=&wsla;                                  //取 7290 器件的地址
        c=&wsubsla;                               //取 7290 显示缓冲寄存器的地址
        zxm=ledbuf;                               //取显示的字型码缓冲首地址
        n=8;
        Sendnbyte(x,c,zxm,n);                     //调用发送多字节的显示函数,显示压力值
        DELAY();
        if((p0>BAOJH)||(p0<BAOJL))                //如果压力值大于上限或小于下限
            beep();报警
        }
    }
unsigned char TLC549_ADC()                        //A/D 转换子程序
    {
    unsigned char i,temx;
    temx=0;
    CLK=0;
    CS=0;
    _nop_();
    for(i=0;i<8;i++)
        { CLK=1;
          DELAY5US
          if(DAT)
          temx++;
          if(i<7)
             temx=temx<<1;
          CLK=0;
          _nop_();_nop_();
        }
    CS=1;
    CLK=1;
    return(temx)
    }
void DELAY()
    { unsigned char i,j;
     for(i=0;i<255;i++)
     for(j=0;j<255;j++);
```

```c
        }
    void   beep(void)                                    //报警子程序
      {unsigned int i,j;
        for(i=0;i<1000;i++)                              //产生方波
          {for(j=0;j<200;j++);                           //延时
            P2.7 = ~P2.7;
          }
      }
/*将压力值转换为字型码放在数组ledbuf[3]到ledbuf[6]中*/
void   int_zxm(unsigned  int  y)
 {
        unsigned   char   y0;
        y0 = y/100;
        ledbuf[7] = y%10;                                //得到百分位
        ledbuf[6] = y%100;
        ledbuf[6] = ledbuf[6]/10;                        //得到十分位
        if(ledbuf[7] >=5)    ledbuf[6] =    ledbuf[6]+1; //百分位向十分位4舍5入
        if(ledbuf[6] >9;                                 //如果十分位+1后大于9,则十分位为
                                                         //  0,整数部分+1
          {ledbuf[6] = 0;
            y0 = y0+1;
          }
        ledbuf[6] =    ledtab[ledbuf[6]];                //得到十分位字型码
            /*处理整数部分*/
        ledbuf[5] = y0%10;                               //得到个位
        ledbuf[5] =    ledtab[ledbuf[5]];                //个位转换为字型码
        ledbuf[5] =    ledbuf[5] | 0x01;                 //个位加固定小数点
        ledbuf[4] = y0%100;
        ledbuf[4] =    ledbuf[4]/10;                     //得到十位
        ledbuf[4] =    ledtab[ledbuf[4]];                //十位转换为字型码
        ledbuf[3] = y0/100;                              //得到百位
        ledbuf[3] =    ledtab[ledbuf[3]];                //百位转换为字型码
            /*前导0的不显示处理*/
        if(ledbuf[3] ==0)
          {if(ledbuf[4] ==0)    //如果百位和十位均为0,百位和十位的0不显示,显示格式为x.x
            {ledbuf[3] = 0x00;
              ledbuf[4] = 0x00;
            }
          else ledbuf[3] = 0x00;     //如果只有百位为0,百位0不显示,显示格式为xx.x
          }
 }
```

相关的 I^2C 子程序 Sendnbyte( )、Rcvnbyte( )、Sendbyte( )、Rcvbyte( )、stop( )、cack( )、start( ) 参见9.2.2小节的内容。

习 题 11

1. 频率测量的思路是什么？是如何实现 1s 定时的？如何扩大频率的测量范围？
2. 频率测量系统中，频率值如何计算？将频率值转换为十进制字符串的方法是什么？
3. 如何控制字符在 LCD1602 上的固定行与列位置上显示？
4. 如果将图 11-1 中的 LCD 显示器改成 LED 显示器，硬件电路如何设计？请编写相应的显示子程序。
5. 压力传感器有哪些类型？压力检测的原理是什么？
6. 什么是仪表放大器？压力测量为什么要选用仪表放大器？
7. 若 TLC549 采样误差较大，可能是什么原因造成的？应采取哪些措施来减小误差？
8. 本章所讲的压力测量系统中，是用什么方法实现 ZLG7290B 显示的？是如何实现对前导 0 的处理的？
9. 根据本章的学习，总结出单片机应用系统的设计方法，如何进行软、硬件分工，软件设计中划分模块的方法等。

附录 A 51 系列单片机指令表

A.1 数据传递类指令

助记符		指令说明	字节数	机器周期
MOV	A, Rn	寄存器传送到累加器	1	1
MOV	A, direct	直接地址传送到累加器	2	1
MOV	A, @Ri	累加器传送到外部RAM（8地址）	1	1
MOV	A, #data	立即数传送到累加器	2	1
MOV	Rn, A	累加器传送到寄存器	1	1
MOV	Rn, direct	直接地址传送到寄存器	2	2
MOV	Rn, #data	累加器传送到直接地址	2	1
MOV	direct, Rn	寄存器传送到直接地址	2	1
MOV	direct, direct	直接地址传送到直接地址	3	2
MOV	direct, A	累加器传送到直接地址	2	1
MOV	direct, @Ri	间接RAM传送到直接地址	2	2
MOV	direct, #data	立即数传送到直接地址	3	2
MOV	@Ri, A	直接地址传送到直接地址	1	2
MOV	@Ri, direct	直接地址传送到间接RAM	2	1
MOV	@Ri, #data	立即数传送到间接RAM	2	2
MOV	DPTR, #data16	16位常数加载到数据指针	3	1
MOVC	A, @A+DPTR	代码字节传送到累加器	1	2
MOVC	A, @A+PC	代码字节传送到累加器	1	2
MOVX	A, @Ri	外部RAM（8地址）传送到累加器	1	2
MOVX	A, @DPTR	外部RAM（16地址）传送到累加器	1	2
MOVX	@Ri, A	累加器传送到外部RAM（8地址）	1	2
MOVX	@DPTR, A	累加器传送到外部RAM（16地址）	1	2
PUSH	direct	直接地址压入堆栈	2	2
POP	direct	直接地址弹出堆栈	2	2
XCH	A, Rn	寄存器和累加器交换	1	1
XCH	A, direct	直接地址和累加器交换	2	1
XCH	A, @Ri	间接RAM和累加器交换	1	1
XCHD	A, @Ri	间接RAM和累加器交换低4位字节	1	1

A.2 算术运算类指令

助记符		指令说明	字节数	机器周期
INC	A	累加器加1	1	1
INC	Rn	寄存器加1	1	1
INC	direct	直接地址加1	2	1
INC	@Ri	间接RAM加1	1	1
DEC	Rn	寄存器减1	1	1
INC	DPTR	数据指针加1	1	2
DEC	A	累加器减1	1	1
DEC	@Ri	间接RAM减1	1	1
MUL	AB	累加器和B寄存器相乘	1	4
DIV	AB	累加器除以B寄存器	1	4
DA	A	累加器十进制调整	1	1
ADD	A,Rn	寄存器与累加器求和	1	1
ADD	A,direct	直接地址与累加器求和	2	1
ADD	A,@Ri	间接RAM与累加器求和	1	1
ADD	A,#data	立即数与累加器求和	2	1
ADDC	A,Rn	寄存器与累加器求和(带进位)	1	1
ADDC	A,direct	直接地址与累加器求和(带进位)	2	1
ADDC	A,@Ri	间接RAM与累加器求和(带进位)	1	1
ADDC	A,#data	立即数与累加器求和(带进位)	2	1
SUBB	A,Rn	累加器减去寄存器(带借位)	1	1
SUBB	A,direct	累加器减去直接地址(带借位)	2	1
SUBB	A,@Ri	累加器减去间接RAM(带借位)	1	1
SUBB	A,#data	累加器减去立即数(带借位)	2	1

A.3 逻辑运算类指令

助记符		指令说明	字节数	机器周期
ANL	A,Rn	寄存器"与"到累加器	1	1
ANL	A,direct	直接地址"与"到累加器	2	1
ANL	A,@Ri	间接RAM"与"到累加器	1	1
ANL	A,#data	立即数"与"到累加器	2	1
ANL	direct,A	累加器"与"到直接地址	2	1
ANL	direct,#data	立即数"与"到直接地址	3	2
ORL	A,Rn	寄存器"或"到累加器	1	2

(续)

助记符		指令说明	字节数	机器周期
ORL	A, direct	直接地址"或"到累加器	2	1
ORL	A, @Ri	间接 RAM "或"到累加器	1	1
ORL	A, #data	立即数"或"到累加器	2	1
ORL	direct, A	累加器"或"到直接地址	2	1
ORL	direct, #data	立即数"或"到直接地址	3	1
XRL	A, Rn	寄存器"异或"到累加器	1	2
XRL	A, direct	直接地址"异或"到累加器	2	1
XRL	A, @Ri	间接 RAM "异或"到累加器	1	1
ORL	A, #data	立即数"或"到累加器	2	1
ORL	direct, A	累加器"或"到直接地址	2	1
ORL	direct, #data	立即数"或"到直接地址	3	1
XRL	A, Rn	寄存器"异或"到累加器	1	2
XRL	A, direct	直接地址"异或"到累加器	2	1
XRL	A, @Ri	间接 RAM "异或"到累加器	1	1
XRL	A, #data	立即数"异或"到累加器	2	1
XRL	direct, A	累加器"异或"到直接地址	2	1
CPL	A	累加器求反	1	1
XRL	direct, #data	立即数"异或"到直接地址	3	1
CLR	A	累加器清零	1	2
RL	A	累加器循环左移	1	1
RLC	A	带进位累加器循环左移	1	1
RR	A	累加器循环右移	1	1
RRC	A	带进位累加器循环右移	1	1
SWAP	A	累加器高、低4位交换	1	1

A.4 控制转移类指令

助记符		指令说明	字节数	机器周期
JMP	@A+DPTR	相对 DPTR 的无条件间接转移	1	2
JZ	rel	累加器为 0 则转移	2	2
JNZ	rel	累加器为 1 则转移	2	2
CJNE	A, direct, rel	比较直接地址和累加器,不相等转移	3	2
CJNE	A, #data, rel	比较立即数和累加器,不相等转移	3	2
CJNE	Rn, #data, rel	比较寄存器和立即数,不相等转移	2	2
CJNE	@Ri, #data, rel	比较立即数和间接 RAM,不相等转移	3	2

(续)

助记符		指令说明	字节数	机器周期
DJNZ	Rn, rel	寄存器减1,不为0则转移	3	2
DJNZ	direct, rel	直接地址减1,不为0则转移	3	2
NOP		空操作,用于短暂延时	1	1
ACALL	add11	绝对调用子程序	2	2
LCALL	add16	长调用子程序	3	2
RET		从子程序返回	1	2
RETI		从中断服务子程序返回	1	2
AJMP	add11	无条件绝对转移	2	2
LJMP	add16	无条件长转移	3	2
SJMP	rel	无条件相对转移	2	2

A.5 布尔指令

助记符		指令说明	字节数	机器周期
CLR	C	清进位位	1	1
CLR	bit	清直接寻址位	2	1
SETB	C	置位进位位	1	1
SETB	bit	置位直接寻址位	2	1
CPL	C	取反进位位	1	1
CPL	bit	取反直接寻址位	2	1
ANL	C, bit	直接寻址位"与"到进位位	2	2
ANL	C, /bit	直接寻址位的反码"与"到进位位	2	2
ORL	C, bit	直接寻址位"或"到进位位	2	2
ORL	C, /bit	直接寻址位的反码"或"到进位位	2	2
MOV	C, bit	直接寻址位传送到进位位	2	1
MOV	bit, C	进位位传送到直接寻址	2	2
JC	rel	如果进位位为1,则转移	2	2
JNC	rel	如果进位位为0,则转移	2	2
JB	bit, rel	如果直接寻址位为1,则转移	3	2
JNB	bit, rel	如果直接寻址位为0,则转移	3	2
JBC	bit, rel	如果直接寻址位为1,则转移并清除该位	2	2

A.6 伪 指 令

助记符	指令说明	助记符	指令说明
ORG	指明程序的开始位置	DATA	给一个 8 位的内部 RAM 起名
DB	定义数据表	XDATA	给一个 8 位的外部 RAM 起名
DW	定义 16 位的地址表	BIT	给一个可位寻址的位单元起名
EQU	给一个表达式或一个字符串起名	END	指出源程序到此为止

附录 B　C51 常见的库函数

库函数分为几大类，基本上分属于不同的 H 文件。这些文件在 INC 目录下可以找到，其中包含了常数定义、宏定义、类型定义和原形函数。以下对各个库函数分别进行简要说明。

1. REG51（或 REG52）.H

REG51（或 REG52）.H 头文件中包含了对 51 系列单片机 SFR 及相应位的定义，当使用如#include <reg51.h> 将头文件包含进来以后，在程序中就可以直接使用 51 单片机的特殊功能寄存器和相应的位。

2. ABSACC.H

ABSACC.H 中包含了允许直接访问的 8051 不同区域的存储器的宏。规定只能以无符号数方式访问，定义了 8 个宏定义，其函数原型如下：

```
#define  CBYTE((unsigned  char   volatile * )0x50000L)
#define  DBYTE((unsigned  char   volatile * )0x40000L)
#define  PBYTE((unsigned  char   volatile * )0x30000L)
#define  XBYTE((unsigned  char   volatile * )0x20000L)
#define  CWORD((unsigned  int    volatile * )0x50000L)
#define  DWORD((unsigned  int    volatile * )0x40000L)
#define  PWORD((unsigned  int    volatile * )0x30000L)
#define  XWORD((unsigned  int    volatile * )0x20000L)
```

其中，CBYTE 以字节形式对 code 区寻址；DBYTE 以字节形式对 data 区寻址；PBYTE 以字节形式对 pdata 区寻址；XBYTE 以字节形式对 xdata 区寻址；CWORD 以字形式对 code 区寻址；DWORD 以字形式对 data 区寻址；PWORD 以字形式对 pdata 区寻址；XWORD 以字形式对 xdata 区寻址。

3. INTRINS.H

NTRINS.H 中包含了常用的本征函数。本征函数也称为内部函数，一共有 9 种函数。这类函数不采用调用形式，编译时直接将代码插入当前行。

（1）左环移本征函数

1）函数名：_crol_

函数原型：unsigned char _crol_ (unsigned char a, unsigned char n);

函数功能：将无符号字符型变量 a 循环左移 n 位

2）函数名：_irol_

函数原型：unsigned int _irol_ (unsigned int a, unsigned char n);

函数功能：将无符号整型变量 a 循环左移 n 位

3）函数名：_lrol_

函数原型：unsigned long _lrol_ (unsigned long a, unsigned char n);

函数功能：将无符号长整型变量 a 循环左移 n 位
(2) 右环移本征函数
1）函数名：_croc_
函数原型：unsigned char _cror_（unsigned char a，unsigned char n）；
函数功能：将无符号字符型变量 a 循环右移 n 位
2）函数名：_iror_
函数原型：unsigned int _iror_（unsigned int a，unsigned char n）；
函数功能：将无符号整型变量 a 循环右移 n 位
3）函数名：_lror_
函数原型：unsigned long _lror_（unsigned long a，unsigned char n）；
函数功能：将无符号长整型变量 a 循环右移 n 位
(3) 其他本征函数
1）函数名：_nop_
函数原型：void _nop_（void）；
函数功能：产生一条 NOP 空指令，执行一次空操作。
2）函数名：_testbit_
函数原型：bit _testbit_（bit x）；
函数功能：产生一条 JBC 指令，该函数测试一个位，如果该位为 1，则将该位清零，并且返回值为 1；否则，返回值为 0。
3）函数名：_chkfloat_
函数原型：unsigned char _chkfloat_（float x）；
函数功能：检查浮点型变量 x 的状态，返回值为无符号字符型数据，其值可以为 0、1、2、3、4。其返回值意义为：
0——标志浮点数；
1——浮点数 0；
2—— +INF 正溢出；
3—— –INF 负溢出；
4——NaN 不是一个数的错误状态。

4. CTYPE.H

CTYPE.H 中包含 ASCII 字符的分类和转换函数。

bit isalnum（char c）；
功能：可重入，测试是否为字母数字。
bit isalpha（char c）；
功能：可重入，测试是否为字母。
bit iscntrl（char c）；
功能：可重入，测试是否为控制字符。
bit isdigit（char c）；
功能：可重入，测试是否为十进制数。
bit isgraph（char c）；

功能：可重入，测试是否为可打印字符，不包括空格。
bit islower（char c）；
功能：可重入，测试是否为小写字母。
bit isprint（char c）；
功能：可重入，测试是否为可打印字符，包括空格。
bit ispunct（char c）；
功能：可重入，测试是否为标点符号。
bit isspace（char c）；
功能：可重入，测试是否为空白字符。
bit isupper（char c）；
功能：可重入，测试是否为大写字母。
bit isxdigit（char c）；
功能：可重入，测试是否为十六进制数。
bit toascii（char c）；
功能：可重入，将字符转换为 7 位 ASCII 码。
bit toint（char c）；
功能：可重入，将十六进制数转换为十进制数。
char tolower（char c）；
功能：可重入，测试字符并将大写字母转换为小写字母。
char _tolower（char c）；
功能：可重入，无条件将字符转换为小写。
char toupper（char c）；
功能：可重入，测试字符并将小写字母转换为大写字母。
char _toupper（char c）；
功能：可重入，无条件将字符转换为大写。

5. MATH. H

MATH. H 中包含算术运算函数，包括浮点运算。
extern char cabs（char val）；
功能：可重入，求字符的绝对值。
extern int abs（int val）；
功能：可重入，求整数的绝对值。
extern long labs（long val）；
功能：可重入，求长整数的绝对值。
extern float fabs（float val）；
功能：可重入，求浮点数数的绝对值。
extern float sqrt（float val）；
功能：计算平方根。
extern float exp（float val）；
功能：计算参数的指数函数。

extern float log (float val);
功能：计算参数的自然对数。
extern float log10 (float val);
功能：计算参数的常用对数。
extern float sin (float val);
功能：计算正弦值。
extern float cos (float val);
功能：计算余弦值。
extern float tan (float val);
功能：计算正切值。
extern float asin (float val);
功能：计算反正弦值。
extern float acos (float val);
功能：计算反余弦值。
extern float atan (float val);
功能：计算反正切值。
extern float sinh (float val);
功能：计算双曲正弦值。
extern float cosh (float val);
功能：计算双曲余弦值。
extern float tanh (float val);
功能：计算双曲正切值。
extern float atan2 (float y, float x);
功能：计算分数的反正切值。
extern float ceil (float val);
功能：求大于或等于参数的最小整数。
extern float floor (float val);
功能：求小于或等于浮点数的最大整数。
extern float modf (float val, float * n);
功能：分离参数的整数和分数部分。
extern float fmod (float x, float y);
功能：计算浮点数的余数。
extern float pow (float x, float y);
功能：计算幂函数。

6. STDIO.H

STDIO.H 中包含输入输出的原型函数，定义 EOF 常数。
extern char _getkey (void);
功能：从 8051 串行接口读入一个字符，不显示。
extern char getchar (void);

功能：可重入，用_getkey（）和putchar（）读入和输出一个字符。
  extern char ungetchar （char）；
功能：将输入字符送到输入缓冲区，将其值返回给调用者。
  extern char putchar （char）；
功能：从8051串行接口输出一个字符。
  extern int printf （const char *,...）；
功能：以一定的格式通过8051串口输出数值或字符串，返回实际输出的字符数。
  extern int sprintf （char *buffer, const char *,...）；
功能：sprintf与printf功能类似，但数据以ASCII码形式输出到由buffer指针指向的可寻址内存缓冲区。
  extern char *gets （char *string, int lenn）；
功能：从串口读入一个长度为len的字符串存入string指定的位置，输入以换行符结束。输入成功，则返回传入的指针；失败，则返回NULL。
  extern int scanf （const char *,...）；
功能：以一定的格式通过8051串口读入数值或字符串，存入指定的存储单元。
  extern int sscanf （char *buffer, const char *,...）；
功能：sscanf与scanf功能类似，但字符串的输入不是通过串口而是另一个以空结束的指针buffer。
  extern int puts （const char *）；
功能：可重入，通过串口输出一个字符串和换行字符。

7. STDLIB.H
  extern float atof （char *s1）；
功能：将字符串转换成浮点数。
  extern long atol （char *s1）；
功能：将字符串转换成长整数。
  extern int atoi （char *s1）；
功能：将字符串转换成整数。
  extern int rand （）；
功能：可重入，产生一个伪随机数。
  extern void srand （int）；
功能：初始化伪随机数发生器。
  #define _MALLOC_MEM_ xdata
  extern int init_mempool （void _MALLOC_MEM_ *p, unsigned int size）；
功能：对p指向的存储区域进行初始化，size表示存储区域的大小。
  extern void _MALLOC_MEM_ *malloc （unsigned int size）；
功能：从内存中定位一个存储块，返回一个具有size长度的内存指针，如果无内存空间可用，则返回NULL。
  extern void free （void _MALLOC_MEM_ *p）；
功能：释放p指向的以前用malloc、realloc和calloc定位的存储块。
  extern void _MALLOC_MEM_ *realloc （void _MALLOC_MEM_ *p, unsigned int size）；

功能：从内存中重定位一个存储块，改变 p 所指向的存储单元的大小，原内存单元的内容被复制到新单元，返回一个具有 size 长度的新单元内存指针，如果无内存空间可用，则返回 NULL。

extern void _MALLOC_MEM_ *calloc (unsigned int size, unsigned int len);

为数组在存储区域定位，返回 n 个具有 len 长度的内存指针，如果无内存空间可用，则返回 NULL。所分配的内存区域用 0 进行初始化。

8. STRING. H

extern char *strcat (char *s1, char *s2);

功能：将串 s2 复制到串 s1 的尾部。

extern char *strncat (char *s1, char *s2, int n);

功能：连接两个字符串，将串 s2 的 n 个字符复制到串 s1 的尾部。

extern char strcmp (char *s1, char *s2);

功能：可重入，比较两个字符串，相等时返回 0，s1 大于 s2 返回正数，s1 小于 s2 返回负数。

extern char strncmp (char *s1, char *s2, int n);

功能：比较两个字符串前 n 个字符。

extern char *strcpy (char *s1, char *s2);

功能：可重入，复制字符串 s2 到 s1 的尾部。

extern char *strncpy (char *s1, char *s2, int n);

功能：可重入，将字符串 s2 中 n 个字符复制到字符串 s1，如果 s2 的长度小于 n，则 s1 中以 0 补齐到 n。

extern int strlen (char *);

功能：可重入，返回字符串的长度。

extern char *strchr (const char *s, char c);

功能：可重入，返回字符串 s 中指定字符 c 首次出现的位置指针，没找到返回 NULL。

extern int strpos (const char *s, char c);

功能：可重入，返回字符串 s 中指定字符 c 首次出现的位置或 -1，s 首字符的位置值是 0。

extern char *strrchr (const char *s, char c);

功能：可重入，返回字符串 s 中指定字符 c 首次最后的位置指针，没找到返回 NULL。

extern int strrpos (const char *s, char c);

功能：可重入，返回字符串 s 中指定字符 c 最后出现的位置或 -1，s 首字符的位置值是 0。

extern int strspn (char *s, char *set);

功能：搜索 s 串中第一个不包括在 set 串中的字符，返回值是 s 中包括在 set 串中的字符个数。

extern int strcspn (char *s, char *set);

功能：与 strspn 类似，但搜索的是 s 串中第一个包括在 set 串中的字符。

extern char *strpbrk (char *s, char *set);

功能：与 strspn 类似，但搜索的是 s 串中第一个包括在 set 串中的字符指针。

extern char * strrpbrk (char * s, char * set);

功能：与 strpbrk 类似，但搜索的是 s 串中最后一个包括在 set 串中的字符指针。

extern char * strstr (char * s, char * sub);

功能：返回 s 串中与 sub 串相同的子串的位置指针。

extern char memcmp (void * s1, void * s2, int n);

功能：可重入，逐个字符比较 s1 与 s2 前 n 个字符，相等时返回 0，s1 大于 s2 返回正数，s1 小于 s2 返回负数。

extern void * memcpy (void * s1, void * s2, int n);

功能：复制 s2 串中 n 个字符到 s1 串，如果实际复制了 n 个字符，返回 NULL。

extern void * memchr (void * s, char val, int n);

功能：顺序搜索字符串 s 的前 n 个字符以找出字符 val，成功时，返回 s 中指向字符的指针；失败时，返回 NULL。

extern void * memccpy (void * s1, void * s2, char val, int n);

功能：复制 s2 串中 n 个字符到 s1 串，如果实际复制了 n 个字符，返回 NULL。复制字符在复制完 val 后停止，此时返回指向 s1 串中下一个元素的指针。

extern void * memmove (void * s1, void * s2, int n);

功能：可重入，将给定数量字符从一个缓存移动到另一个缓存，同 memcpy。

extern void * memset (void * s, char val, int n);

功能：可重入，将缓存 s 中 n 个字节初始化为指定值 val。

参 考 文 献

[1] 段晨东，鬯莹，张文革，等. 单片机原理及接口技术 [M]. 北京：清华大学出版社，2008.
[2] 张友德，赵志英，涂时亮. 单片微型机原理、应用与实验 [M]. 5版. 上海：复旦大学出版社，2006.
[3] 马斌. 单片机原理及应用——C语言程序设计与实现 [M]. 北京：人民邮电出版社，2009.
[4] 潘晓宁，朱耀东，杨敏，等. 单片机程序设计实践教程 [M]. 北京：清华大学出版社，2009.
[5] 黄维翼. 单片机应用与项目实践 [M]. 北京：清华大学出版社，2010.
[6] 刘守义，杨宏丽，王静霞. 单片机应用技术 [M]. 2版. 西安：西安电子科技大学出版社，2010.
[7] 李飞，郑郁正，等. 单片机原理及应用 [M]. 西安：西安电子科技大学出版社，2008.
[8] 李建中. 单片机原理及应用 [M]. 2版. 西安：西安电子科技大学出版社，2007.
[9] 杨振江，刘男，等. 单片机应用与实践指导 [M]. 西安：西安电子科技大学出版社，2010.
[10] 谢为成，杨加国. 单片机原理与应用及C51程序设计 [M]. 北京：清华大学出版社，2009.
[11] 林全新. 单片机原理与接口技术 [M]. 北京：人民邮电出版社，2002.
[12] 朱清慧，张风蕊，翟天嵩，等. Proteus教程——电子线路设计、制版与仿真 [M]. 北京：清华大学出版社，2008.
[13] 蒋辉平，周国雄. 基于Proteus的单片机系统设计与仿真实例 [M]. 北京：机械工业出版社，2009.
[14] 余锡存. 单片机原理与接口技术 [M]. 西安：西安电子科技大学出版社，2002.
[15] 马淑华. 单片机原理与接口技术 [M]. 北京：北京邮电大学出版社，2005.
[16] 李刚民. 单片机原理及使用技术 [M]. 北京：高等教育出版社，2005.
[17] 王守中. 51单片机开发入门与典型实例 [M]. 北京：人民邮电出版社，2007.
[18] 张毅刚. 单片机原理及应用 [M]. 北京：高等教育出版社，2008.
[19] 深圳市凌雁电子有限公司. AT89S51 Datasheets v1.1.
[20] 广州周立功单片机发展有限公司. ZLG7290B使用说明.
[21] 彭伟. 单片机C语言程序设计实训100例——基于8051 + Proteus仿真 [M]. 北京：电子工业出版社，2012.